云计算与AI应用技术

林伟伟 ◎ 编著

清華大學出版社

北京

内 容 简 介

云计算与大数据、人工智能趋向深度融合，三者不可分割、相互促进。本书把三者作为一个整体展现给读者，并通过三种技术的融合应用案例，让读者更好地理解三者的技术原理和关系。本书内容包括分布式计算基础、云计算和云存储技术原理、大数据平台架构与编程技术、百度云技术原理、基于百度云的大数据与 AI 应用开发技术及案例、基于神经网络的云服务器能耗建模和股票智能量化交易策略的开发案例等。

本书不仅可以作为计算机、电子信息、自动化等相关专业本科生及研究生的教材和教学参考书，也可以作为云计算、大数据和 AI 技术相关专业方向的参考书和培训资料。

图书在版编目(CIP)数据

云计算与 AI 应用技术/林伟伟编著. —北京：清华大学出版社，2023.4（2024.9重印）
ISBN 978-7-302-63192-7

Ⅰ. ①云… Ⅱ. ①林… Ⅲ. ①人工智能－应用－云计算－研究 Ⅳ. ①TP393.027

中国国家版本馆 CIP 数据核字(2023)第 052588 号

责任编辑：贾 斌
封面设计：刘 键
责任校对：胡伟民
责任印制：曹婉颖

出版发行：清华大学出版社
网　　址：https://www.tup.com.cn，https://www.wqxuetang.com
地　　址：北京清华大学学研大厦 A 座　　**邮　　编：**100084
社 总 机：010-83470000　　**邮　　购：**010-62786544
投稿与读者服务：010-62776969，c-service@tup.tsinghua.edu.cn
质量反馈：010-62772015，zhiliang@tup.tsinghua.edu.cn
课件下载：https://www.tup.com.cn，010-83470236
印 装 者：三河市铭诚印务有限公司
经　　销：全国新华书店
开　　本：185mm×260mm　　**印　　张：**22.75　　**字　　数：**570 千字
版　　次：2023 年 6 月第 1 版　　**印　　次：**2024 年 9 月第 2 次印刷
印　　数：1501～2100
定　　价：69.80 元

产品编号：084941-01

前言
FOREWORD

背景与内容规划

云计算、大数据、人工智能(AI)是当前信息领域应用发展最快、研究最热门的三个方向。云计算是大数据分析和人工智能计算的基础,人工智能也离不开大数据。云计算是大数据的底层架构,大数据依赖云计算来处理大数据,人工智能是大数据的场景应用。当前,大数据、人工智能与云计算技术趋向深度融合,三者不可分割、相互促进。因此,本教材试图把云计算、大数据、人工智能作为一个整体来展现给读者,以便让读者更好地理解三者的技术原理和关系。本教材以剖析云计算技术原理为主,并重点探讨基于云计算的大数据和 AI 应用研发的技术方法。教材主要内容涉及分布式计算的基本概念和技术原理、云计算的技术原理与云存储技术、大数据平台架构与编程技术、基于云计算的 AI 应用技术、百度云技术原理、基于百度云的大数据与 AI 应用案例,以及基于云计算和大数据的 AI 应用研发技术等。本教材将能为计算机相关专业的本科生、研究生和专业技术人员提供丰富和全面的与云计算、大数据、AI 技术相关的知识体系和研发实践技术,也能为相关专业科研人员进一步从事相关研究打下良好基础,对基于云计算的大数据和 AI 技术的研究与应用具有较好带动作用。

本书主要内容包括分布式计算模式、分布式计算编程基础、云计算技术原理、云计算架构、云存储技术、百度云技术原理与架构及存储技术、基于云计算的大数据分析技术和AI应用技术、基于云计算的AI应用技术、基于AI的大数据分析技术等，并从云计算、大数据、人工智能的技术应用方面，给出大量编程实例与应用开发案例，具体包括Socket程序设计案例、MapReduce程序实例、Spark程序实例、基于百度云的Discuz论坛的部署案例、基于百度BMR的定时分析日志数据实例、基于机器学习的员工离职分析案例、基于BML的电影推荐应用开发案例、经典AI算法实践案例、百度人脸识别应用案例、百度语音应用案例、百度自然语言处理应用案例、基于百度的上云迁移案例、基于ANN数据中心的云服务器能耗建模案例、基于BP神经网络的股票智能量化交易策略等。全书共9章，各章内容安排如上图所示。

教学资源与使用方法

本书配套PPT课件和课后习题参考答案，使用本书进行教学的教师可以向清华大学出版社申请获取相关教学资源。

本书可以作为计算机相关专业学生“云计算”“大数据”和“人工智能”课程的入门教材，同时也可以作为计算机从业人员云计算、大数据和人工智能相关知识的入门学习资料。读者最好在学习过操作系统、计算机网络、数据库、面向对象编程语言之后再学习本书与相应课程。全书内容可根据不同的读者对象进行选择。但根据本书的定位，建议至少学习32学时，建议重点讲授章节和相应学时分配如下。

章名	建议重点讲授章节	建议学时
第1章	所有小节	4
第2章	所有小节	3
第3章	3.2,3.3	2
第4章	所有小节	4
第5章	5.3,5.4,5.5,5.6,5.7,5.8,5.9	6
第6章	所有小节	7
第7章	所有小节	2
第8章	所有小节	2
第9章	所有小节	2

此外，本书知识点的教学应该辅以相应的实验教学内容，建议实验课程的学时数不少于理论课程学时数的三分之一。

致谢

本书由林伟伟教授负责总体设计，并组织全书编写，百度公司相关技术人员负责全书内容的审校；本书各章内容的编写由多位博士与硕士研究生参与完成，在本书的编写过程中，他们投入大量精力进行程序设计与资料收集整理工作，他们是熊辰念、石方、李正锐、詹红萍、黄天晟、王泽涛、李毓睿、游德光、刘阳等，在此特别表示感谢。

衷心感谢中国科学院陈国良院士，陈院士出版的“并行计算系列丛书”体系完整、框架清晰、内容丰富、与时俱进，时时提醒我要以这样的标准来写书。特别感谢湖南大学彭绍亮教授、华南理工大学齐德昱教授和华南师范大学刘波教授等人对本书编写的指导和鼓励。感谢清华大学出版社对本书出版的大力支持。感谢百度公司对本书的资助和支持。

本书的撰写和相关技术的研究中，尽管笔者投入了大量的精力、付出了艰辛的努力，然而受知识水平所限，错误和疏漏之处在所难免，恳请大家批评指正。

林伟伟

2023 年 5 月 4 日于华南理工大学

目录

CONTENTS

第 1 章

分布式计算概论

分布式计算是云计算的基础，云计算包含了并行计算、网格计算、集群计算等分布式计算技术；另一方面，云计算是一种新型的分布式计算技术，是传统的分布式计算的进一步发展。本章首先介绍分布式计算的定义、优缺点，然后概述分布式计算的相关模式，包括单机计算、并行计算、网络计算、对等计算、网格计算、云计算、雾计算、边缘计算、移动边缘计算、移动云计算和大数据计算等，接着介绍经典分布式计算项目/系统，最后重点介绍分布式计算编程的基础知识，包括进程间通信原理和Socket编程方法等。本章讨论的分布式计算相关概念为后续章节内容的理解打下基础。

1.1 分布式计算概念

1.1.1 定义

分布式计算从诞生到现在已经过去了很长的时间，它伴随着并行计算而出现。早期人们利用并行计算来在一个计算机上同时完成多项任务，但是，并行运行并不足以构建真正的分布式系统，因为它需要一种机制来在不同计算机或者那些运行在计算机上的程序之间进行通信。因此，催生了多个计算机(两台以上)的分布式计算。早期的分布式计算系统主要面向科学计算与研究，如梅森素数大搜索计划GIMPS、SETI@home、Einstein@Home、BOINC等。随着互联网技术与应用的飞速发展，Facebook、Google、Amazon、Netflix、LinkedIn、Twitter等互联网公司变得异常庞大，它们开始构建越来越多跨越多个地理区域和多个数据中心的大型分布式计算系统。

分布式计算是一门计算机科学，主要研究对象是分布式系统。在介绍分布式计算概念前，首先简单了解一下什么是分布式系统。简单地说，分布式系统是由若干通过网络互联的计算机组成的软硬件系统，且这些计算机互相配合以完成一个共同的目标(往往这个共同的目标称为“项目”)。分布式计算的一种简单定义为，在分布式系统上执行的计算。

更为正式的定义为，分布式计算是一门计算机科学，它研究如何把一个需要非常巨大的计算能力才能解决的问题分成许多小的部分，然后把这些小的部分问题分配给许多计算机进行处理，最后把各部分的计算结果合并起来得到最终的结果。本质上，分布式计算是一种基于网络的分而治之的计算方式。

1.1.2 优缺点

在 WWW 出现之前，单机计算是计算的主要形式。自 20 世纪 80 年代以来，受 WWW 流行的刺激，分布式计算得到飞速发展。分布式计算可以有效利用全世界联网机器的闲置处理能力，帮助一些缺乏研究资金的、公益性质的科学研究，加速人类的科学进程。下面详细介绍分布式计算的优点：

(1) 高性价比。分布式计算往往可以采用价格低廉的计算机。今天的个人计算机比早期的大型计算机具有更出众的计算能力，体积和价格不断下降。再加上 Internet 连接越来越普及且价格低廉，大量互连计算机为分布式计算创建了一个理想环境。因此，分布式计算相对传统的小型机和大型机等计算具有更好的性价比。

(2) 资源共享。分布式计算体系反应了计算结构的现代组织形式。每个组织在面向网络提供共享资源的同时，独立维护本地组织内的计算机和资源。采用分布式计算，组织可非常有效地汇集资源。

(3) 可伸缩性。在单机计算中，可用资源受限于单台计算机的能力。相比而言，分布式计算有良好的伸缩性，对资源需求的增加可通过提供额外资源来有效解决。例如，将更多支持电子邮件等类似服务的计算机增加到网络中，可满足对这类服务需求增长的需要。

(4) 容错性。由于可以通过资源复制维持故障情形下的资源可用性，因此，与单机计算相比，分布式计算提供了容错功能。例如，可将数据库备份复制到网络的不同系统上，以便在一个系统出现故障时，还有其他副本可以访问，从而避免服务瘫痪。尽管不可能构建一个能在故障面前提供完全可靠服务的分布式系统，但在涉及和实现系统时最大化系统的容错能力，是开发者的职责。

然而无论何种形式的计算，都有其利与弊的权衡。分布式计算发展至今，仍然有很多需要解决的问题。分布式计算最主要的挑战有：

(1) 多点故障。分布式计算存在多点故障情形。由于设计多个计算机，且都依赖于网络来通信，因此一台或多台计算机的故障，或一条或多条网络链路的故障，都会导致分布式系统出现问题。

(2) 安全性低。分布式系统为非授权用户的攻击提供了更多机会。在集中式系统中，所有计算机和资源通常都只受一个管理者控制，而分布式系统的非集中式管理机制包括许多独立组织。分散式管理使安全策略的实现和增强变得更为困难；因此，分布式计算在安全攻击和非授权访问防护方面较为脆弱，并可能会非常不幸地影响到系统内的所有参与者。

(3) 大规模资源调度的复杂性。资源调度通常是一个 NP-hard 问题，大规模资源调度往往具有很高的复杂性和不确定性。

1.2　分布式计算模式介绍

随着互联网与移动互联网应用的快速发展，很多新的分布式计算模式与范型出现了，如云计算、雾计算、大数据计算等。这些新型计算模式或新技术本质上是分布式计算的发展和延伸。与分布式计算相关的计算模式有很多，下面讨论单机计算、并行计算、网络计算、对等计算、集群计算、网格计算、云计算、雾计算、边缘计算、移动边缘计算、移动云计算和大数据计算等，以便大家更好地理解和区分各种分布式计算模式的概念。

1.2.1　单机计算

与分布式计算相对应的是单机计算，或称集中式计算。计算机不与任何网络互连，因而只使用本计算机系统内可被即时访问的所有资源，该计算模式亦可称为单机计算。在最基本的单机计算模式中，一台计算机在任何时刻只能被一个用户使用。用户在该系统上执行应用程序，不能访问其他计算机上的任何资源。在PC上使用诸如文字处理程序或电子表格处理程序等应用时，应用的就是这种被称为单用户单机计算的计算模式。

多用户也可参与单机计算。在该计算模式中，并发用户可通过分时技术共享使用单台计算机中的资源，这种计算方式称为集中式计算。通常将提供集中式资源服务的计算机称为大型机(mainframe computer)。用户可通过终端设备与大型机系统相连，并在终端会话期间与之交互。

如图1-1所示，与单机计算模式不同，分布式计算包括在通过网络互连的多台计算机上执行的计算，每台计算机都有自己的处理器及其他资源。用户可以通过工作站完全使用与其互连的计算机上的资源。此外，通过与本地计算机及远程计算机交互，用户可访问远程计算机上的资源。WWW是该类计算的最佳例子。当通过浏览器访问某个Web站点时，一个诸如IE的程序将在本地系统运行并与运行于远程系统中的某个程序(即Web服务器)交互，从而获取驻留于另一个远程系统中的文件。

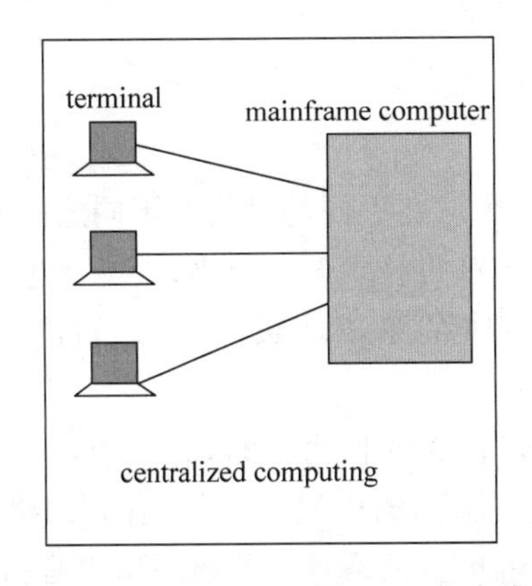

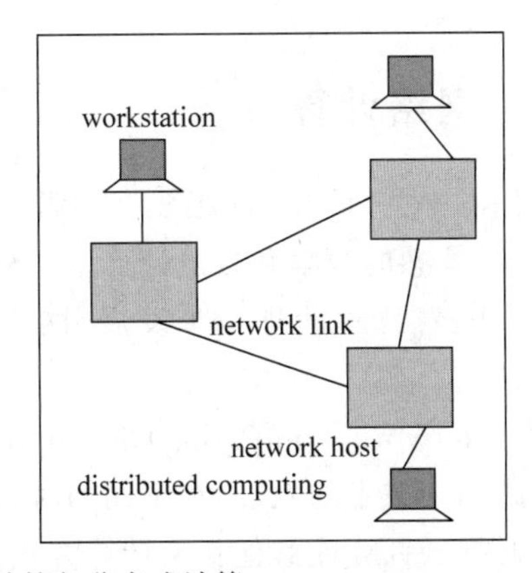

图1-1　集中式计算与分布式计算

1.2.2 并行计算

并行计算(Parallel Computing)或称并行运算是相对于串行计算的概念(如图 1-2 所示),最早出现于 20 世纪六七十年代,指在并行计算机上所作的计算,即采用多个处理器来执行单个指令。通常并行计算是指同时使用多种计算资源解决计算问题的过程,是提高计算机系统计算速度和处理能力的一种有效手段。它的基本思想是用多个处理器来协同求解同一问题,即将被求解的问题分解成若干个部分,各部分均由一个独立的处理机来并行计算。

并行计算可分为时间上的并行和空间上的并行。时间上的并行就是指流水线技术,而空间上的并行则是指用多个处理器并发的执行计算。传统意义上的并行与分布式计算的区别是:分布式计算强调的是任务的分布执行,而并行计算强调的是任务的并发执行。特别提一下,随着互联网技术的发展,越来越多应用利用网络实现并行计算,这种基于网络的并行计算实际上也属于分布式计算的一种模式。

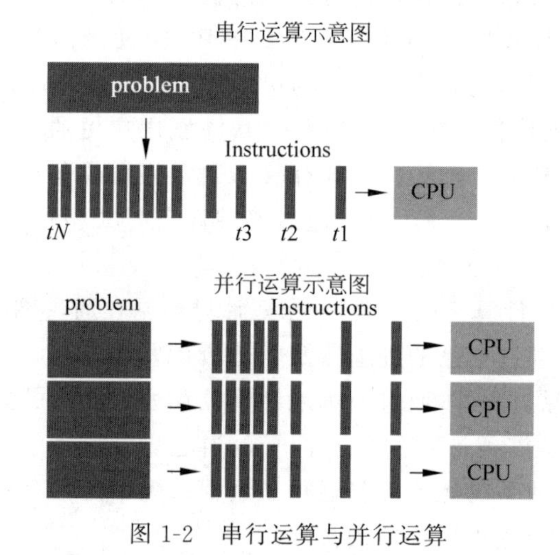

图 1-2 串行运算与并行运算

1.2.3 网络计算

首先,我们看一些“计算”的概念。“计算”这个词在不同的时代有不同的内涵,一般人们都会想到我们最熟悉的数学和数值计算。自从计算机技术诞生以来,人类就进入了“计算机计算的时代”。随着技术的进一步发展,网络宽带的迅速增长,人们开始进入“网络计算时代”。

网络计算(Network Computing)是一个比较宽泛的概念,随着计算机网络的出现而出现的,并且随着网络技术的发展,在不同的时代有不同的内涵。例如,有时网络计算是指分布式计算,有时指云计算或其他新型计算方式。总之,网络计算的核心思想是指把网络连接起来的各种自治资源和系统组合起来,以实现资源共享、协同工作和联合计算,为各种用户提供基于网络的各类综合性服务。网络计算在很多学科领域发挥了巨大作用,改变了人们的生活方式。

1.2.4 对等计算

对等计算又称为peer-to-peer计算，简称为P2P计算。对等计算源于P2P网络，P2P网络是无中心服务器，依赖用户群交换的互联网体系。与客户-服务器结构的系统不同，在P2P网络中，每个用户端既是一个节点，又有服务器的功能，任何一个节点无法直接找到其他节点，必须依靠其用户群进行信息交流。

与传统的服务器/客户机的模式不同，对等计算的体系结构是让传统意义上作为客户机的各个计算机直接互相通信，而这些计算机实际上同时扮演着服务器和客户机的角色，因此，对等计算模式可以有效地减少传统服务器的压力，使这些服务器可以更加有效地执行其专属任务。例如，利用对等计算模式的分布式计算技术，我们有可能将网络上成千上万的计算机连接在一起共同完成极其复杂的计算，成千上万台桌面PC和工作站集结在一起所能达到的计算能力是非常可观的，这些计算机所形成的"虚拟超级电脑"所能达到的运算能力甚至是现有的单个大型超级电脑所无法达到的。

1.2.5 集群计算

集群计算(Cluster Computing)指的是计算机集群将一组松散集成的计算机软件或硬件连接起来高度紧密地协作完成计算工作。在某种意义上，它们可以被看作是一台计算机。集群系统中的单个计算机通常称为节点，通常通过局域网连接，但也有其他的可能连接方式。集群计算机通常用来改进单个计算机的计算速度和/或可靠性。一般情况下集群计算机比单个计算机，比如工作站或超级计算机性价比要高得多。

根据组成集群系统的计算机之间体系结构是否相同，集群可分为同构与异构两种。集群计算机按功能和结构可以分为，高可用性集群(High-Availability Clusters)、负载均衡集群(Load Balancing Clusters)、高性能计算集群(High-Performance Clusters)、网格计算(Grid Computing)。集群计算与网格计算的区别：网格本质上就是动态的，资源则可以动态出现，资源可以根据需要添加到网格中或从网格中删除，而且网格的资源可以在本地网、城域网或广域网上进行分布；而集群计算中包含的处理器和资源的数量通常都是静态的。

1.2.6 网格计算

网格计算(Grid Computing)：利用互联网把地理上广泛分布的各种资源(计算、存储、带宽、软件、数据、信息、知识等)连成一个逻辑整体，就像一台超级计算机一样，为用户提供一体化信息和应用服务(计算、存储、访问等)。网格计算强调资源共享，任何节点都可以请求使用其他节点的资源，任何节点都需要贡献一定资源给其他节点。

更具体来说，网格计算是伴随着互联网技术而迅速发展起来的，是将地理上分布的计算资源(包括数据库、贵重仪器等各种资源)充分运用起来，协同解决复杂的大规模问题，特别是解决仅靠本地资源无法解决的复杂问题，是专门针对复杂科学计算的新型计算模式。如图1-3所示，这种计算模式是利用互联网把分散在不同地理位置的计算机组织成一个"虚拟的超级计算机"，其中每一台参与计算的计算机就是一个"节点"，而整个计算机是由成千上万个"节点"组成的"一张网格"，所以这种计算方式叫网格计算。这样组织起来的"虚拟的超级计算机”有两个优势，一个是数据处理能力超强，另一个是能充分利用网上的闲置处理能力。简单地讲，网格是把整个网络整合成一台巨大的超级计算机，实现计算资源、存储资源、数据资源、信息资源、知识资源、专家资源的全面共享。

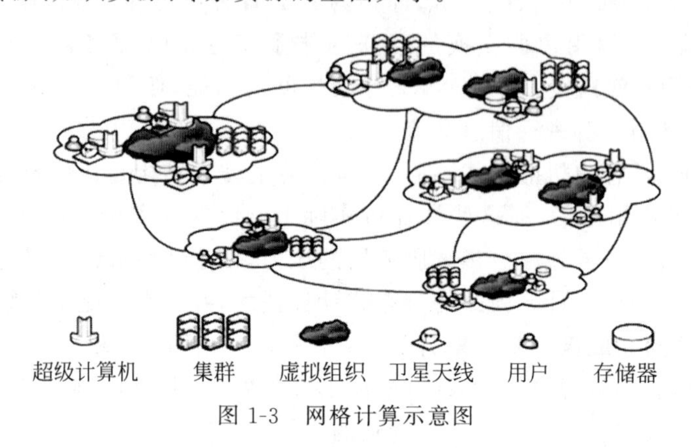

图 1-3　网格计算示意图

1.2.7　云计算

云计算(Cloud Computing)概念最早由 Google 公司提出。2006 年，27 岁的 Google 高级工程师克里斯托夫・比希利亚第一次向 Google 董事长兼 CEO 施密特提出“云计算”的想法，在施密特的支持下，Google 推出了“Google 101 计划”，该计划目的是让高校的学生参与到云的开发，将为学生、研究人员和企业家们提供 Google 式的无限的计算处理能力，这是最早的“云计算”概念，如图 1-4 所示。这个云计算概念包含两个层次的含义，一是商业层面，即以“云”的方式提供服务，一个是技术层面，即各种客户端的“计算”都由网络来负责完成。通过把云和计算相结合，用来说明 Google 在商业模式和计算架构上与传统的软件和硬件公司的不同。

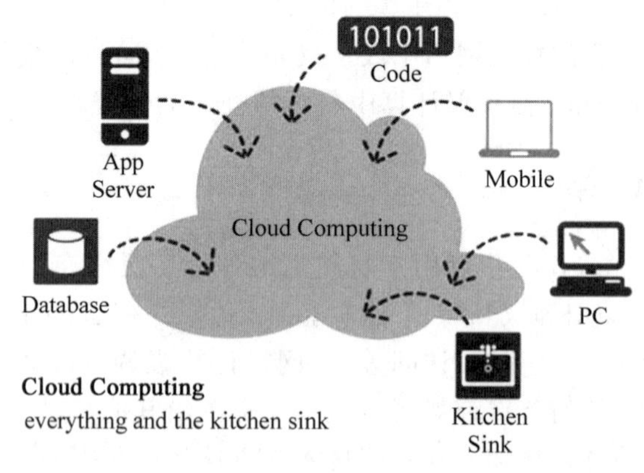

图 1-4　云计算概念示意图

目前，对于云计算的认识在不断地发展变化，云计算没仍没有普遍一致的定义。通常是指由分布式计算、集群计算、网格计算、并行计算、效用计算等传统计算机和网络技术融合而形成的一种商业计算模型。从技术上看，云计算是一种基于互联网的计算方式，通过这种方式，共享的软硬件资源和信息可以按需求提供给计算机和其他设备。当前，云计算的主要形式包括：基础设施即服务(IAAS)、平台即服务(PAAS)和软件即服务(SAAS)。

1.2.8 雾计算

雾计算(Fog Computing)这个名字是在 2011 年由美国纽约哥伦比亚大学的斯特尔佛教授起的，他当时的目的是利用“雾”来阻挡黑客入侵。思科于 2012 年在论文中提出雾计算概念，作为云计算的延伸，从而将计算需求分层次、分区域处理，以化解可能出现的网络堵塞现象。随后，思科在 Cisco Live 2014 会议上发布了供开发者使用的雾计算开发套件 IOx。

雾计算是一种分布式的计算模型，作为云数据中心和物联网(IoT)设备/传感器之间的中间层，提供计算、网络和存储设备，让基于云的服务可以离物联网设备和传感器更近(如图 1-5 所示)。雾计算的名字源自“雾是比云更贴近地面(数据产生的地方)”。雾计算是使用一个或多个协同众多的终端用户或用户边缘设备，进行以分布式协作架构进行大量数据存储(而不是将数据集中存储在云数据中心)、通信(而不是通过互联网骨干路由)、控制、配置、测试和管理的一种计算体系结构。

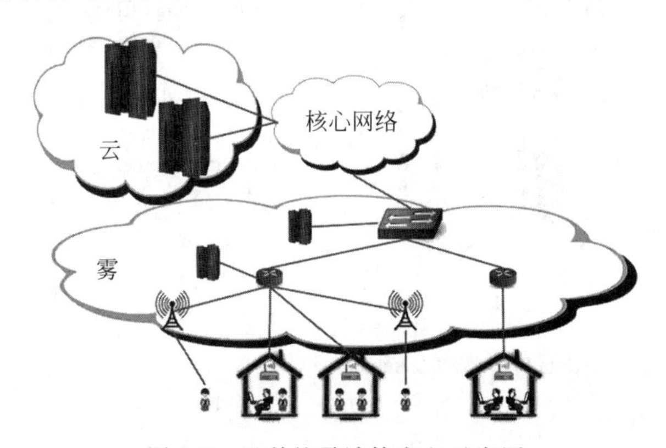

图 1-5 思科的雾计算定义示意图

雾计算环境由传统的网络组件，例如路由器、开关、机顶盒、代理服务器、基站等构成，可以安装在离物联网终端设备和传感器较近的地方。这些组件可以提供不同的计算、存储、网络功能，支持服务应用的执行。思科系统公司、ARM 控股公司、戴尔公司、英特尔公司、微软公司和普林斯顿大学等于 2015 年 11 月 19 日成立了目前唯一的雾计算组织——OpenFog 联盟，创建雾计算标准——OpenFog，以实现物联网(IoT)、5G 和人工智能(AI)应用的数据密集型需求，促进雾计算的兴起和发展。

1.2.9 边缘计算

云计算大多采用集中式管理的方法，这使云服务创造出较高的经济效益，而在万物互联的背景下，应用服务需要低延时、高可靠性以及数据安全，而传统云计算无法满足这些需求。当前，线性增长的集中式云计算能力已无法匹配爆炸式增长的海量边缘数据，基于云计算模型的单一计算资源已不能满足大数据处理的实时性、安全性和低能耗等需求，在现有以云计算模型为核心的集中式大数据处理基础上，亟需以边缘计算模型为核心，面向海量边缘数据的边缘式大数据处理技术，二者相辅相成，应用于云中心和边缘端大数据处理，解决万物互联时代云计算服务不足的问题。

边缘计算(Edge Computing)是指在网络边缘执行计算的一种新型计算模型。边缘计算中边缘的下行数据表示云服务,上行数据表示万物互联服务,而边缘计算的边缘是指从数据源到云计算中心路径之间的任意计算和网络资源[9]。图1-6表示基于双向计算流的边缘计算模型。云计算中心不仅从数据库收集数据,也从传感器和智能手机等边缘设备收集数据。这些设备兼顾数据生产者和消费者。因此,终端设备和云中心之间的请求传输是双向的。网络边缘设备不仅从云中心请求内容及服务,而且还可以执行部分计算任务,包括数据存储、处理、缓存、设备管理、隐私保护等。因此,需要更好地设计边缘设备硬件平台及其软件关键技术,以满足边缘计算模型中可靠性、数据安全性的需求。

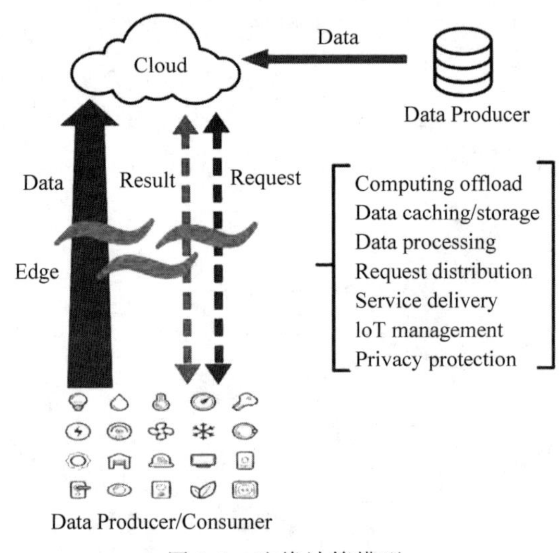

图1-6 边缘计算模型

边缘计算产业联盟(Edge Computing Consortium,ECC),对边缘计算的定义为:边缘计算指在靠近物或数据源头的网络边缘侧,融合网络、计算、存储、应用核心能力的开放平台,就近提供边缘智能服务,满足行业数字化在敏捷连接、实时业务、数据优化、应用智能、安全与隐私保护等方面的关键需求。万物联网应用需求的发展催生了边缘式大数据处理模式,即边缘计算模型,其能在网络边缘设备上增加执行任务计算和数据分析的处理能力,将原有的云计算模型的部分或全部计算任务迁移到网络边缘设备上,降低云计算中心的计算负载,减缓网络带宽的压力,提高万物互联时代数据的处理效率。

边缘计算与雾计算概念相似,具体原理也相似,即都是使得计算在网络边缘进行的计算。边缘计算和雾计算的关键区别在于:①智能和计算发生的位置。雾计算中的智能是发生在本地局域网络层,处理数据是在雾节点或者IoT网关进行的。边缘计算则是将智能、处理能力和通信能力都放在了边缘网关或者直接的应用设备中。②雾计算更具有层次性和平坦的架构,其中几个层次形成网络,而边缘计算依赖于不构成网络的单独节点。雾计算在节点之间具有广泛的对等互连能力,边缘计算在孤岛中运行其节点,需要通过云实现对等流量传输。边缘计算可以广泛应用于云端向网络边缘侧转移的各个场景,包括但不限于下面列出的各个场景:

• 云计算任务迁移:云计算中大多数计算任务在云计算中心执行,这会导致响应延时较长，损害用户体验。根据用户设备的环境可确定数据分配和传输方法，EAWP (edge accelerated Web platform) 模型[9]改善了传统云计算模式下较长响应时间的问题，一些学者已经开始研究解决云迁移在移动云环境中的能耗问题。边缘计算中，边缘端设备借助其一定的计算资源实现从云中心迁移部分或全部任务到边缘端执行。移动云环境中借助基站等边缘端设备的计算、存储、网络等资源，实现从服务器端迁移部分或全部任务到边缘端执行，例如通过分布式缓存技术提高网页加载和DNS解析速度，或者将深度学习的分析、训练过程放在云端，生成的模型部署在边缘网关直接执行，优化良率、提升产能。

- 边缘视频分析：在本地对视频进行简单处理，选择性丢弃一些静止或无用画面，只将有用的数据传输到云端，减少带宽浪费，节省时间。
- 车联网：通过汽车需要的云服务扩展到高度分散的移动基站环境中，并使数据和应用程序能够安置在车辆附近，从而减少数据的往返时间和提供实时响应、路边服务、附近消息互通等功能。
- 智能家居：通过家庭内部的边缘网关提供 Wi-Fi、蓝牙、ZigBee 等多种连接方式，连接各种传感器和网络设备，同时出于数据传输负载和数据隐私的考虑，在家庭内部就地处理敏感数据，降低数据传输带宽的负载，向用户提供更好的资源管理和分配。
- 智能制造(工业互联网)：将现场设备封装成边缘设备，通过工业无线和工业 SDN 网络将现场设备以扁平互联的方式联接到工业数据平台中与大数据、深度学习等云服务对接，解决工业控制高实时性要求与互联网服务质量的不确定性的矛盾。
- 智慧水务：利用先进传感技术、网络技术、计算技术、控制技术、智能技术，对二次供水等设备全面感知，集成城市供水设备、信息系统和业务流程，实现多个系统间大范围、大容量数据的交互，从而进行全程控制，实现故障自诊断、可预测性维护，降低能耗，保证用水安全。
- 智慧物流：通过专用车载智能物联网终端，实时全面采集车辆、发动机、油箱、冷链设备、传感器等的状态参数、业务数据以及视频数据，视频、温控、油感、事件联动，对车辆运行状况全面感知，形成高效低耗的物流运输综合管理服务体系。

1.2.10 移动边缘计算

万物互联的发展实现了网络中多类型设备（如智能手机、平板、无线传感器及可穿戴的健康设备等）的互联，而大多数网络边缘设备的能量和计算资源有限，这使万物互联的设计变得尤为困难。移动边缘计算是在接近移动用户的无线电接入网范围内，提供信息技术服务和云计算能力的一种新的网络结构，并已成为一种标准化、规范化的技术。

2014 年 ETSI 提出对移动边缘计算术语的标准化，并指出移动边缘计算提供了一种新的生态系统和价值链。利用移动边缘计算，可将密集型移动计算任务迁移到附近的网络边缘服务器。ETSI(欧洲电信标准化协会)是欧盟正式承认为欧洲标准化组织(ESO)的三个机构之一，在全球拥有超过 800 个成员组织，来自 66 个国家和五大洲，成员包括大型和小型私营公司，研究机构、学术界、政府和公共组织的多元化组合，例如微软、英特尔、思科、华为等。ETSI 的多接入边缘计算(MEC，原移动边缘计算)定义为：多接入边缘计算(MEC)为应用程序开发人员和内容提供商提供云计算功能和位于网络边缘的 IT 服务环境，其特点是超低延迟和高带宽以及可以被应用程序利用实时访问的无线网络信息。

如图 1-7 所示，**移动边缘计算**就是利用无线接入网络就近提供电信用户 IT 所需服务和云端计算功能，而创造出一个具备高性能、低延迟与高带宽的电信级服务环境，加速网络中各项内容、服务及应用的快速下载，让消费者享有不间断的高质量网络体验。移动边缘计算把无线网络和互联网两者技术有效融合在一起，并在无线网络侧增加计算、存储、处理等功能，构建了开放式平台以植入应用，并通过无线 API 开放无线网络与业务服务器之间的信息交互，对无线网络与业务进行融合，将传统的无线基站升级为智能化基站。

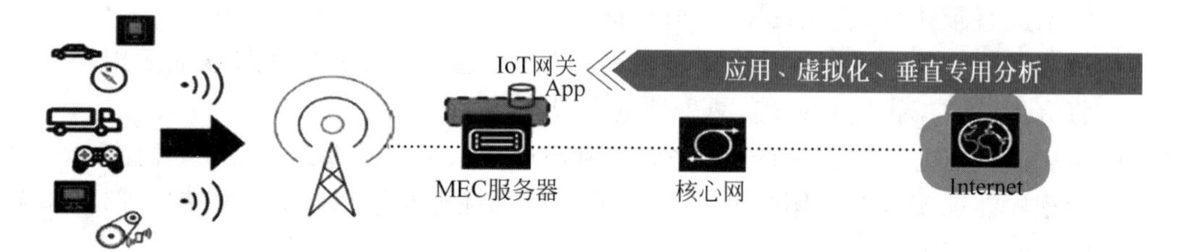

图 1-7　移动边缘计算概念示意图

移动边缘计算模型强调在云计算中心与边缘设备之间建立边缘服务器，在边缘服务器上完成终端数据的计算任务，但移动边缘终端设备基本认为不具有计算能力。相比而言，边缘计算模型中终端设备上具有较强的计算能力，因此，移动边缘计算是一种边缘计算服务器，作为边缘计算模型的一部分。

1.2.11　移动云计算

移动云计算是在 Open Gardens 博客上于 2010 年 3 月 5 日发布的一篇文章中定义的，被定义为"移动云生态系统中云计算服务的可用性。这合并了许多元素，包括使用者、企业、家庭基站、转码、端到端安全性、家庭网关和启用移动宽带的服务"。

基于云计算的定义，移动云计算是指通过移动网络以按需、易扩展的方式获得所需的基础设施、平台、软件(或应用)等的一种 IT 资源或(信息)服务的交付与使用模式。如图 1-8 所示，移动云计算是云计算技术在移动互联网中的应用，本质上就是基于移动终端获取各种云端服务的技术。

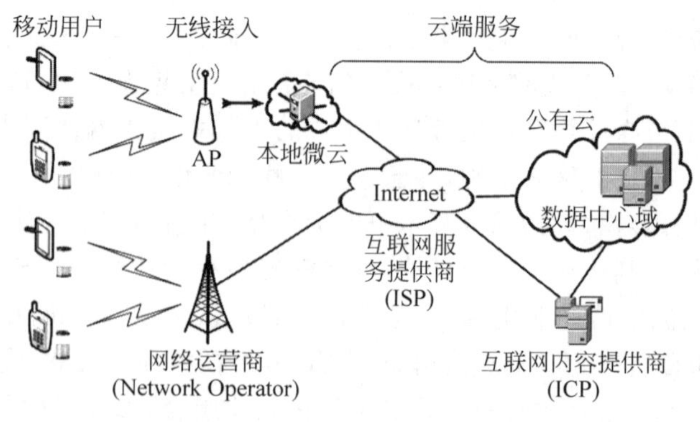

图 1-8　移动云计算概念示意图

此外,IBM 对移动云计算的定义为:移动云计算利用云计算向移动设备交付应用。这些移动应用可以通过快速、灵活的开发工具进行远程部署。在 cloMobile 上,云应用可以通过云服务快速构建或修改。这些应用可以交付到具备不同操作系统、计算任务和数据存储功能的许多不同设备上。因此,用户可以访问在其他情况下不受支持的应用。

1.2.12　大数据计算

随着互联网与计算机系统需要处理的数量越来越大,大数据计算成为一种非常重要的数据分析处理模式。当前在大数据计算方面,主要模式有:基于 MapReduce 的批处理计算、流式计算、基于 Spark 的内存计算。下面简单介绍这三种计算模式。

1. 基于 MapReduce 的批处理计算

批处理计算是先对数据进行存储,然后再对存储的静态数据进行集中计算。MapReduce 是典型的大数据批处理计算模式。MapReduce 是大数据分析处理方面最成功的主流计算模式,被广泛用于大数据的线下批处理分析计算。MapReduce 计算模式的主要思想是将自动分割要执行的问题(例如程序)拆解成 Map 和 Reduce 两个函数操作,然后对分块的大数据采用"分而治之"的并行处理方式分析计算数据。MapReduce 计算流程图如图 1-9 所示,通过 Map 函数的程序将数据映射成不同的分块,分配给计算机机群处理达到分布式运算的效果,再通过 Reduce 函数的程序将结果汇总,从而输出所需要的结果。MapReduce 提供了一个统一的并行计算框架,把并行计算所涉及的诸多系统层细节都交给计算框架去完成,以此大大简化了程序员进行并行化程序设计的负担。

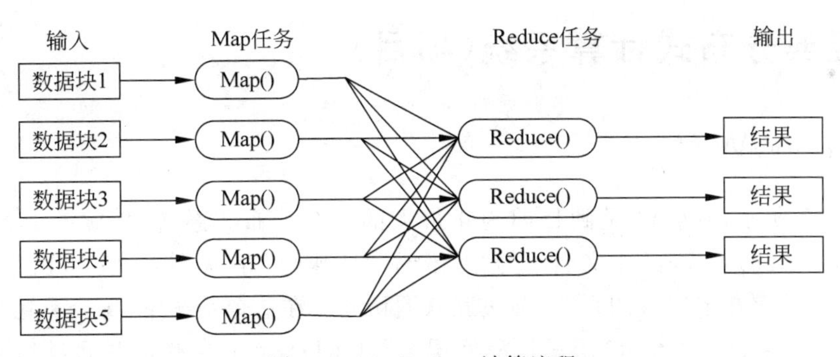

图 1-9　MapReduce 计算流程

2. 流式计算

大数据批处理计算关注数据处理的吞吐量,而大数据流式计算更关注数据处理的实时性。如图 1-10 所示,流式计算中,无法确定数据的到来时刻和到来顺序,也无法将全部数据存储起来。因此,不再进行流式数据的存储,而是当流动的数据到来后在内存中直接进行数据的实时计算。流式计算具有很强的实时性,需要对应用源源不断

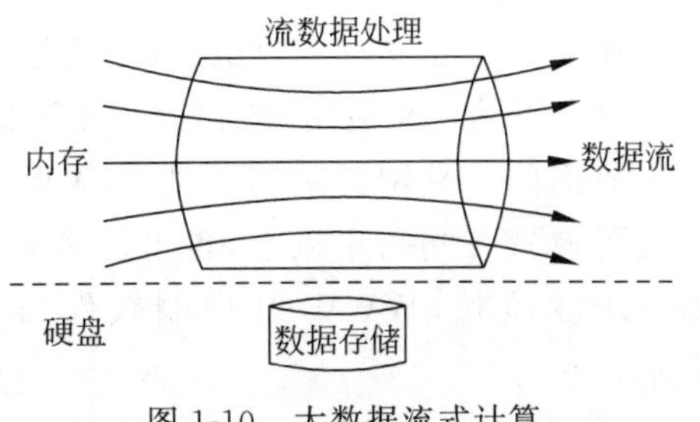

图 1-10　大数据流式计算

产生的数据实时进行处理，使数据不积压、不丢失，常用于处理电信、电力等行业应用以及互联网行业的访问日志等。Facebook 的 Scribe、Apache 的 Flume、Twitter 的 Storm、Yahoo 的 S4、UCBerkeley 的 Spark Streaming 是典型的流式计算系统。

3. 基于 Spark 的内存计算

Spark 是 UC Berkeley AMP 实验室所开源的类似 Hadoop MapReduce 的分布式计算框架，输出和结果保存在内存中，不需要频繁读写 HDFS，数据处理效率更高。如图 1-11 所示，由于 MapReduce 计算过程中需要读写 HDFS 存储（访问磁盘 IO），而在 Spark 内存计算过程中，使用内存替代了使用 HDFS 存储中间结果，即在进行大数据分析处理时使用分布式内存计算，内存访问要比磁盘快得多，因此，基于 Spark 的内存计算的数据处理性能会提升很多，特别是针对需要多次迭代大数据计算的应用。

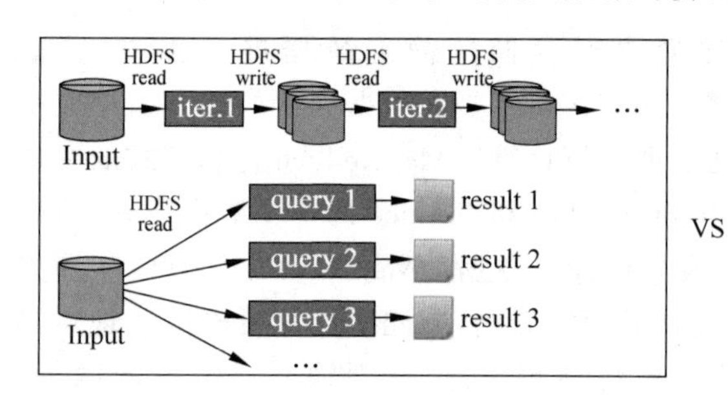

VS

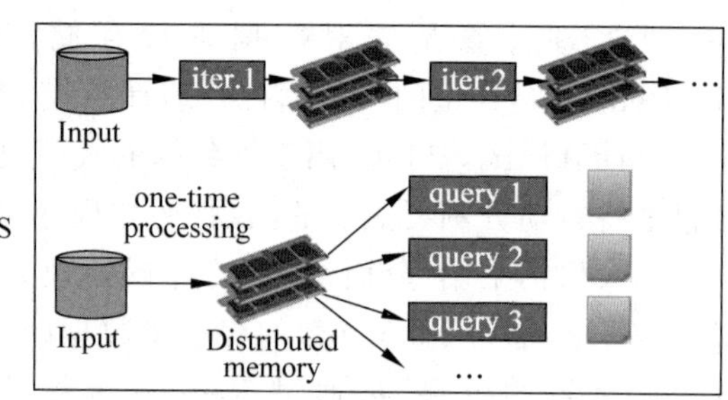

图 1-11　Spark 内存计算

1.3　经典分布式计算系统（项目）

1.3.1　WWW

如图 1-12 所示，WWW 是到目前为止最大的一个分布式系统，WWW 是环球信息网（World Wide Web）的缩写，中文名字为“万维网”“环球网”等，常简称为 Web。它是一个由许多互相链接的超文本组成的系统，通过互联网访问。在这个系统中，每个有用的事物称为一样“资源”；并且由一个全局“统一资源标识符”（URI）标识；这些资源通过超文本传输协议（Hypertext Transfer Protocol，HTTP）传送给用户，而后者通过单击链接来获得资源。万维网并不等同互联网，万维网只是互联网所能提供的服务其中之一，是靠互联网运行的一项服务。

WWW 是建立在客户机/服务器模型之上的。WWW 是以超文本标记语言（标准通用标记语言下的一个应用）与超文本传输协议为基础，能够提供面向 Internet 服务的、一致的用户界面的信息浏览系统。其中 WWW 服务器采用超文本链路来链接信息页，这些信息页既可放置在同一主机上，也可放置在不同地理位置的主机上；本链路由统一资源定位器（URL）维持，WWW 客户端软件（即 WWW 浏览器）负责信息显示与向服务器发送请求。

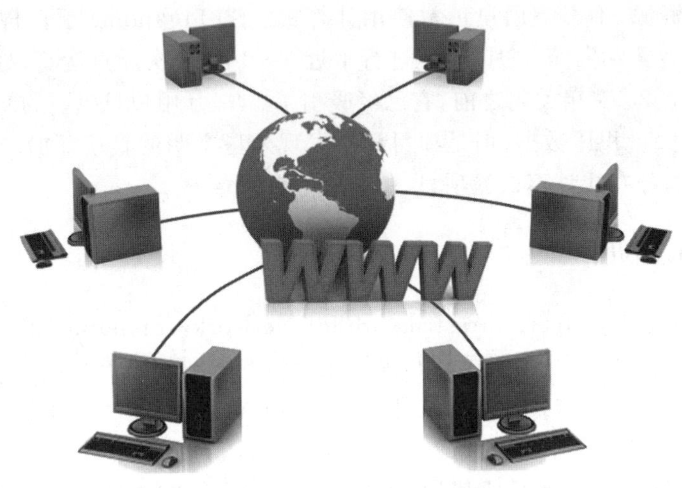

图 1-12 WWW 系统示意图

1.3.2 SETI@home

SETI@home(Search for Extra Terrestrial Intelligence at Home,寻找外星人),是一个利用全球联网的计算机共同搜寻地外文明的项目,本质上它是一个由互联网上的多个计算机组成的处理天文数据的分布式计算系统。SETI@home 是由美国加州大学伯克利分校的空间科学实验室开发的一个项目,它试图通过分析阿雷西博射电望远镜采集的无线电信号,搜寻能够证实地外智能生物存在的证据,该项目参考网站为 http://setiathome.berkeley.edu。

SETI@home 是目前因特网上参加人数最多的分布式计算项目。如图 1-13 所示,SETI@home 程序在用户的个人计算机上,通常在屏幕保护模式下或后台模式运行。它利用的

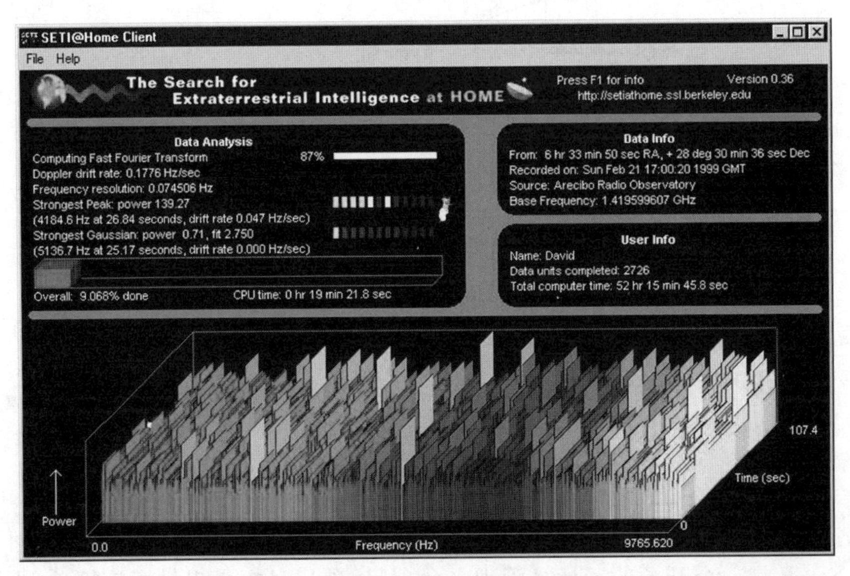

图 1-13 SETI@home 系统客户端

是多余的处理器资源，不影响用户正常使用计算机。SETI@home 项目自 1999 年 5 月 17 日开始正式运行。至 2004 年 5 月，累积进行了近 5×10E21 次浮点运算，处理了超过 13 亿个数据单元。截至 2005 年关闭之前，它已经吸引了 543 万用户，这些用户的电脑累积工作 243 万年，分析了大量积压数据，但是项目没有发现外星文明的直接证据。SETI@home 是迄今为止最成功的分布式计算试验项目。

1.3.3 BOINC

BOINC 是 Berkeley Open Infrastructure for Network Computing 的首字母缩写，即伯克利开放式网络计算平台，是由美国加利福尼亚大学伯克利分校于 2003 年开发的一个利用互联网计算机资源进行分布式计算的软件平台。BOINC 最早是为了支持 SETI@home 项目而开发的，之后逐渐成了最为主流的分布式计算平台，为众多的数学、物理、化学、生命科学、地球科学等学科类别的项目所使用。如图 1-14 所示，BOINC 平台采用了传统的客户端/服务端构架：服务端部署于计算项目方的服务器，服务端一般由数据库服务器、数据服务器、调度服务器和 Web 门户组成；客户端部署于志愿者的计算机，一般由分布在网络上的多个用户计算机组成，负责完成服务端分发的计算任务。客户端与服务端之间通过标准的互联网协议进行通信，实现分布式计算。

BOINC 是当前最为流行的分布式计算平台，提供了统一的前端和后端架构，一方面大为简化了分布式计算项目的开发，另一方面，对参加分布式计算的志愿者来说，参与多个项目的难度也大为降低。目前已经有超过 50 个的分布式计算项目基于 BOINC 平台，BOINC 平台上的主流项目包括有 SETI@home、Einstein@Home、World Community Grid 等。更详细的介绍请参考该项目网站 http://boinc.ssl.berkeley.edu/。

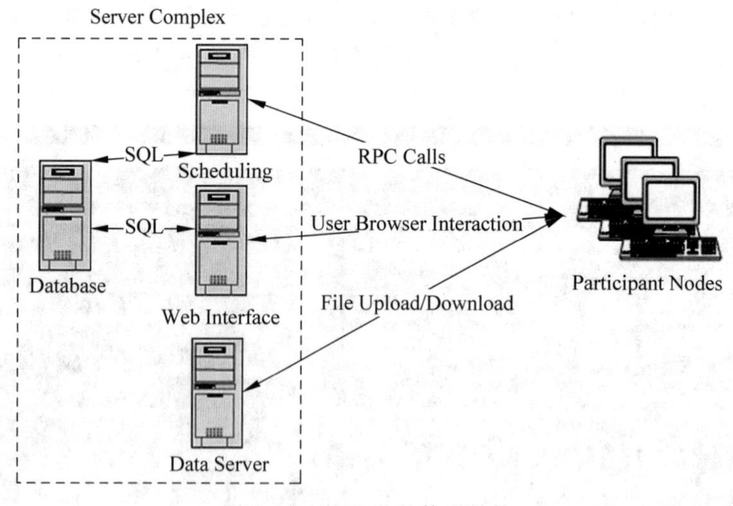

图 1-14 BOINC 的体系结构

1.3.4 OpenStack

OpenStack 是一个开源的云计算管理平台项目，项目目标是提供实施简单、可大规模扩展、丰富、标准统一的云计算管理平台。OpenStack 是当前非常活跃的基础云实现软件，是当前最为流行的一种可用的开源云计算解决方案，是一个构建云环境的工具集，基于 OpenStack 可以搭建私有云或公有云。从名称中的 Open 可以看出其开源的理念，开放式的开发模式，Stack 可以理解成它是由一系列的相互独立的子项目组合而成，协同合作完成某些工作，同时 OpenStack 也是一个十分年轻的开源项目，2010 年 7 月由 NASA(美国国家航空航天局)联手 Rackspace 在建设 NASA 私有云的过程中基于 Apache2.0 开源模式创建了 OpenStack 项目。

同时，OpenStack 本身是一个分布式系统，不但各个服务可以分布部署，服务中的组件也可以分布部署。这种分布式特性让 OpenStack 具备极大的灵活性、伸缩性和高可用性。OpenStack 项目并不是单一的服务，其含有子组件，子组件内由模块来实现各自的功能。通过消息队列和数据库，各个组件可以相互调用，互相通信。这样的消息传递方式解耦了组件、项目间的依赖关系，所以才能灵活地满足我们实际环境的需要，组合出适合我们的架构。

如图 1-15 所示，OpenStack 包含了许多组件。有些组件会首先出现在孵化项目中，待成熟以后进入下一个 OpenStack 发行版的核心服务中。同时也有部分项目是为了更好地支持 OpenStack 社区和项目开发管理，不包含在发行版代码中，主要组件包括：

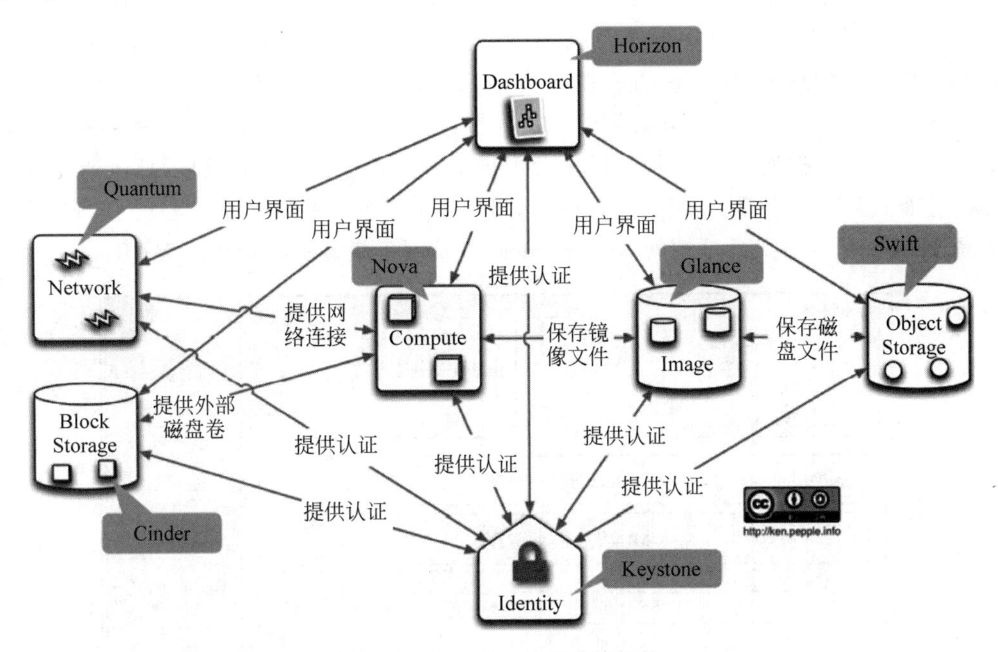

图 1-15 OpenStack 的总体架构

- Nova：提供计算服务。
- Keystone：提供认证服务。
- Glance：提供镜像服务。
- Quantum：提供网络服务。
- Horizon：提供仪表盘服务。
- Swift：提供对象存储服务。
- Cinder：提供块存储服务。

- Heat：提供编排服务。
- Ceilometer：提供计费和监控服务。
- Trove：提供数据库服务。
- Sahara：提供数据处理服务。

OpenStack 是由一系列具有 RESTful 接口的 Web 服务所实现的，是一系列组件服务集合。如图 1-15 为 OpenStack 的概念架构，我们看到的是一个标准的 OpenStack 项目组合的架构。这是比较典型的架构，但不代表这是 OpenStack 的唯一架构，我们可以选取自己需要的组件项目，来搭建适合自己的云计算平台。

1.3.5 Hadoop

Hadoop 是一个由 Apache 基金会所开发的分布式系统基础架构。Hadoop 起源于开源网络搜索引擎 Apache Nutch，在 2003 年和 2004 年，谷歌分别发表论文描述了谷歌分布式文件系统 GFS 和分布式数据处理系统 MapReduce。基于这两篇论文，Nutch 的开发者开始着手做开源版本的实现，实现了后来 Hadoop 系统的核心——分布式文件存储系统 HDFS 和分布式计算框架 MapReduce。2006 年，开发人员将 HDFS 和 MapReduce 移出 Nutch，至此，用于数据存储和分析的分布式系统 Hadoop 诞生了。2008 年 1 月，Hadoop 已经成为 Apache 的顶级项目，证明了它的成功。目前，Hadoop 在工业界得到了广泛使用，包括 EMC、IBM、Microsoft 在内的国际公司都在直接或间接使用包含 Hadoop 的系统，Hadoop 成为了公认的大数据通用存储和分析平台。Hadoop 经过十多年的发展，已经形成了一个完整的分布式系统生态圈。如图 1-16 所示，Hadoop 分布式系统包括核心的分布式文件存储系统 HDFS 和分布式计算框架 MapReduce，以及用于集群资源管理的 YARN。

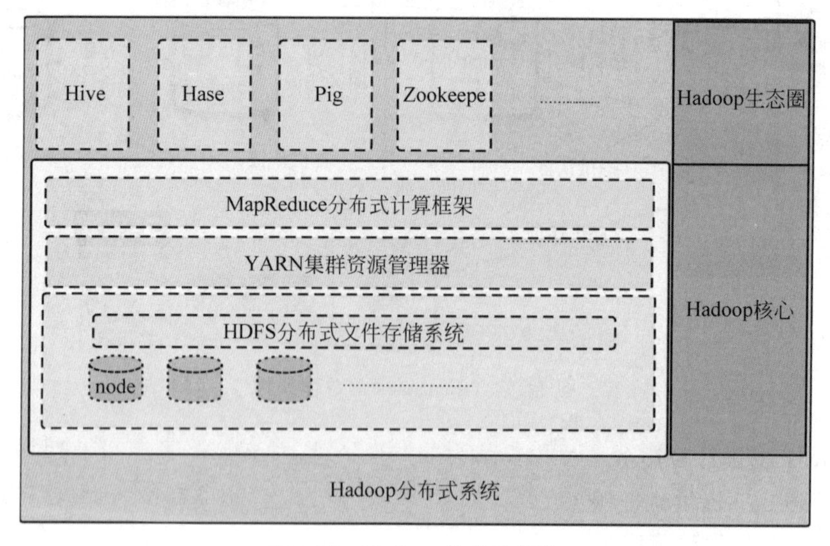

图 1-16 Hadoop 的总体架构

Hadoop 生态圈支持用户在不了解分布式底层细节的情况下，帮助用户开发分布式应用。Hadoop 生态圈中有很多工具和框架，这里对几种典型应用加以介绍：

- Hadoop 生态圈包括数据仓库 Hive，这是一种可以存储、查询和分析存储在 HDFS

中数据的工具。

- Hbase 是基于 HDFS 开发的面向列的分布式数据库，如果需要实时随机访问超大规模数据集，就可以使用 Hbase。
- Pig 为大型数据集的处理提供了更高层次的抽象，使用户可以使用更为丰富的数据结构，在 MapReduce 程序中进行数据变换操作。
- Zookeeper 为 Hadoop 提供了分布式协调服务，使得集群具有更高的容错性。

以上是 Hadoop 分布式系统的总览，接下来我们介绍 Hadoop 中用于数据存储的 HDFS 和 Hbase 的分布式架构和用于集群资源管理的分布式管理器 YARN。

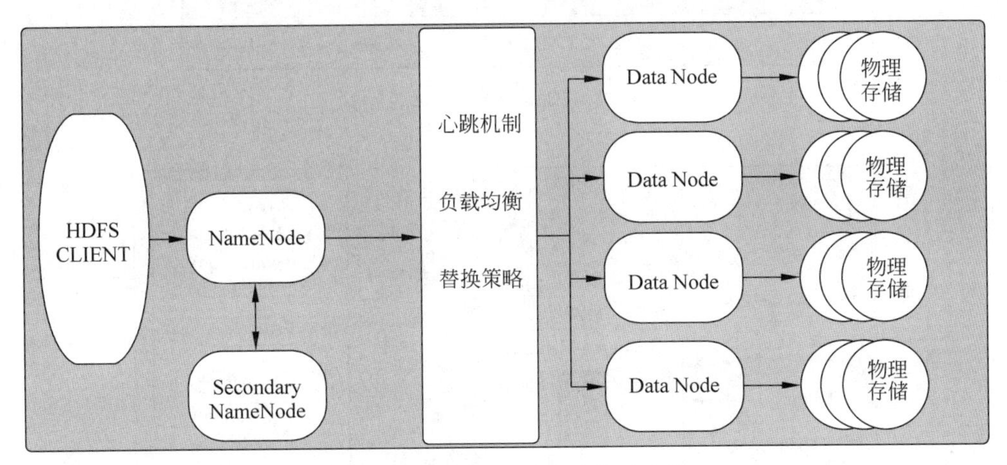

图 1-17　HDFS 的分布式体系结构

如图 1-17 所示，HDFS 集群按照管理节点-工作节点模式运行，其中 NameNode 为管理节点，DataNode 为工作节点，SecondaryNameNode 是辅助 Namenode。NameNode 与 DataNode 之间是一对多的关系。同时 HDFS 带有心跳机制、负载均衡和 DataNode 替换策略等手段来保证可用性和高可靠性。其中：NameNode 是管理者节点，负责管理数据块映射、处理客户端的读写请求、配置副本策略、管理 HDFS 的名称空间；DataNode 是工作节点，负责存储客户端发来的数据块(Block)、执行数据块的读写操作；SecondaryNameNode 作为 NameNode 备份节点，分担 NameNode 的工作量，同时对 NameNode 进行冷备份。

如图 1-18 所示，HBase 是一个在 HDFS 上开发的面向列的分布式数据库，服务依赖于 Zookeeper。HBase 的分布式结构与 HDFS 相似，它用一个 Master 节点协调管理一个或多个 Regionserver 从属机。其中：

- Master 节点负责启动一个全新的安装，把区域分配给注册的 Regionserver，恢复 Regionserver 的故障等，值得一提的是，Master 的负载很低。
- Regionserver 负责零个或多个区域的管理以及响应客户端的读写请求，同时负责区域划分。
- Zookeeper 集群负责管理诸如 hbase：meta 目录表的位置以及当前集群主控机地址等重要信息。如果有服务器崩溃，Zookeeper 还能进行分配协调。
- Client 包含访问 HBase 的接口，维护着一些 cache 来加快对 HBase 的访问。

图 1-19 是 YARN(Yet Another Resource Negotiator)的分布式体系结构示意图，

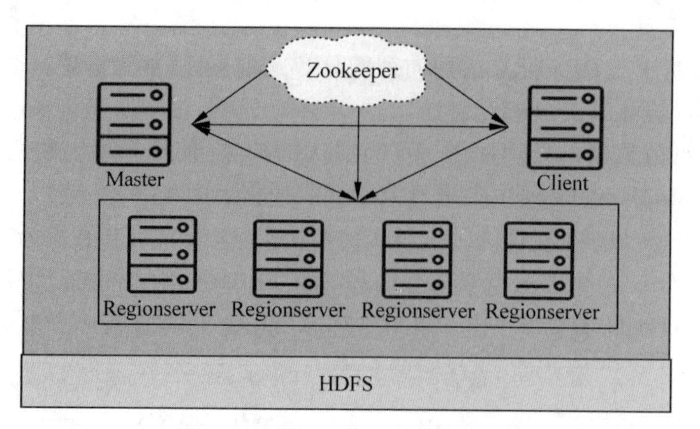

图 1-18 HBase 分布式体系结构

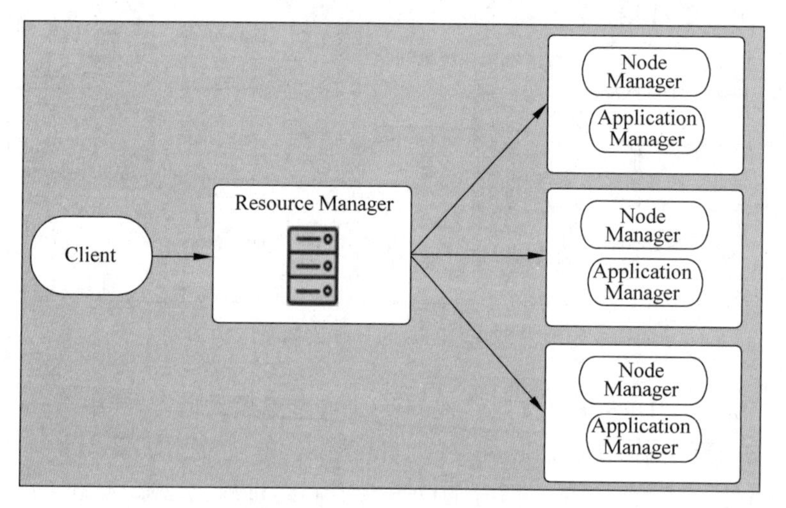

图 1-19 YARN 的体系结构

YARN 是 Hadoop 的集群资源管理系统。随着 Hadoop 2.x 一起发行，起初是为了改善 MapReduce 的性能而设计的，但现在 YARN 因为其良好的通用性同样可以支持 Spark、Tez 等分布式计算框架。其中：Resource Manager 是一个全局的资源管理器，管理整个集群的计算资源，并将这些资源分配给应用程序；ApplicationMaster 是应用程序级别的管理器，管理运行在 YARN 上的应用程序；NodeManager 是 YARN 中每个节点上的代理管理器，它管理 Hadoop 集群中单个计算节点。

1.3.6 Spark

Spark 是一个快速通用的大规模数据处理与计算框架，于 2009 年由 Matei Zaharia 在加州大学伯克利分校的 AMPLab 进行博士研究期间提出。与传统的数据处理框架不一样，Spark 通过在内存中缓存数据集以及启动并行计算任务时的低延迟和低系统开销来实现高性能，能够为一些应用程序带来 100 倍的性能提升。目前支持 Java、Scala、Python 和 R 等编程语言的接口供用户进行调度使用。

Spark 的核心是建立在统一的抽象弹性分布式数据集（Resiliennt Distributed

Datasets,RDD)之上的,RDD 允许开发人员在大型集群上执行基于内存的计算,同时屏蔽了 Spark 底层对数据的复杂抽象和处理,为用户提供了一系列方便灵活的数据转换与求值方法。

为了针对不同的运算场景,Spark 专门设计了不同的模块组件来进行支持,如图 1-20 所示,目前共包含四大组件:

Spark SQL: Spark SQL 是 Spark 中用于处理结构化数据的组件。

Spark Streaming: Spark Streaming 是 Spark 提供的用于处理实时的流数据的组件。

MLlib: MLlib 是 Spark 中集成了常见的机器学习模型的组件,包括: SVM、逻辑回归、随机森林等模型。

GraphX: GraphX 是 Spark 提供的图计算和并行图计算功能的组件。

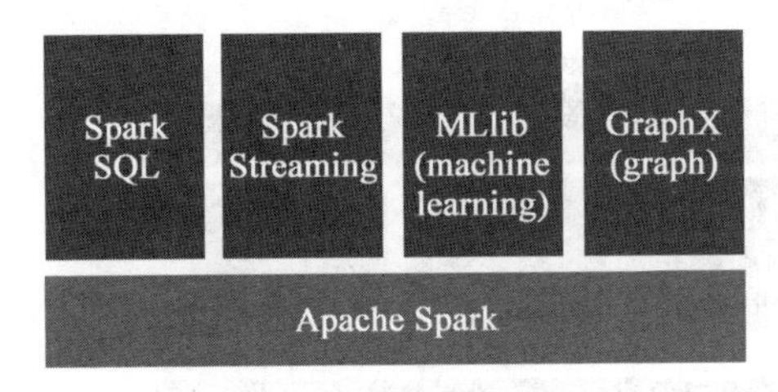

图 1-20　Spark 软件栈

作为一个开源集群运算框架,Spark 共支持四种集群运行模式: Standalone 模式、基于 Apahce Mesos、基于 Hadoop YARN 以及基于 Kubernetes。Spark 的整体架构如图 1-21 所示。每个 Spark 应用由驱动器程序 (driver program) 来发起各种并行操作,并通过其中的 SparkContext 对象进行协调。同时,SparkContext 对象可以连接上述提到的各种集群管理器,然后连接的集群管理器进行整体的资源调度。连接成功之后,Spark 会对工作节点中的执行器 (executor) 进行管理,并将应用代码及相关资料信息发送到执行器,最终将任务 (Task) 分配到每个执行器中进行执行。

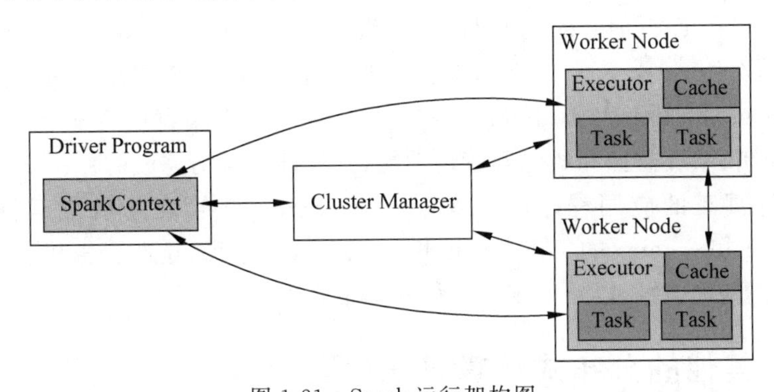

图 1-21　Spark 运行架构图

过去的几年中,Spark 发展极其迅猛,目前在其社区中已经发布了 Spark 3.0 的预览版,与此同时,它一直在促进着 Hadoop 和大数据生态系统的演变,以便更好地支持当今大时代下的大数据分析需求,可以看到,Spark 正在以前所未有的力量帮助广大的开发者、数据科学家以及企业更好地应对大数据处理的挑战。

1.3.7 Kubernetes

Kubernetes 简称 K8s，是一个全新的基于容器技术的分布式架构领先方案。Kubernetes 是谷歌 Borg 系统的开源版本。Kubernetes 基于容器技术，目的是实现资源管理的自动化，以及跨多个数据中心的资源利用率的最大化。Kubernetes 是一个完备的分布式系统支撑平台，它具有完备的集群管理能力、强大的故障发现和自我修复能力、服务滚动升级和在线扩容能力，以及多粒度的资源配额管理能力等。与此同时，Kubernetes 还提供了完善的管理工具，这些工具涵盖了包括开发、部署测试、运维监控在内的各个环节。因此，Kubernetes 是一个全新的基于容器技术的分布式架构解决方案，并且是一个一站式的完备的分布式系统开发和支撑平台。

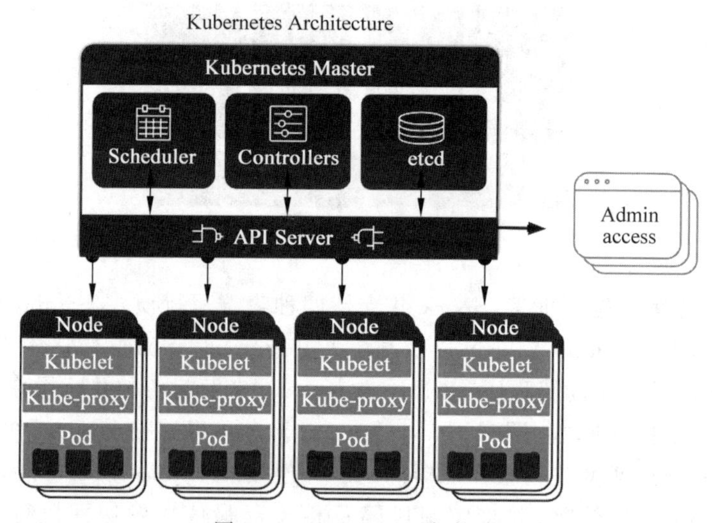

图 1-22 Kubernetes 架构图

如图 1-22 所示，Kubernetes 将集群中的机器划分为一个 Master 节点和一群工作节点(Node)。其中，在 Master 节点上运行着集群管理相关的一组进程 kube-apiserver、kube-controller-manager 和 kube-scheduler，这些进程实现了整个集群的资源管理、Pod 调度、弹性伸缩、安全控制、系统监控和纠错等管理功能，并且都是自动完成的。Node 作为集群中的工作节点，运行真正的应用程序，在 Node 上 Kubernetes 管理的最小运行单元是 Pod。Node 上运行这 Kubernetes 的 kubelet、kube-proxy 服务进程，这些服务进程负责 Pod 的创建、启动、监控、重启、销毁，以及实现软件模式的负载均衡器。

1.3.8 其他的分布式计算系统(项目)

除了以上 3 个最经典的分布式系统外，还有很多其他的分布式计算项目[3]，它们通过分布式计算来构建分布式系统和实现特定项目目标：

- Climateprediction. net：模拟百年以来全球气象变化，并计算未来地球气象，以对付未来可能遭遇的灾变性天气。
- Quake-Catcher Network(捕震网)：借由日渐普及的笔记本电脑中内置的加速度计，

以及一个简易的小型USB微机电强震仪(传感器),创建一个大的强震观测网。可用于地震的实时警报或防灾、减灾等相关的应用上。

- World Community Grid(世界社区网格):帮助查找人类疾病的治疗方法和改善人类生活的相关公益研究,包括爱滋病、癌症、流感病毒等疾病及水资源复育、太阳能技术、水稻品种的研究等。
- Einstein@Home:于2005年(定为世界物理年)开始的项目,预计是要找出脉冲星的引力波,验证爱因斯坦的相对论预测。
- FightAIDS@home:研究艾滋病的生理原理和相关药物。
- Folding@home:了解蛋白质折叠、聚合以及相关疾病。
- GIMPS:寻找新的梅森素数。
- Distributed.net:2002年10月7日,以破解加密术而著称的Distributed.net宣布,在经过全球33.1万名电脑高手共同参与,苦心研究了4年之后,他们已于2002年9月中旬破解了以研究加密算法而著称的美国RSA数据安全实验室开发的64位密匙——RC5-64密匙。目前正在进行的是RC5-72密匙。

上述分布式计算项目或系统只是其中一些经典系统,此外,随着互联网的飞速发展,近年来涌现出很多著名的系统与项目,读者可以查阅它们的相关论文和技术文档深入学习其技术原理。下面列出分布式系统领域非常经典的一些系统(论文)[10],供大家学习参考。

(1) The Google File System:这是分布式文件系统领域具有划时代意义的论文,文中的多副本机制、控制流与数据流隔离和追加写模式等概念几乎成为了分布式文件系统领域的标准,其影响之深远通过其5000+的引用就可见一斑了,Apache Hadoop鼎鼎大名的HDFS就是GFS的模仿之作。

(2) MapReduce: Simplified Data Processing on Large Clusters也是Google的大作,通过Map和Reduce两个操作,大大简化了分布式计算的复杂度,使得任何需要的程序员都可以编写分布式计算程序,其中使用到的技术值得我们好好学习:简约而不简单!Hadoop也根据这篇论文做了一个开源的MapReduce。

(3) BigTable: A Distributed Storage System for Structured Data:Google在NoSQL领域的分布式表格系统,LSM树的最好使用范例,广泛使用了网页索引存储、YouTube数据管理等业务,Hadoop对应的开源系统叫HBase(我在前公司任职时也开发过一个相应的系统叫BladeCube,性能较HBase有数倍提升)。

(4) The Chubby lock service for loosely-coupled distributed systems:Google的分布式锁服务,基于Paxos协议,这篇文章相比于前三篇可能知道的人就少了,但是其对应的开源系统zookeeper几乎每个后端研发人员都接触过,其影响力其实不亚于前3个系统。

(5) Finding a Needle in Haystack: Facebook's Photo Storage:Facebook的在线图片存储系统,目前来看是对小文件存储的最好解决方案之一,Facebook目前通过该系统存储了超过300PB的数据,一个师兄就在这个团队工作,听过很多有意思的事情(我在前公司的时候开发过一个类似的系统pallas,不仅支持副本,还支持Reed Solomon-LRC,性能也有较多优化)。

(6) Windows Azure Storage: a highly available cloud storage service with strong consistency:Windows azure的总体介绍文章,是一篇很好的描述云存储架构的论文,其中

通过分层来同时保证可用性和一致性的思路在现实工作中也给了我很多启发。

（7）GraphLab：A New Framework for Parallel Machine Learning：CMU 基于图计算的分布式机器学习框架，目前已经成立了专门的商业公司，在分布式机器学习上深有研究，其单机版的 GraphChi 对百万维度的矩阵分解都只需要 2～3 分钟。

（8）Resilient Distributed Datasets：A Fault-Tolerant Abstraction for In-Memory Cluster Computing：其实就是 Spark，目前这两年最流行的内存计算模式，通过 RDD 和 lineage 大大简化了分布式计算框架，通常几行 scala 代码就可以搞定原来上千行 MapReduce 代码才能搞定的问题，大有取代 MapReduce 的趋势。

（9）Scaling Distributed Machine Learning with the Parameter Server：百度少帅李沐大作，目前大规模分布式学习各家公司主要都是使用 ps，ps 具备良好的可扩展性，使得大数据时代的大规模分布式学习成为可能，包括 Google 的深度学习模型也是通过 ps 训练实现，是目前最流行的分布式学习框架，豆瓣的开源系统 paracell 也是 ps 的一个实现。

（10）Dremel：Interactive Analysis of Web-Scale Datasets：Google 的大规模（近）实时数据分析系统，号称可以在 3 秒响应 1PB 数据的分析请求，内部使用到了查询树来优化分析速度，其开源实现为 Drill，在工业界对实时数据分析也比较有影响力。

（11）Pregel：a system for large-scale graph processing：Google 的大规模图计算系统，相当长一段时间是 Google PageRank 的主要计算系统，对开源的影响也很大（包括 GraphLab 和 GraphChi）。

（12）Spanner：Google's Globally-Distributed Database：这是第一个全球意义上的分布式数据库，Google 出品。其中介绍了很多一致性方面的设计考虑，简单起见，还采用了 GPS 和原子钟确保时间最大误差在 20ns 以内，保证了事务的时间序，同样在分布式系统方面具有很强的借鉴意义。

（13）Dynamo：Amazon's Highly Available Key-value Store：Amazon 的分布式 NoSQL 数据库，意义相当于 BigTable 对于 Google，与 BigTable 不同的是，Dynamo 保证 CAP 中的 AP，C 通过 vector clock 做弱保证，对应的开源系统为 Cassandra。

（14）S4：Distributed Stream Computing Platform：Yahoo 出品的流式计算系统，目前最流行的两大流式计算系统之一（另一个是 storm），Yahoo 的主要广告计算平台。

（15）Storm @Twitter：Storm 起源 Twitter 开源的一个类似于 Hadoop 的实时数据处理框架，Hadoop 是批量处理数据，而 Storm 处理的是实时的数据流。Storm 开启了流式计算的新纪元，是很多公司实现流式计算的首选。

1.4 分布式计算编程基础

1.4.1 进程间通信

1. 进程间通信概念

分布式计算的核心技术是进程间通信（interprocess communication，IPC），即在互相独立的进程（进程是程序的运行时表示）间通信及共同协作以完成某项任务的能力。图 1-23

给出基本的 IPC 机制：两个运行在不同计算机上的独立进程(Process1 和 Process2)，通过互联网交换数据。其中，进程 Process1 为发送者(sender)，进程 Process2 为接收者(receiver)。

在分布式计算中，两个或多个进程按约定的某种协议进行 IPC，此处协议是指数据通信各参与进程必须遵守的一组规则。在协议中，一个进程有些时候可能是发送者，在其他时候则可能是接收者。如图 1-24 所示，当一个进程与另一个进程进行通信时，IPC 被称为单播(unicast)；当一个进程与另外一组进程进行通信时，IPC 被称为组播(multicast)。

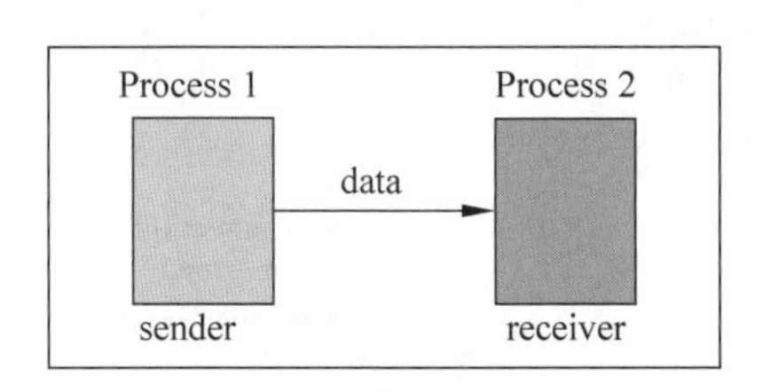

图 1-23 进程间通信

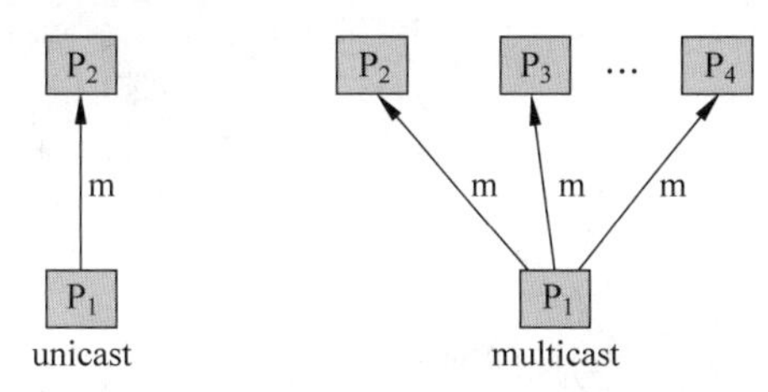

图 1-24 单播通信和组播通信

操作系统为进程间通信提供了相应的设施，我们称之为系统级 IPC 设施，例如消息队列、共享内存等。直接利用这些系统级 IPC 设施，就可以开发出各种网络软件或分布式计算系统。然而，基于这种比较底层的系统级 IPC 设施来开发分布式应用往往工作量比较大且复杂，所以一般不直接基于系统级 IPC 设施来开发。为了使编程人员从系统级 IPC 设施的编程细节中摆脱出来，可以对底层 IPC 设施进行抽象，提供高层的 IPC API(Application Programming Interface，应用编程接口或应用程序接口，常缩写为 API)。该 API 提供了对系统级设施的复杂性和细节的抽象，因此，编程人员开发分布式计算应用时，可以直接利用这些高层的 IPC API，更好地把注意力集中在应用逻辑上。

2. IPC 原型与示例

下面我们来考虑一下可以提供 IPC 所需的最低抽象层的基本 API。在这样的 API 中需要提供四种基本操作为：

发送(Send)。该操作由发送进程发起，旨在向接收进程传输数据。操作必须允许发送进程识别接收进程和定义待传数据。

接收(Receive)。该操作由接收进程发起，旨在接收发送进程发来的数据。操作必须允许接收进程识别发送进程和定义保存数据的内存空间，该内存随后被接收者访问。

连接(Connect)。对面向连接的 IPC，必须有允许在发起进程和指定进程间建立逻辑连击的操作：其中一个进程发出请求连接操作而另一进程发出接受连接操作。

断开连接(Disconnect)。对面向连接的 IPC，该操作允许通信的双方关闭先前建立起来的某一逻辑连接。

参与 IPC 的进程将按照某种预先定义的顺序发起这些操作。每个操作的发起都会引起一个事件的发生。例如，发送进程的发送操作导致一个把数据传送到接收进程的事件，而接收进程发出的接收操作导致数据被传送到进程中。注意，参与进程独立发起请求，每个进程都无法知道其他进程的状态。

HTTP是一种超文本传输协议,已被广泛应用于WWW。该协议中一个进程(浏览器)通过发出connect操作,建立到另一进程(Web服务器)的逻辑连接,随后向Web服务器发送send操作来传输数据请求。接着,Web服务器进程发出一个send操作,来传输Web浏览器进程所请求的数据。通信结束时,每个进程都发出一个disconnect操作来终止连接。图1-25给出HTTP协议的IPC基本操作流程,基于HTTP的分布式计算需按照这个流程开发。

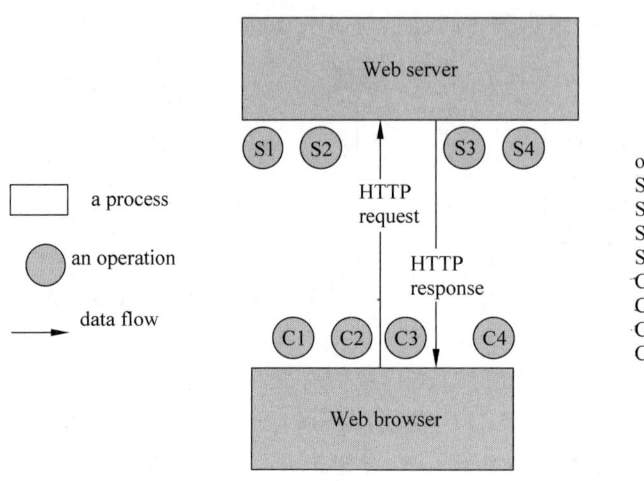

图1-25 HTTP中的进程间通信

1.4.2 Socket编程

1. Socket概述

Socket API最早作为Berkeley UNIX操作系统的程序库,出现于20世纪80年代早期,用于提供IPC功能。现在所有主流操作系统都支持Socket API。在BSD、Linux等基于UNIX的系统中,Socket API都是操作系统的一部分。在个人计算机操作系统如MS-DOS、Windows NT、Mac-OS、OS\2中,Socket API都是以程序库形式提供的(在Windows系统中,Socket API称为Winsocket)。Java语言在设计之初就考虑到了网络编程,也将Socket API作为语言核心类的一部分提供给用户。所有这些API都使用相同的消息传递模型和非常类似的语法。

Socket API是实现进程间通信的第一种编程设施。Socket API非常重要的原因主要有以下两点:

(1) Socket API已经成为IPC编程事实上的标准,高层IPC设施都是构建于Socket API之上的,即它们是基于Socket API实现的。

(2) 对于响应时间要求较高或在有限资源平台上运行的应用来说,用Socket API实现是最合适的。

如图1-26所示,Socket API的设计者提供了一种称为Socket的编程类型。希望与另一进程通信的进程必须创建该类型的一个实例(实例化一个Socket对象),两个进程都可以使用Socket API提供的操作发送和接收数据。

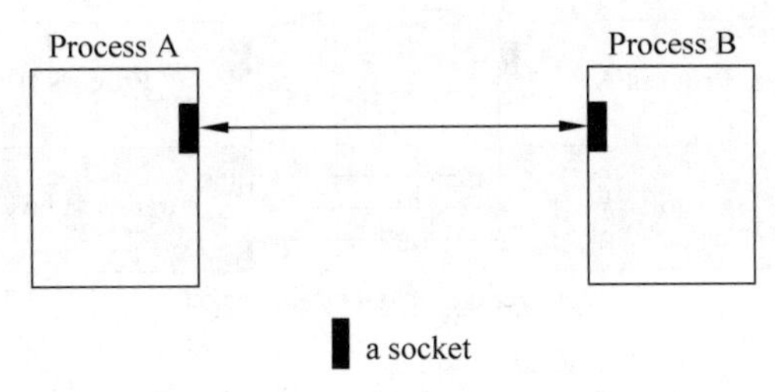

图 1-26 Socket API 概念模型

在 Internet 网络协议的体系结构中，传输层上有两种主要协议：用户数据包协议(User Datagram Protocol，UDP)和传输控制协议(Transmission Control Protocol，TCP)。UDP 允许使用无连接通信传输报文(即在传输层发送和接收)。被传输报文称为数据包(datagram)。根据无连接通信协议，每个传输的数据包都被分别解析和路由，并且可按任何顺序到达接收者。例如，如果主机 A 上的进程 1 通过顺序传输数据包 m1、m2，向主机 B 上的进程 2 发送消息，这些数据包可以通过不同路由在网络上传输，并且可按下列任何一种顺序到达接收进程：m1-m2 或 m2-m1。在数据通信网络的术语中，"包"(或称分组，英文为 packet)是指在网络上传输的数据单位。每个包中都包含有效数据(载荷，payload)以及一些控制信息(头部信息)，如目的地址。

TCP 是面向连接的协议，它通过在接受者和发送者之间建立的逻辑连接来传输数据流。由于有连接，从发送者到接受者的数据能保证以与发送次序相同的顺序被接受。例如，如果主机 A 上的进程 1 顺序传输 m1、m2，向主机 B 上的进程 2 发送消息，接收进程可以认为消息将以 m1-m2 顺序到达，而不是 m2-m1。

根据传输层所使用协议不同，Socket API 分成两种类型：一种使用 UDP 传输的 Socket 称为数据包 Socket(Datagram Socket)；另一种使用 TCP 传输的 Socket 称为流式 Socket (Stream Socket)。由于分布式计算与网络应用主要使用流式 Socket 比较多，后面将重点讨论流式 Socket 的开发技术。

2. 数据包 Socket API

1) 无连接数据包 Socket

如图 1-27 所示，数据包 Socket 在应用层可以支持无连接通信及面向连接通信。这是因为，尽管数据包在传输层发送和接收时没有连接信息，但 Socket API 的运行时支持可以为进程间的数据包交换创建和维护逻辑连接。

Java 为数据包 Socket API 提供了两个类：

(1) 针对 Socket 的 DatagramSocket 类。

(2) 针对数据包交换的 DatagramPacket 类。

使用该 API 发送和接收数据的进程必须实例化一个 DatagramSocket 对象，或简称为 Socket 对象。每个 Socket 被绑定到该进程所在机器的某一个 UDP 端口上。

为向其他进程发送数据包，发送者进程需要实现下列步骤：

(1) 创建一个代表数据包本身的对象。该对象可通过实例化一个携带下列信息的 DatagramPacket 对象来创建：

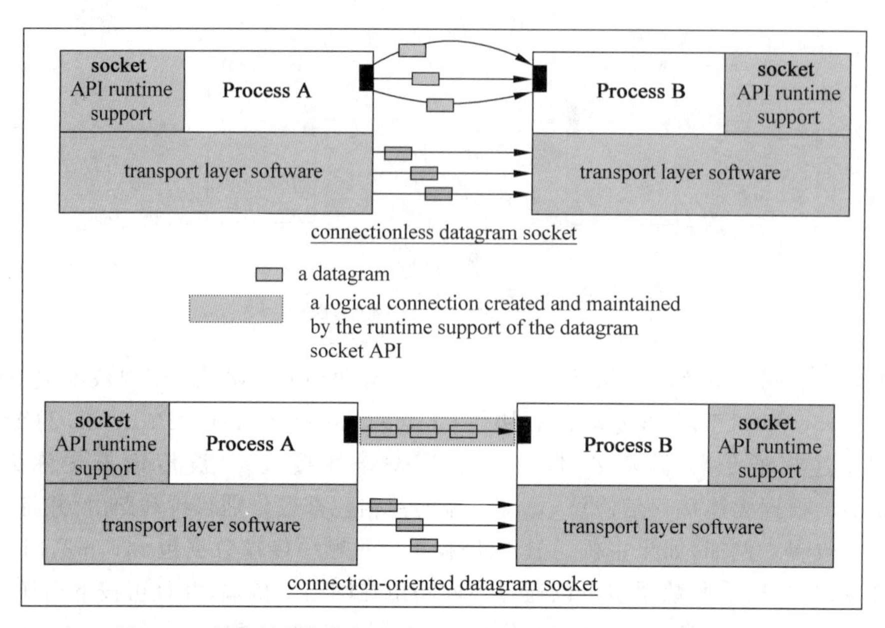

图 1-27　无连接数据包 Socket 和面向连接数据包 Socket 的比较

• 一个包含有效数据的字节数组引用。

• 目标地址(接收者进程的 Socket 所绑定的主机 ID 和端口号)。

(2) 调用 DatagramSocket 对象的 send 方法,将 DatagramPacket 对象引用作为传递参数。

```
DatagramSocket mySocket = new DatagramSocket();
byte[ ] buffer = message.getBytes( );
DatagramPacket datagram =
   new DatagramPacket(buffer,buffer.length,receiverHost,receiverPort);
mySocket.send(datagram);
```

在接收者进程中,也需要实现如下步骤:

(1) 实例化一个 DatagramPacket 对象并将其绑定到一个本地端口上,该端口必须与发送者数据包当中定义的一致。

(2) 为接收发送给 Socket 的数据包,接收者进程创建一个指向字节数组的 DatagramPacket,并调用 DatagramSocket 对象的 receive 方法,将 DatagramPacket 对象引用作为传递参数。

```
DatagramSocket mySocket = new DatagramSocket(port);
byte[ ] buffer = new byte[MAX_LEN];
DatagramPacket datagram =
    new DatagramPacket(buffer,MAX_LEN);
mySocket.receive(datagram);
```

图 1-28 说明了两进程的程序所使用到的数据结构及引用关系。

图 1-29 说明了无连接数据包 Socket。

表 1-1 总结了代码里使用到的 DatagramPacket 和 DatagramSocket 类的主要方法和构造函数,请注意,实际使用的方法数远不止这些。

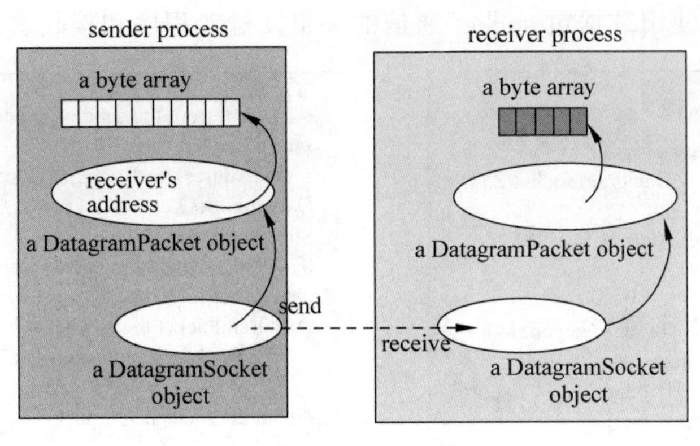

图 1-28 发送者和接收者程序中的数据结构

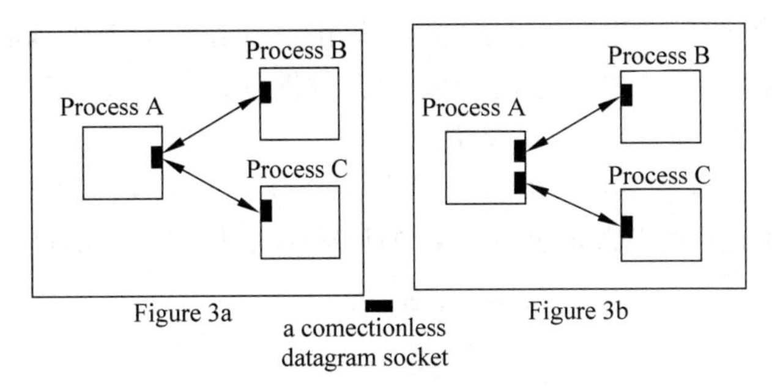

图 1-29 无连接数据包 Socket

表 1-1 类 DatagramPacket 和 DatagramSocket 的主要方法

Method/Constructor	Description
DatagramPacket(byte[ ] buf, int length)	Construct a datagram packet for receiving packets of lengthlength; data received will be stored in the byte array reference by buf.
DatagramPacket(byte[ ] buf, int length, InetAddress address, int port)	Construct a datagram packet for sending packets of length length to the socket bound to the specified port number on the specified host; data received will be stored in the byte array reference by buf.
DatagramSocket( )	Construct a datagram socket and binds it to any available port on the local host machine; this constructor can be used for a process that sends data and does not need to receive data.
DatagramSocket(int port)	Construct a datagram socket and binds it to the specified port on the local host machine; the port number can then be specified in a datagram packet sent by a sender.
voidc lose( )	Close this datagramSocket object
void receive(DatagramPacket p)	Receive a datagram packet using this socket.
void send (DatagramPacket p)	Send a datagram packet using this socket.
void setSoTimeout(int timeout)	Set a timeout for the blocking receive from this socket, in milliseconds.

图 1-30 给出了使用数据包 socket 通信的一组发送者程序和接收者程序的基本代码。

```
//Excerpt from a receiver program
DatagramSocket ds new DatagramSocket(2345);
DatagramPacket dp =
     new DatagramPacket(buffer,MAXLEN);
ds.receive(dp);
len = dp.getLength( );
System.out.Println(len +"bytes received.\n");
String s = new String(dp.getData( ), 0,len);
System.out.println(dp.getAddress( ) + " at port "
   + dp.getPort( ) + " says " + s);
```

```
// Excerpt from the sending process
InotAddress receiverHost=
   InetAddress.gotByName("localHost");
DatagramSocket theSocket = new DatagramSocket( );
String message = "Hello world!";
byte[ ] data = message.getBytes( );
data = theLine.gotBytes( );
DatagramPacket thePacket
     = new DatagramPacket(data,data.length,
                          receiverHost.2345);
theSocket.send(theOutput);
```

图 1-30　使用无连接数据包 Socket API 的示例

在基本 Socket API 中，无论是面向连接还是无连接方式，send 操作都是非阻塞的，而 receive 操作则是阻塞的。进程发出 send 方法调用后，将继续自身的执行。但是，进程一旦发起 receive 方法调用后就会被挂起，直到接收到数据包为止。为避免无限期阻塞情况的发生，接收进程可以使用 setSoTimeout 方法设置一定时段的超时间隔。如果超时间隔结束时，仍没有接收到数据，就会引发一个 Java 异常(java. io. InterruptedIOException)。图 1-31 是一个事件状态图，显示了使用数据包 Socket 的请求-应答协议的会话过程。

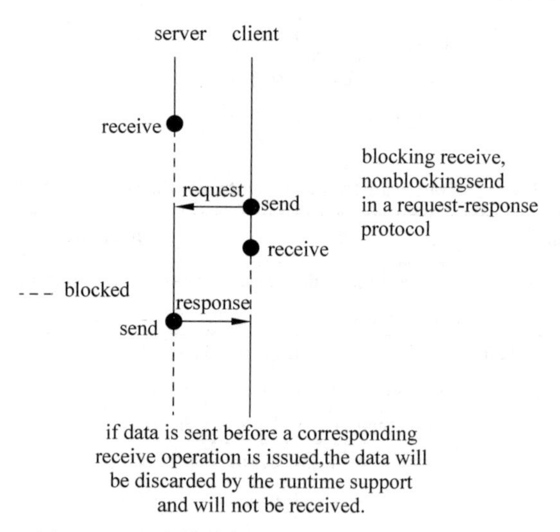

图 1-31　无连接数据包 Socket API 的事件同步

Example1 代码 1.1 和代码 1.2 给出了两个利用数据包 Socket 交换 1 个消息的程序代码。该程序将程序逻辑设计得尽可能简单，以便突出强调进程间通信的基本语法。需要注意的是：①发送者创建的数据包中包含目标地址，而接收者创建的数据包不携带目标地址；②发送者 Socket 未绑定指定端口，在程序运行时将使用系统随机分配的端口，而接收者 Socket 需要与特定端口绑定，以便发送者可以在其数据包中将该端口作为目的地址的端口；③在本例中使用基本语法来处理异常，但在实际应用中应该用更精炼的代码作处理。

1.1　Example1Sender. java 源代码

```
import java.net.*;
import java.io.*;
public class Example1Sender {
public static void main(String[] args) {
      if (args.length != 3)
         System.out.println
            ("This program requires three command line arguments");
      else {
         try {
            InetAddress receiverHost = InetAddress.getByName(args[0]);
            int receiverPort = Integer.parseInt(args[1]);
            String message = args[2];
        // instantiates a datagram socket for sending the data
            DatagramSocketmySocket = new DatagramSocket();
            byte[ ] buffer = message.getBytes( );
            DatagramPacket datagram =
               new DatagramPacket(buffer,buffer.length,receiverHost,receiverPort);
            //mySocket.setSoTimeout(3000);
            mySocket.send(datagram);
            mySocket.close( );
         } // end try
      catch (Exception ex) {
        ex.printStackTrace( );
      }
       } // end else
   } // end main
} // end class
```

1.2　Example1Receiver. java 源代码

```
import java.net.*;
import java.io.*;

public class Example1Receiver {
   public static void main(String[] args) {
      if (args.length < 1)
         System.out.println
            ("This program requires a command line argument.");
      else {
            int port = Integer.parseInt(args[0]);
            final int MAX_LEN = 10;
        // This is the assumed maximum byte length of the datagram to be received.
            try {
            DatagramSocketmySocket = new DatagramSocket(port);
            System.out.println("Waiting for receiving the data!");
        // instantiates a datagram socket for receiving the data
            byte[ ] buffer = new byte[MAX_LEN];
            DatagramPacket datagram =
```

```
                new DatagramPacket(buffer,MAX_LEN);
            //mySocket.setSoTimeout(6000);
            for(int i = 0;i < 10;i++)
            {
                //mySocket.setSoTimeout(5000);
                mySocket.receive(datagram);
                String message = new String(buffer);
                System.out.println(message);
            }
            mySocket.close( );
            } // end try
        catch (Exception ex) {
            ex.printStackTrace( );
        }
      } // end else
   } // end main
} // end class
```

由于在无连接方式中，数据是通过一系列独立的报文发送的，因此无连接数据包 Socket 中存在一些异常情形：

- 如果数据包被发送给一个仍未被接收者创建的 Socket，该数据包将可能被丢弃。在这种情况下，数据将丢失，并且 receive 操作可能会导致无限阻塞。
- 如果接收者定义了一个大小为 n 的数据包缓存，那么大小超过 n 的接收消息将被截断。

Example2 在 Example1 中，通信是单工方式的，即从发送者到接收者的单向通信。但是，也可以建立双工通信。Example1Sender 需要将其 Socket 绑定到特定地址上，以便 Example1Receiver 能够向该地址发送数据包。代码 1.3、代码 1.4 和代码 1.5 详细展示了这种双工通信是如何实现的。

1.3 MyDatagramSocket.java 源代码

```
import java.net.*;
import java.io.*;

public class MyDatagramSocket extends DatagramSocket {
   static final int MAX_LEN = 100;
   MyDatagramSocket(int portNo) throws SocketException{
        super(portNo);
   }
   public void sendMessage(InetAddress receiverHost,int receiverPort,
                              String message) throws IOException {
    byte[ ] sendBuffer = message.getBytes( );
    DatagramPacket datagram =
            new DatagramPacket(sendBuffer,sendBuffer.length,
                                 receiverHost,receiverPort);
    this.send(datagram);
   } // end sendMessage
```

```
    public String receiveMessage()
          throws IOException {
      byte[ ] receiveBuffer = new byte[MAX_LEN];
      DatagramPacket datagram = new DatagramPacket(receiveBuffer,MAX_LEN);
            this.receive(datagram);
          String message = new String(receiveBuffer);
            return message;
    } //end receiveMessage
} //end class
```

1.4　Example2SenderReceiver.java 源代码

```
import java.net.*;

public class Example2SenderReceiver {
// An application which sends then receives a message using connectionless datagram socket.
   public static void main(String[ ] args) {
      if (args.length != 4)
         System.out.println("This program requires four command line arguments");
      else {
         try {
               InetAddress receiverHost = InetAddress.getByName(args[0]);
               int receiverPort = Integer.parseInt(args[1]);
               int myPort = Integer.parseInt(args[2]);
               String message = args[3];
               MyDatagramSocket mySocket = new MyDatagramSocket(myPort);
               // instantiates a datagram socket for both sending and receiving data
               mySocket.sendMessage( receiverHost,receiverPort,message);
               // now wait to receive a datagram from the socket
               System.out.println(mySocket.receiveMessage());
               mySocket.close( );
         } // end try
        catch (Exception ex) {
            ex.printStackTrace( );
        } //end catch
      } //end else
   } //end main
} //end class
            ex.printStackTrace( );
        } //end catch
      } //end else
   } //end main
} //end class
```

1.5　Example2ReceiverSender.java 源代码

```
import java.net.*;

public class Example2ReceiverSender {
// An application which sends then receives a message using
```

```
    public static void main(String[ ] args) {
        if (args.length != 4)
            System.out.println
                ("This program requires four command line arguments");
        else {
            try {
                InetAddress receiverHost = InetAddress.getByName(args[0]);
                int receiverPort = Integer.parseInt(args[1]);
                int myPort = Integer.parseInt(args[2]);
                String message = args[3];
                MyDatagramSocket mySocket = new MyDatagramSocket(myPort);
                // instantiates a datagram socket for both sending and receiving data
                // First wait to receive a datagram from the socket
                System.out.println(mySocket.receiveMessage());
              // Now send a message to the other process.
                mySocket.sendMessage( receiverHost,receiverPort,message);
                mySocket.close( );
            } // end try
          catch (Exception ex) {
              ex.printStackTrace( );
          } //end catch
        } //end else
    } //end main
} //end class
```

2）面向连接数据包 Socket API

面向连接数据包 Socket API 并不经常使用，因为该 API 提供的连接非常简单，通常不能满足面向连接的通信要求。而随后介绍的流式 Socket 是面向连接通信中更典型和实用的方法。表 1-2 介绍了在类 DatagramSocket 中用于创建和终止连接的两个方法。Socket 连接通过指定远程 Socket 地址建立。一旦连接建立后，Socket 将只能用来与建立连接的远程 Socket 交换数据报文。如果数据包地址与另一端 Socket 地址不匹配，将引发 IllegalArgumentException 异常。如果发送到 Socket 的数据来源于其他发送源，而不是与之相连接的远程 Socket，那么该数据就会被忽略。因此，连接一旦与数据包 Socket 绑定后，该 Socket 将不能与任何其他 Socket 通信，直到该连接终止。同时，由于连接是单向的，也就是说限制了其中一方，另一方的 Socket 可以自由地向其他 Socket 发送或接收数据，除非有其他 Socket 建立到它的连接。

表 1-2　面向连接数据包 Socket 的主要方法

Method/Constructor	Description
public void connect(InetAddress address, int port)	Create a logical connection between this socket and a socket at the remote address and port.
public void disconnect( )	Cancel the current connection, if any, from this socket.

源代码 1.6 Example3Sender.java 和 1.7 Example3Sender.java 演示了面向连接数据包 Socket 的使用语法。Example3Sender 在发送者和接收者进程的数据包 Socket 之间建立

了一个连接。一旦连接建立，每个进程就使用自身的 Socket 与其他进程进行进程间通信（IPC）。在本例中，发送者通过该连接向接收者进程连续发送同一个消息的 10 个副本。在接收者进程中，所有这些消息在被接收后都被立即显示。接收者进程随后向发送者进程回送一条消息，表明该连接允许双方通信。

1.6　Example3Sender. java 源代码

```
import java.net. * ;

public class Example3Sender {
   public static void main(String[ ] args) {
      if (args.length != 4)
         System.out.println("This program requires four command line arguments");
      else {
         try {
               InetAddress receiverHost = InetAddress.getByName(args[0]);
               int receiverPort = Integer.parseInt(args[1]);
               int myPort = Integer.parseInt(args[2]);
               String message = args[3];
               // instantiates a datagram socket for the connection
               MyDatagramSocketmySocket = new MyDatagramSocket(myPort);
               // make the connection
               mySocket.connect(receiverHost,receiverPort);
               for (int i = 0; i < 10; i++)
                 mySocket.sendMessage( receiverHost,receiverPort,message);
               // now receive a message from the other end
               System.out.println(mySocket.receiveMessage());
               // cancel the connection,the close the socket
               mySocket.disconnect( );
               mySocket.close( );
          } // end try
         catch (Exception ex) {
             ex.printStackTrace( );
         }
       } // end else
    } // end main
 } // end class              ex.printStackTrace( );
         } //end catch
       } //end else
    } //end main
 } //end class
         catch (Exception ex) {
             ex.printStackTrace( );
         }
       } // end else
    } // end main
 } // end class
```

1.7 Example3Receiver.java 源代码

```
import java.net. * ;

public class Example3Receiver {
    public static void main(String[ ] args) {
        if (args.length != 4)
            System.out.println("This program requires four command line arguments");
        else {
            try {
                InetAddress senderHost = InetAddress.getByName(args[0]);
                int senderPort = Integer.parseInt(args[1]);
                  int myPort = Integer.parseInt(args[2]);
                String message = args[3];
                // instantiates a datagram socket for receiving the data
                MyDatagramSocketmySocket = new MyDatagramSocket(myPort);
                // make a connection with the sender's socket
                mySocket.connect(senderHost, senderPort);
                for (int i = 0; i < 10; i++)
                    System.out.println(mySocket.receiveMessage());
                // now send a message to the other end
                mySocket.sendMessage( senderHost, senderPort, message);
                mySocket.close( );
            } // end try
           catch (Exception ex) {
                ex.printStackTrace( );
           } //end catch
        } // end else
    } // end main
} // end class
```

该例演示了如何使用面向连接的数据包 Socket API，下面我们学习另一种面向连接 Socket API：流式 Socket API。

3. 流式 Socket 编程

我们知道，数据包 Socket API 支持离散数据单元(即数据包)交换，流式 Socket API 则提供了基于 UNIX 操作系统的流式 IO 的数据传输模式。根据定义，流式 Socket API 仅支持面向连接通信。

如图 1-32 所示，流式 Socket 为两个特定进程提供稳定的数据交换模型。数据流从一方连续写入，从另一方读出。流的特性允许以不同速率向流中写入或读取数据，但是一个流式 Socket 不能用于同时与两个及其以上的进程通信。

在 Java 中，有两个类提供了流式 Socket API：SeverSocket 和 Socket。

(1) ServerSocket 用于接受连接，我们将称之为连接 Socket。

(2) Socket 用于数据交换，我们将称之为数据 Socket。

图 1-33 演示了流式 Socket API 模型，采用该 API，服务器进程建立一个连接 Socket，随后侦听来自其他进程的连接请求。每次只接受一个连接请求。当连接被接受后，将为该

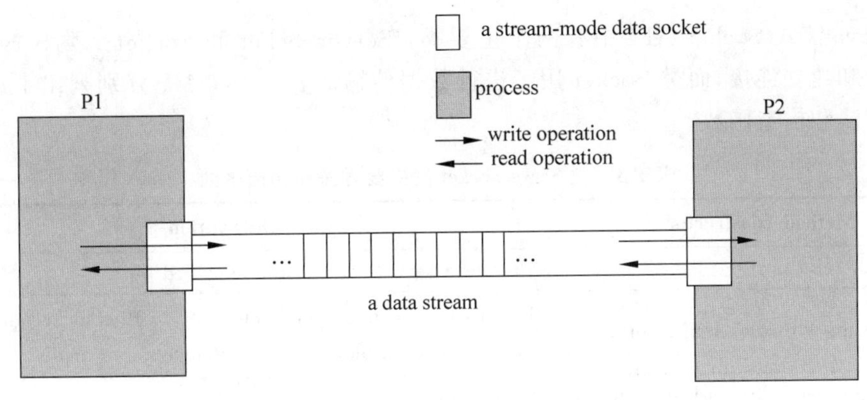

图 1-32 基于流式 Socket 的数据传输

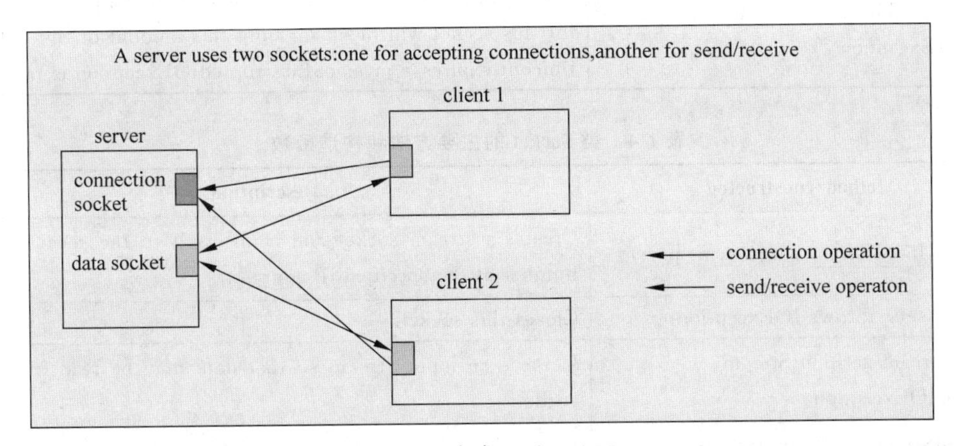

图 1-33 流式 Socket API

连接创建一个数据 Socket。服务器进程可通过数据 Socket 从数据流读取数据或向其中写入数据。一旦两进程之间的通信会话结束,数据 Socket 被关闭,服务器可通过连接 Socket 自由接受下一个连接请求。客户进程创建一个 Socket,随后通过服务器的连接 Socket 向服务器发送连接请求。一旦请求被接受,客户 Socket 与服务器数据 Socket 连接,以便客户可继续从数据流读取数据或向数据流写入数据。当两进程之间的通信会话结束后,数据 Socket 关闭。

图 1-34 描述了连接侦听者和连接请求者中的程序流。

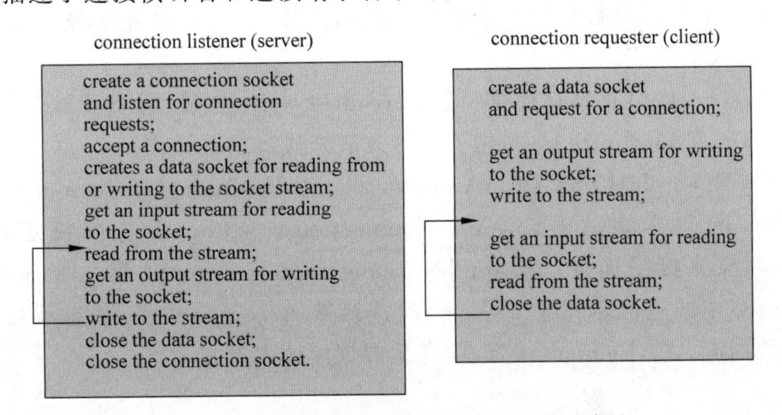

图 1-34 连接侦听者和连接请求者中的程序流

在 Java 流式 Socket API 中有两个主要类：ServerSocket 和 Socket。类 ServerSocket 用来侦听和建立连接，而类 Socket 用于进行数据传输。表 1-3 和 1-4 分别列出了这两个类的主要方法和构造函数。

表 1-3 类 ServerSocket 的主要方法和构造函数

Method/constructor	Description
ServerSocket(int port)	Creates a server socket on a specified port.
Socket accept() throws IOException	Listens for a connection to be made to this socket and accepts it. The method blocks until a connection is made.
public voidclose() throws IOException	Closes this socket.
void setSoTimeout(int timeout) throws SocketException	Set a timeout period (in milliseconds) so that a call toaccept( ) for this socket will block for only this amount of time. If the timeout expires, a java. io. InterruptedIOException is raised.

表 1-4 类 Socket 的主要方法和构造函数

Method/constructor	Description
Socket(InetAddress address, int port)	Creates a stream socket and connects it to the specified port number at the specified IP address.
void close() throws IOException	Closes this socket.
InputStream getInputStream( ) throwsIOException	Returns an input stream so that data may be read from this socket.
OutputStream getOutputStream() throws IOException	Returns an output stream so that data may be written to this socket.
void setSoTimeout(int timeout) throws SocketException	Set a timeout period for blocking so that aread( ) call on the InputStream associated with this Socket will block for only this amount of time. If the timeout expires, a java. io. InterruptedIOException is raised.

其中 accept 方法是阻塞操作，如果没有正在等待的请求。服务器进程被挂起，直到连接请求到达。从与数据 Socket 关联的输入流中读取数据时，即 InputStream 的 read 方法是阻塞操作，如果请求的所有数据没有全部到达该输入流中，客户进程将被阻塞，直到有足够数量的数据被写入数据流。

数据 Socket(Socket)并没有提供特定的 read 和 write 方法，想要读取和写入数据必须用类 InputStream 和 OutputStream 相关联的方法来执行这些操作。

源代码 1.8 Example4ConnectionAcceptor 和 1.9 Example4ConnectionRequestor 演示了流式 Socket 的基本语法。Example4ConnectionAcceptor 通过在特定端口上建立 ServerSocket 对象来接受连接。Example4ConnectionRequestor 创建一个 Socket 对象，其参数为 Acceptor 中的主机名和端口号。一旦连接被 Acceptor 接受，消息就被 Acceptor 写入 Socket 的数据流。在 Requestor 方，消息从数据流读出并显示。

1.8　Example4ConnectionAcceptor.java 源代码

```
import java.net.*;
import java.io.*;
public class Example4ConnectionAcceptor {
   public static void main(String[] args) {
      if (args.length != 2)
         System.out.println("This program requires three command line arguments");
      else {
         try {
            int portNo = Integer.parseInt(args[0]);
            String message = args[1];
            // instantiates a socket for accepting connection
            ServerSocket connectionSocket = new ServerSocket(portNo);
            System.out.println("now ready accept a connection");
            Socket dataSocket = connectionSocket.accept();
            System.out.println("connection accepted");
            // get a output stream for writing to the data socket
            OutputStream outStream = dataSocket.getOutputStream();
            // create a PrinterWriter object for character-mode output
PrintWriter socketOutput =
            new PrintWriter (new OutputStreamWriter(outStream));
            // write a message into the data stream
            socketOutput.println(message);
            //The ensuing flush method call is necessary for the data to
            // be written to the socket data stream before the socket is closed.
            socketOutput.flush();
            System.out.println("message sent");
            dataSocket.close( );
            System.out.println("data socket closed");
            connectionSocket.close( );
         System.out.println("connection socket closed");
         } // end try
         catch (Exception ex) {
            ex.printStackTrace( );
         } //end catch
      } // end else
   } // end main
} // end class
```

1.9　Example4ConnectionRequestor.java 源代码

```
import java.net.*;
import java.io.*;
public class Example4ConnectionRequestor {
   public static void main(String[] args) {
      if (args.length != 2)
         System.out.println
            ("This program requires two command line arguments");
      else {
```

```
            try {
                InetAddress acceptorHost = InetAddress.getByName(args[0]);
                int acceptorPort = Integer.parseInt(args[1]);
                // instantiates a data socket and connect with a timeout
                SocketAddress sockAddr = new InetSocketAddress(acceptorHost,acceptorPort);
                Socket mySocket = new Socket();
                int  timeoutPeriod = 5000;            // 2 seconds
                mySocket.connect(sockAddr,timeoutPeriod);
            System.out.println("Connection request granted");
            // get an input stream for reading from the data socket
                InputStream inStream = mySocket.getInputStream();
                // create a BufferedReader object for text line input
                BufferedReader socketInput =
                    new BufferedReader(new InputStreamReader(inStream));
            System.out.println("waiting to read");
            // read a line from the data stream
                String message = socketInput.readLine( );
            System.out.println("Message received:");
                System.out.println("\t" + message);
                mySocket.close( );
        System.out.println("data socket closed");
            } // end try
            catch (Exception ex) {
                ex.printStackTrace( );
            }
        } // end else
    } // end main
} // end class
```

在本例中有一些值得关注的地方：①由于这里处理的是数据流，因此可使用Java类PrinterWriter向Socket写数据和使用BufferedReader从流中读取数据。这些类中所使用的方法与向屏幕写入一行或从键盘读取一行文本相同。②尽管本例将Acceptor和Requestor分别作为数据发送者和数据接收者介绍，但两者的角色可以很容易地进行互换。在那种情况下，Requestor将使用getOutputStream向Socket中写数据，而Acceptor将使用getInputStream从Socket中读取数据。③事实上，任一进程都可以通过调用getInputStream和getOutputStream从流中读取数据或向其中写入数据。④在本例中，每次只读写一行数据（分别使用readLine和println方法），但其实也可以每次只读写一行中的一部分数据（分别使用read和print方法来实现）。然而，对于以文本形式交换消息的文本协议来说，每次读写一行是标准做法。

当使用PrinterWriter向Socket流写数据时，必须使用flush方法调用来真正地填充与刷新该流，从而确保所有数据都可以在像Socket突然关闭等意外情形发生之前，尽可能快地从数据缓冲区中真正地写入数据流。

图1-35给出了Example4的程序执行的事件状态图。进程ConnectionAcceptor首先执行，该进程在调用阻塞accept方法时被挂起。随后在接收到Requestor的连接请求时解除挂起状态。在重新继续执行时，Acceptor在关闭数据Socket和连接Socket前，向Socket

中写入一个消息。

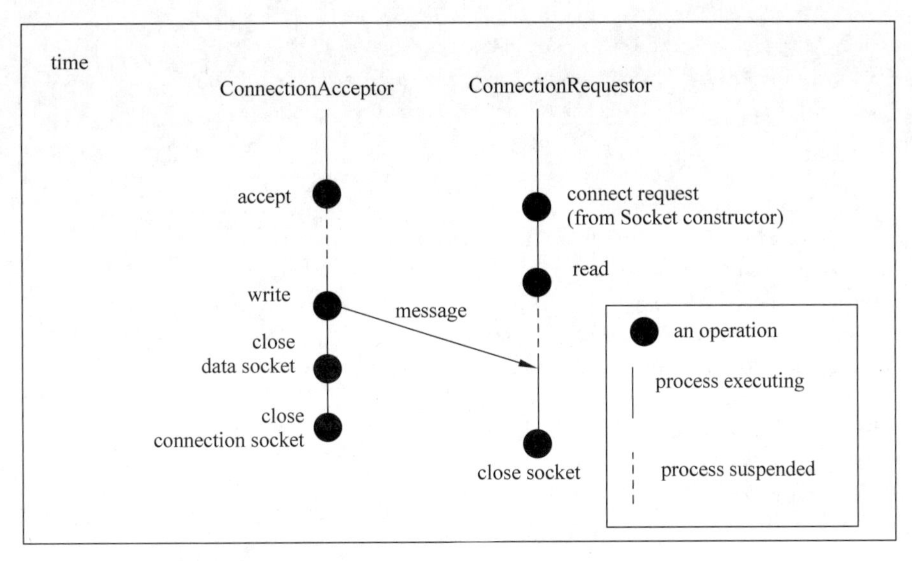

图 1-35　Example4 的事件状态图

ConnectionRequestor 的执行按如下方式处理，首先实例化一个 Socket 对象，向 Acceptor 发出一个隐式 connect 请求。尽管 connect 为非阻塞请求，但通过该连接的数据交换只有在连接被另一方接受后才能继续。连接一旦被接受，进程就调用 read 操作从 Socket 中读取消息。由于 read 是阻塞操作，因而进程被再次挂起，直到该消息数据被接受时为止。此时进程关闭 Socket，并处理数据。

为允许将程序中的应用逻辑和服务逻辑分离，这里采用了隐藏数据 Socket 细节的子类。代码 1.10 显示了类 MyStreamSocket 的定义，其中提供了从数据 Socket 中读取或向其中写入数据的方法。

1.10　MyStreamSocket.java 源代码

```
import java.net.*;
import java.io.*;
public class MyStreamSocket extends Socket {
   private Socket  socket;
   private BufferedReader input;
   private PrintWriter output;
   MyStreamSocket(String acceptorHost, int acceptorPort ) throws SocketException,
      IOException{
      socket = new Socket(acceptorHost,acceptorPort );
      setStreams( );
   }
   MyStreamSocket(Socket socket)  throws IOException {
      this.socket = socket;
      setStreams( );
   }
   private void setStreams( ) throws IOException{
      // get an input stream for reading from the data socket
```

```
        InputStream inStream = socket.getInputStream();
        input = new BufferedReader(new InputStreamReader(inStream));
        OutputStream outStream = socket.getOutputStream();
        // create a PrinterWriter object for character - mode output
        output = new PrintWriter(new OutputStreamWriter(outStream));
    }
    public void sendMessage(String message) throws IOException {
        output.println(message);
        //The ensuing flush method call is necessary for the data to
        // be written to the socket data stream before the socket is closed.
        output.flush();
    } // end sendMessage
    public String receiveMessage( )
          throws IOException {
        String message = input.readLine( );   // read a line from the data stream
        return message;
    } //end receiveMessage
    public void close( )
          throws IOException {
        socket.close( );
    }
} //end class
```

Example5 代码 1.11 和代码 1.12 中所示程序分别是对 Example4 的改进版本，修改后的程序使用类 MyStreamSocket 代替 Java 的 Socket 类。

1.11 Example5ConnectionAcceptor.java 源代码

```
import java.net.*;
import java.io.*;
public class Example5ConnectionAcceptor {
    public static void main(String[ ] args) {
        if (args.length != 2)
            System.out.println
                ("This program requires three command line arguments");
        else {
            try {
                int portNo = Integer.parseInt(args[0]);
                String message = args[1];
                // instantiates a socket for accepting connection
                  ServerSocket connectionSocket = new ServerSocket(portNo);
           System.out.println("now ready accept a connection");
                // wait to accept a connecion request,at which time a data socket is created
                MyStreamSocket dataSocket = new MyStreamSocket(connectionSocket.accept());
           System.out.println("connection accepted");
                dataSocket.sendMessage(message);
          System.out.println("message sent");
                dataSocket.close( );
           System.out.println("data socket closed");
                connectionSocket.close( );
```

```
            System.out.println("connection socket closed");
              } // end try
            catch (Exception ex) {
                ex.printStackTrace( );
            } // end catch
          } // end else
      } // end main
} // end class
```

1.12　Example5ConnectionRequestor.java 源代码

```
import java.net.*;
import java.io.*;
public class Example5ConnectionRequestor {
    public static void main(String[] args) {
        if (args.length != 2)
            System.out.println
                ("This program requires two command line arguments");
        else {
            try {
String acceptorHost = args[0];
                int acceptorPort = Integer.parseInt(args[1]);
                // instantiates a data socket
                MyStreamSocket mySocket = new MyStreamSocket(acceptorHost,acceptorPort);
           System.out.println("Connection request granted");
                String message = mySocket.receiveMessage( );
          System.out.println("Message received:");
                System.out.println("\t" + message);
                mySocket.close( );
          System.out.println("data socket closed");
             } // end try
          catch (Exception ex) {
                ex.printStackTrace( );
            }
          } // end else
      } // end main
} // end class
```

本节主要介绍流式 Socket API 的基本开发接口和方法，关于流式 Socket 开发的进一步学习，可以参考作者撰写的《分布式计算、云计算与大数据》。

1.5　习题

一、选择题

(1) 下列计算形式不属于分布式计算的是(　　)。

A. 单机计算　　B. 并行计算　　C. 网络计算　　D. 云计算

(2) 下列活动不属于分布式计算应用的是(　　)。

A. Web 冲浪　　B. 在线视频播放应用

C. 电子邮件应用　　D. 超级计算机上的科学计算

(3) 下面不属于分布式计算的优点的是(　　)。

A. 资源共享　　B. 安全性　　C. 可扩展性　　D. 容错性

(4) Socket 不支持(　　)编程方式。

A. 无连接数据包 Socket　　B. 面向连接数据包 Socket

C. 无连接流式 Socket　　D. 面向连接流式 Socket

(5) (　　)模式是另外三种的融合。

A. 边缘计算　　B. 雾计算　　C. 移动云计算　　D. 移动边缘计算

(6) Java 流式 Socket API 中用于创建数据 Socket 的(　　)。

A. ServerSocket　　B. Socket　　C. OutputStream　　D. InputStream

二、问答题

(1) 什么是分布式计算?它的优、缺点有哪些?

(2) Socket 按照传输协议可分为哪两种?Socket 通信机制提供了哪两种通信方式?

(3) 什么是集中式计算?通过图形方式描述集中式计算和分布式计算的区别。

(4) 请分析、比较各种分布式计算模式。

(5) 进程 1 向进程 2 顺序发送三条消息 M1,M2,M3。假设:①采用无连接 Socket 发送消息;②采用面向连接 Socket 发送每条消息。这些消息将可能以何种顺序到达进程?

(6) DatagramSocket(或其他 Socket 类)的 setToTimeout 方法中,如果将超时周期设置为 0,将发生什么?这是否意味着超时将立即发生?

(7) 写一段可出现在某 main 方法中的 Java 程序片段,用于打开一个最多接收 100 字节数据的数据包 Socket,设置超时周期为 5 秒。如果发生超时,须在屏幕上显示接收超时消息。

1.6 参考文献

[1] 林伟伟,刘波. 分布式计算、云计算与大数据[M]. 北京:机械工业出版社,2015.

[2] Coulouris,George; Jean Dollimore; Tim Kindberg; Gordon Blair. Distributed Systems: Concepts and Design (5th Edition)[M]. Boston: Addison-Wesley,2011.

[3] 刘福岩,王艳春,刘美华,等. 计算机操作系统[M]. 北京:兵器工业出版社,2005.

[4] M. L. Liu 分布式计算原理与应用(影印版)[M]. 北京:清华大学出版社,2004.

[5] 中国分布式计算总站[EB/OL]. http://www.equn.com/,2016.

[6] 孙大为,张广艳,郑纬民. 大数据流式计算:关键技术及系统实例[J]. 软件学报,2014(4):839-862.

[7] CiscoIOx in Cisco Live 2014: Showcasing "fog computing" at work,cisco.com,2016.12

[8] Bar-MagenNumhauser,Jonathan (2013). Fog Computing introduction to a New Cloud Evolution. Escrituras silenciadas: paisaje como historiografía. Spain: University of Alcala. pp. 111-126. ISBN 978-84-15595-84-7.

[9] 施巍松,孙辉,曹杰,等. 边缘计算:万物互联时代新型计算模型[J]. 计算机研究与发展,2017,54(5):907-924.

[10] 知乎. 分布式系统领域有哪些经典论文[EB/OL]. https://www.zhihu.com/question/30026369.

第 2 章

云计算概述与关键技术

本章首先介绍云计算的定义、分类及与相关技术的关系，然后讨论云计算的体系结构、数据存储、计算模型、资源调度、虚拟化等关键技术，接着阐述了容器云技术原理和分析比较容器与虚拟机技术，最后概述百度云的发展历史和技术体系。

2.1 云计算概述

2.1.1 云计算起源

云计算概念最早由Google公司提出。2006年，27岁的Google高级工程师克里斯托夫·比希利亚第一次向Google董事长兼CEO施密特提出“云计算”的想法，在施密特的支持下，Google推出了“Google 101计划”，该计划目的是让高校的学生参与到云的开发，将为学生、研究人员和企业家们提供Google式的无限的计算处理能力，这是最早的“云计算”概念，如图2-1所示。这个云计算概念包含两个层次的含义，一是商业层面，即以“云”的方式提供服务，一个是技术层面，即各种客户端的“计算”都由网络来负责完成。通过把云和计算相结合，用来说明Google在商业模式和计算架构上与传统的软件和硬件公司的不同。

目前，对于云计算的认识在不断地发展变化，云计算仍没有普遍一致的定义。通常是指由网格计算、分布式计算、并行计算、效用计算等传统计算机和网络技术融合而形成的一种商业计算模型。从技术上看，云计算是一种基于互联网的计算方式，通过这种方式，共享的软硬件资源和信息可以按需求提供给计算机和其他设备。当前，云计算的主要形式包括：基础设施即服务(IAAS)、平台即服务(PAAS)和软件即服务(SAAS)。

随着信息和网络通信技术的快速发展，计算模式从最初的把任务交给大型处理机集中计算，逐渐发展为更有效率的基于网络的分布式任务处理模式，自20世纪80年代起，互联网得到快速发展，基于互联网的相关服务的增加，以及使用和交付模式的变化，云计算模式应运而生。如图2-2所示，云计算是从网络即计算机、网格计算池发展而来的概念。

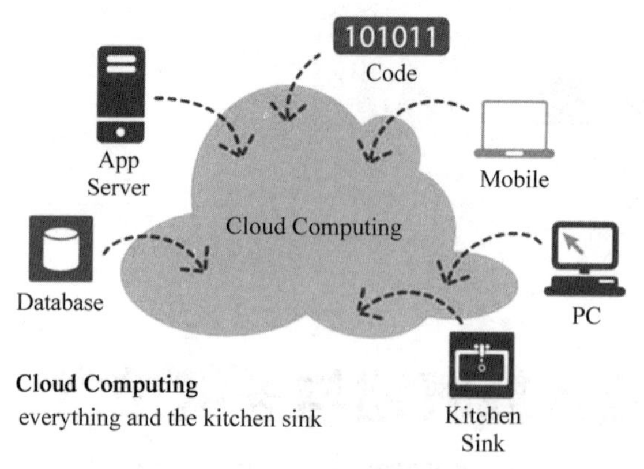

图 2-1　云计算概念示意图

图 2-2　云计算的起源

早期的单处理机模式计算能力有限，网络请求通常不能被及时响应，效率低下。随着网络技术的不断发展，用户通过配置具有高负载通信能力的服务器集群来提供急速增长的互联网服务，但在遇到负载低峰的时候，通常会有资源的浪费和闲置，导致用户的运行维护成本提高。而云计算把网络上的服务资源虚拟化并提供给其他用户使用，整个服务资源的调度、管理、维护等工作都由云端负责，用户不必关心"云"内部的实现就可以直接使用其提供的各种服务，因此，如图 2-3 所示，云计算实质上是给用户提供像传统的电力、水、煤气一样的按需计算服务，它是一种新的便捷的计算使用范式。

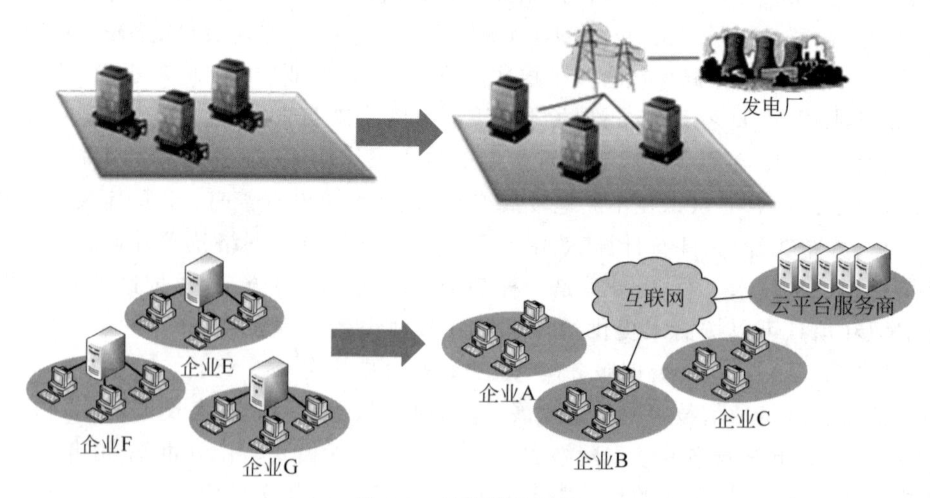

图 2-3　云计算的目标

云计算是分布式计算、效用计算、虚拟化技术、Web 服务、网格计算等技术的融合和发展，其目标是用户通过网络能够在任何时间、任何地点最大限度地使用虚拟资源池，处理大规模计算问题。目前，在学术界和工业界共同推动之下，云计算及其应用呈现迅速增长的趋势，各大云计算厂商如 Amazon、IBM、Microsoft、Sun、阿里巴巴、华为、腾讯等公司都推出自己研发的云计算服务平台。而学术界也源于云计算的现实背景纷纷对模型、应用、成本、仿真、性能优化、测试等诸多问题进行了深入研究，提出了各自的理论方法和技术成果，极大地推动了云计算继续向前发展。

2.1.2　云计算定义

2006 年，27 岁的 Google 高级工程师克里斯托夫・比希利亚第一次向 Google 董事长兼 CEO 施密特提出“云计算”的想法，在施密特的支持下，Google 推出了“Google 101 计划”(该计划目的是让高校的学生参与到云的开发)，并正式提出“云”的概念。由此，拉开了一个时代计算技术以及商业模式的变革。

如图 2-4 所示，对一般用户而言：云计算是指通过网络以按需、易扩展的方式获得所需的服务。即随时随地只要能上网就能使用各种各样的服务，如同银行、发电厂等。这种服务可以是 IT 和软件、互联网相关的，也可以是任意其他的服务。

图 2-4　一般用户的云计算概念

如图 2-5 所示，对专业人员而言：云计算是分布式处理、并行处理和网格计算的发展，或者说是这些计算机科学概念的商业实现，是指基于互联网的超级计算模式——即把原本存储于个人电脑、移动设备等个人设备上的大量信息集中在一起，在强大的服务器端协同工作。它是一种新兴的共享计算资源的方法，能够将巨大的系统连接在一起，以提供各种计算服务。

目前比较权威的云计算定义是美国国家标准技术研究院 NIST 提出的，包括以下 4 点：

(1) 云计算是一种利用互联网实现随时随地、按需、便捷地访问共享资源池(如计算设施、存储设备、应用程序等)的计算模式；

(2) 云计算模式具有 5 个基本特征：按需自助服务、广泛的网络访问、共享的资源池、快速弹性能力、可度量的服务；

(3) 3 种服务模式：软件即服务(SaaS)、平台即服务(PaaS)、基础设施即服务 (IaaS)；

(4) 4 种部署方式：私有云、社区云、公有云、混合云。

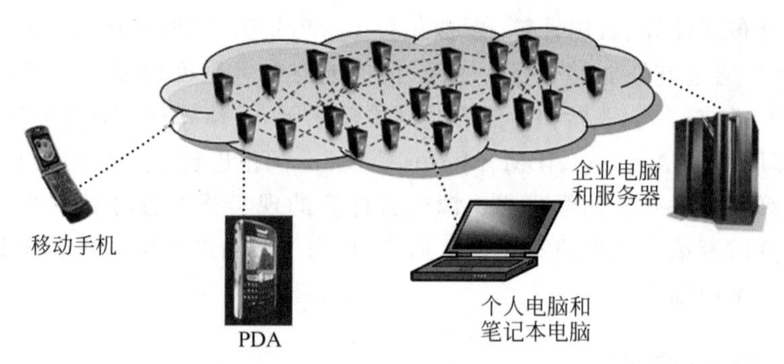

图 2-5　专业人员的云计算概念

2.1.3　云计算分类

云计算按照提供服务的类型可以分为：基础设施即服务(IaaS)、平台即服务(PaaS)和软件即服务(SaaS)。如图 2-6 所示，3 种类型云服务对应不同的抽象层次。

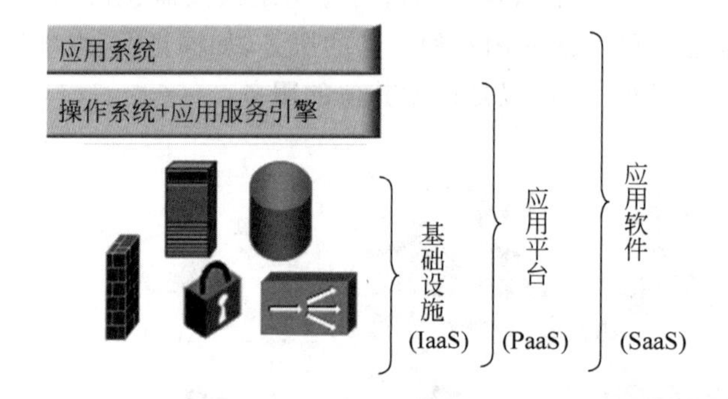

Infrastructure as a Service	Platform as a Service	Software as a Service
以服务的形式提供虚拟硬件资源，如虚拟主机/存储/网络/数据库管理等资源 用于无须购买服务器、网络设备、存储设备，只需通过互联网租赁即可搭建自己的应用系统 典型应用：Amazon Web Service (AWS)	提供应用服务引擎，如互联网应用编程接口/运行平台等 用户基于该应用服务引擎，可以构建该类应用 典型应用：Google AppEngine，Force.com，Microsoft Azure，服务平台	用户通过Internet（如浏览器）来使用软件。用户不必购买软件，只需按需租用软件 典型应用：Google Doc, Salesforce.com,Oracle CRM OnDemand,Office Live Workspace

图 2-6　云计算的服务分类

1. IaaS：基础设施即服务

IaaS(Infrastructure-as-a-Service)：基础设施即服务。IaaS 是云计算的基础，为上层云计算服务提供必要的硬件资源，同时在虚拟化技术的支持下，IaaS 层可以实现硬件资源的按需配置，创建虚拟的计算、存储中心，使得其能够把计算单元、存储器、I/O 设备、带宽等计算机基础设施，集中起来成为一个虚拟的资源池来对外提供服务(如硬件服务器租用)。如图 2-7 所示，虚拟化技术是 IaaS 的关键技术。

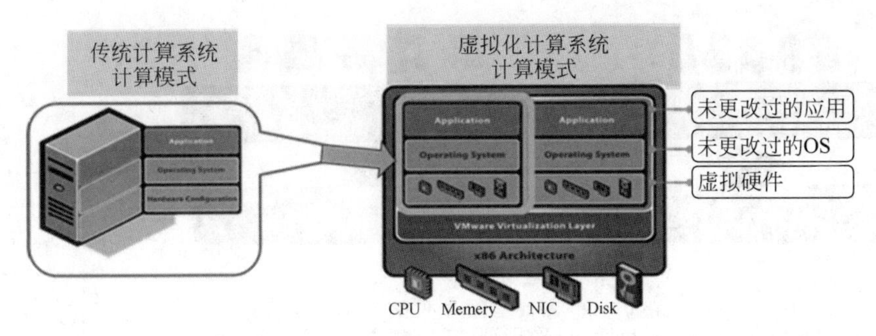

图 2-7　虚拟化技术

许多大型的电子商务企业，积累了大规模 IT 系统设计和维护的技术与经验，同时面临着业务淡季时 IT 设备的闲置问题，于是将设备、技术和经验作为一种打包产品去为其他企业提供服务，利用闲置的 IT 设备来创造价值。Amazon 是第一家将基础设施作为服务出售的公司，如图 2-8 所示，Amazon 的云计算平台弹性计算云 EC2(Elastic Compute Cloud)可以为用户或开发人员提供一个虚拟的集群环境，既满足了小规模软件开发人员对集群系统的需求，减小维护的负担，又有效解决了设备闲置的问题。

图 2-8　IaaS 云计算平台

2. PaaS：平台即服务

PaaS(Platform-as-a-Service)：平台即服务。一些大型电子商务企业，为支持搜索引擎和邮件服务等需要海量数据处理能力的应用，开发了分布式并行技术的平台，在技术和经验有一定积累后，逐步将平台能力作为软件开发和交付的环境进行开放。如图 2-9 所示，Google 以自己的文件系统(GFS)为基础打造出的开放式分布式计算平台 Google App Engine，App Engine 是基于 Google 数据中心的开发、托管 Web 应用程序的平台。通过该平台，程序开发者可以构建规模可扩展的 Web 应用程序，而不用考虑底层硬件基础设施的管理。App Engine 由 GFS 管理数据、MapReduce 处理数据，并用 Sawzall 为编程语言提供接口，为用户提供可靠并且有效的平台服务。

PaaS 既要为 SaaS 层提供可靠的分布式编程框架，又要为 IaaS 层提供资源调度，数据管理，屏蔽底层系统的复杂性等，同时 PaaS 又将自己的软件研发平台作为一种服务开放给

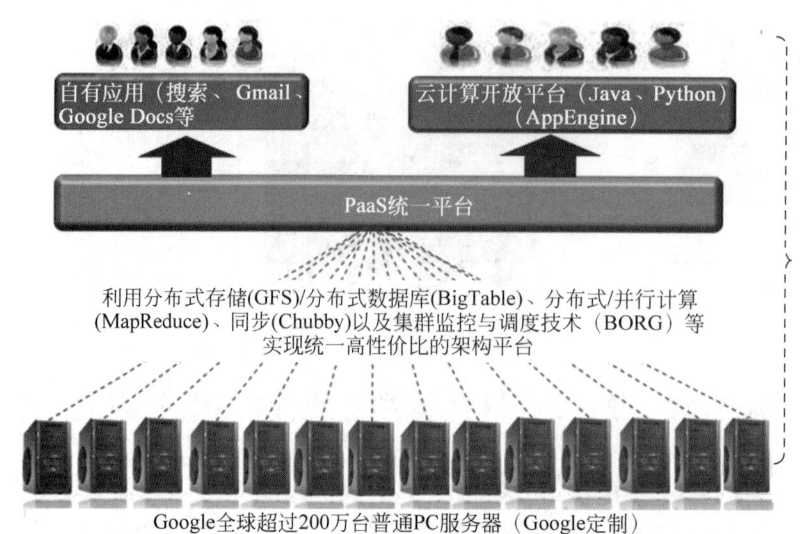

图 2-9 Google 的 PaaS 分布式计算平台

用户。例如：软件的个性化定制开发。PaaS 层需要具备存储与处理海量数据的能力，用于支撑 SaaS 层提供的各种应用。因此，PaaS 的关键技术包括并行编程模型、海量数据库、资源调度与监控、超大型分布式文件系统等分布式并行计算平台技术（如图 2-10 所示）。基于这些关键技术，通过将众多性能一般的服务器的计算能力和存储能力充分发挥和聚合起来，形成一个高效的软件应用开发和运行平台，能够为特定的应用提供海量数据处理。

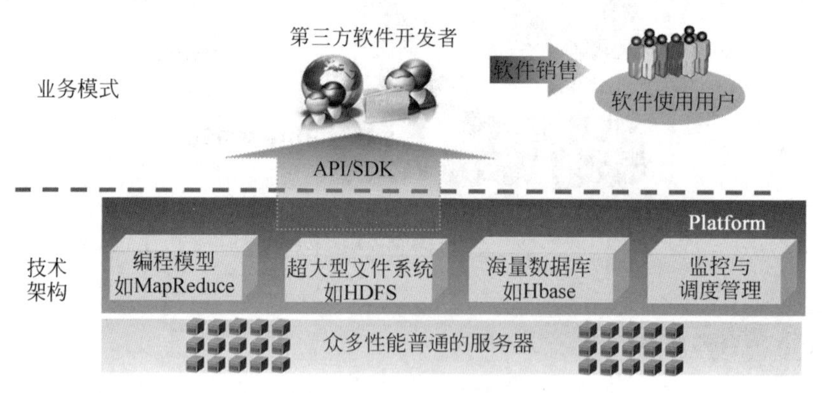

图 2-10 PaaS 的关键技术

3. SaaS：软件即服务

SaaS(Software-as-a-Service)：软件即服务。云计算要求硬件资源和软件资源能够更好地被共享，具有良好的伸缩性，任何一个用户都能够按照自己的需求进行客户化配置而不影响其他用户的使用。多租户技术就是云计算环境中能够满足上述需求的关键技术，而软件资源共享则是 SaaS 的服务目的，用户可以使用按需定制的软件服务，通过浏览器访问所需的服务，如文字处理、照片管理等，而且不需要安装此类软件。

SaaS 层部署在 PaaS 和 IaaS 平台之上，同时用户可以在 PaaS 平台上开发并部署 SaaS 服务，SaaS 面向的是云计算终端用户，提供基于互联网的软件应用服务。随着网络技术的成熟与标准化，SaaS 应用近年来发展迅速。典型的 SaaS 应用包括 Google Apps、Salesforce 等。

Google Apps 包括 Google Docs，Gmail 等大量 SaaS 应用，Google Apps 将我们常用的一些传统的桌面应用程序（如文字处理软件、电子邮件服务、照片管理、通讯录、日程表等）迁移到互联网，并托管这些应用程序。用户通过网络浏览器便可随时随地使用 Google Apps 提供的应用服务，而不需要下载、安装或维护任何硬件或软件。

2.2　云计算与相关计算模式的关系

云计算、物联网等技术应用的深入，以及万物联网应用需求的发展，催生了雾计算、边缘计算、移动云计算、移动边缘计算等新的分布式计算形式[14]。如图 2-11 所示，云计算和这几种计算模式概念上有点相近，但计算所处的位置又有所区别，所以接下来重点分析这些计算模式的区别与联系。

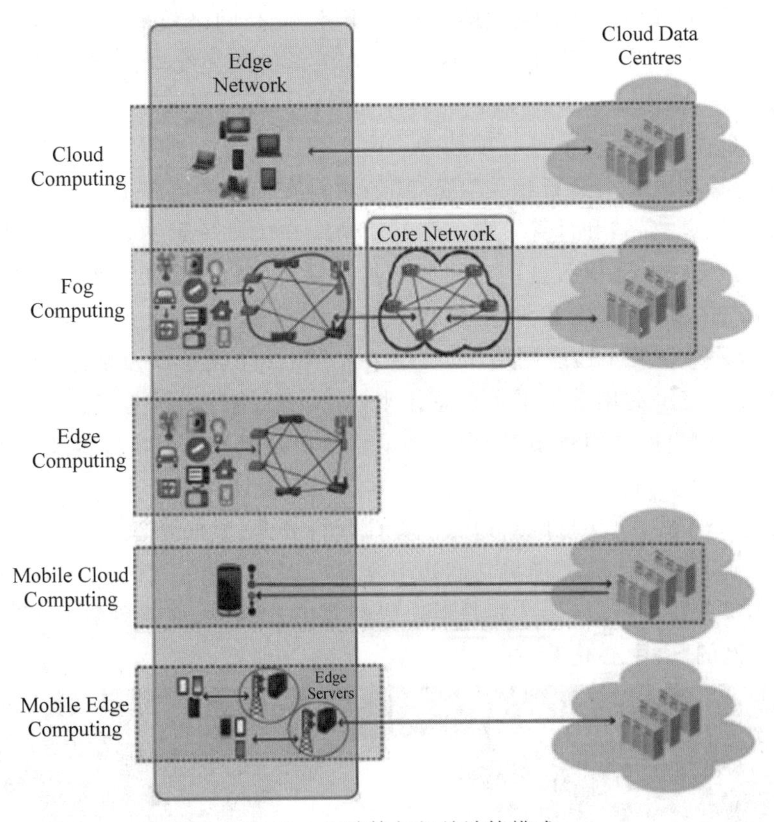

图 2-11　云计算与相关计算模式

首先，我们从云计算谈起。由于云计算的出现，计算技术进入了一个新时代。许多计算服务提供商例如谷歌、亚马逊、微软、IBM 等，将这种计算模式作为一种工具。它们通过基础架构即服务（IaaS）、平台即服务（PaaS）、软件即服务（SaaS），同时处理企业和教育相关的问题。然而，大多数的云数据中心是集中化的，离终端的设备和用户较远。所以，实时性要求高的计算服务，需要远端的云数据中心的反馈，通常这样会引起长距离往返延时、网络拥塞、服务质量下降等问题。

为了解决上述问题，一种新的概念产生了，这就是“边缘计算”。边缘计算的初衷是为了将计算能力带向离数据源更近的地方。更准确一点说，边缘计算让数据在边缘网络处处理。边缘网络基本上由终端设备(例如移动手机、智能物品等)、边缘设备(例如边界路由器、机顶盒、网桥、基站、无线接入点等)、边缘服务器等构成。这些组件可以具有必要的性能，支持边缘计算。作为一种本地化的计算模式，边缘计算提供了对于计算服务需求更快的响应速度，通常情况下不将大量的原始数据发回核心网。然而，总体来说，边缘计算不需要会主动协助 IaaS、PaaS、SaaS 和其他云服务，更多地专注于终端设备端。

综合“边缘”计算和“云”计算的概念，又会新引入几种计算模式，其中包括移动边缘计算(MEC)和移动云计算(MCC)，作为云计算和边缘计算的扩充。

作为边缘-中央计算模式，MEC 已经在研究领域早有名声。MEC 被认为蜂窝基站模型的现代化演变的关键因素。它让边缘服务器和蜂窝基站相结合，可以和远程云数据中心连接或者断开。MEC 配合终端移动设备，支持网络中 2 或 3 级分层应用部署。另外，MEC 旨在为用户带来自适应和更快初始化的蜂窝网络服务，提高网络效率。最近，MEC 的一项显著应用就是支持 5G 通信。更加长远地说，它旨在灵活访问无线电网络信息，进行内容发布和应用部署。

MCC 是分布式计算领域另外一项趋势。由于智能移动设备的不断增多，如今的最终用户更喜欢在手持移动设备上运行相关服务，而不再是在传统的电脑上。然而，大多数的智能移动设备都受到能量、存储和计算资源的限制。所以在关键场景中，在移动设备以外的地方运行加强的应用，比在本地执行这些应用要更加灵活。MCC 提供必要的计算资源，支撑这些靠近终端用户的移动应用程序在远程执行。通常这些轻量级的云服务器，被称为(cloudlet)“小云片”，它处于边缘网络中。“小云片”和移动设备以及数据中心一起，为丰富的应用程序搭建了三层应用部署平台。总体来说，MCC 结合云计算、移动计算和无线应用通信技术，为移动用户提高服务质量，为网络运营商和云服务提供者提供新业务机会。

如图 2-12 所示，雾计算是云计算的延伸，雾是介于云计算和个人计算之间的，雾计算所采用的架构更呈分布式，更接近网络边缘。雾计算将数据、数据处理和应用程序集中在网络边缘的设备中，而不像云计算那样将它们几乎全部保存在云中。数据的存储及处理更依赖本地设备，而非服务器。所以，云计算是新一代的集中式计算，而雾计算是新一代的分布式计算，符合互联网的“去中心化”特征。

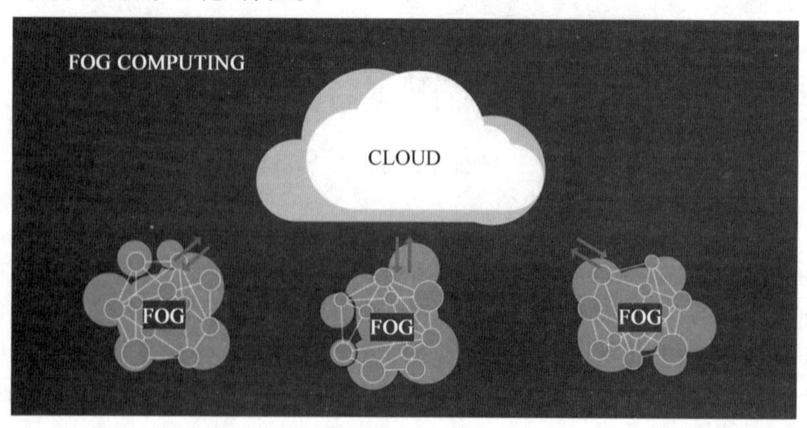

图 2-12 雾计算概念示意图

类似MEC和MCC,雾计算也可以进行边缘计算。然而,除了边缘网络,雾计算也可以拓展到核心网络。更准确一点说,边缘和核心网络(例如核心路由器、区域服务器、广域网路开关等)的组件都可以作为雾计算基础设施。相应地,多层应用程序部署和服务,需要通过雾计算能够轻易地观测数量巨大的物联网输设备和传感器。另外,相对于"小云片"蜂窝网络边缘服务器来说,位于边缘网络的雾计算组件,离物联网终端设备和传感器更近。物联网设备和传感器分布密度很高,需要对于服务请求实时响应,所以要在物联网传输设备和传感器附近,存储和处理物联网数据。服务延时对于实时物联网应用来说,需要尽可能最小化。和边缘计算不同的是,雾计算可以将基于云的服务例如IaaS、PaaS、SaaS等,拓展到网络边缘。

综上所述,无论是边缘计算、雾计算、多接入边缘计算、移动边缘计算,还是移动云计算,其核心都是通过云端和物联网设备之间的各种现有或新增设备,将计算、网络、存储等能力向网络边缘侧扩展,充分利用整个路径上各种设备的处理能力,就地存储和处理隐私和冗余数据,降低网络带宽占用,提高系统实时性和可用性。而且,边缘计算相关的各个组织和公司也在推进合作,例如OpenFog与ETSI合作雾化MEC技术,CORD与OpenFog协调互操规范,英特尔参与各大边缘计算组织等。因此,雾计算、多接入边缘计算、移动边缘计算、移动云计算等概念最终将走向融合,可以统称为边缘计算。目前在学术研究中,也更趋向于边缘计算。

2.3 云计算关键技术

2.3.1 体系结构

云计算可以按需提供弹性的服务,如图2-13所示,它的体系架构可以大致分为三个层次:核心服务、服务管理、用户访问接口[13]。核心服务层将硬件基础设施、软件运行环境、应用程序抽象成服务,这些服务具有可靠性强、可用性高、规模可伸缩等特点,满足多样化的应用需求。服务管理层为核心服务提供支持,进一步确保核心服务的可靠性、可用性与安全性。用户访问接口层实现端到云的访问。

1. 核心服务层

云计算核心服务通常可以分为3个子层:基础设施即服务层(infrastructure as a service,IaaS)、平台即服务层(platform as a service,PaaS)、软件即服务层(software as a service,SaaS)。

IaaS提供硬件基础设施部署服务,为用户按需提供实体或虚拟的计算、存储和网络等资源。在使用IaaS层服务的过程中,用户需要向IaaS层服务提供商提供基础设施的配置信息,运行于基础设施的程序代码以及相关的用户数据。为了优化硬件资源的分配,IaaS层引入了虚拟化技术。借助于Xen、KVM、VMware等虚拟化工具,可以提供可靠性高、可定制性强、规模可扩展的IaaS层服务。

PaaS是云计算应用程序运行环境,提供应用程序部署与管理服务。通过PaaS层的软件工具和开发语言,应用程序开发者只需上传程序代码和数据即可使用服务,而不必关注底

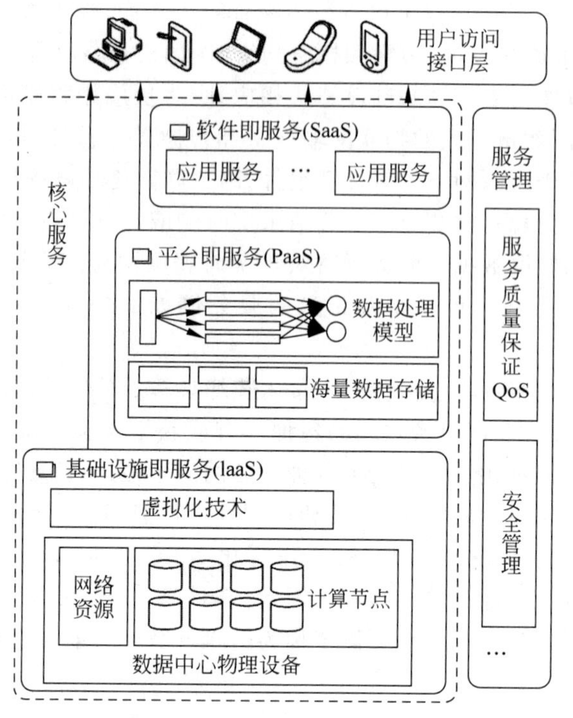

图 2-13 云计算体系结构

层的网络、存储、操作系统的管理问题。由于目前互联网应用平台(如 Facebook、Google、淘宝等)的数据量日趋庞大,PaaS 层应当充分考虑对海量数据的存储与处理能力,并利用有效的资源管理与调度策略提高处理效率。

SaaS 是基于云计算基础平台所开发的应用程序。企业可以通过租用 SaaS 层服务解决企业信息化问题,如企业通过 GMail 建立属于该企业的电子邮件服务。该服务托管于 Google 的数据中心,企业不必考虑服务器的管理、维护问题。对于普通用户来讲,SaaS 层服务将桌面应用程序迁移到互联网,可实现应用程序的泛在访问。

2. 服务管理层

服务管理层对核心服务层的可用性、可靠性和安全性提供保障。服务管理包括服务质量(QoS,quality of service)保证和安全管理等。此外,数据的安全性一直是用户较为关心的问题。云计算数据中心采用的资源集中式管理方式使得云计算平台存在单点失效问题。保存在数据中心的关键数据会因为突发事件(如地震、断电)、病毒入侵、黑客攻击而丢失或泄露。根据云计算服务特点,研究云计算环境下的安全与隐私保护技术(如数据隔离、隐私保护、访问控制等)是保证云计算得以广泛应用的关键。除了 QoS 保证、安全管理外,服务管理层还包括计费管理、资源监控等管理内容,这些管理措施对云计算的稳定运行同样起到重要作用。

3. 用户访问接口层

用户访问接口实现了云计算服务的泛在访问,通常包括命令行、Web 服务、Web 门户等形式。命令行和 Web 服务的访问模式既可为终端设备提供应用程序开发接口，又便于多种服务的组合。Web 门户是访问接口的另一种模式。通过 Web 门户，云计算将用户的桌面应用迁移到互联网，从而使用户随时随地通过浏览器就可以访问数据和程序，提高工作效率。

2.3.2 数据存储

云计算环境下的数据存储，通常我们称之为海量数据存储，或大数据存储。大数据存储与传统的数据库服务在本质上有着较大的区别，传统的关系数据库中强调事务的 ACID 特性，即原子性(atomicity)，一致性(consistency)，隔离性(isolation)和持久性(durability)，对于数据的一致性的严格要求使其在很多分布式场景中无法应用。在这种情况下，出现了基于 BASE 特性的新型数据库，即只要求满足 basically available(基本可用)，soft state(柔性状态)和 eventually consistent(最终一致性)。从分布式领域的著名 CAP 理论角度来看，ACID 追求一致性，而 BASE 更加关注可用性，正是在事务处理过程中对一致性的严格要求，使得关系数据库的可扩展性极其有限。

面对这些挑战，以 Google 为代表的一批云计算技术公司纷纷推出自己的解决方案。BigTable 是 Google 早期开发的云数据库系统，它是一个多维稀疏排序表，由行和列组成，每个存储单元都有一个时间戳，形成三维结构。不同的时间对同一个数据单元的多个操作形成数据的多个版本之间由时间戳来区分。除了 BigTable 外，Amazon 的 Dynamo 和 Yahoo 的 PNUTS 也都是非常具有代表性的系统。Dynamo 综合使用了键值存储、改进的分布式哈希表(DHT)、向量时钟(vector clock)等技术实现了一个完全的分布式、去中心化的高可用系统。PNUTS 是一个分布式的数据库，在设计上使用弱一致性来达到高可用性的目标，主要的服务对象是相对较小的记录，比如在线的大量单个记录或者小范围记录集合的读和写访问，不适合存储大文件、流媒体等。BigTable、Dynamo、PNUTS 等的成功促使人们开始对关系数据库进行反思，由此产生了一批未采用关系模型的数据库，这些方案现在被统一称为 NoSQL(Not only SQL)。NoSQL 并没有一个准确的定义，但一般认为 NoSQL 数据库应当具有以下的特征：模式自由(schema-free)、支持简易备份(easy replication support)、简单的应用程序接口(simple API)、最终一致性(或者说支持 BASE 特性，不支持 ACID)、支持海量数据(huge amount of data)。

一般来说，云计算的数据存储技术包含大数据存储技术和传统关系数据库存储技术，即如图 2-14 所示，包括块存储、分布式文件存储、对象存储、表存储四大类存储技术，其中，表存储又包括 NoSQL(如百度云表格存储 BTS、HBase 等)、关系数据库、数据仓库和日志详单类等存储技术；块存储主要包括直接附加存储 DAS、存储域网络存储 SAN、百度云块存储 CDS 等；分布式文件存储主要包括网络附加存储 NAS、百度云文件存储 CFS、GFS 和 Hadoop 的分布式文件系统 HDFS 等；对象存储包括百度云对象存储 BOS、Swift、Amazon S3 和中国移动的 BC-oNest 等。

1. 数据中心存储结构

廉价存储设备所构成的庞大的存储系统是云计算环境下数据存储的基础，这些异构的存储设备通过各自的分布式文件系统将分散的、低可靠的资源聚合为一个具有高可靠性、高

图 2-14　数据存储技术

可扩展性的整体，在此基础上构建面向用户的云存储服务。如图 2-15 所示，数据中心是实现云计算海量数据存储的基础，主要包括各种存储设备，以及对各种异构的存储设备进行管理的分布式文件系统。

2. 分布式存储

分布式存储相对集中式存储技术而言，虽不能将数据存储在特定的节点之上，但能够将不同服务器中的磁盘空间进行集约化管理，构建一个虚拟的资源存储空间，将数据存储在虚拟设备上，以提升平台数据存储能力。通常情况下，分布式存储技术依据结构化程度进行类型划分，可分为半结构化数据分布式存储技术、结构化数据分布式存储技术与非结构化数据

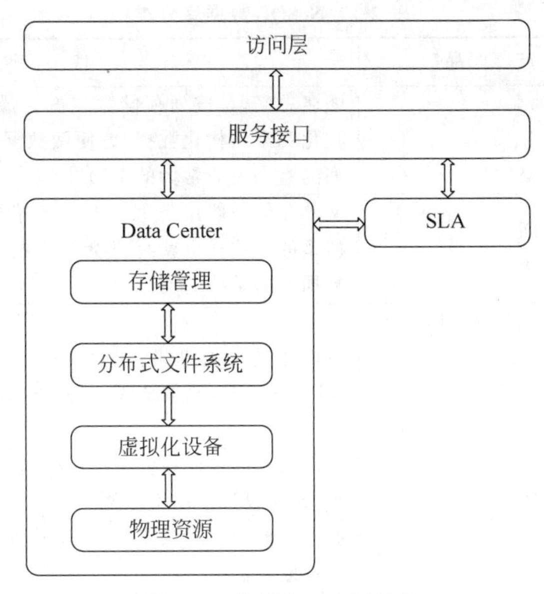

图 2-15 数据中心存储结构

分布式存储技术三种类型。当前在云计算中使用的最多是非结构化数据存储技术,采用该技术的系统即分布式文件系统。分布式文件系统(Distributed File System,DFS)是云存储的核心,一般作为云计算的数据存储系统,对 DFS 的设计既要考虑系统的 I/O 性能,又要保证文件系统的可靠性与可用性。文件系统是支撑上层应用的基础,Google 自行研发的 GFS (Google File System)是一种构建在大量服务器之上的一个可扩展的分布式文件系统,采用主从架构,通过数据分块、追加更新等方式实现海量数据的高效存储。

Google 以论文的形式公开其在云计算领域研发的各种技术,使得以 GFS 和 BigTable 为代表的一系列大数据处理技术被广泛了解并得到应用,并催生出以 Hadoop 为代表的一系列云计算开源工具。而 GFS 类的文件系统主要针对较大的文件设计的,而在一些场景系统需要频繁读写海量小文件,此时 GFS 类文件系统因为频繁读取元数据等原因,显得效率很低,Facebook 推出的专门针对海量小文件的文件系统 Haystack,通过多个逻辑文件共享同一个物理文件,增加缓存层,部分元数据加载到内存等方式有效解决了 Facebook 海量图片存储问题。淘宝推出的类似的文件系统 TFS(Tao File System),通过将小文件合并成大文件,文件名隐含部分元数据等方式实现了海量小文件的高效存储。此外被广泛使用的还有 Lustre,FastDFS、HDFS 和 NFS 等,分别适用于不同应用环境下的分布式文件系统。

3. NoSQL

NoSQL 仅仅是一个概念,NoSQL 数据库根据数据的存储模型和特点分为很多种类。表 2-1 是 NoSQL 数据库的一个基本分类,当然,表中的 NoSQL 数据库类型的划分并不是绝对的,只是从存储模型上来进行的大体划分。而且,它们之间没有绝对的分界,也有交叉的情况,比如 Tokyo Cabinet / Tyrant 的 Table 类型存储,就可以理解为是文档型存储,Berkeley DB XML 数据库是基于 Berkeley DB 之上开发的。

表 2-1 NoSQL 数据库分类

类　别	产　品	特　性
列存储	Hbase Cassandra Hypertable	顾名思义，是按列存储数据的。最大的特点是方便存储结构化和半结构化数据，方便做数据压缩，对某一列或者某几列的查询有非常大的 I/O 优势
文档存储	MongoDB CouchDB	文档存储一般用类似 JSON 的格式存储，存储的内容是文档型的。这样也就有机会对某些字段建立索引，实现关系数据库的某些功能
key-value 存储	Tokyo Cabinet/Tyrant Berkeley DB MemcacheDB Redis	可以通过 key 快速查询到其 value。一般来说，存储不管 value 的格式，照单全收。(Redis 包含了其他功能)
图存储	Neo4J FlockDB	图形关系的最佳存储。使用传统关系数据库来解决性能低下，而且设计使用不方便
对象存储	db4o Versant	通过类似面向对象语言的语法操作数据库，通过对象的方式存取数据
XML 数据库	Berkeley DB XML BaseX	高效的存储 XML 数据，支持 XML 的内部查询语法，例如 XQuery、Xpath

4. 对象存储

在云计算平台中，对象存储技术是应用较为广泛的存储技术。该技术将 NAS 和 SAN 技术优势相结合，构成高可靠性、共享性、可拓展性、跨平台性的存储体系，从而改变传统单文件系统下文件存储数量的制约，有效提升云计算平台文件管理能力与水平，满足大规模文件存储需求。

5. 块存储技术

在云计算平台中，块存储技术在持续存储的场景中具有广泛应用性。块存储技术能够将磁盘与主机进行有效连接，使磁盘空间成为主机存储的可拓展空间。与此同时，块存储技术的应用，可通过系统存储协议进行磁盘数据的快速读取。在云计算平台的块存储技术中典型的有 Amazon Elastic Block Store (EBS)和百度云的云磁盘 CDS。EBS 是一种易于使用的高性能数据块存储服务，旨在与 Amazon Elastic Compute Cloud (EC2) 一起使用，适用于任何规模的吞吐量和事务密集型工作负载。Amazon EBS 上部署着广泛的工作负载，例如关系数据库和非关系数据库、企业应用程序、容器化应用程序、大数据分析引擎、文件系统和媒体工作流。云磁盘 CDS，是百度智能云为云服务器(BCC)提供的低时延、持久性、高可靠的块存储服务。挂载到 BCC 实例的块存储，你可以对其进行格式化，分区，创建文件系统。云磁盘还提供快照功能，可以防止业务数据因误删、物理服务器宕机及其他不可抗灾害而导致的数据丢失风险。云磁盘提供四种类型的块存储：上一代磁盘、普通磁盘、高性能磁盘和 SSD 云磁盘。

2.3.3 计算模型

云计算的计算模型是一种可编程的并行计算框架，需要高扩展性和容错性支持。PaaS平台不仅要实现海量数据的存储，而且要提供面向海量数据的分析处理功能。由于PaaS平台部署于大规模硬件资源上，所以海量数据的分析处理需要抽象处理过程，并要求其编程模型支持规模扩展，屏蔽底层细节并且简单有效。目前比较成熟的技术有MapReduce，Dryad等。

MapReduce是Google提出的并行程序编程模型，运行于GFS之上。MapReduce的设计思想在于将问题分而治之，首先将用户的原始数据源进行分块，然后分别交给不同的Map任务去处理。Map任务从输入中解析出键/值对(key/value)集合，然后对这些集合执行用户自行定义的Map函数得到中间结果，并将该结果写入本地硬盘。Reduce任务从硬盘上读取数据之后会根据key值进行排序，将具有相同key值的组织在一起。最后用户自定义的Reduce函数会作用于这些排好序的结果并输出最终结果。图2-16给出了MapReduce任务调度过程：

(1) 用户程序首先调用的MapReduce库将输入文件分成M个数据分片，然后用户程序在机群中创建大量的程序副本。

(2) 程序副本Master将Map任务和Reduce任务分配给Worker程序。

(3) 被分配Map任务的Worker程序读取相关的输入数据片段。

(4) Map任务的执行结果写入到本地磁盘上。

(5) Reduce Worker程序使用RPC从Map Worker所在主机磁盘上读取这些缓存数据。

(6) Reduce Worker程序遍历排序后的中间数据，Reduce函数的输出被追加到所属分

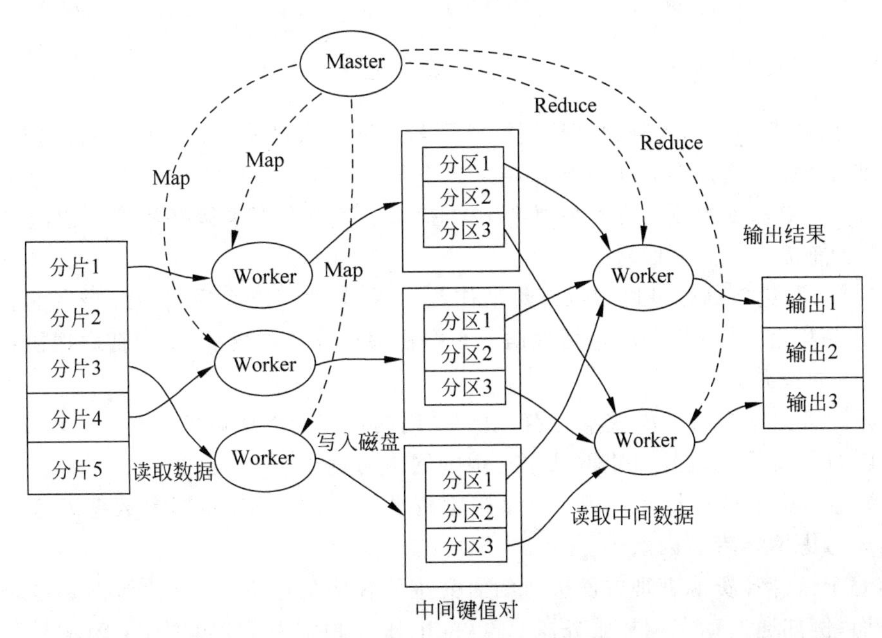

图2-16 MapReduce的任务调度

区的输出文件。

(7) 当所有的 Map 和 Reduce 任务都完成之后，Master 唤醒用户程序。在这个时候，在用户程序里的对 MapReduce 调用才返回。

与 Google 的 MapReduce 相似，2010 年 12 月 21 日微软推出了 dryad 的公测版，Dryad 也通过分布式计算机网络计算海量数据，成为谷歌 MapReduce 分布式数据计算平台的竞争对手。由于许多问题难以抽象成 MapReduce 模型，Dryad 采用基于有向无环图 DAG 的并行模型，在 Dryad 中，每一个数据处理作业都由 DAG 表示，图中的每一个节点表示需要执行的子任务，节点之间的边表示 2 个子任务之间的通信，Dryad 任务结构如图 2-17 所示，其中 R、X、M 均代表不同的计算任务；Channels 代表通信与数据通道；Vertices Processes 代表节点进程，其上都有一个处理程序在运行。Dryad 可以直观地表示出作业内的数据流，基于 DAG 优化技术，Dryad 可以更加简单高效地处理复杂流程。同 MapReduce 相似，Dryad 为程序开发者屏蔽了底层的复杂性，并可在计算节点规模扩展时提高处理性能。

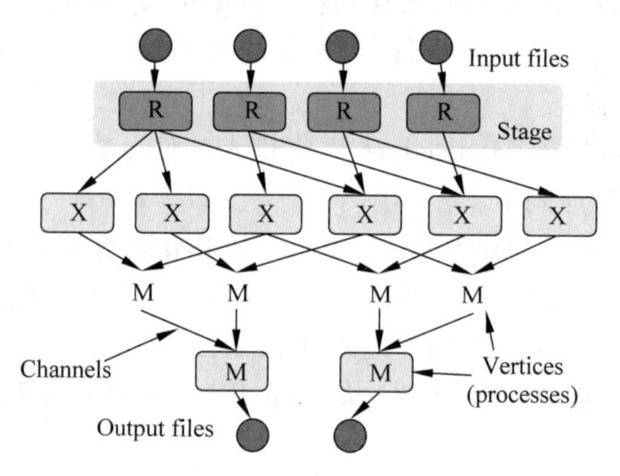

图 2-17　Dryad 任务结构

2.3.4　资源调度

海量数据处理平台的大规模性给资源管理与调度带来挑战。云计算平台的资源调度包括异构资源管理、资源合理调度与分配等。云计算平台包含大量文件副本，对这些副本的有效管理是 PaaS 层保证数据可靠性的基础，因此，一个有效的副本策略不但可以降低数据丢失的风险，还能优化作业完成时间。

PaaS 层的海量数据处理以数据密集型作业为主，其执行能力受到 I/O 带宽的影响。网络带宽是计算集群(计算集群既包括数据中心中物理计算节点集群，也包括虚拟机构建的集群)中的急缺的资源：

(1) 云计算数据中心考虑成本因素，很少采用高带宽的网络设备。

(2) IaaS 层部署的虚拟机集群共享有限的网络带宽。

(3) 海量数据的读写操作占用了大量带宽资源。因此 PaaS 层海量数据处理平台的任务调度需要考虑网络带宽因素。

目前对于云计算资源管理方面进行的研究主要在降低数据中心能耗，提高系统资源利用率等方面，例如通过动态调整服务器 CPU 的电压或频率来节省电能，关闭不需要的服务器资源实现节能等；也有对虚拟机放置策略的算法，实现负载低峰或高峰时，通过有效放置虚拟机达到系统资源的有效利用。研究有效的资源管理与调度技术可以提高 MapReduce 等 PaaS 层海量数据处理平台的性能。

2.3.5 虚拟化

虚拟化(Virtualization)技术最早出现在 20 世纪 60 年代的 IBM 大型机系统，在 20 世纪 70 年代的 System 370 系列中逐渐流行起来，这些机器通过一种叫虚拟机监控器(Virtual Machine Monitor，VMM)的程序在物理硬件之上生成许多可以运行独立操作系统软件的虚拟机(Virtual Machine)实例。更广义的虚拟化概念是，虚拟化是表示计算机资源的抽象方法，通过虚拟化可以用与访问抽象前资源一致的方法来访问抽象后的资源。这种资源的抽象方法并不受实现、地理位置或底层资源的物理配置限制。近年来，在计算机硬件强大性能的前提下，如何降低系统成本、提高系统资源利用率、降低管理成本，如何提高安全性和可靠性、增强可移植性以及提高软件开发效率等课题使虚拟化技术的重要性越来越明显。特别是随着云计算广泛应用，虚拟化技术也成为研究的焦点之一。

云计算的发展离不开虚拟化技术。云数据中心虚拟化技术一般包括计算虚拟化、存储虚拟化、网络虚拟化。计算虚拟化的一种主要形式是服务器虚拟化(主要是指虚拟机)，另外一种新的计算虚拟化技术是容器。两者本质的区别在于：虚拟机是操作系统级别的资源隔离，而容器是进程级别的资源隔离。服务器虚拟化技术可以使物理上的单台服务器，被虚拟成逻辑上的多台服务器环境，可以修改单台虚拟机的分配 CPU、内存空间、硬盘等，每台虚拟机逻辑上可以被单独作为服务器使用。这里主要是指服务器虚拟机，当然，虚拟化的对象是各种各样的资源，不仅是服务器，还可以是网络、存储以及应用等。通过这种分割行为，将闲置或处于低峰的服务器紧凑地使用起来，数据中心为云计算提供了大规模资源，通过虚拟化技术实现基础设施服务的按需分配，虚拟化是 IaaS 层的重要组成部分，也是云计算的最重要特点。虚拟化技术具有以下特点。

(1) 资源共享。通过虚拟机封装用户各自的运行环境，有效实现多用户分享数据中心资源。

(2) 资源定制。用户利用虚拟化技术，配置私有的服务器，指定所需的 CPU 数目、内存容量、磁盘空间，实现资源的按需分配。

(3) 细粒度资源管理。将物理服务器拆分成若干虚拟机，可以提高服务器的资源利用率，减少浪费，而且有助于服务器的负载均衡和节能。

基于以上特点，虚拟化技术成为实现云计算资源池化和按需服务的基础。为了进一步满足云计算弹性服务和数据中心自治性的需求，需要虚拟机快速部署和在线迁移技术的支持。

传统的虚拟机部署需要经过创建虚拟机、安装操作系统与应用程序、配置虚拟机属性以及应用程序运行环境、启动虚拟机四个阶段，通过修改虚拟机配置(如增减 CPU 数目、磁盘空间、内存容量等)可以改变单台虚拟机性能，但这个过程通常部署时间较长，不能满足云计算弹性服务的要求，为此，有的学者提出基于进程原理的虚拟机部署方式，利用父虚拟机迅速克隆出大量子虚拟机，就像启动很多子进程或线程那样快速部署虚拟机。利用分布式环境下的并行虚拟机 fork 技术，甚至可以在 1 秒内完成 32 台虚拟机的部署。

虚拟机在线迁移是指虚拟机在运行状态下从一台物理机移动到另一台物理机。利用虚拟机在线迁移技术，可以在不影响服务质量的情况下优化和管理数据中心，当原始虚拟机发生错误时，系统可以立即切换到备份虚拟机，而不会影响到关键任务的执行，保证了系统的可靠性；在服务器负载高峰时期，可以将虚拟机切换至其他低峰服务器达从而到负载均衡；还可以在服务器集群处于低峰期，将虚拟机集中放置，达到节能目的。因此，虚拟机在线迁移技术对云计算平台有效管理具有重要意义。

2.4 容器云技术介绍

2.4.1 容器技术原理

容器(Container)并不能与传统的“虚拟化”技术等同，其本质上只是操作系统中一个隔离的用户空间(User Space)[1]。普通进程在操作系统上运行时，可以与其他进程进行通信，能够查看和访问该计算机上所有资源(连接的设备、文件和文件夹、网络共享、CPU 等可量化的硬件资源)，而容器进程虽然能共享同一个内核和部分运行时环境(例如一些系统命令和系统库)，但相互之间是不可见的，都感觉系统中只有自己单独存在，并且仅能查看和访问容器内部的文件系统以及分配给它的硬件设备。在类 UNIX 操作系统上，容器的以上特性可视为标准 chroot[2]机制的高级实现，即通过改变当前运行进程及其子进程的显式根目录，使新环境中的进程无法访问指定目录树之外的其他目录或者文件。除了上述隔离机制外，容器还利用内核提供的资源管理功能，来实现对共享资源进行限制和审计的功能，确保容器只使用其必需的资源，防止因占用资源过多导致系统整体陷入崩溃。从某种意义上来说，这种独立的、可实施资源控制的进程运行空间可以看作是一种轻量级的虚拟化方式。由于容器技术的实现基本依赖系统内核的特性，所以容器通常又被称为操作系统级虚拟化[3](Operating-System-Level Virtualization)。

容器概念[4]最早是在 20 世纪 70 年代提出的，原作为 UNIX 系统的一个子模块。后来，随着容器技术的不断发展(容器发展历史见附录 1)，Docker[5]从众多容器引擎(LXC[6]、rkt[7]等)中脱颖而出成为目前容器技术的事实标准。容器一词的定义也借由 Docker 逐渐扩展成表示一种标准的软件单元，即将代码及其所有依赖关系打包，以便应用程序可以快速可靠地从一个计算机环境移植到另一个计算机环境。一个新的概念——容器镜像[8](Container Image)也应运而生，它表示一个轻量级、独立可执行的软件包，包含应用程序运行所需的一切：代码、运行时(runtime)、系统工具、系统库和配置文件。图 2-18 显示了容器和容器镜像之间的关系，即容器镜像在运行时就转变为容器。在图 2-18 的右侧视图中，可以看到容器镜像是用层(layer)建立的，多个镜像可共享基础层以减少资源的使用。

容器的出现具有很大的意义。以软件工程的角度看，从开发到测试再到生产的整个过程中，容器都具有可移植性和一致性，因而，相对于依赖重复测试环境的传统开发渠道，容器能展示出加速开发并满足新出现的业务需求的更高的价值。从虚拟化角度看，不同于虚拟机需要虚拟机监控程序(Hypervisor)模拟硬件才能使多个操作系统并行运行，容器可共享宿主机的操作系统内核，它的实现比虚拟机更轻量，在仅拥有容量有限的有限资源时，通过容器能够进行应用的密集部署。以运行性能角度看，相较于虚拟机，容器使用操作系统级别的隔离(进程间隔离)，运行时所占用的资源更少。以管理角度看，容器作为(包含多个容器)

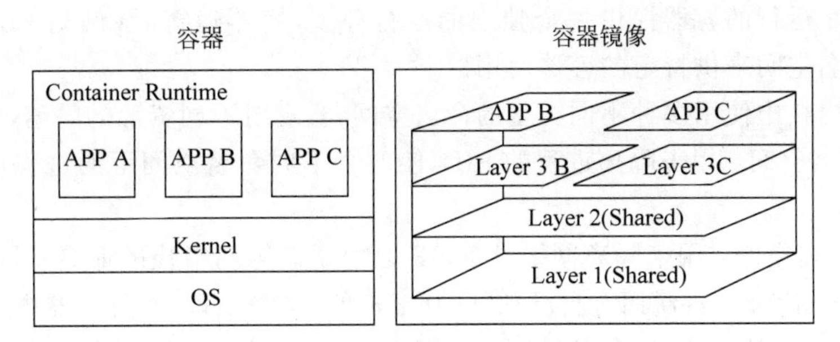

图 2-18 容器和容器镜像之间的关系

大型应用的一部分时更加易于管理,而且这些多容器应用可以跨多个云环境进行编排。综上所述,容器是开发、虚拟化技术和应用的部署管理方式上的又一次飞跃。

容器引擎是管理容器生命周期和容器镜像的基础。依据 OCI[8](Open Container Initiative)规范,它必须包含一个容器运行时(用户用来运行容器镜像的软件系统)来运行容器,并且能够兼容 OCI 标准容器镜像格式(OCI Image Format Specification)。以 Docker 为例,它的容器引擎 Docker Engine 在早期主要使用 LXC(Linux Container)来作为容器运行时,后来采用自研的 libcontainer,再由 libcontainer 演变出 runc 来作为一个轻量级工具,用于运行单个容器,runc 不久后成为 OCI 容器运行时标准的官方开源实现。containerd 原本作为 Docker Engine 的一部分,现在被 Docker 公司分离出来并捐赠给开源社区,它可以作为 daemon 程序运行在 Linux 和 Windows 上,管理机器上所有容器的生命周期。Docker Engine、containerd、runc 三者关系如图 2-19 所示[8],Engine 主要负责管理镜像和提供其他上层服务,它通过 containerd 来调用 containerd-shim,再由 containerd-shim 调用容器运行时 runc 来启动容器。

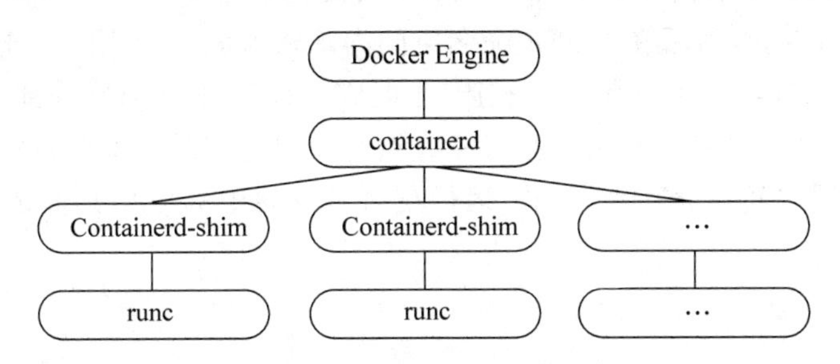

图 2-19 Docker 容器引擎组件

由上文可知,容器运行时是容器引擎最核心的部分,同时也是运行容器的基础,而容器运行时的技术实现主要依靠 Linux 内核中与进程隔离相关的三个重要特性:命名空间(Namespace)、控制组(Control Groups,cgroups)和联合文件系统(Union File System,UFS),本节接下来将对这三个技术进行介绍。

1. 命名空间

命名空间是 Linux 内核的一个强大特性。容器通过使用命名空间实现相互之间的隔离。每个容器都有自己独特的命名空间,运行在其中的应用都像是在独立的操作系统中运行一样。命名空间为容器提供对应的底层 Linux 系统视图,即限制容器查看和访问资源子集。为了给每个运行的容器提供一个独立的运行环境,容器运行时(例如 Docker 的 runc)会创建一组命名空间来供特定的容器使用。

容器会在内核中使用多种不同类型的命名空间,实现对不同资源的隔离,包括:

- PID 命名空间:用来隔离进程的 PID,使两个不同命名空间下的进程可以使用同一个 PID。
- NET 命名空间:用来隔离网络设备、IP 地址端口等网络栈的命名空间。NET 命名空间可以让每个容器拥有自己独立的(虚拟的)网络设备,而且容器内的应用可以绑定到自己的端口,每个命名空间内的端口都不会互相冲突。在宿主机上搭建网桥后,就能很方便地实现容器之间的通信,而且不同容器上的应用可以使用相同的端口。
- IPC 命名空间:用来隔离进程间通信的 IPC 资源(System V IPC 和 POSIX message queues)。每个 IPC 命名空间都拥有自己的 IPC 资源,相互之间不会影响。
- MNT 命名空间:用来隔离各个进程看到的挂载点视图。在不同的命名空间的进程中,看到的文件系统层次是不一样的。在 MNT 命名空间内调用 mount()和 umount()仅仅只会影响当前命名空间内的文件系统,而对全局文件系统是没有影响的。
- UTS 命名空间:用来隔离内核和版本标识 UTS(UNIX Timesharing System),允许容器拥有不同于其他容器以及主机系统的主机名(host name)与网络信息服务(Network Information Service,NIS)域名(domain name)。
- USER 命名空间:用来对容器内的用户进行隔离,各个容器拥有不同的 uid(User ID)和 gid(Group ID)视图区间,也就是说,一个进程的 uid 和 gid 在 USER 命名空间内外可以是不同的。比较常用的是,在宿主机上以一个非 root 用户创建一个 USER 命名空间,然后在 USER 命名空间内却映射成 root 用户。这意味着,这个进程在 USER 命名空间内有 root 权限,但是在 USER 命名空间外部没有 root 权限。

容器运行时将这些命名空间结合起来完成隔离并创建容器。每个容器都有自己独特的命名空间,保证容器之间彼此互不影响。运行在命名空间中的应用都像是在独立的操作系统中运行一样。

2. 控制组

控制组(cgroups)是 Linux 内核提供的对进程进行分组管理的一种机制,一个 cgroups 包含一组进程(例如,一个容器内的所有进程),主要用来限制、记录、隔离进程所使用的物理资源(例如:CPU、内存、磁盘 I/O 等)。cgroups 为容器实现虚拟化提供了基本保证。只有能够对分配给容器的资源加以控制,才能避免当多个容器同时运行时对系统资源的竞争。也就是说,cgroups 能够确保容器只能使用分配给它的资源,并在必要情况下设置其所能使用的资源上限。另外,cgroups 还能确保不会因为单个容器占有太多资源而导致系统整体陷入瘫痪。

定义了相应限制的 cgroups 通常会和 Linux subsystem 关联起来,每个 subsystem 会对这个 cgroups 中的进程做相应的限制和控制。Linux subsystem 是一组资源控制模块,一般包含的控制项目如表 2-2 所示。

表 2-2　Linux subsystem 包含的资源控制模块

控制域	模块名	作　用
CPU 资源	cpu	设置 cgroups 中进程的 CPU 调度策略
	cpuacct	可以统计 cgroups 中进程的 CPU 占用
	cpuset	在多核机器上设置 cgroups 中的进程可以使用的 CPU 核心
内存资源	memory	用于控制 cgroups 中进程的内存占用
IO 资源	blkio	设置对块设备(比如硬盘)输入输出的访问控制
网络资源	net_cls	用于将 cgroup 中进程产生的网络包分类,以便 Linux 的 tc(traffic controller)可以根据分类区分出来自某个 cgroups 组的包并做限流或者监控
	net_prio	设置 cgroups 中进程产生网络流量的优先级
	ns	ns 比较特殊,能使 cgroups 中的进程在新的命名空间中 fork 新的进程时,创建出一个新的 cgroups,这个 cgroups 包含新的命名空间中的进程
进程控制	freezer	用于挂起(suspend)和恢复(resume)cgroup 中的进程
外部设备	devices	控制 cgroups 中进程对外部设备的访问

3. 联合文件系统

联合文件系统(UFS)是一种为 Linux、FreeBSD 和 NetBSD 操作系统设计的,把其他文件系统联合到一个联合挂载点的文件系统服务。它使用分支(branch)把不同文件系统的文件和目录“透明地”覆盖,形成一个单一一致的文件系统。这些 branch 或者是只读(read-only)的,或者是可读写(read-write)的,当对这个虚拟后的联合文件系统进行写操作时,系统其实是将内容写到了一个新的文件中。看起来这个虚拟后的联合文件系统是可以对任何文件进行操作的,但是其实它并没有改变原来的文件,这是因为 UFS 用到了一个重要的资源管理技术,即写时复制(Copy-on-Write,CoW)。

写时复制也叫隐式共享,是一种对可修改资源实现高效复制的资源管理技术。它的思想是,如果一个资源是可重复的,但没有任何修改,这时并不需要立即创建一个新的资源,这个资源可以被新旧实例共享。创建资源发生在第一次写操作,也就是对资源进行修改的时候。通过这种资源共享方式,可以显著地减少未修改资源复制带来的消耗,但是也会在进行资源修改时增加小部分开销。最常见的一个例子是,上文曾提到容器与容器镜像关系是:容器是运行的镜像。运行容器的本质就是通过 CoW 技术,在镜像一系列 read-only 层上创建一个 read-write 层(容器层),容器内进程对文件的所有操作都在容器层中进行,而不会修改镜像内的文件。

UFS 是容器镜像的基础。镜像可以通过分层(image layer)来进行继承,基于基础镜像,通过分层叠加制作各种具体的应用镜像。所以,使用 UFS,不同的容器镜像可以共享一些基础的文件系统层,同时加上自己独有的改动层,从而大大提高存储效率,减少磁盘空间占用。容器镜像层次如图 2-20 所示。

目前,UFS 有许多种存储驱动实现,表 2-3 对比各存储驱动的优缺点,并说明各自适用的场景。

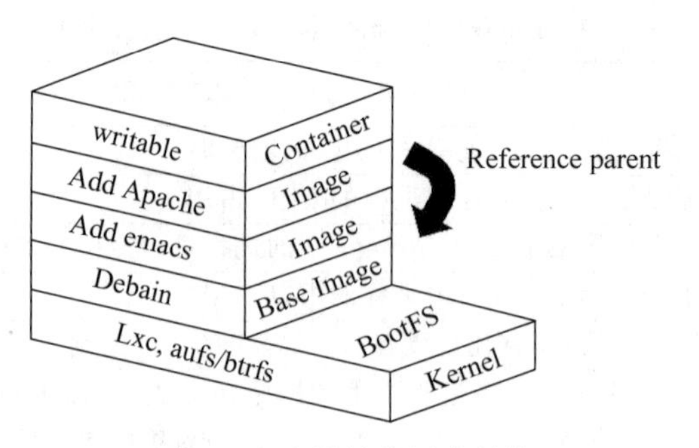

图 2-20　容器镜像层次结构

表 2-3　UFS 存储驱动对比及适用场景

类　型	优　　点	缺　　点	适 用 场 景
AUFS	有很长的维护历史，比较稳定且在大量生产中实践过，有较强的社区支持	文件层次多，在做 CoW 操作时，如果文件较大且存在比较低的层，开销大	大并发但少 I/O 的场景
OverlayFS	文件层次结构少	不管修改的内容多少都会复制整个文件，对大文件修改明显比对小文件的修改要消耗更长时间	
Device mapper	块级存储，无论是大文件还是小文件都只是复制需要修改的块，并不是整个文件	不支持共享存储，当多个容器读取同一个文件时，需要生成多个副本。在大量容器启停时，可能导致磁盘溢出	适合 I/O 密集场景，但不适合在高容器密度的 PaaS 平台上使用
Btrfs	可以直接操作底层存储设备，支持设备动态添加		
ZFS	支持多个容器共享一个缓存块，适合内存大的环境	CoW 时碎片化问题更加严重，文件在硬盘上的物理地址会变得不连续，顺序读写性能下降	适合高容器密度场景

2.4.2 容器与虚拟机技术分析比较

1. 技术原理比较分析

1）从架构比较分析

首先可以从架构层面来比较一下二者的区别，从图 2-21 可以看出，Docker 比虚拟机少了两层，取消了 Hypervisor 层和 Guest OS 层，使用 Docker Engine 进行调度和隔离，所有应用共用主机操作系统，因此在体量上，Docker 较虚拟机更轻量级，在性能上优于虚拟化，接近裸机性能。

虚拟机和容器都是在硬件和操作系统以上的，虚拟机有 Hypervisor 层，Hypervisor 是整个虚拟机的核心所在。它为虚拟机提供了虚拟的运行平台，管理虚拟机的操作系统运行。每个虚拟机都有自己的系统和系统库以及应用。

容器没有 Hypervisor 这一层，并且每个容器是和宿主机共享硬件资源及操作系统，那么由 Hypervisor 带来性能的损耗，在 Linux 容器这边是不存在的。但是虚拟机技术也有其优势，能为应用提供一个更加隔离的环境，不会因为应用程序的漏洞给宿主机造成任何威

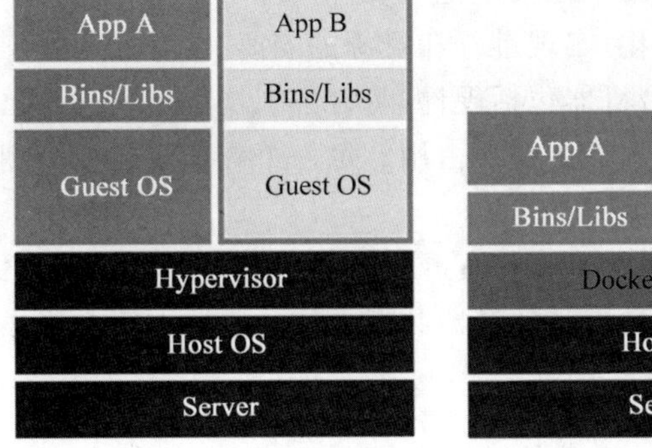

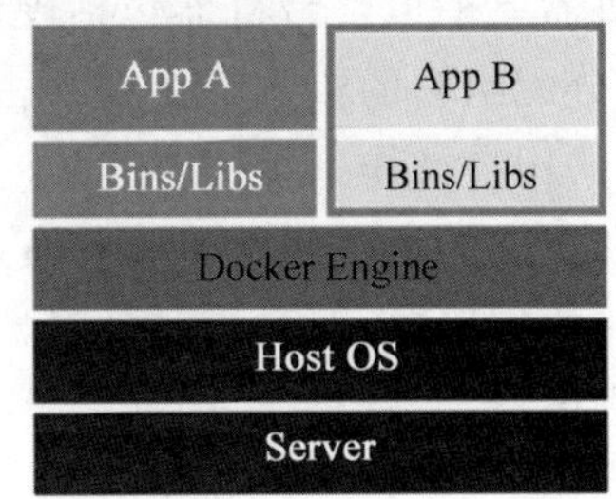

图 2-21　虚拟机和容器架构对比

胁。同时还支持跨操作系统的虚拟化，例如可以在 Linux 操作系统下运行 Windows 虚拟机。

2）从具体需求分析

上一节从架构层面分析了虚拟机和 Docker 容器的区别，这一节通过具体的需求来比较虚拟机和容器的表现，并从技术原理层面分析原因。具体比较结果如表 2-4 所示。

表 2-4　容器化和虚拟化效果对比

项　目	容　器	虚　拟　化	对比结果
创建、删除	启动应用(秒级)	启动 Guest OS+启动应用(分钟级)	容器更快
交付、部署	在 Dockerfile 中记录了容器构建过程，可在集群中实现快速分发和快速部署	通过镜像实现环境交付的一致性，但镜像分发无法体系化	
所需资源	Docker 容器和内核交互，几乎没有性能损耗	通过 Hypervisor 层与内核层的虚拟化	容器更优
系统利用率	共用一个内核与共享应用程序库，所占内存极小，同样的硬件环境，Docker 运行的镜像数远多于虚拟机数量	预分配给它的资源将全部被占用	容器更优
隔离性	进程间隔离	系统级隔离	虚拟机更优
安全性	Docker 的租户 root 和宿主机 root 等同，一旦容器内的用户从普通用户权限提升为 root 权限，它就直接具备了宿主机的 root 权限，进而可进行无限制的操作	虚拟机租户 root 权限和宿主机的 root 虚拟机权限是分离的，并且虚拟机利用如 Intel 的 VT-d 和 VT-x 的 ring-1 硬件隔离技术，这种隔离技术可以防止虚拟机突破和彼此交互	虚拟机更优
可管理性	Kubernetes、Docker Swarm	VMware vCenter 等，具有完备的虚拟机管理能力	目前是虚拟机更优
可用性和可恢复性	Docker 对业务的高可用支持是通过快速重新部署实现的	虚拟化具备负载均衡、高可用、容错、迁移和数据保护等经过生产实践检验的成熟保障机制，VMware 可承诺虚拟机 99.999%高可用，保证业务连续性	几乎相同

从虚拟化层面上来看,传统虚拟化技术是对硬件资源的虚拟,容器技术则是对进程的虚拟,从而可提供更轻量级的虚拟化,实现进程和资源的隔离。

传统的虚拟机需要模拟整台机器包括硬件,每台虚拟机都需要有自己的操作系统,虚拟机一旦被开启,预分配给它的资源将全部被占用。每一个虚拟机包括应用,必要的二进制和库,以及一个完整的用户操作系统。

容器技术是和我们的宿主机共享硬件资源及操作系统可以实现资源的动态分配。容器包含应用和其所有的依赖包,但是与其他容器共享内核。容器在宿主机操作系统中,在用户空间以分离的进程运行。

2. 性能比较分析

1) IBM 公司实验

IBM 公司对于容器、物理机和虚拟机的性能对比做了一次实验[10],其方案是分别测量物理主机、Docker 运行在物理机上、KVM 运行在物理机上这三种方案,根据 IBM 公司给出的数据,得到了以下的比较结果。

(1) 计算能力的比较。其主要的硬件参数为:

- 型号:IBM x3650 M4。
- 主机参数:2 颗英特尔 xeon E5-2655 处理器,主频 2.4-3.0 GHz,每颗处理器有 8 个核。
- 内存:256GB RAM。
- 在测试中是通过运算 Linpack 程序来获得计算能力数据。

图 2-22 中从左往右分别是物理机、Docker、没有经过调整的虚拟机和经过调整的虚拟机的计算能力数据。可见 Docker 相对于物理机其计算能力几乎没有损耗,而没有经过调整的虚拟机对比物理机则有着非常明显的损耗。没有经过调整的虚拟机的计算能力损耗在18%左右,而经过调整的虚拟机计算能力损耗在 10%左右。

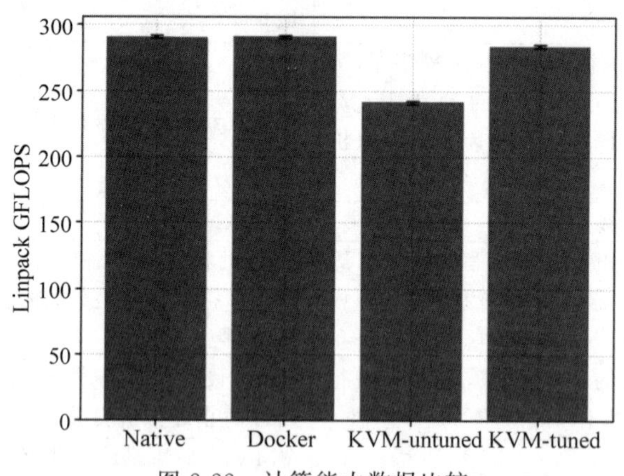

图 2-22 计算能力数据比较

(2) Docker 与虚拟机内存访问效率比较。在进行实验之前,作者主要分析了内存访问的实际情况,主要是内存访问有多种场景。第一种是大批量的、连续地址块的内存数据读写。这种测试环境下得到的性能数据是内存带宽,性能瓶颈主要在内存芯片的性能上;第二种是随机内存访问性能。这种测试环境下的性能数据主要与内存带宽、cache 的命中率和虚拟地址与物理地址转换的效率等因素有关。

以下将主要针对这两种内存访问场景进行分析。在分析之前我们先概要说明一下Docker和虚拟机的内存访问模型的差异。图2-23是Docker与虚拟机内存访问的模型，可见在应用程序内存访问上，虚拟机的应用程序要进行2次的虚拟内存到物理内存的映射，读写内存的代价比Docker的应用程序高。

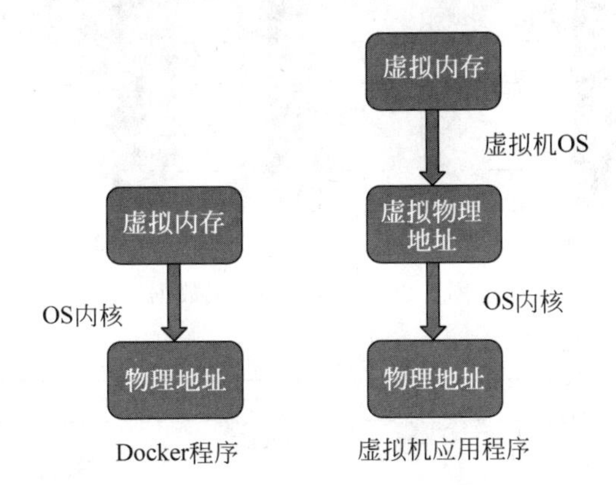

图2-23 Docker与虚拟机内存访问模型比较

图2-24和图2-25是场景一的测试数据，即内存带宽数据(纵坐标)。图2-24是程序运行在一块CPU(即8核)上的数据，图2-25是程序运行在2块CPU(即16核)上的数据。单位均为GB/s。

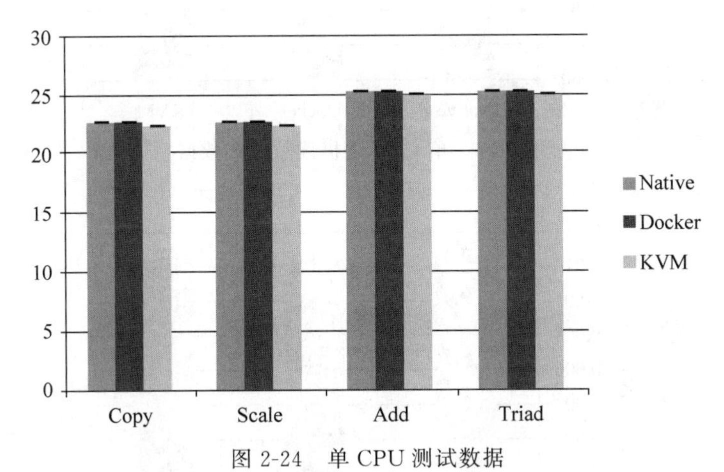

图2-24 单CPU测试数据

从图2-25中数据可以看出，在内存带宽性能上Docker与虚拟机的性能差异并不大。这是因为在内存带宽测试中，读写的内存地址是连续的、大批量的，内核对这种操作会进行优化(数据预存取)。因此虚拟内存到物理内存的映射次数比较少，性能瓶颈主要在物理内存的读写速度上，这种情况Docker和虚拟机的测试性能差别不大。

内存带宽测试中Docker与虚拟机内存访问性能差异不大的原因是由于内存带宽测试中需要进行虚拟地址到物理地址的映射次数比较少。根据这个假设，我们推测，当进行随机内存访问测试时这两者的性能差距将会变大，因为随机内存访问测试中需要进行虚拟内存地址到物理内存地址的映射次数将会变多。结果如图2-26和图2-27所示。

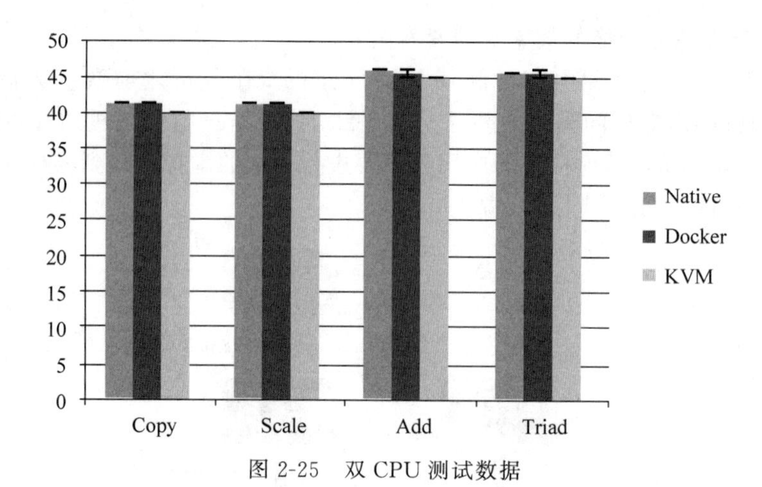

图 2-25　双 CPU 测试数据

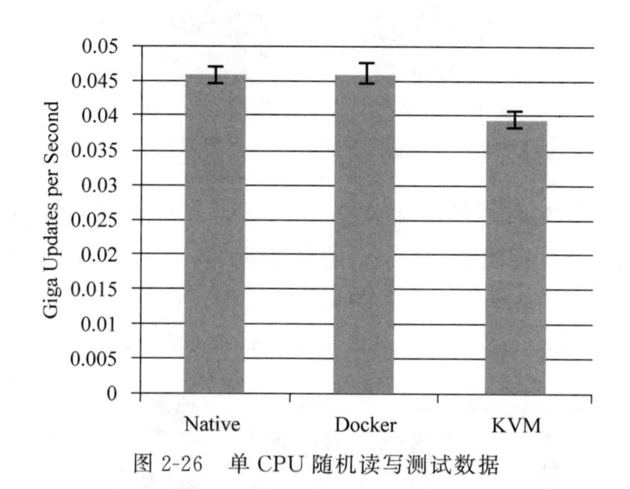

图 2-26　单 CPU 随机读写测试数据

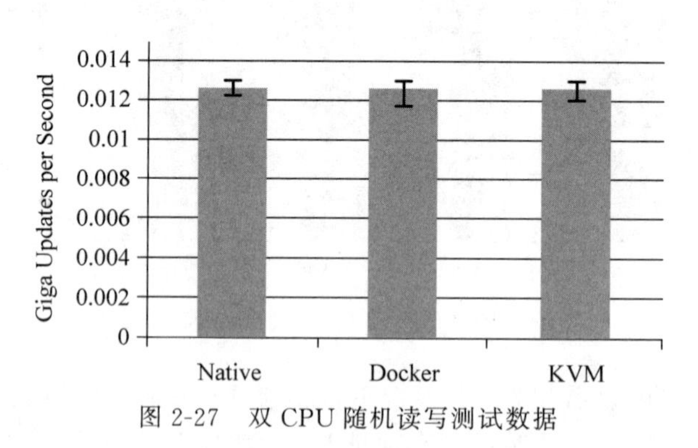

图 2-27　双 CPU 随机读写测试数据

图 2-26 是程序运行在一个 CPU 上的数据，图 2-27 是程序运行在 2 块 CPU 上的数据。纵坐标皆为衡量计算机向随机生成的 RAM 位置发出更新的频率，从图 2-26 可以看出，确实如我们所预测的，在随机内存访问性能上容器与虚拟机的性能差距变得比较明显，容器的内存访问性能明显比虚拟机优秀；但出乎我们意料的是在 2 块 CPU 上运行测试程序时容器与虚拟机的随机内存访问性能的差距却又变得不明显。

（3）磁盘性能比较。根据图 2-28 的表现，可以看到 KVM 和 Docker 以及物理机的磁盘顺序读写几乎无太多差距。

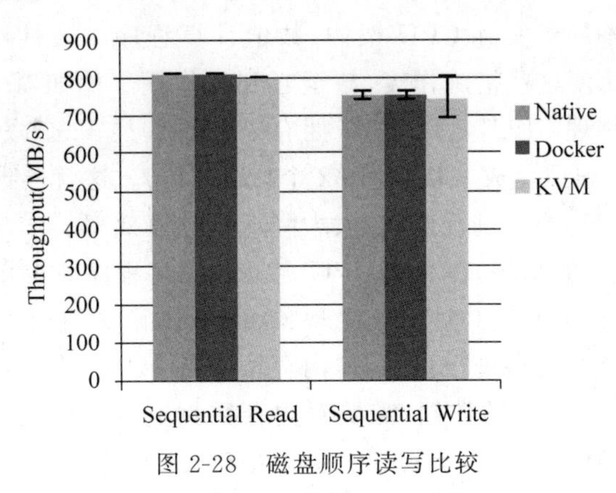

图 2-28 磁盘顺序读写比较

从图 2-29 可以看出，无论是磁盘随机读写还是混合读写，KVM 的性能都较物理机(Native)和 Docker 差上许多，而物理机和 Docker 几乎没有差距。

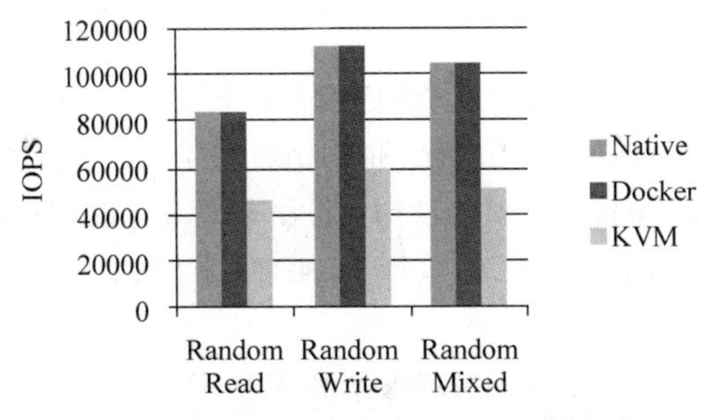

图 2-29 磁盘随机读写和混合读写性能比较

(4) 网络吞吐量和延迟比较。比较图 2-30 和 2-31 结果可以看出，物理机(Native)在网络延迟的表现最好，这很容易就能解释。而 Docker 的表现略好于 KVM。在网络传输上，Docker 的表现好于另外两者，而另外两者的差距并不明显。在网络接收上，物理机表现最差，Docker 次之，KVM 表现最好。

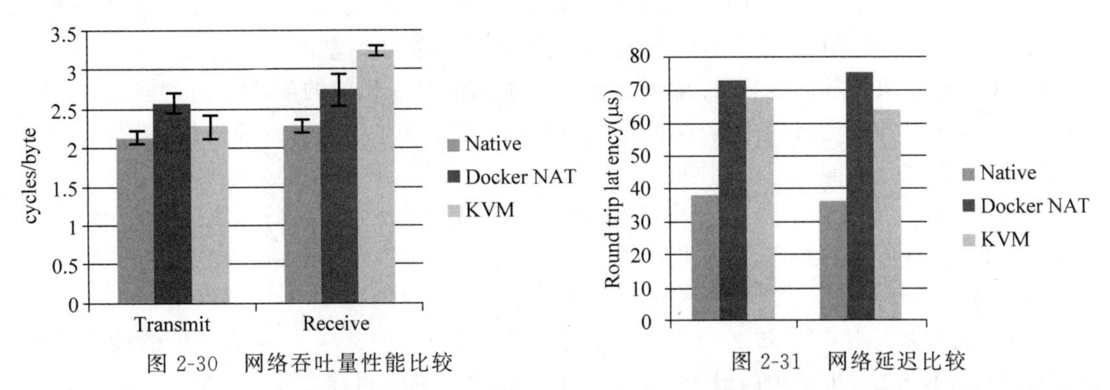

图 2-30 网络吞吐量性能比较

图 2-31 网络延迟比较

(5) 小结。对于计算效率比较的结果，可以看到 KVM 与容器差距比较大。一方面是因为虚拟机增加了一层虚拟硬件层，运行在虚拟机上的应用程序在进行数值计算时是运行在 Hypervisor 虚拟的 CPU 上的；另外一方面是由于计算程序本身的特性导致的差异。虚拟机虚拟的 CPU 架构不同于实际 CPU 架构，数值计算程序一般针对特定的 CPU 架构有一定的优化措施，虚拟化使这些措施作废，甚至起到反作用。比如对于本次实验的平台，实际的 CPU 架构是 2 块物理 CPU，每块 CPU 拥有 16 个核，共 32 个核，采用的是 NUMA 架构；而虚拟机则将 CPU 虚拟化成一块拥有 32 个核的 CPU。这就导致了计算程序在进行计算时无法根据实际的 CPU 架构进行优化，大大降低了计算效率。

对于内存访问率比较的结果，在 2 块 CPU 上运行测试程序时容器与虚拟机的随机内存访问性能的差距却又变得不明显。针对这个现象，IBM 的论文给出了一个合理解释。这是因为当有 2 块 CPU 同时对内存进行访问时，内存读写的控制将会变得比较复杂，因为两块 CPU 可能同时读写同一个地址的数据，需要对内存数据进行一些同步操作，从而导致内存读写性能的损耗。这种损耗即使对于物理机也是存在的，可以看出图 2-27 的内存访问性能数据是低于图 2-26 的。2 块 CPU 对内存读写性能的损耗影响是非常大的，这个损耗占据的比例远大于虚拟机和 Docker 由于内存访问模型的不同产生的差异，因此在图 2-27 中 Docker 与虚拟机的随机内存访问性能上我们看不出明显差异。

2）VMware 公司实验

VMware 官方也做了与 IBM 相类似的实验[11]，下面是 VMware 公司的调研结果。实验平台包括了真实机器（直接运行 Ubuntu 和 CentOS 的 Linux 操作系统）、vSphere 虚拟机（在与真实机器同样条件的操作系统中运行即将发布的 vSphere）以及运行 Docker 的真实机器和虚拟机等 4 种情况。实验中采用包括 LINPACK、STREAM、FIO 和 Netperf 4 个微测试集。

其测试场景也是分为 Native、VM、Docker 和 VM-Docker，并使用不同基准测试算法来比较 CPU、内存、磁盘和网络性能，具体如下所示：

- LINPACK：对于大规模问题，它具有大的工作集并且主要进行浮点运算。
- STREAM：此基准测试可测量各种配置的内存带宽。
- FIO：此基准测试用于块设备和文件系统的 I/O 基准测试。
- Netperf：此基准用于衡量网络性能。

（1）计算能力的比较。图 2-32 中横坐标是 LINPACK 数据集大小，纵坐标为每秒 10 亿次的浮点运算数，对于 45K 的问题大小，虚拟化的额外开销基本可以忽略。对于更大的问题，由于内置页表的问题，硬件虚拟化会不可避免地引入相应的额外开销。但是，在虚拟机的 Docker 容器中运行应用程序和直接在虚拟机中运行并不会引入额外的开销。总的来说，各种方案的计算能力基本相同。

（2）内存性能比较。图 2-33 中，横坐标为内存测试手段，如复制等，纵坐标为每秒写入的字节数，针对所有的操作，虚拟机会引入大约 2%～3%的额外开销。在真实机器上运行的 Docker 容器所带来的 1%～2%的额外开销可能处于噪声边缘，基本可以忽略。

（3）磁盘性能比较。图 2-34 中，横坐标是磁盘读写方式，纵坐标是每秒的读写次数。对于随机读操作，虚拟机中的最大可接收 IOPS 相比于真实机器要小 2%左右。但是，二者的随机写操作性能基本相同。总的来讲，Docker 容器不会对随机读和随机写造成明显的性能损失。

（4）网络吞吐量和延迟测试比较。从图 2-35 开始加入了 Docker 和虚拟机使用物理主

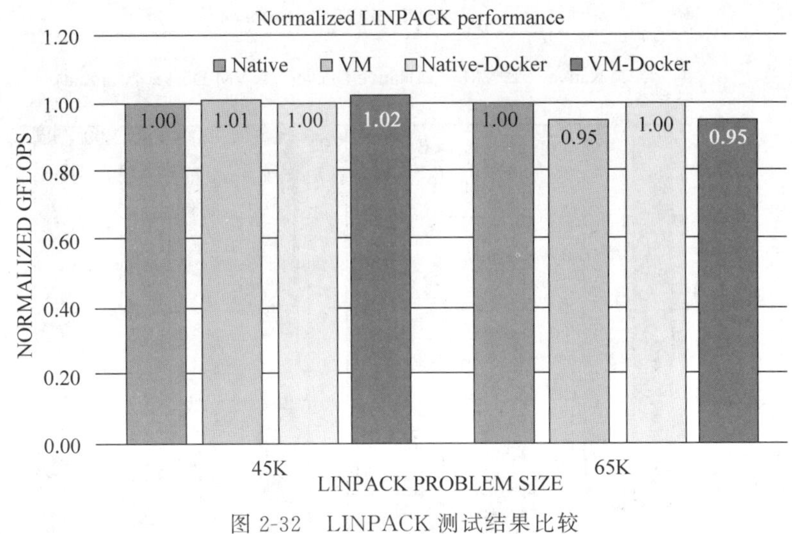

图 2-32　LINPACK 测试结果比较

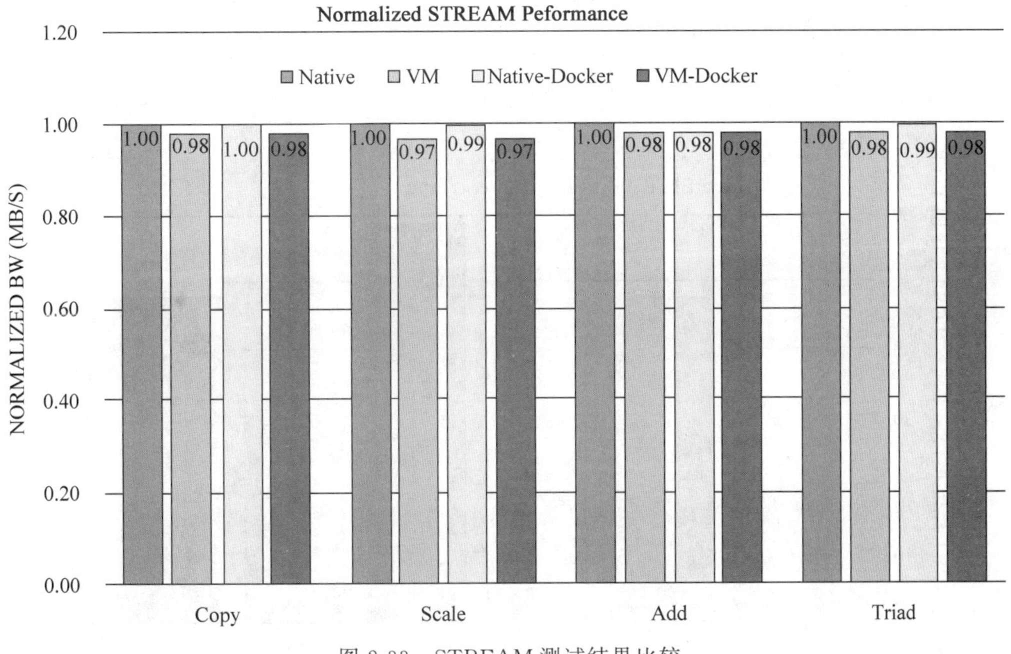

图 2-33　STREAM 测试结果比较

机网络的选项，即 Native-Docker-HostNet 和 VM-Docker-HostNet。另外几种方式则是选择 NAT 方式。图 2-35 中，纵坐标为每微秒的延迟。图 2-36 和图 2-37 中，纵坐标皆为带宽。从三幅图可以分析得到，对于所有的实验平台，网络的吞吐量是相同的。在延迟测试方面，使用桥接 NAT 功能时，Docker 容器会引入 9～10 微秒的额外延迟；如果直接使用宿主机网络，Docker 容器基本上不会引入额外的延迟时间。

3）Redis 横向扩展实验

VMWare 公司[12]做了有关 Redis 横向扩展的实验，该实验也比较了物理机、虚拟机、容器和虚拟机-容器四种方案的 CPU 计算性能。在上一个实验的基础上，对各种部署方案的

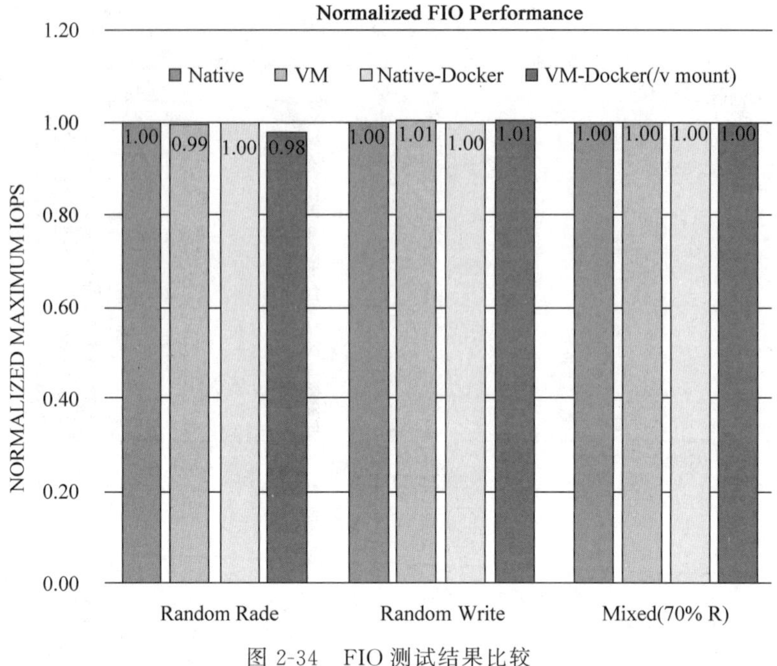

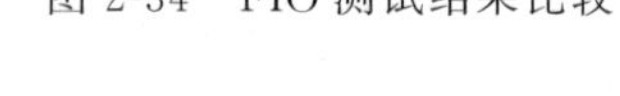
图 2-34　FIO 测试结果比较

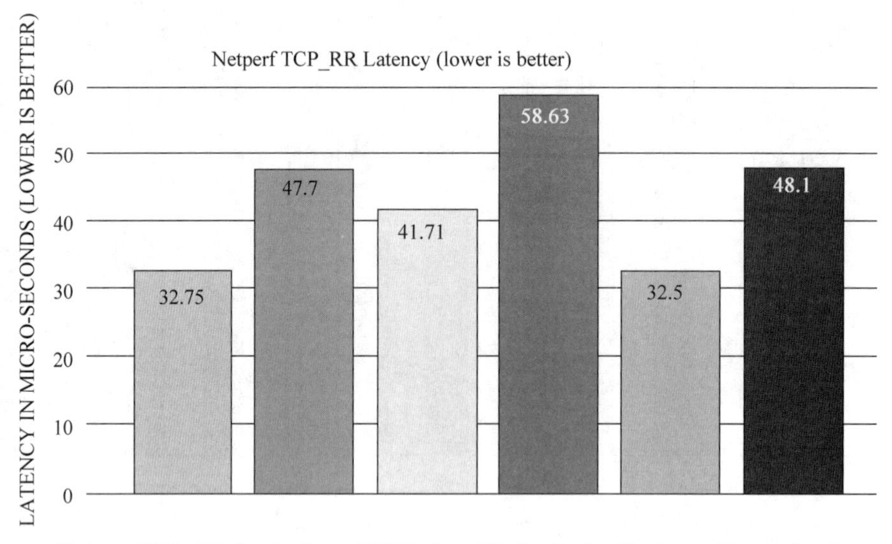

图 2-35　Netperf 测试延迟结果比较

性能比较进行了补充。

(1) 实验方案。从概念上讲，Redis 是一个非常简单的应用程序，只是在大型哈希表上又写了一层代码。现代服务器具有许多处理核心(最多 80 个)和可能的大字节存储器。但是，Redis 只能以单核的速度访问该内存。这个问题可以通过“扩展”Redis 来解决；也就是说，通过在多个 Redis 实例之间划分服务器内存并在不同的核心上运行每个实例。这可以通过使用一组负载平衡器来分割密钥空间并在各种实例之间分配负载来实现。

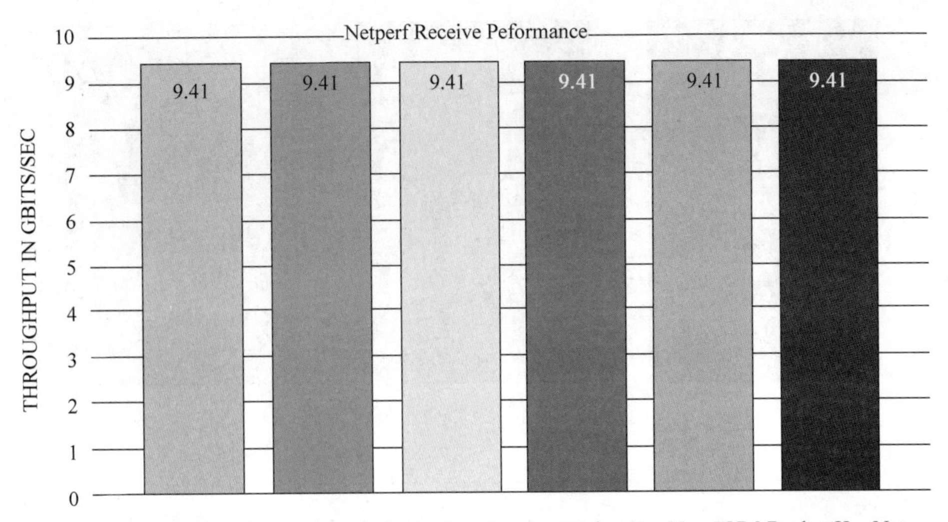

图 2-36 Netperf 测试接收结果比较

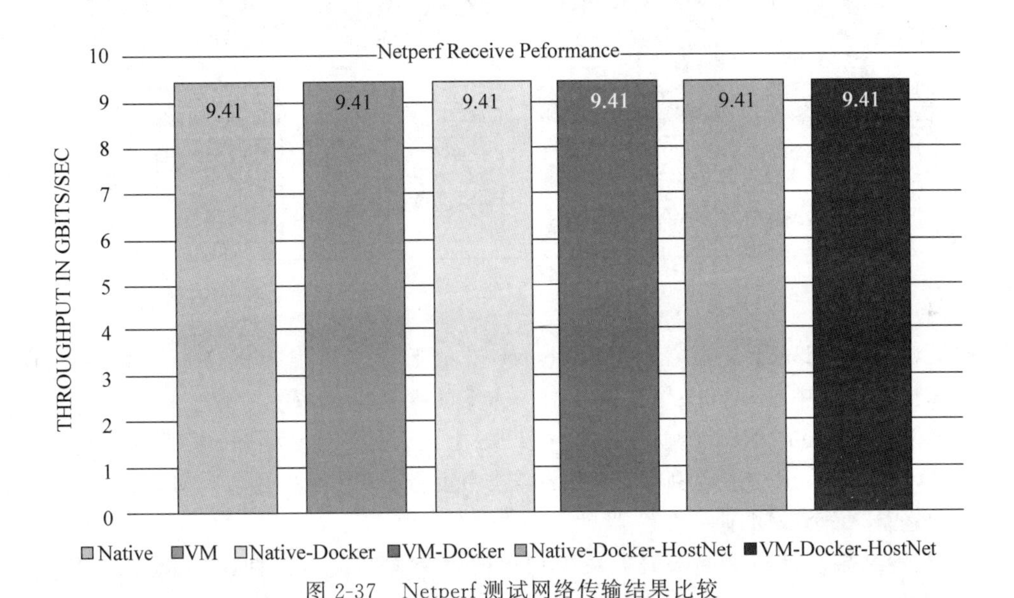

图 2-37 Netperf 测试网络传输结果比较

根据上面的动机，提出了如图 2-38 有关 Redis 横向扩展设置的设想。

H1、H2、H3 为三台主机。其中，主机 H3 中，红色的方形为各种运行着的 Redis 服务器实例。主机 H2 中，绿色方形是 Redis 负载平衡器，它使用一致的散列算法对密钥空间进行分区。在本文实验中，使用 Twemproxy OSS 项目来实现 Redis 负载均衡器。黄色方形是 TCP 负载均衡器，它以循环方式在 Redis 负载平衡器上分配负载。本文中使用 HAProxy OSS 项目来实现 TCP 负载均衡器。主机 H1 运行负载生成器，即为图中的深蓝色方形。本文标准基于 Redis-benchmark。针对此次试验，一共提出了四种部署方案，如图 2-39 所示。

对于四种方案的详细介绍如下：

- Native：Redis 实例作为直接在 Host H3 硬件上运行的 Linux OS 上的 8 个独立进程运行。

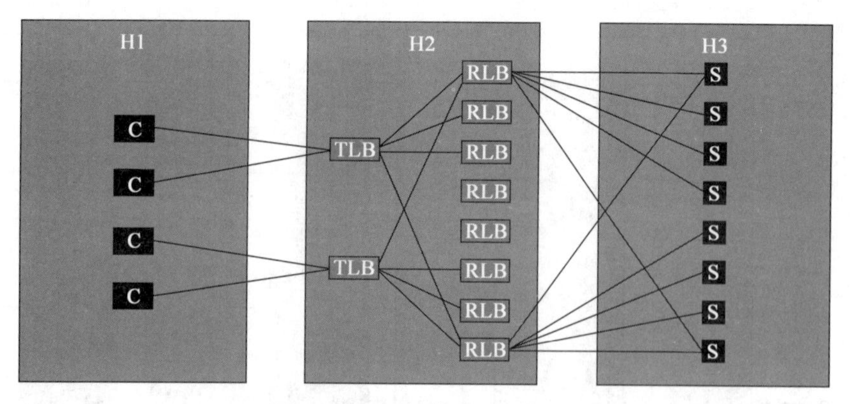

图 2-38　Redis 横向扩展设置

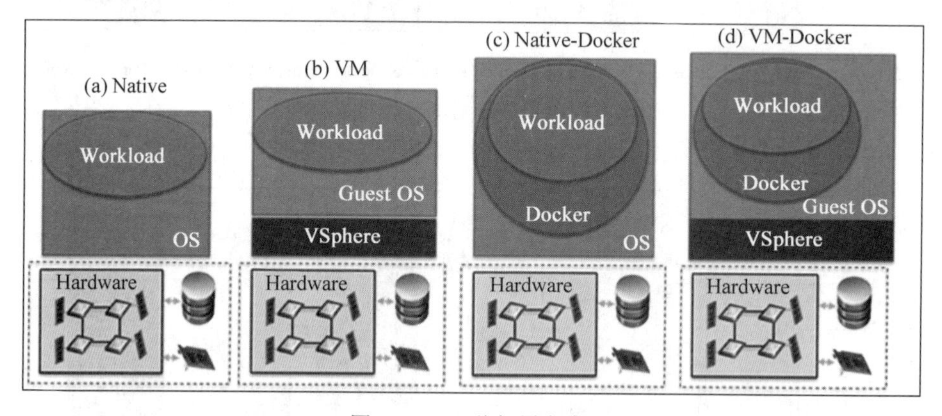

图 2-39　四种部署方案

- VM：Host H3 上运行着基于 vsphere6.0 的 8 个双核虚拟机，Redis 实例运行在虚拟机上。其中虚拟机操作系统与上一方案的裸机操作系统一致。
- Native-Docker：Redis 实例在 Native OS 上运行的 8 个 Docker 容器中运行。
- VM-Docker：Redis 实例在 Docker 容器中运行，每个容器在与 VM 方案相同的 VM 内运行，每个 VM 有一个容器。

(2) 实验结果。针对上面部署方案中列出的每个方案进行了两组实验，第一组用于通过让单个 Redis-benchmark 实例直接针对单个 Redis-server 实例生成请求来建立基线。第二组旨在评估我们之前介绍的 Redis 横向扩展系统的整体性能。这两组实验的结果如图 2-40 所示，其中每个条形代表 5 次试验平均每秒操作的吞吐量，误差条表示测量值的范围。

更进一步的分析，我们可以计算一下对于进行了横向扩展之后的结果与没有进行扩展的结果的加速比例，结果如图 2-41 所示。

(3) 结果分析。对于图 2-40 左半边出现的结果可以看到，Native 方案是每秒操作最快的，其次是 Docker、VM 和 Docker-VM 方案则位于后面。这种情况的出现是由于虚拟化和容器化在裸机性能之上增加了一些开销。

而对于横向扩展实验的结果，我们可以看到 VM 方案现在是最快的，其次是 Docker-VM 方案，而 Native 和 Docker 方案位居三四位。要解释这种现象，可以通过查看实验运行期间的 HOST H3 的 CPU 活动来解释。在 Native 和 Docker 方案中，CPU 负载分布在 16

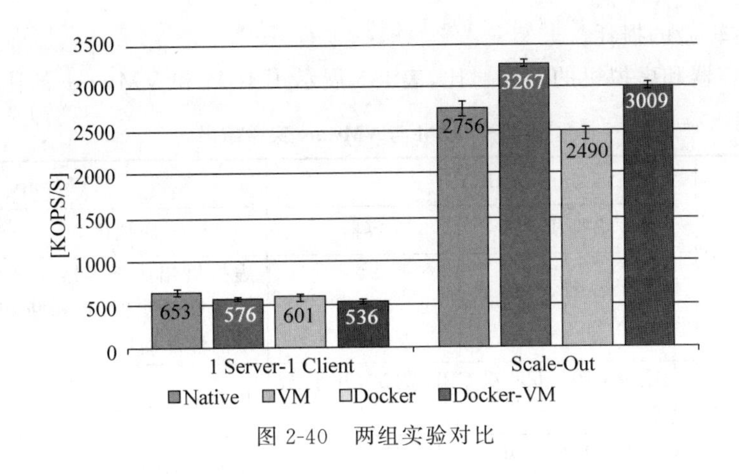

图 2-40　两组实验对比

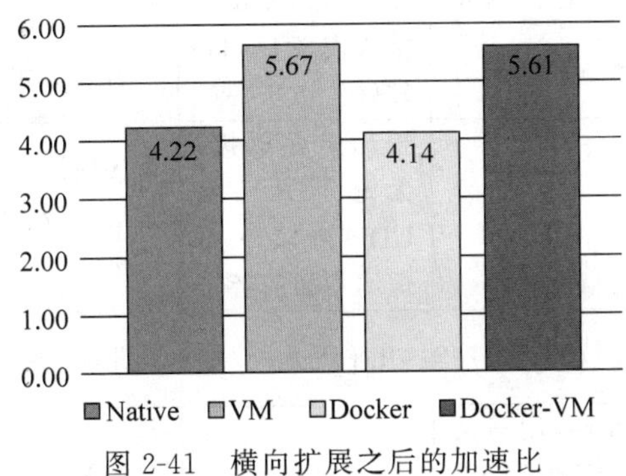

图 2-41　横向扩展之后的加速比

个核心上，这意味着即使只有 8 个线程处于活动状态(8 个 Redis-server 实例)，Linux 调度程序也会不断迁移它们，这可能导致大量的跨 NUMA 节点存储器访问，这比相同的 NUMA 节点访问要昂贵得多。而在 VM 和 Docker-VM 方案中，不会发生这种情况，因为 SXi 调度程序竭尽全力将 VM 的内存和 vCPU 保留在一个 NUMA 节点上。

对于图 2-41 的结果，我们通过分析可以得到：相对而言，加速基本上通过在同一主机上而不是在单个主机上部署 8 个 Redis 实例来说明性能提高了多少。如果系统线性扩展，它将达到最大理论加速比 8。实际上，由于负载平衡器引入的额外开销以及在主机 H3 上运行的 Redis 实例上可能存在资源争用，因此无法实现此限制(此主机几乎运行在饱和状态，因为在实验执行期间总体 CPU 利用率始终在 75%到 85%之间。在任何情况下，与运行具有完全相同内存容量的单个 Redis 实例相比，横向扩展系统的性能提升至少为 4 倍。由于跨 NUMA 内存访问问题困扰 Native 和 Docker 方案，VM 和 Docker-VM 方案实现了更大的加速。

4）性能比较总结

(1) 裸用容器与裸用虚拟机性能对比。对于裸用容器和裸用虚拟机的对比见表 2-5，但是对于相同的性能选项 CPU 计算能力的测试，不同的实验得出了不同的结果。其中来自 IBM 的论文结果显示，Docker 相对于物理机其计算能力几乎没有损耗，而虚拟机对比物理机则有着非常明显的损耗。虚拟机的计算能力损耗在 50%左右。而 VMware 官方在基于自家平台的测试结果则显示，虚拟机性能没有什么损耗，只是在处理较大的数据集时，才相比于 Docker 有轻微的损耗。

对于裸用容器和虚拟机的性能对比，表 2-5 展示了 IBM 和 VMware 的比较结果。

表 2-5 IBM 与 VMware 实验结果

<table>
<tr><th rowspan="2">项　　目</th><th colspan="2">IBM</th><th colspan="2">VMware</th></tr>
<tr><th>虚拟机</th><th>容器</th><th>虚拟机</th><th>容器</th></tr>
<tr><td>CPU 计算能力</td><td>相比于容器，性能只有约 50%</td><td>强</td><td colspan="2">虚拟机相比于容器几乎相同，在处理较大的数据集时，虚拟机相对于容器有轻微的性能损耗</td></tr>
<tr><td>内存访问-顺序读写</td><td colspan="2">无论单 CPU 还是双 CPU 测试，几乎无差距</td><td colspan="2">几乎无差距</td></tr>
<tr><td>随机内存访问</td><td colspan="2">双 CPU 方案下，几乎无差距
单 CPU 方案下，虚拟机比容器相关较多</td><td colspan="2">几乎无差距</td></tr>
<tr><td>网络传输与接收</td><td>传输表现虚拟机较好</td><td>接收表现 Docker 较好</td><td colspan="2">二者几乎无差距</td></tr>
<tr><td>网络延迟</td><td>强</td><td>相比于虚拟机，无论 TCP 还是 UDP 协议下表现均不如前者</td><td colspan="2">桥接模式下，Docker 表现不如虚拟机；主机网络模式下，Docker 表现强于虚拟机</td></tr>
<tr><td>磁盘顺序读写</td><td colspan="2">无论顺序读还是顺序写，几乎无差距</td><td colspan="2">无此项实验</td></tr>
<tr><td>磁盘随机读写</td><td>相比于容器，读写速率只有容器 50% 水平</td><td>强</td><td colspan="2">几乎无差距</td></tr>
</table>

针对上述两个公司给出的对于 CPU 计算能力的比较，出现截然不同的结果，主要是由于两者不同的环境，IBM 使用的是 KVM，而 VMware 公司使用的是自家的解决方案。第一个实验中没有进行扩展之前的试验也是用的 VMware 的解决方案，显示差距也不大。所以在选择容器和虚拟机上，我们只需要考虑容器本身的优势就好。

（2）容器运行在虚拟机和物理机上的性能比较。在容器运行在虚拟机和物理机上这一对比中，由于 IBM 官方没有做类似的实验，我们主要参考 VMware 官方的案例。在此实验的网络测试这一项中，考虑到了容器在虚拟机中的连接方式，给出了不同的网络连接方式，表 2-6 展示了比较结果。

表 2-6 前三项性能参数比较结果

<table>
<tr><th>项　　目</th><th>Native-Docker</th><th>VM-Docker</th></tr>
<tr><td>计算能力</td><td colspan="2">在处理小数据集的时候，两者几乎无差距
在处理较大数据集的时候，VM-Docker 表现较差</td></tr>
<tr><td>内存性能</td><td colspan="2">两者表现几乎无差距</td></tr>
<tr><td>磁盘随机读写和混合读写</td><td colspan="2">两者表现几乎无差距</td></tr>
</table>

在网络这一参数的测试中，加入了 Docker 和虚拟机直连主机网络这两个测试选项，而默认的连接方案是 NAT 模式，表 2-7 展示了网络性能比较实验结果。

表 2-7 网络性能比较结果

项 目	Native-Docker (NAT)	VM-Docker (NAT)	Native-Docker-HostNet	VM-Docker-HostNet
网络延迟	第二位	表现最差	表现最佳	第三位
网络延迟(虚拟机使用 pass-through 连接)	第三位	表现最差	表现最佳	第二位
网络传输表现	表现几乎无差距			
网络接收表现	表现几乎无差距			

(3) 综合比较。最后,我们将三个实验综合起来比较,加上之前没有进行分析的物理机性能测试。我们可以用表 2-8 来总结性能比较的结果。其中,分别对于各项性能指标,给出三种推荐程度的表示,从高到低分别是:A、B、C。对于没有进行实验的部分,则以/来表示。

表 2-8 物理机、虚拟机、容器性能测试对比

项 目	Native	VM	Native-Docker (NAT)	VM-Docker (NAT)	Native-Docker-HostNet	VM-Docker-HostNet
计算能力	A	B	A	B	/	/
内存性能	A				/	/
磁盘性能	A				/	/
网络吞吐	A				/	/
网络延迟	A	C	B		A	C
Redis 横向扩展实验	B	A	C	A	/	/

可以看到 VM-Dokcer 的方案,除了在特定的场景下,并没有损失较多的性能,相反,既可以吸纳虚拟机更完备的部署环境,又可以收益容器部署的方便性。

2.5 百度云概述

1. 百度云=云计算+大数据+人工智能

2016 年 7 月的百度云计算战略发布会上,百度创始人、董事长兼 CEO 李彦宏发布了百度云"人工智能+大数据+云计算"三位一体的发展战略。李彦宏认为,云计算已经不是简单的云存储,又或是对计算能力的需求,而是越来越与大数据和人工智能的融合。一方面,大数据的发展与应用,离不开云计算强有力的支持,云计算的发展和大数据的积累,是人工智能快速发展的基础和实现实质性突破的关键;另一方面,大数据和人工智能的进步也将拓展云计算应用的深度和广度。百度除了云计算能力之外,还有大规模的数据处理能力、人工智能技术、精准的用户画像能力,以及基于地图的定位功能等。所有这些能力聚合起来,不仅能为企业提供云计算服务,同时还能满足企业在大数据和人工智能方面的需求。在李彦宏看来,这将是云计算行业未来的发展趋势。而这次是正是基于三者之间的相辅相成、相

互促进的关系进行的一次战略整合，也是基于百度在云计算、大数据和人工智能领域的深厚积累和领先优势做出的战略选择。

同年11月，2016百度云智峰会（ABC Summit）召开，百度总裁张亚勤首次将“云智数”三位一体战略总结为ABC，其中A就是AI，B就是Big Data，C就是Cloud Computing。通俗地说，未来，人工智能（AI）将像电力一样重要，对个人数字生活起到主导作用；大数据（Big Data）将类似于新能源，拉近服务商与用户的距离，形成供求之间的精准对接；云计算（Cloud Computing）则为各种应用和服务运营的落地提供平台基础。

如图2-42所示，基于百度数据或行业数据的处理需求，百度云围绕“ABC三位一体”，以人工智能为中枢，大数据为依托，云计算为基础，结合并改造传统行业，提升效率，不仅为百度自身的应用提供技术支持，还通过互联网为合作企业转型提供了动力引擎，真正提升每一个企业的运营效率，释放商业潜能，创造全新机遇。

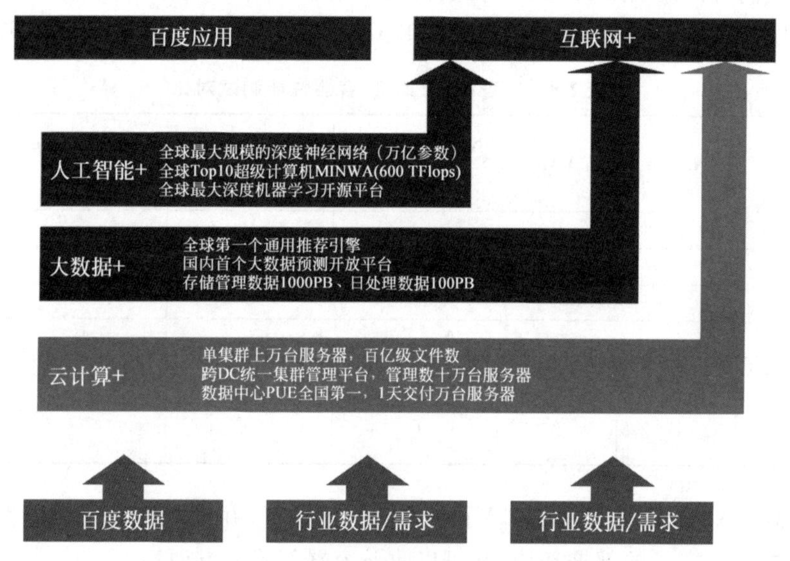

图2-42　百度云＝云计算＋大数据＋人工智能

2. 百度云计算技术积累

百度云作为互联网公司，在云计算上发力较晚，当阿里和腾讯在云计算领域搞得风生水起时，很多人觉得百度作为BAT的一员，已经落下了一个身位。但是事实并非如此，它只是在厚积薄发。百度云的很多技术，尤其是存储技术，并不是这两年凭空造出来的。

2003年到2015年左右，百度公司都在为百度公有云平台的对外开放做前期准备。因为公有云平台的正式开放并不是一蹴而就的，云计算作为分布式计算的一种新形式，是在分布式计算的基础上包含更复杂的商业模式上形成的，因此，百度前期主要着重发展分布式计算系统。这个阶段的标志性事件如下：

- 2003年，百度上线了分布式搜索系统，时隔五年，Hadoop分布式计算系统上线，次年，分布式网页库Bailing上线，其存储网页规模超过了1000亿。2010年，大规模机器学习平台支持凤巢广告CTR预估上线。第二年，百度实现了实时计算系统支持毫秒级时延，准实时计算系统严格不丢不重，时效性可以达到30秒。2012年，分布式计算系统迎来了新发展,单集群规模达到了10000。

- 2013年,百度数据中心的年均PUE达到1.32,成为业内最大规模部署自研万兆交换机,以及全球首个ARM架构服务器端规模化应用。同年6月,百度宣布将面向开发者提供的服务正式命名为"百度开发云",全面聚焦面向开发者的计算、存储、应用等技术能力的输出。
- 2014年,百度推出了大规模深度神经网络算法(DNN),最大能支持千亿样本/特征。与此同时,百度开放云整合了核心基础架构技术,进一步将云计算服务扩展至公有云市场,并相继推出13款产品。

随着百度公有云平台的成功测试,百度公司不再提供通过邀请码免费试用的渠道,并相继完善了线上支付、备案服务平台等功能,于2015年正式对外开放公有云平台。在这期间,百度开放云平台还得到了官方的认可。这个阶段的重要事件如下:

- 2016年,百度正式对外发布了"云计算+大数据+人工智能"三位一体的云计算战略。进而,百度云推出了40余款高性能云计算产品,三大智能平台天算、天象、天工,分别提供智能大数据、智能多媒体、智能物联网服务。同年10月,百度开放云正式品牌升级为"百度云"。
- 2018年8月,百度云平台获得了由英国标准协会BSI颁发的ISO/IEC22301国际认证,成为国内较早获得此项证书的云服务供应商;并且与南方电网旗下广东电网公司签署战略合作协议,双方将在客户服务、信息化建设、节能环保、生产运行、电力调度、科技研究等领域展开全面合作。同年12月,在百度云ABC Inspire企业智能大会上,百度正式宣布了由百度云打造的智能边缘计算平台OpenEdge将全面开源的好消息。
- 2019年4月11日,"百度云"品牌升级为"百度智能云",以ABC三位一体战略,用更领先的AI能力推动中国产业智能化升级。

3. 百度云数据中心

百度在云计算数据中心的突破与创新,已远远走在了国内互联网企业的前列。从早期租用运营商的几个机房、几十上百台服务器到大规模的自建数据中心、数十万定制化服务器,百度的数据中心团队积累了丰富的经验,拥有很多领先技术,包括四点:

1) PUE领先的自建数据中心

PUE(Power Usage Effectiveness)是评价数据中心能源效率的指标,是数据中心总能耗与IT设备能耗之比,PUE越接近1表明能效水平越高,目前国内数据中心的PUE平均值约为2.5。百度在降低PUE值上做了很大的努力,通过大幅度提高数据中心供电架构、冷却塔防结冰设计、降低机房回风温度、模块化交付等技术,百度在北京朝阳区的M1云数据中心于2013年的绿色数据中心评级中荣获综合评分、PUE双第一。另外,新建的山西阳泉数据中心,年均PUE将低于1.28,远远领先业界平均水平。

2) 支持大规模的基础网络

百度基础网络是保障百度所有业务正常运行的根本。在网络及系统运维方面,百度规模上线了国内首个自研的万兆交换机,较商用成本下降70%。百度的CDN节点遍布全国,可以同时支持动态和静态的全方位加速,其中核心云计算中心有五个:北京、保定、广州、苏州以及香港。另外,加上百度智能网关、骨干网自建传输等技术,为负载均衡、网站加速、网络流量调度等方面提供了强有力的支撑。

3）不断创新的服务器相关技术

首先是整机柜服务器,顾名思义,就是将原有机架+机器分离的架构进行融合,打包成为一个独立的产品,以一个整机柜为最小颗粒度进行交付的服务器。其设计上有三个核心理念:模块化设计、一体化交付以及自动化管理。在模块化设计中,核心理念是集中供电、集中散热、集中管理,这些模块相对独立,相对耦合,共同构成一个系统来为整个机柜服务。一体化交付的效率非常之高,如果业务需要的话,一天可以拿到一万台服务器。自动化管理以机柜为管理单元,机柜本身有 GPS 系统,因此能够精确捕捉到所有的数据,同时还可以集中管理供电和散热。对比传统服务器,整机柜服务器可以明显降低成本,提高交付效率。

作为天蝎计划的项目发起人和主导厂商,百度在整机柜服务器研发和部署方面一直处于国内领先地位。2013 年 1 月,中国第一代整机柜服务器天蝎(北极)1.0 版本率先在百度南京机房上线,开创了定制服务器新时代,在中国发挥了很好的引领作用。接下来,百度又大规模上线了天蝎(北极)2.0。另外,百度还成规模部署了全球首个 ARM 服务器以及高温耐腐蚀服务器,这些都展现了百度在服务器方面的技术积累。

然后是预制化集装箱,由于新业务的快速发展以及机房楼不可扩展,在数据中心周边布置预制化集装箱成为解决问题的首选。2014 年 8 月,百度首个预制化集装箱数据中心在北京建成投产,经过测试,集装箱的 PUE 值低至惊人的 1.05,这标志着百度在大数据时代将预制模块化数据中心从概念变为现实,也预示着国内数据中心建设新模式和新方向。

传统的数据中心建设,首先需要选址、建机房、定制服务器、定制机柜,然后搬迁进去,存在建设周期长、质量不可控、无法灵活扩展等问题,而预制化集装箱就克服了这些缺点。预制化集装箱预先在集装箱内部放置全套服务器需要的配置和设施,包括电源、冷却、机柜、服务器以及其他管理配置等,并在集装箱外部接上电和必备的接口,用户就能进行使用了。百度集装箱采用了先进的保温及防冷桥措施,箱体完全封闭,因此可以将冷量损失降到最低;采用了市电直供加模块 UPSECO 双路供电架构,系统效率可以提高至 99%;无冷凝水设计的列间空调就近布置,显著提升了冷却效率。同时,百度集装箱为机电设备与 IT 共存的"一体箱"模式,箱体内部署的服务器超过 1000 台,单机柜功耗达 20KW,支持百度专用的 GPU 服务器,计算能力较传统提升了数十倍。就是这些措施造就了集装箱低到惊人的 PUE 值。总的来说,百度预制化集装箱具有产品化、快速交付、按需部署和更绿色的特点。

4）软件定义数据中心的新时代

软件定义数据中心是指对数据中心所有的物理、硬件的资源进行虚拟化、软件化的一种技术。闪存是软件定义数据中心的一个重要条件,由于闪存有一个集中存储资源,可以通过软件方式根据工作负载的需求进行共享和配置。早在 2008 年,百度就宣布把闪存技术应用到搜索集群,是全球首家服务器使用闪存技术的互联网公司。2014 年,百度自研 SSD 被大规模应用在自研分布式存储系统,并且在 ASPLOS 这样国际顶尖的学术会议发表相关论文,自此,百度在软件定义存储方面得到了业界的认可。

基于以上的领先技术,百度数据中心在行业稳居于领先地位。如图 2-43 所示,百度云数据中心结合了超大规模存储和分布式计算,使得其单集群离线计算规模超数万台,单集群 CPU 利用率高达近 90%,各种指标参数都达到了很高的水平,具有快且智能的优点。

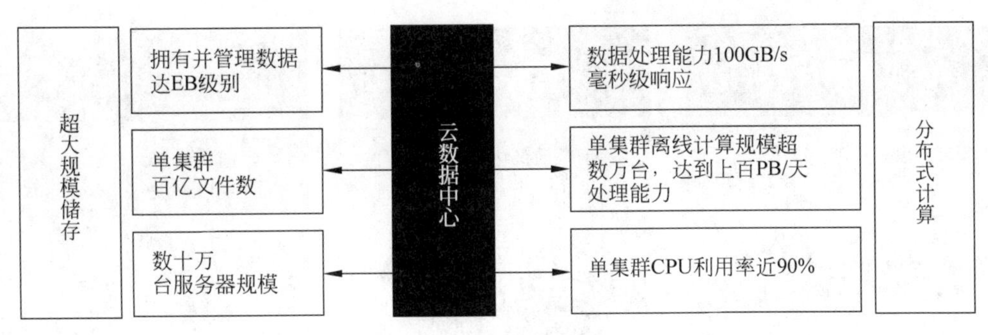

图 2-43　百度云数据中心

前面提到过，百度的存储技术，是很早之前就有的。2008 年的时候，百度在数据中心之上，只有很薄的一层，再上面直接就是百度的应用。随着百度业务飞速增长，数据也在飞速增长，此时，百度意识到，没有大数据系统的话，是无法支撑需求的，因此，就发明了分布式存储系统和分布式计算系统。

如图 2-44 所示，分布式存储系统包括分布式文件系统、分布式表格系统和分布式对象存储。分布式文件系统的单集群文件数可以达到 100 亿，采用了透明压缩的方法，节省了 50%的空间；分布式表格系统集海量存储、高吞吐和实时读写的优点于一身，承载了百度 5000 亿网页；分布式对象存储系统是百度内部 KV 存储系统商业化得到的，采用了 Erasure Code 冗余编码和专属硬件技术，使得其成本降低了 2/3。而关于百度云存储技术的内容，我们将在后续章节中介绍。

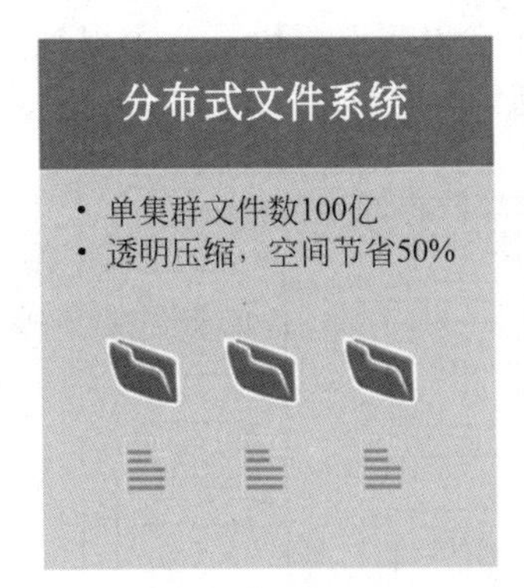

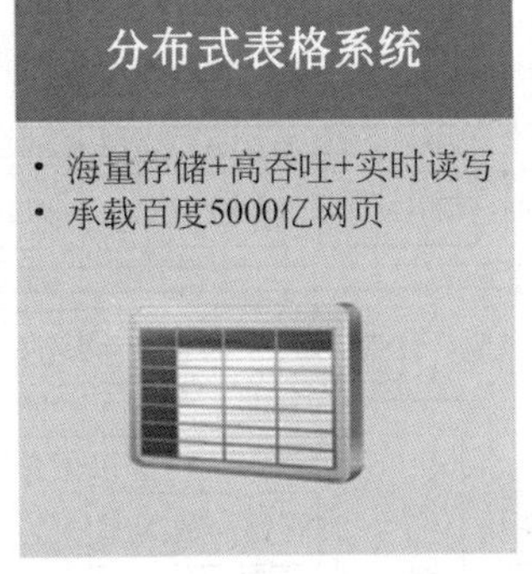

图 2-44　分布式存储系统

分布式计算系统即采用分布式计算的一组计算机组成的系统，如图 2-45 所示，百度的分布式计算系统包括高吞吐离线计算平台、大规模机器学习平台和实时流式计算平台。其中百度自主研发的实时流式计算平台，包括 Dstream 和 TM，两者各有千秋，适用于不同的业务场景。Dstream 旨在面向有向无环的数据处理流，满足高时效性的计算业务场景，可以达到毫秒级的响应；TM 则是 queue-worker 模式的准实时 workflow 计算系统，可满足秒级到分钟级响应，并具备 transaction 语义，使得即使平台发生故障，流入平台的数据也能做到不丢不重，适用于低时延、高吞吐及对数据完整性要求极高的场景。

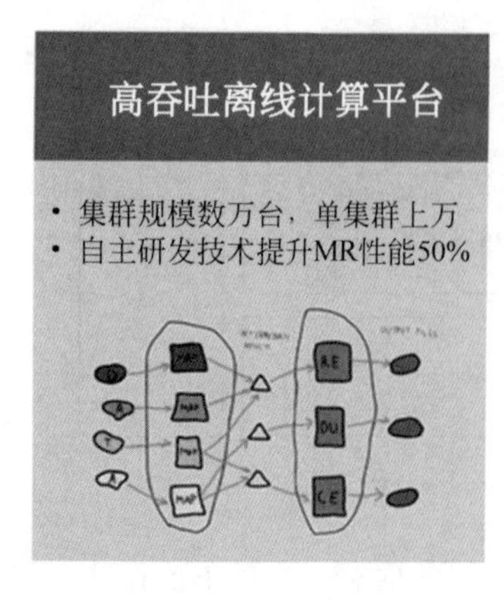

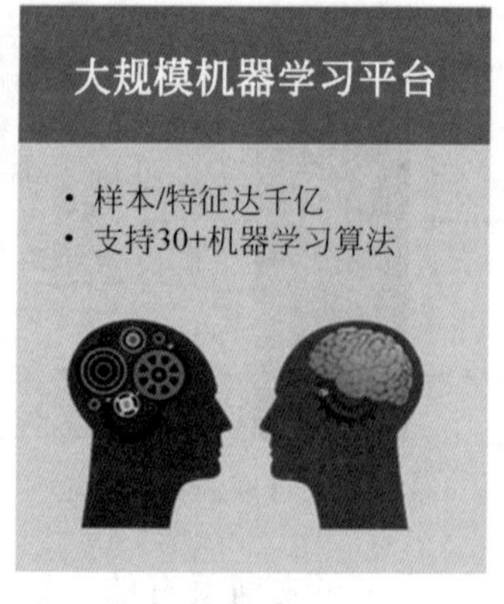

图 2-45　分布式计算系统

4. 百度云平台架构

百度云平台架构如图 2-46 所示，大致可以分为 7 个层次：数据中心、集群操作系统 Matrix、虚拟化网络、虚拟化存储、大数据分析、人工智能以及云安全。百度云基于百度的高可靠数据中心之上，使用先进的集群管理系统对服务器进行统一运维管理，极大地降低了人力维护的繁琐性，可有效避免人为操作失误。同时依托智能调度技术，对部署的服务自动化冗余管理，保障服务运行稳定性。此外，领先的虚拟化技术，通过虚拟机和软件定义网络，实现了多租户隔离及跨机房组网。虚拟化存储可针对客户不同应用场景提供量身定制的解决方案。另外大数据和人工智能都是百度的强项。云安全、监控和认证授权是为了保证用户数据信息的安全。

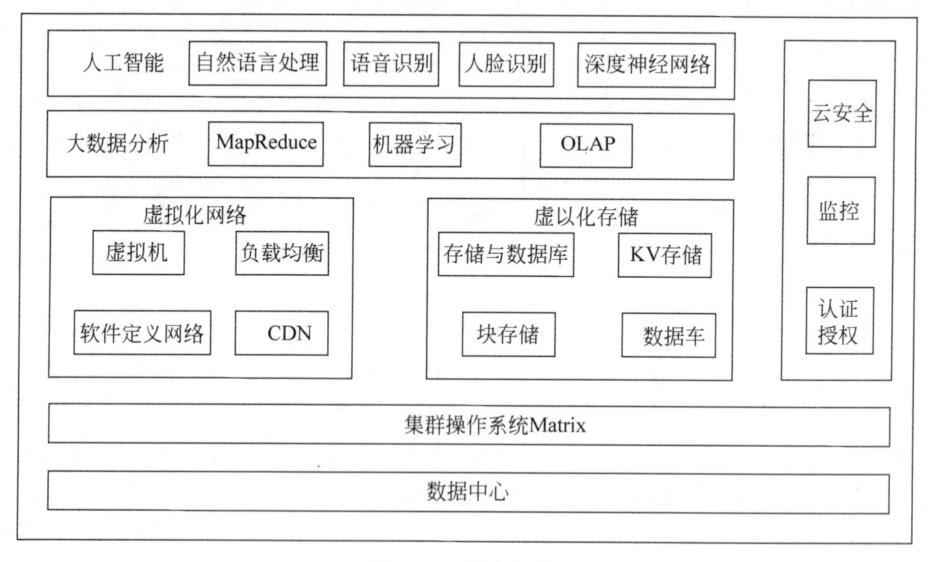

图 2-46　平台矩阵

1）数据中心

数据中心，通俗地来说，就是将多个服务器以及通信设备放置在一起，它们具有相同的对环境的要求以及物理安全上的需求，这样一来，便于维护。百度云的数据中心在国内互联网企业处于领先地位，无论是 PUE 值的降低，还是服务器相关技术的创新，百度云都有着相当丰富的经验。

2）集群操作系统 Matrix

集群操作系统 Matrix 提供对服务器的统一运维管理。Matrix 是百度内部的一个集群操作系统服务，是国内第一个成功构建并且大规模应用的基于轻量虚拟化技术的、可以实现机器共享的集群管理系统，也是百度内部架构、业务平台的基石。类似的系统除了 Google Borg/Omega 外，在国内整个业界还没有成功案例。

传统的互联网开发是面向物理服务器的，这样的模式，会造成服务使用率不高，资源调整困难，运维复杂，无法应对流量高峰等问题。为了解决以上问题，百度的基础架构部开发了集群操作系统 Matrix，作为百度系统的统一底层架构，Matrix 具有以下特点：

- 统一资源池管理。即将数据中心的机器形成公司级别私有的资源云。目前已经接入了 10 万台服务器规模，这个资源池能够提供超过 80 万的物理 CPU 核以及 2 万 TB 的内存。这样一来，就达到了公司资源统一管理、按需申请的目的。
- 支持在线离线业务混布。像数据挖掘、大规模机器学习等离线计算，在传统上是通过专用的计算集群提供服务的，而在线机器的负载每天都会周期性波动，通过将离线计算调度到在线机器上，通过资源隔离技术，提高整体的资源利用率。
- 最小运维成本。系统可以根据服务的拓扑描述来实现自动部署，能根据负载对服务自动伸缩，无须人工操作，还能够自动预测和检测服务器的硬件故障，根据硬件的健康状况对服务进行自动迁移，自动屏蔽故障。此外，系统对软件和服务程序本身的故障也能做到自动屏蔽，极大降低了服务运维的成本。
- 志愿计算。为了进一步提升服务器的资源利用率，系统里还提供了一类计算入口——志愿计算。没有时效性需求的计算请求，可以灵活调度到公司的所有服务器上，充分利用公司空闲资源。目前这个计算入口提供相当于 1 万台 Intel 2 路标准服务器的计算能力。

集群操作系统 Matrix 的架构如图 2-47 所示，数据中心的服务器抽象为公司级别私有的资源云，形成统一资源池，然后可以通过对资源池中的资源进行快速调度，有效支撑百度大规模的业务需求。目前 Matrix 已经托管了百度所有离线计算和分布式存储，以及搜索、广告系统、社区的大部分核心系统，规模超过 30％的服务器。

3）虚拟化网络

虚拟化网络可以实现多租户隔离及跨机房组网。客户与客户之间相互隔离，即使在同一个机房内，也不可见，可以有效保证数据的安全性。同时，在单地域内，可以将部署在多个机房的服务纳入同一个虚拟网络，客户不用关心物理架构，就可以实现多机房冗余。

百度云采用与 OpenStack 类似的技术来管理虚拟机及周边的资源，主要分为四个部分的功能，包括资源调度、镜像管理、块设备管理和网络管理，其具体的架构如图 2-48 所示。

总体来说，可以分为“三个管理，一个调度”。三个管理即镜像管理、块设备管理和网络管理。镜像管理即管理虚拟机的操作系统镜像，也包括系统自带的及用户自定义镜像。块设备管理，顾名思义，就是对虚拟机的块设备即磁盘进行管理，分为本地盘和云磁盘。网络管理就是配置虚拟机的 IP 地址、路由、防火墙等网络资源。而资源调度则通过对物理机进

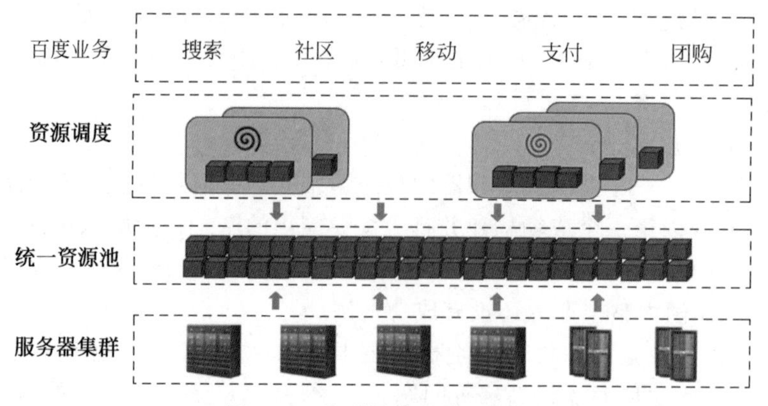

图 2-47 集群操作系统的架构

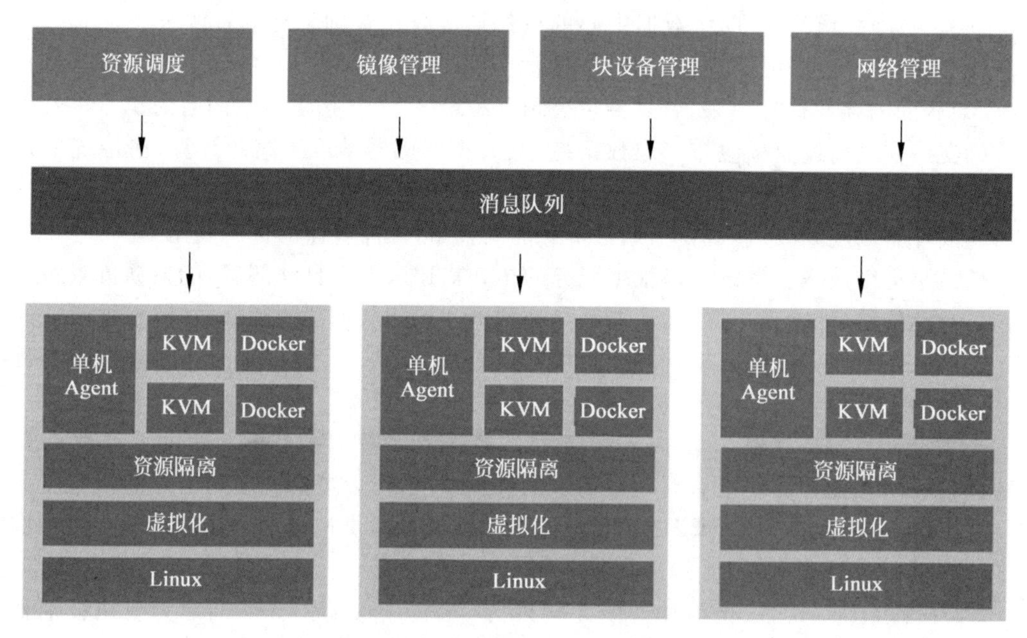

图 2-48 虚拟化及周边资源管理的架构图

行资源分组，根据客户的虚拟资源需求，调度到合适的物理机。在单机层面，百度云同时支持 KVM 及 Docker 容器两种虚拟方式，而虚拟机的资源隔离是通过 cgroup 等技术实现的。

虚拟化网络还包括典型的软件定义网络(Software Defined Network)技术，其控制平面和数据平面分离，并且支持弹性 IP，物理机和虚拟机可混合组网，其具体架构如图 2-49 所示。在控制平面，百度云通过元数据优化、流表优化等技术对系统扩展性、可靠性等进行了加固；在数据平面，百度云平台采用了自研的 dpdk＋ecmp 实现了各种 middlebox 集群，比如接入接出网关、负载均衡等，可以有效解决网络设备的单点故障，提升整体性能。

4）虚拟化存储

虚拟化存储涵盖了多种存储技术，客户可以根据自身的需求进行选择。无论是强大灵活的数据库，还是追求极致性能的 NoSQL 存储系统，或者是超低成本的海量数据备份，百度云都可以提供对应的解决方案。所有的存储系统在百度内部都有着多年的应用实践，并

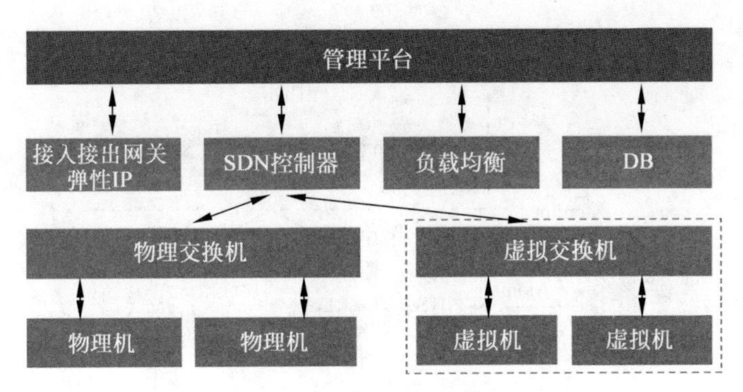

图 2-49 软件定义网络的具体架构

且通过了海量数据的大规模压力考验,能够确保客户数据的安全可靠。目前,百度的存储体系包含三种存储系统:分布式 KV 存储、分布式对象存储和分布式块存储。

百度提供了专业、成熟、高性能、高可靠的 K/V 存储。其数据存储于分布式系统的 SSD 中,通过数据分片和多副本保存,提升了数据服务的可靠性;数据服务的稳定性由在表和分片级别采用负载均衡来实现;百度云对外开放统一的数据调用接口,屏蔽底层实现细节,使得数据服务变得简单易用;通过系统提供的自运维性,在常见错误发生时,做到数据副本自动恢复,提升了数据服务的容错性。

百度提供的稳定、安全、高效且高扩展的对象存储服务,支持单文件最大 5TB 的文本、多媒体、二进制等任何类型的数据存储,实现了数据多领域跨集群的存储,资源统一利用,降低了使用难度,提高了工作效率。

分布式块存储是百度提供的安全可靠的高弹性存储服务,可作为云服务器的扩展块存储部件,为云服务器数据存储提供高可用和高容量支持,并且分布式块存储有独立于云服务器的生命周期,支持快速扩容、在线备份和回滚,支持数据随机读写,在吞吐、IOPS 以及异常恢复时间等方面都具有业内认可的极佳性能。

虚拟化存储还包括数据库,百度云数据库是百度 DBA 内部多年数据库技术的积累和最佳实践方案逐步对外开放的云数据库产品,具有高可用、高性能、在线扩容等特点,其整体架构如图 2-50 所示。

高可用主要通过主从热备架构实现,Master 模块实时监控主从实例的状态,在发现主库异常的情况后,实现秒级别的主从切换。在数据库集群扩容只读节点后,用户可以通过中间层屏蔽数据库集群间的拓扑关系,实现主从实例间的读写分离和只读节点间的负载均衡。百度数据库通过 Databus 实现 cache 与数据库之间的数据同步,两者的融合可以突破 MySQL 集群整体系统性能瓶颈,实现数据库集群吞吐的跃进式增长。百度云数据库还通过对虚拟机的 IP 性能和 MySQL 内核的优化,提高单个实例的性能。

5) 大数据分析

大数据技术是百度的强项。百度云拥有 MapReduce、机器学习、OLAP 分析等不同的大数据分析处理技术。客户可以对原始日志批量抽取信息,然后利用机器学习平台做模型训练,还可以对结构化后的信息实时多维分析,根据客户的关注点产生不同的报表,帮助业主做出决策。百度智能云为客户提供最完整的大数据解决方案,让业务数据能够产生最大价值。

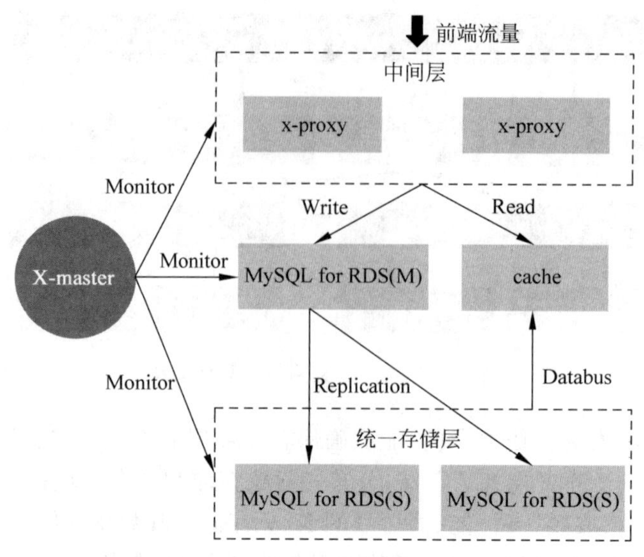

图 2-50 百度云数据库的架构

目前，百度的大数据计算系统可以分为批量计算、实时计算和迭代计算三个平台，并且这三个平台已经成功应用于百度搜索、广告、大数据、LBS、移动、O2O 等几乎全部的核心业务，其统一的系统架构如图 2-51 所示。

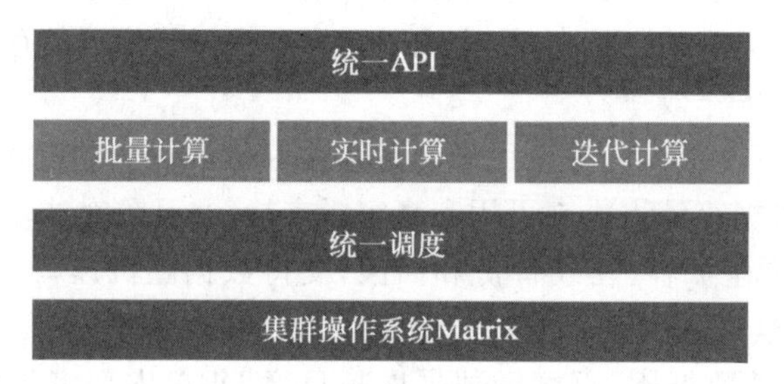

图 2-51 大数据计算系统架构

基于先进的集群操作系统 Matrix，通过对服务器进行统一调度，并且对上屏蔽实现细节，提供统一的 API 接口，实现这三个平台上的大数据计算。经过多年的业务应用锤炼和技术演进，三个平台的集群规模、计算能力均为业内第一，其中批量计算和迭代计算平台已经在百度云中以 BMR 产品的形式对外提供强大数据计算能力。

6）人工智能

百度智能云还拥有顶尖的人工智能技术。百度智能云集成了上百位顶尖科学家的研究成果，并向客户开放。从文本到语音再到图像，百度均代表着世界领先水准。在当前业界最热门的深度学习领域，百度也同样站在前沿。客户可以通过百度智能云，享受到世界一流的人工智能技术所带来的技术飞跃，使自己的业务变得更加智能。

2.6 习题

（1）云计算的 3 种服务类型是什么？

（2）简述云计算的体系结构。

（3）IaaS 最关键的支撑技术是什么？

（4）与关系数据库遵循 ACID 理论不同，云计算的 NoSQL 数据库一般遵循什么理论？

（5）NoSQL 数据库有哪六种类型？

（6）如何理解“百度云＝云计算＋大数据＋人工智能”这个说法？

（7）简述百度云的技术积累的历程。

（8）请比较容器与虚拟机技术的异同。

（9）百度云服务架构包括哪两个方面？

2.7 参考文献

[1] Bach M J. The design of the UNIX operating system[M]. Englewood Cliffs，NJ：Prentice-Hall，1986.

[2] Watson R N M，Anderson J，Laurie B，et al. A taste of Capsicum：practical capabilities for UNIX[J]. Communications of the ACM，2012，55(3)：97-104.

[3] Fink J. Docker：a software as a service，operating system-level virtualization framework[J]. Code4Lib Journal，2014，25：29.

[4] Chen H，Wagner D. MOPS：an infrastructure for examining security properties of software[C]//Proceedings of the 9th ACM conference on Computer and communications security. ACM，2002：235-244.

[5] Docker inc. Get Started with Docker[EB/OL]. https://www. docker. com/，. 2019-01-01.

[6] Wikipedia. LXC[EB/OL]. https://en. wikipedia. org/wiki/LXC. February 2018.

[7] Wikipedia. RKT[EB/OL]. https://en. wikipedia. org/wiki/RKT. February 2019.

[8] OpenContainer inc. Get Started with Open containers [EB/OL]. https://www. opencontainers. org/. 2019.

[9] Dockerinc. “What is a Container?”[EB/OL]. https://www. docker. com/resources/what-container. 2019-03-03.

[10] VMwareinc. Scaling redis performance docker vsphere [EB/OL]. https://blogs. vmware. com/performance/2015/02/scaling-redis-performance-docker-vsphere-6-0. html. 2015-02.

[11] VMwareinc. Docker Containers Performance VMware vsphere[EB/OL]. https://blogs. vmware. com/performance/2014/10/docker-containers-performance-vmware-vsphere. html. 2014-10.

[12] Felter W，Ferreira A，Rajamony R，et al. An Updated Performance Comparison of Virtual Machines and Linux Containers[J]. technology，2014，28：32.

[13] 林伟伟，刘波. 分布式计算、云计算与大数据[M]. 北京：机械工业出版社，2015. 11

[14] Mahmud R，Kotagiri R，Buyya R. Fog computing：A taxonomy，survey and future directions[M]//Internet of everything. Springer，Singapore，2018：103-130.

第 3 章

云计算架构与百度云架构

本章将首先介绍谷歌云与亚马逊云架构，然后讨论百度云架构的内容，包括传统架构分层演变、基础架构推荐、调度技术、节能技术等，接着概述百度云基础服务，囊括计算与网络、存储和 CDN 以及数据库等百度云的基础产品，最后介绍基于百度云的产品快速部署 Discuz 论坛的方法和基于百度云的客户应用案例。

3.1 谷歌云与亚马逊云架构

3.1.1 谷歌云架构

Google(谷歌)公司有一套专属的云计算平台，这个平台最早是为 Google 最重要的搜索应用提供服务，现在已经扩展到其他应用程序。Google 的云计算基础架构早期包括 4 个相互独立又紧密结合在一起的系统：Google File Systemt 分布式文件系统，针对 Google 应用程序的特点提出的 MapReduce 编程模式，分布式的锁机制 Chubby 以及 Google 开发的模型简化的大规模分布式数据库 BigTable。2015 年谷歌还开源其深度学习框架/软件库 TensorFlow，整个谷歌云的整体架构如图 3-1 所示。

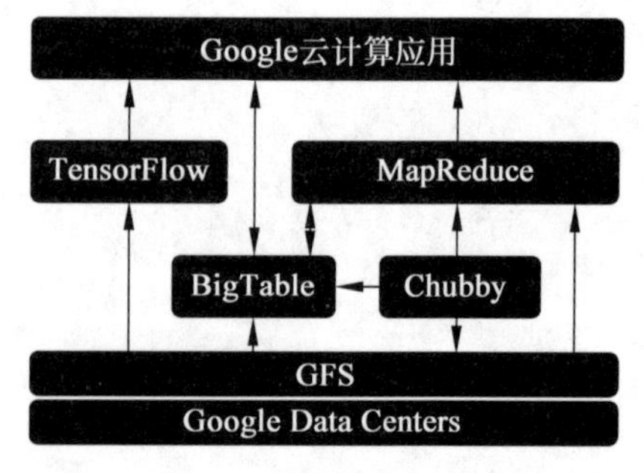

图 3-1 谷歌云整体架构

谷歌分布式文件系统 Google File System (GFS)：为了满足 Google 迅速增长的数据处理需求，Google 设计并实现了 Google 文件系统(Google File System，GFS)。GFS 与过去的分布式文件系统拥有许多相同的目标，例如性能、可伸缩性、可靠性以及可用性。一个 GFS 集群包含一个主服务器和多个块服务器，被多个客户端访问。大文件被分割成固定尺寸的块，块服务器把块作为 Linux 文件保存在本地硬盘上，并根据指定的块句柄和字节范围来读写块数据。为了保证可靠性,每个块默认保存 3 个备份。主服务器管理文件系统所有的元数据,包括名字空间、访问控制、文件到块的映射、块物理位置等相关信息。通过服务器端和客户端的联合设计,GFS 对应用支持达到性能与可用性最优。

分布式编程环境 MapReduce:为了让内部非分布式系统方向背景的员工能够有机会将应用程序建立在大规模的集群基础之上,Google 还设计并实现了一套大规模数据处理的编程规范 Map/Reduce 系统。这样,非分布式专业的程序编写人员也能够为大规模的集群编写应用程序而不用去顾虑集群的可靠性、可扩展性等问题。应用程序编写人员只需要将精力放在应用程序本身,而关于集群的处理问题则交由平台来处理。Map/Reduce 通过 Map(映射)和 Reduce(归约)这样两个简单的概念来参加运算,用户只需要提供自己的 Map 函数以及 Reduce 函数就可以在集群上进行大规模的分布式数据处理。在 Google 内部,每天有上千个 Map Reduce 的应用程序在运行。

分布式的大规模数据库管理系统 BigTable:构建于上述两项(GFS 和 MapReduce)基础之上的第三个云计算平台就是 Google 关于将数据库系统扩展到分布式平台上的 BigTable 系统。很多应用程序对于数据的组织还是非常有规则的。一般来说,数据库对于处理格式化的数据是非常方便的,但是由于关系数据库很强的一致性要求,很难将其扩展到很大的规模。为了处理 Google 内部大量的格式化以及半格式化数据,Google 构建了弱一致性要求的大规模数据库系统 BigTable。BigTable 是客户端和服务器端的联合设计,使得性能能够最大程度地符合应用的需求。BigTable 系统依赖于集群系统的底层结构。一个是分布式的集群任务调度器,一个是前述的 Google 文件系统,还有一个分布式的锁服务 Chubby。

分布式锁服务 Chubby:是 Google 设计的提供粗粒度锁服务的一个文件系统,它基于松耦合分布式系统,解决了分布的一致性问题。这种锁只是一种建议性的锁(Advisory Lock)而不是强制性的锁(Mandatory Lock),如此选择的目的是使系统具有更大的灵活性。本质上,Chubby 中的"锁"就是文件,创建文件其实就是进行"加锁"操作,创建文件成功的那个 Server 其实就是抢占到了"锁"。用户通过打开、关闭和读取文件,获取共享锁或者独占锁;并且通过通信机制,向用户发送更新信息。GFS 使用 Chubby 来选取一个 GFS 主服务器,Bigtable 使用 Chubby 指定一个主服务器并发现、控制与其相关的子表服务器。

深度学习框架/软件库 TensorFlow:是谷歌基于 DistBelief 进行研发的第二代人工智能学习系统,其命名来源于本身的运行原理。Tensor(张量)意味着 N 维数组,Flow(流)意味着基于数据流图的计算,TensorFlow 为张量从流图的一端流动到另一端计算过程。TensorFlow 是将复杂的数据结构传输至人工智能神经网中进行分析和处理过程的系统。TensorFlow 可被用于语音识别或图像识别等多项机器学习与深度学习领域,对 2011 年开发的深度学习基础架构 DistBelief 进行了各方面的改进,它可在小到一部智能手机、大到数千台数据中心服务器的各种设备上运行。由于深度学习往往需要大量的计算资源,而云平台具有强大的计算能力,在云上实现基于 TensorFlow 的深度学习具有天然的优势。

3.1.2 亚马逊云架构

作为全球最大的电子商务网站,Amazon(亚马逊)为了处理数量庞大的并发访问和交易购置了大量服务器。2001 年互联网泡沫使业务量锐减,系统资源大量闲置。在这种背景下，Amazon 给出了一个创新的想法，将硬件设施等基础资源封装成服务供用户使用，即通过虚拟化技术提供可动态调度的弹性服务（IaaS）。之后经过不断完善，现在的亚马逊云服务（Amazon Web Services，AWS）提供一组广泛的全球计算、存储、数据库、分析、应用程序和部署服务，可帮助组织更快地迁移、降低 IT 成本和扩展应用程序。

图 3-2 给出了亚马逊云服务架构，由亚马逊云架构图可以看出，亚马逊云服务由 7 部分组成。接下来对这 7 部分的主要服务做一个简要的介绍。

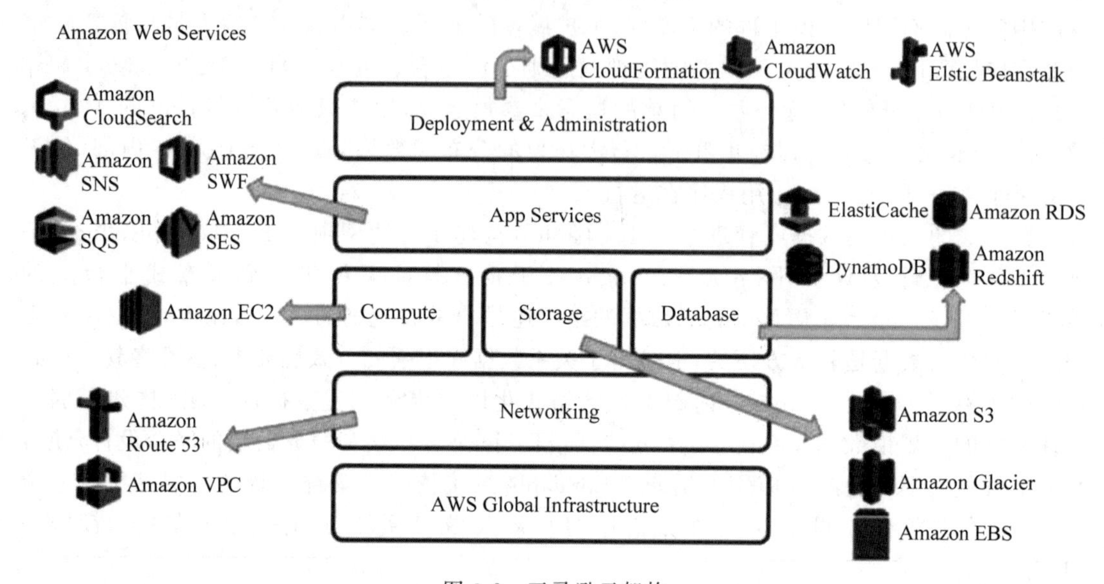

图 3-2 亚马逊云架构

1）AWS Global Infrastructure（AWS 全局基础设施）

在全局基础设施中有 3 个很重要的概念。第一个是 Region（区域），每个 Region 是相互独立的，自成一套云服务体系，分布在全球各地。目前全球有 10 个 Region，北京的 Region 已经在内测当中，不久就会开放使用。第二个是 Availability Zone（可用区），每个 Region 又由数个可用区组成，每个可用区可以看作一个数据中心，相互之间通过光纤连接。第三个是 Edge Locations（边缘节点）。全球目前有 50 多个边缘节点，是一个内容分发网络（Content Distrubtion Network，CDN），可以降低内容分发的延迟，保证终端用户获取资源的速度。它是实现全局 DNS 基础设施（Route53）和 CloudFront CDN 的基石。

2）Networking（网络）

AWS 提供的网络服务主要有：

- Direct Connect：支持企业自身的数据中心直接与 AWS 的数据中心直连，充分利用企业现有的资源。
- VPN Connection：通过 VPN 连接 AWS，保证数据的安全性。
- Virtual Private Cloud：私有云，从 AWS 云资源中分一块给你使用，进一步提高安全性。
- Route 53：亚马逊提供的高可用的可伸缩的域名解析系统。

3）Compute（计算）

这是亚马逊的计算核心，包括了众多的服务。

- EC2：Elastic Computer service，亚马逊的虚拟机，支持 Windows 和 Linux 的多个版本，支持 API 创建和销毁，有多种型号可供选择，按需使用；并且有 auto scaling 功能，有效解决应用程序性能问题。
- ELB：Elastic Load Balancing，亚马逊提供的负载均衡器，可以和 EC2 无缝配合使用，横跨多个可用区，可以自动检查实例的健康状况，自动剔除有问题的实例，保证应用程序的高可用性。

4）Storage（存储）

- S3：Simple Storage Service，简单存储服务，是亚马逊对外提供的对象存储服务。不限容量，单个对象大小可达 5TB，支持静态网站。其高达 99.999999999％的可用性让其他竞争对手胆寒。
- EBS：Elastic Block Storage，块级存储服务，支持普通硬盘和 SSD 硬盘，加载方便快速，备份非常简单。
- Glacier：主要用于较少使用的存储存档文件和备份文件，价格便宜量又足，安全性高。

5）Database（数据库）

亚马逊提供关系型数据库和 NoSQL 数据库，以及一些 cache 等数据库服务。

- DynamoDB：DynamoDB 是亚马逊自主研发的 NoSQL 型数据库，性能高，容错性强，支持分布式，并且与 Cloud Watch、EMR 等其他云服务高度集成。
- RDS：Relational Database Service，关系型数据库服务。支持 MySQL、SQL Server 和 Oracle 等数据库，具有自动备份功能，I/O 吞吐量可按需调整。
- AmazonElastiCache：数据库缓存服务。

6）Application Service（应用程序服务）

它包含较多的服务。

- Cloud Search：一个弹性的搜索引擎，可用于企业级搜索。
- Amazon SQS：队列服务，存储和分发消息。
- Simple Workflow：一个工作流框架。
- CloudFront：世界范围的内容分发网络。
- EMR：Elastic MapReduce，一个 hadoop 框架的实例，可用于大数据处理。

7）Deployment & Admin（部署和管理）

- ElasticBeanStalk：一键式创建各种开发环境和运行时。
- CloudFormation：采用 JSON 格式的模板文件来创建和管理一系列亚马逊云资源。
- OpsWorks：OpsWorks 允许用户将应用程序的部署模块化，可以实现对数据库、运行时、服务器软件等自动化设置和安装。
- IAM：Identity & Access Management，认证和访问管理服务。用户使用云服务最担心的事情之一就是安全问题。亚马逊通过 IAM 提供了立体化的安全策略，保证用户在云上的资源绝对的安全。用户通过 IAM 可以管理对 AWS 资源的访问。通过 IAM 可以创建 group 和 role 来授权或禁止对各种云资源的访问。

3.2 百度云架构

3.2.1 百度云架构概述

1. 百度云基础架构

在这里，我们将主要介绍三种百度云的基础架构：高可用架构、可扩展架构和混合云架构，下面分别对每个架构进行详细介绍[3]。

1）高可用架构

高可用架构的关键在于考虑各个组件故障的情况，因此，必须综合考虑以下几点：

- 需要在多个可用区部署业务，避免单可用区整体故障。
- 使用DNS进行第一层的负载分流，用户需要自行监控后端服务状态，当出现异常时，调整DNS解析记录来切换。
- 通过在BCC上搭建haproxy等或者使用BLB等作为第二层负载均衡，这一层的服务有健康检查功能，后端异常时会自动剔除，等后端正常后自动加回。
- Web/App Server需要做到无状态，所有数据状态存入RDS。

基于以上几点，可以得到如图3-3所示架构图，两者都是在多可用区部署，使用DNS进行第一层的负载分流，不同的是，左图通过在BCC上搭建haproxy作为第二层负载均衡，右图则选择使用BLB进行负载均衡。

第三方负载均衡+应用服务器+多可用区

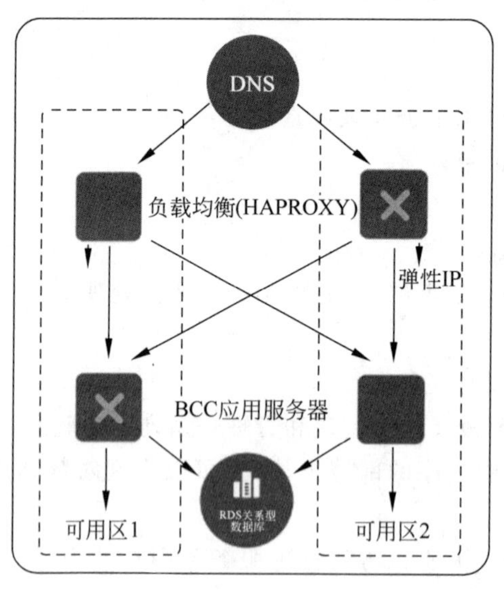

BLB+应用服务器+多可用区

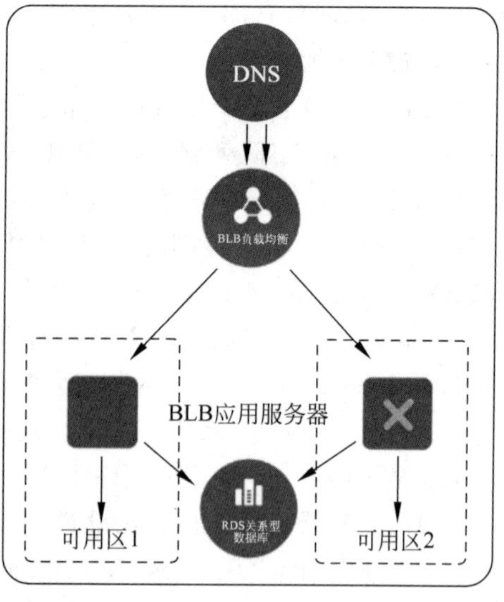

图3-3 高可用架构

2）可扩展架构

可扩展性的架构保证在流量/请求变化的情况下，其后端的服务能力可以随之扩容/缩容，因此，一般要做到以下几点：

- 使用 BLB 作为服务接入，保证后端在增加/减少服务时，不受影响。
- 使用 BCM 来监控流量和后端负载情况，指定 scaling 策略。
- 使用自定义镜像创建新的 BCC，保证服务的快速部署和启动。

可扩展架构如图 3-4 所示，云监控 BCM 监控 BCC 的性能并且设置一个阈值条件，当云服务器 BCC 的流量/请求达到此阈值时，BCM 则马上通知 AUTO SCALING，AUTO SCALING 就会马上根据用户自定义镜像创建新的 BCC 实例，加入到 BLB 中。这样就可以达到当流量/请求变化时，后端服务能力随之变化的目的。

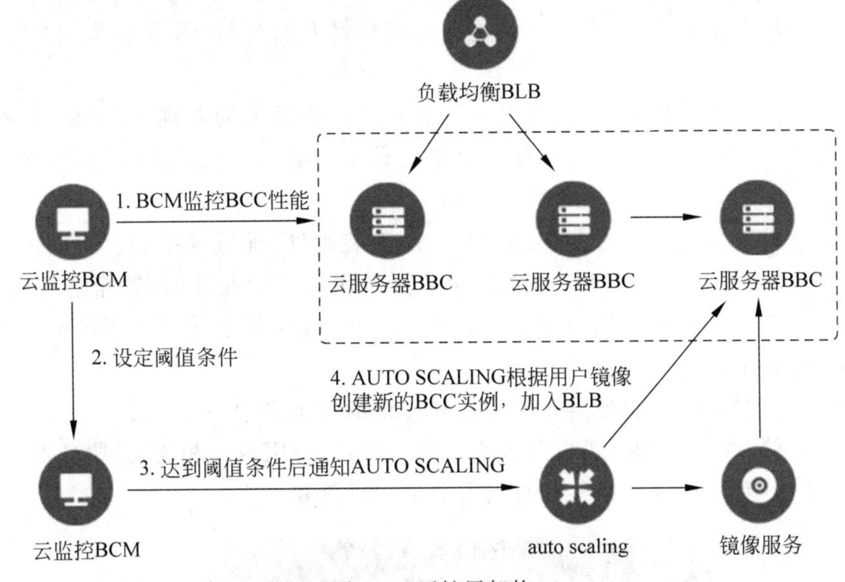

图 3-4　可扩展架构

3）混合云架构

混合云(Hybrid cloud)由两个或更多云端系统组成云端基础设施，这些云端系统包含了私有云、公有云等。公有云(Public cloud)是第三方服务商提供用户能够使用的云，公有云一般可通过 Internet 使用，可在当今整个开放的公有网络中提供服务。而私有云(Private Clouds)是为一个客户单独使用而构建的，因而提供对数据、安全性和服务质量的最有效控制。混合云是近年来云计算的主要模式和发展方向。比如私企，其主要是面向企业用户，但是出于安全考虑，企业更愿意将数据存放在私有云中，与此同时，企业又希望可以获得公有云的计算资源，在这种情况下，混合云就成了最好的选择，可以达到既省钱又安全的目的。百度智能云的混合云架构支持两种接入模式，即 VPN 接入和专线服务，下面将对这两种接入方式进行介绍。

(1) VPN 接入。VPN 接入服务支持两种模式：点到站点模式和站点到站点模式。点到站点模式一般用于移动办公，在此种模式下，百度智能云中启用 VPN 网关服务，并配置相应模式，对应地，客户在自己的 PC/手机等设备上根据不同的 VPN 模式(PPTP、IPSec、SSL 等)进行拨号接入。站点到站点模式一般用于私有数据中心(比如企业私有云)到百度智能云的连接，在此种模式下，百度智能云和私有数据中心分别配置好 VPN 网关服务，当通信隧道建立后，两个网络的设备会认为彼此处于同一内网。

(2) 专线接入。专线接入是指客户与网络运营商之间进行协商,购买或租用专有线路,具有较高的成本。专线服务一般也用于私有数据中心和百度智能云之间互联,但是与 VPN 接入相比,专线提供了更低的延迟、更高的带宽以及更可靠的服务质量保证。

2. 云上架构与传统架构设计的不同

传统的大数据平台,计算和数据一般都在一起,而云上,计算可能是虚拟机,也有可能是容器,其存储和计算是分离的。在云上,任何节点访问存储时,都是通过高速互联网络把数据迁移到本地。因此,借助强大的计算性能,结合云计算平台的优势,从传统架构的大数据平台向云上数据的转变,将给用户提供更高的灵活性和管理性,并能够为用户节省大量的成本。

如图 3-5 所示,可以看到,传统架构与云上架构有着很大的差别,传统架构对于不同的应用,会有相应的系统、设备和架构,而云上结构是统一的,会通过需求动态调节,来适应个性化的应用。

传统的 IT 环境构建是比较复杂的过程。从安装硬件、配置网络、安装软件、应用、配置存储等,许多环节都需要一定的技术力量储备。当环境发生改变时,整个过程需要重复进行,而不同的人安装配置的环境会有很大差异。因此,放在复杂的企业环境来考虑,即使有说明,仍然无法保证环境的一致性。

从服务器方面来看,云服务器在架构上和传统的服务器有着很大的区别。传统服务器包含处理器、存储、网络、电源、风扇等模块设备,而与传统服务器相比,云服务器关注的是高性能吞吐量计算能力,也就是在某段时间内的工作量总和。

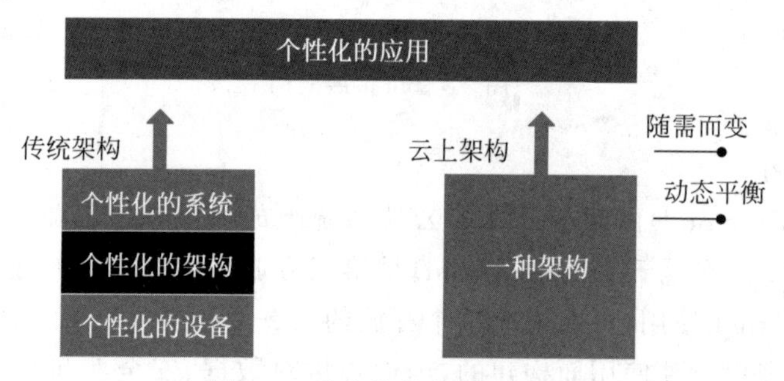

图 3-5 传统结构与云上结构

3.2.2 百度云调度技术

1. OpenStack 云计算平台

OpenStack 是当前比较流行的开源云计算平台。它最早是由美国国家航空航天局(NASA)和美国 Rackspace 公司合作开发的项目[5]。OpenStack 开发的初衷是能够让任何企业和个人搭建自己的云平台环境。

OpenStack 是基于亚马逊的 AWS 功能设计的,但 OpenStack 在开发上具有自己的特点。OpenStack 采用了模块化的设计,这使得 OpenStack 的搭建和扩展更为灵活。它具有以下几个特点[6]:

- 模块松耦合：OpenStack 采用模块化设计，模块之间松耦合。这有利于 OpenStack 的扩展。
- 组件配置较为灵活：OpenStack 由于其模块化的设计，使它的部署方式多样化，配置更加灵活。
- 二次开发容易：OpenStack 易于进行二次开发。OpenStack 的 API 采用 RESTful 风格，这使 OpenStack 的接口规范统一，降低了 OpenStack 的扩展难度。

目前，OpenStack 的组件有很多，其中有七个是 OpenStack 的核心组件[7]，包括计算管理、对象存储、认证、用户界面、块存储、网络管理和镜像管理。这七个核心组件分别对应了 Nova、Swift、Keystone、Horizon、Cinder、Neutron 和 Glance 服务，它们之间的交互关系如图 3-6 所示[10]。

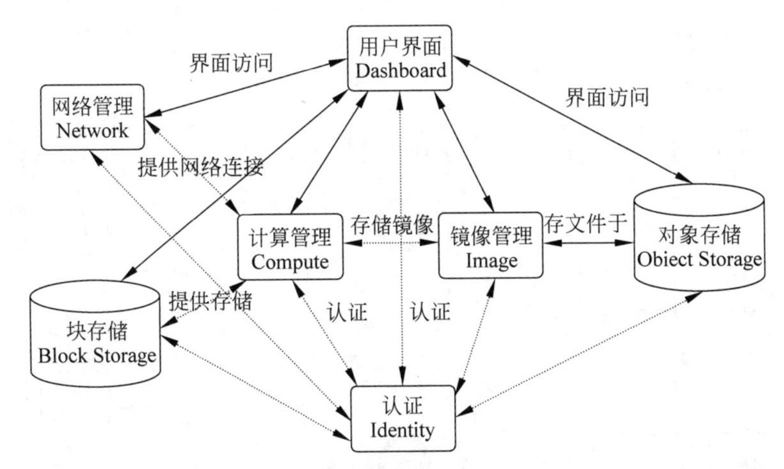

图 3-6　OpenStack 核心系统概念架构图

对象存储(Swift)组件主要提供对象存储服务，认证管理(keystone)是 OpenStack 的安全认证模块，用户界面(horizon)是一个基于 Django 开发的 Web 框架，块存储(Cinder)相当于硬盘管理服务，它能够为虚拟机提供块存储服务，网络管理(Neutron)实现了对云平台网络资源的管理，镜像管理(Glance)主要为 Nova 的虚拟机提供镜像服务。

计算管理(Nova)主要提供虚拟机服务，它是 OpenStack 中最早开发的模块。Nova 主要实现了虚拟机的创建、迁移等功能。

在 OpenStack 中，Nova-Scheduler(调度器)负责虚拟机的资源分配工作，它会通过各种规则，考虑包括内存使用率，CPU 负载等多种因素为虚拟机选择一个合适的主机。不管是虚拟机创建时物理机的分配，还是虚拟机迁移时目标服务器的选择，都需要经过 Nova-Scheduler 来实现。

2. OpenStack 虚拟机调度原理

虚拟机调度分为两个部分，虚拟机放置和虚拟机动态迁移。虚拟机放置负责初始化时选择合适的物理主机来创建虚拟机实例，而虚拟机动态迁移是指云数据中心负载感知引起的重新放置虚拟机从而达到动态优化资源分配的过程，虚拟机的动态迁移分为三个阶段，对物理机和虚拟机进行资源监控，判断虚拟机触发迁移时机(when)，确定哪些虚拟机是待迁移虚拟机(which)和找到待迁移虚拟机的目标物理机(where),即 3w(when,which,where)问题[8]。

1) OpenStack 虚拟机放置算法分析

在 OpenStack 中,Nova-Scheduler 是虚拟机调度模块,主要负责选择合适的物理主机来创建虚拟机实例。由于部署环境和业务的差异性,选择合适的节点远比想象的要复杂。

目前,Nova 中实现了多个调度器,比较常见的有 ChanceScheduler(随机调度器)、SimpleScheduler(简单调度器)、FilterScheduler(过滤调度器)。对于调度器的选择,需要通过配置来完成。在 OpenStack 中,默认的调度器是 FilterScheduler 调度器。FilterScheduler 调度器的工作流程[5]如图 3-7 所示[10]。

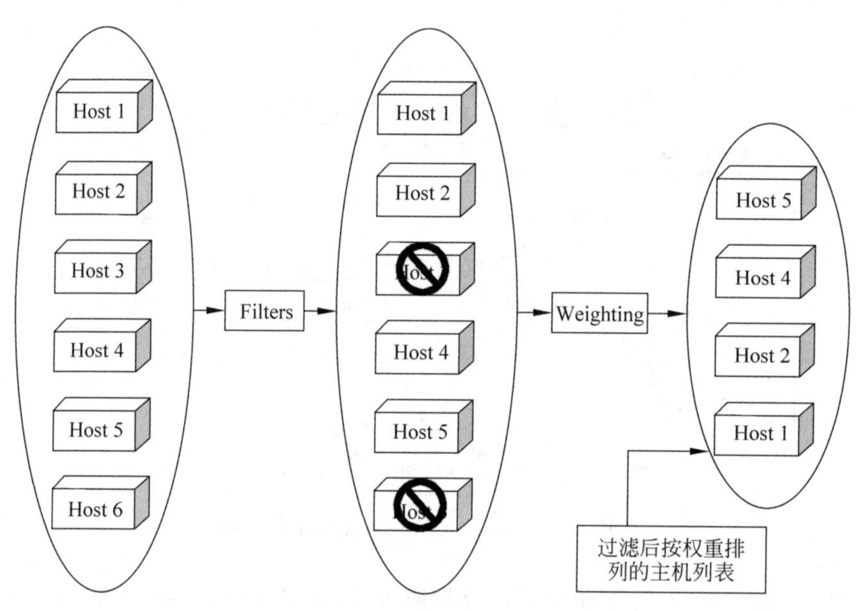

图 3-7 FilterScheduler 工作流程

FilterScheduler 的处理分为两个步骤:过滤(Filtering)和权衡(Weighting)。FilterScheduler 通过配置的 Filters 过滤器对目标主机列表进行过滤,然后将过滤后的主机列表分别进行权值计算,最终,按照权值从小到大排列,权值最小的即为最佳主机(剩余内存最大的物理机)。完整来说,这个过程可以分为以下几个步骤[5]:

- 从 nova. scheduler. rpcapi. SchedulerAPI 发出 RPC 请求到 nova. scheduler. manager. SchedulerManager;
- 从 SchedulerManager 到调度器(类 SchedulerDriver);
- 从 SchedulerDriver 到 Filters;
- 从 Filters 到权重计算与排序。

从 SchedulerAPI 到 SchedulerManager 的 RPC 请求过程各个服务均保持一致,从 SchedulerManager 到 SchedulerDriver 的过程,会在类 SchedulerManager 初始化的时候根据配置文件指定初始化相应的调度器。

(1) 主机过滤。FilterScheduler 先获得过滤前的计算节点列表,再通过已选的过滤器,选择合适的计算节点来生成虚拟机。

虽然 OpenStack 自定义了过滤方案，但程序员可根据实际需求制定过滤方案。nova.scheduler.filters 包中的过滤器主要有以下几种：

- AllHostsFilter 不做任何过滤，返回所有主机 host。
- ComputeFilter 选出性能状态和服务均可用的计算节点。
- Compute_capabilities_filter 根据 host 的 capabilities 判断是否允许创建虚拟机。
- DiskFilter 根据磁盘使用率的主机 host 过滤。
- NumInstancesFilter 过滤掉承载了过多虚拟机实例的物理机节点。
- TypeAffinityFilter 规定在一个计算节点上只能创建同一配置的虚拟机。
- RamFilter 选择满足设定 RAM 资源值的主机并返回该物理节点 host。

另外还有根据 CPU 数、与虚拟机在同一位置/不同位置/同一 Zone 等条件进行过滤的过滤器。

(2) 权值计算和排序。从过滤后的主机域里选择一台最合适的主机。FilterScheduler 在它们工作的时候，使用所谓的 weights(权重)和 costs(损耗)。然后用一个或多个代价函数和相应的 weight 相乘得到权值。OpenStack 把虚拟机放置在权值最小的计算节点上。

OpenStack 的虚拟机放置算法实现得比较简单，也是因为其执行开源的理念，鼓励开发者能够根据个人需求针对性地实现满足自己调度需求的调度机制。OpenStack 的初始资源调度机制是一种相对静态的调度机制，待虚拟机创建结束，该机制也就完成了自己的使命，不再产生作用，也就是说，目前 OpenStack 的初始调度机制只会对初始虚拟机放置起作用，当虚拟机完成放置后，当前的资源调度机制无法实现后续的动态资源调度，即负载感知的虚拟机动态迁移。

OpenStack 的虚拟机放置算法在细节上也有很多的不足：

- 首先是权值计算方面，主机的权值等于主机原来的权值与权重和当前权值对象赋予主机的权值乘积的和。权值的计算就没有根据主机的资源特性进行权值的计算公式的系数(权重)的区别对待，同时在权值(剩余资源)的计算方法上也存在问题，OpenStack 在接收到虚拟机创建请求时为虚拟机预分配其请求的资源，但是预留的资源并不会被虚拟机 100%使用，而 OpenStack 中在计算物理机剩余可用资源时却认为虚拟机完全使用了预分配的资源。这样的计算方法在虚拟机资源利用率达到 100%的时候是适用的，但是现实情况是虚拟机的资源不可能完全使用，计算得到的结果必然导致物理机的资源不会得到充分利用。
- 其次是采用剩余资源最多的物理机来放置虚拟机，虽然虚拟机有效放置的几率增大，但是也会造成很多的资源碎片。
- 物理机的选择采用随机选择，大量使用随机算法同样不能高效利用物理机资源[9]。
- OpenStack 云平台定位目标主机的时候，只是通过过滤主机的内存剩余量来决定，不考虑其他的资源属性，这不能满足现在企业大规模数据中心的要求。

2) OpenStack 虚拟机动态迁移算法分析

OpenStack 云平台目前采用的主流虚拟机在线迁移是 livemigration，其核心技术采用预拷贝，只需要极短时间的停机时间就能完成在线动态迁移操作，对服务质量影响微乎其微。

OpenStack 云平台上的虚拟机迁移主要是在组件 Nova 中进行，涉及 Nova 组件的三大模块，分别是：Nova_Compute 模块、Nova_Scheduler 模块以及 Nova_Conductor 模块，具体的虚拟机迁移流程是由这三个模块协同完成的。

- 首先是 Nova 组件获取到待迁移虚拟机信息。
- 其次目标物理机的选择是由 Nova_Scheduler 模块完成，当然是在管理员没有指定目标物理机的情况下，如果已经指定目标物理机，则不需要使用 Nova_Scheduler 模块。
- 真正的虚拟机迁移操作是在 Nova_Compute 模块中完成的，Nova_Compute 模块调用 live_migrate()方法，与此同时，Call 方法通过 AMQP 消息队列发送虚拟机正在迁移的消息，接着 Nova_Conductor 模块调用其 execute()方法执行虚拟机动态迁移，最后调用 Libvirt-driver 的 live_migration()方法开始热迁移。热迁移成功后，libvirt 中 Hypervisor 接管运行在该目标主机的虚拟机运行操作，具体调用流程如图 3-8 所示[11]。

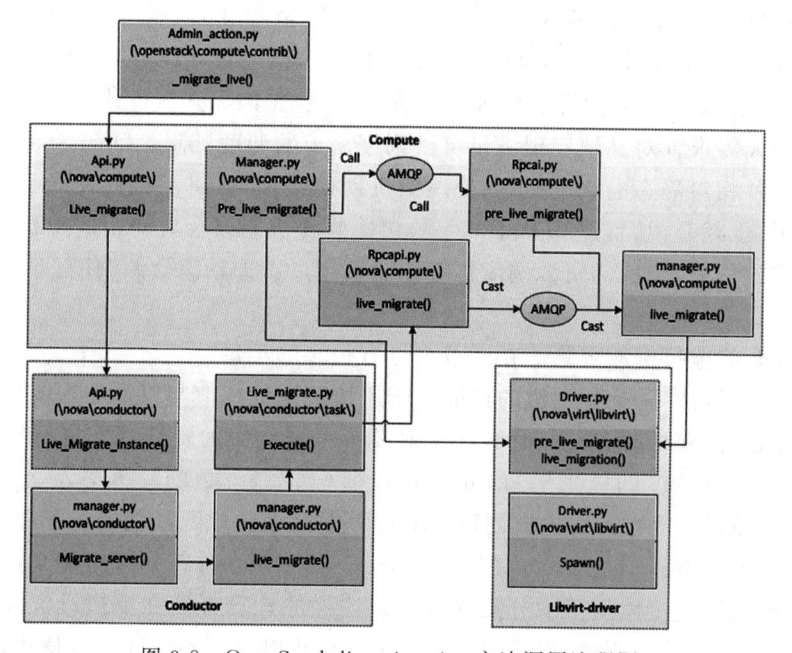

图 3-8　OpenStack livemigration 方法调用流程图

OpenStack 不能自动触发迁移，也就是说，只能是管理员选择源物理机，决定虚拟机什么时候开始迁移，选择哪一个虚拟机进行迁移和选择哪一台物理机作为目标主机来接收迁移的虚拟机，整个流程完全是人工在管理页面手动操作，缺乏实时性和准确性，极大地增加了运维人员的工作量。

另外，OpenStack 的虚拟机动态迁移算法还存在一些不足：

- OpenStack 提供的监控信息太单一[13]。虚拟机动态迁移需要监控预测物理机的资源，在 OpenStack 中主要是使用面板 Horizon 来查看虚拟机实例，但该面板提供的信息太单一，只有简单的运行、暂停或者挂起以及虚拟机创建时分配 CPU 的个数及内存大小；对于物理机，只有简单的创建了几个实例，用了多少 CPU，用了多少内存；对于系统，也只有简单的服务列表。如果想要获取数据中心虚拟机及物理机的详细资源使用状况及性能状况，就需要自行设计系统资源状态监控模块。

- OpenStack不会自动关闭闲置的物理主机并在需要更多资源时重新启动关闭的主机[12]。该问题可以通过下限迁移策略[13]解决。下限迁移是指物理节点资源使用率过低而将物理节点休眠节能，并把物理机上的所有虚拟机迁移出去，它可以达到降低数据中心能耗的目的。
- 在动态迁移中，OpenStack有可能引起群聚效应[13]。在动态迁移技术中，OpenStack需要为待迁移的虚拟机选择合适的目标物理节点进行迁移。而资源调度器Nova-Scheduler内置的迁移算法会优先考虑将内存最多的物理节点作为首选节点。因此，很多待迁移虚拟机都会被迁移到同一个资源量最充足的节点上，该节点由于虚拟机的大量迁入，节点负载急剧增大，超过了迁移阈值，进而引发了虚拟机的再次迁移，即群聚效应。该问题可以在充分考虑物理节点剩余资源的情况下，结合概率迁入的方法来避免。

3. 百度云虚拟机调度技术

1）OpenStack的Nova_Scheduler模块存在的不足

Openstack的虚拟机调度模块Nova_Scheduler在面对工业级别的虚拟机调度场景时存在着一些不足，主要体现在资源池管理和虚拟机调度过程两方面。

在资源池管理方面，主要存在的不足有：

- 为了管理服务器集群，OpenStack进行物理机的资源池化。在资源池中为每个物理机打上特定的标签(Tag)，Tag是根据其承载的业务类型来生成的，能够确定物理机的功能类别，为虚拟机调度提供精确的调度导向信息。Tag的使用场景多样，例如为某个租户单独分配资源可临时加入一种Tag，新上线一种机型或扩容一批机器可临时加入一种Tag等。Tag的使用缺乏严格管理，语义没有限制；长期积累Tag会引起资源池机器分类混乱，运维难度增加。
- Nova_Scheduler中过滤器的作用域是全局的，所有机器使用相同的Filter列表，然而拥有不同Tag的物理机对应的业务调度策略不尽相同。例如PAAS层重I/O业务实例需要在IAAS层的磁盘维度中尽量打散，PAAS层偏计算业务实例需要在IAAS层的CPU维度中尽量均衡。

在虚拟机调度过程方面，主要存在的不足有：

- OpenStack的虚拟机调度过程中，主机集合通过Filter列表过滤后按照某种指标(metrics)进行权值计算并排序。该过程中指标的选取是单方面的，缺乏复合性，比如只以空闲的内存或者CPU利用率作为指标。
- 如果以某种指标排序，一个多虚拟机实例创建请求在OpenStack中的调度过程为：

一个虚拟机实例完成调度后，重新按照指标对宿主机排序；然后调度下一个虚拟机实例。以空闲CPU作为指标进行权值计算排序为例，第一台虚拟机实例调度排序时的次优宿主机显然是下一台虚拟机实例的最佳候选宿主机。因此，对于单维度的指标，在虚拟机的请求调度过程中重新对宿主机排序是没有必要的。

2）百度云调度技术的重构与改进

为了克服OpenStack原生虚拟机调度模块Nova_Scheduler的各种不足，百度云调度技术在原有框架上做出了重构和改进。比如重构设计 group 为调度域来管理物理机资源池，明确精简 Tag 含义；并增加单维度资源调度、打分排序等调度策略。

（1）资源管理：group。为了能够更加合理地规划资源池，自定义每个资源池的调度算法，同时精简 Tag(Tag 应该只是物理参数的一个集合，不能包含用户信息)。百度云在调度上设计了以集合(group)为核心的资源池逻辑层，每个 group 拥有唯一的 group_id，每个物理机严格属于一个 group。

面向租户划分不同 group(例如测试、线上租户，或其他划分标准)，group 中宿主机物理隔离，以分离 Tag 业务与机器管理的语义。group 内宿主机通过更新 group 标记(该操作通过元数据存储中心持久化)，隔离不同租户群间宿主机的相互影响。

由于 group 拥有资源隔离特性和租户群的业务不同，group 的调度策略互相独立，并且每个 group 对应不同的调度策略。调度器可以通过配置模块灵活配置 group 对应的调度策略，调度策略包括 Filter 列表以及调度算法，其中 Firstfit 和 Bestfit 为两种常用的调度算法。

（2）资源管理：机器管理。机型作为宿主机属性，一旦采购即确定。不同业务偏好的宿主机机型不同，基于 Tag 业务层语义，将 Tag 映射为特定机型列表。在某业务创建实例调度过程中，查询 Tag 对应机型列表的宿主机即可。以机型管理机器不影响现有调度逻辑，此方法可以实现 Tag 的语义业务层面的收敛。

（3）调度数据结构。

- 调度请求结构体 FilterParams。调度器定期从元数据存储中心拉取调度请求，构建该请求对应的 group 资源。FilterParams 结构体统一封装调度参数，解析请求中的调度描述。该结构体为调度器内部数据结构，应避免和其他模块耦合。

FilterParams 结构体代码片段如下所示。

```
struct FilterParams {
    std::string instance_uuid;                          // 实例 id
    InstanceType instance_type;                         // 实例套餐
    std::set<string> retry;                             // 实例已经尝试调度过的机器
    uint32_t net_bandwidth;                             // 带宽
    uint32_t disk_bandwidth;                            // 磁盘带宽
    std::set<string> scheduler_tags;                    // 调度请求 tag 集合
    std::set<string> ignore_hosts;                      // 调度中忽略的机器集合
    std::string force_host;                             // 强制调度到的机器
    std::string scheduler_host;                         // 指定 host 调度
    bool different_host_flag;                           // 是否本批次实例在不同物理机上
    bool live_migrate_flag;                             // 热迁移使用
    std::set<string> different_host_list;               // 规避 host 列表等.
    std::set<string> try_different_host_list;
    std::set<string> different_host;
    std::set<string> try_different_host;
    std::vector<MultiDiskInfo> multi_disk_info;         // 磁盘信息
    std::vector<PciInfo> pci_requests;                  // pci 卡信息
    ...
    std::string group_id;                               // group 信息
};
```

- 资源管理类 ResourceManager。资源管理类 ResourceManager 中主要有两个重要函数：get_group_requests 和 get_group_resources。其中 get_group_requests 获取 group 的调度请求，get_group_resources 获取 group 的物理资源。这两个函数可以让调度系统建立请求资源映射。

ResourceManager 类代码如下所示。

```
class ResourceManager {
public:
    ResourceManager(BaseDriver * db_driver);
    ~ResourceManager();
    std::vector<std::string> get_avail_group_names(); // 获取可用调度 group 名称
    Status build_group_resources();          // 构建物理机资源池
Status build_group_requests();               // 构建调度请求资源
// 获取 group 的物理资源
Status get_group_resources(std::string group_name, HostInfoDict ** host_info_dict);
// 获取 group 的调度请求
    Status get_group_requests(std::string group_name, RequestDict ** req_dict);
private:
     // 省略
};
```

- 作业管理类 TaskManager。作业管理类 TaskManager 负责周期性地拉取调度请求，处理调度作业，并下发调度结果至元数据存储中心。

TaskManager 类代码如下所示。

```
class TaskManager {
public:
    TaskManager(BaseDriver * db_driver);
    ~TaskManager();
    void schedule_requests(xxx);             // 调度所有 group 的资源
    void dispatch_schedule_result(xxx);  //下发调度结果
};
```

- 调度策略基类。调度策略基类实现调度基本接口：利用 FilterParams 进行过滤(Filter)、排序、选择调度算法以产出目标宿主机。调度实现了 Firstfit、Bestfit、带优先级的抢占调度与预留调度等调度算法，这里的调度算法属于资源层面，侧重实例分配和资源使用的均衡。宏观的调度算法(Bestfit、Firstfit)使用类似 Filter 列表的形式实现主机的选取功能。

上述的调度算法是宏观的调度策略，针对每一种资源例如 CPU、PCI，还有细分的调度策略。比如 CPU 支持绑核可以有很多调度策略，PCI 也可以有多种分配策略(考虑板卡是否一致，考虑带宽最优，vgpu 分配、支持 p2p 等)。这些细分资源的调度策略体现在具体的多个 Filter 中。每个 Filter 负责过滤一个维度的资源，并返回 true 或者 false 来表示该物理机在这个资源维度是否充足。宏观的调度算法需要使用多个 Filter 来实现宿主机的选取，即只有这些细分资源的 Filter 都返回 true 时，宿主机才是合适的候选调度者。

(4) 调度系统架构

图 3-9 为调度系统架构图，从图中我们可以看出，调度系统主要实现的功能如下：

- 抽象 group 概念，每个 group 是一个独立的调度域，用 group_id 唯一标记，独享一批机器资源。明确 Tag 含义，将 Tag 定义为逻辑上物理机属性的概念。整合现有线上 Tag，在不影响现有调度逻辑的前提下，实现 Tag 管理的收敛。
- 在调度算法层面，抽象算法基类重新实现并优化已有算法的调度逻辑。调度器主要实现了 firstfit 和 bestfit 两种简单的调度算法，但是也提供了多种调度算法。在此基础上，调度器实现算法配置模块，让 group 和调度算法灵活可配置。
- 调度器定期从元数据存储中心拉取调度请求，调度请求以订单的形式存在，比如 request(g1、g2、gN)，其中 g1、g2 等为 group_id。该调度请求表示对这批特定的调度域进行虚拟机调度。
- 调度器随后建立请求资源映射，将每个标记调度域的请求和对应的资源池进行绑定，比如 group1 绑定 g1_reqs，表示 group1 调度域对应的资源池物理资源为 g1_reqs。
- 调度器通过算法映射模块找到调度域执行的调度算法，调度器执行调度产生调度结果，将调度结果输入到元数据存储中心进行持久化。

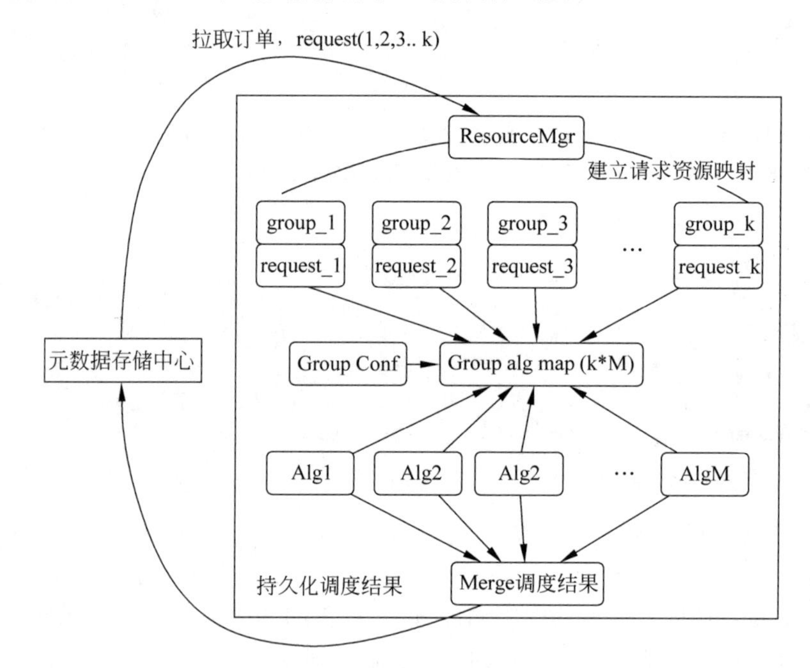

图 3-9 调度系统架构图

(5) 调度过程。一个简单的调度过程举例如下：

① TaskManager 定期地从元数据存储中心批量拉取订单，然后遍历每个订单。

② 检查订单中是否存在待调度虚拟机实例，如果存在则更新实例 retry 次数(上次调度失败)，retry 超过最大调度次数则本订单调度失败，进入①。

③ ResourceManager 构建订单对应的 group 资源，FilterParams 初始化 Filter 和调度参数以便解析订单的调度描述。

④ 使用配置模块中指定的 Filter 列表，找到所有满足条件的宿主机集合。

⑤ 根据调度算法对宿主机集合进行处理，主要是按照调度算法所侧重的维度排序，涉

及多个维度资源的排序时，传入资源的维度，选择对应的权重计算公式进行打分，然后按照分值排序。

⑥ 首轮调度：按照排序后的宿主机集合，逐个调度实例。

预留调度：判断订单是否可以使用预留资源。如果可以，使用预留资源进行排序，按照排序后的宿主机集合逐个调度实例；

抢占调度：判断订单是否为高优先级订单，对 Host 按照其上虚机优先级进行排序，从低优先级(这些实例对应可中断实例的业务形态)开始被抢占。

每轮调度在筛选集合中利用资源维度的 Filter(例如使用 PCI、特殊的绑核策略)过滤 Host 并分配相应资源，如果调度实例至 Host 成功，更新 Host 所涉及维度资源。

三轮调度后订单本次调度结束，存在未调度实例时，等待下次调度。

⑦ 当订单中所有实例调度都成功时，发送调度结果至元数据存储中心，以持久化本次调度结果(包括实例的分配信息、宿主机的资源信息)；进入①继续调度其余订单。

3.2.3 百度云节能技术

近年来，互联网、人工智能、物联网等信息技术产业飞速发展，数据中心作为信息产业的基础支撑，建设速度不断加快，规模不断增大。而高耗能一直是数据中心需要面对的突出问题，备受政府、企业、社会关注。对于节能减排和绿色数据中心的研究，不仅有利于企业降低成本，更对社会的可持续发展有重要作用。

目前，我国政府已经提出了《国家绿色数据中心的试点方案》，大力提倡数据中心要“节能减排”，走绿色智能的发展道路。众所周知，能效参照水平 PUE[14] 值越低，代表能耗利用率越高，从 PUE 指数来看，百度的数据中心单模组早在 2017 年就达到了 1.10[15]。

百度数据中心 PUE 能够达到如此高水平主要因为：一方面是电气架构的不断升级、空调末端改造等设备优化；另一方面，服务器、免费冷却、智能管理等所有与数据中心能效相关的技术都是处于快速迭代升级的状态。

1. 供电架构优化升级提高利用效率

首先从供电架构上，百度云计算(阳泉)中心采用市电＋UPS、市电＋UPS(ECO)模式、市电＋高压直流在线、市电＋高压直流离线四种架构。其中市电＋高压直流＋离线的供电架构是世界首例，结合国内首批内置式锂电池机柜的部署，使供电效率从传统 2N 冗余 UPS 双路供电的 90%大幅度提高到了 99.5%，最大限度地利用了资源[16]。

目前，百度云计算(阳泉)中心通过对电气架构进行的不间断优化升级，每年能为数据中心节约用电量高达 2.5 亿度，大约相当于 13 万个家庭全年用电量的总和[15]。

2. 免费冷却技术不断迭代能耗持续降低

百度云计算(阳泉)中心的另一个节能方式在于暖通架构。百度云计算(阳泉)中心同时采用了 CRAH(冷冻水槽精密空调)、AHU(组合式空调箱)、IDEC(间接风测)和 OCU 这四种新型的空调末端形式。

百度自研置顶冷却单元 OCU(Overhead Cooling Unit)新型空调末端，与预制模块技术结合，冷却模块垂直安装在机架上方，空调末端无风扇、零功耗，利用空气对流原理，可以抽走“热通道”的热空气的同时，还可以送出冷空气给“冷通道”。此外，传统服务器要求环境温度为5～35℃，服务器一般运行在25℃左右，百度特别研究的高温服务器，其耐温设计高达45℃，更少的冷源需求也大幅降低了数据中心能源消耗[17]。

目前，百度云计算(阳泉)中心全年免费冷却已经达到96%，相当于每年用冷机的时间只有两周时间，剩下的大部分时间都是使用自然冷源状态。此外，冷却过程中产生的污水，百度云计算(阳泉)中心还会将其进行回收再利用，每年回收量高达48万吨，相当于四千户家庭一年的用水量[18]，如图3-10所示。

图3-10　数据中心楼下的污水处理装置。利用这套独创的数据中心污水回收再利用技术，约60%的废水能够实现再利用

3. 使用清洁能源打造高能绿色数据中心

除此之外，百度云计算(阳泉)中心大量使用清洁能源，将节能做到极致。2017年百度阳泉数据中心签约风能和太阳能共2600万度，占比整个用电量的16%，2018年使用风能和太阳能可以达到5500万度，预计占比可能达到23%左右以上[19]，如图3-11所示。

图3-11　数据中心的楼顶上装着一排排蓝色的光伏板，太阳能光伏发电直接为服务器供电，即发即用

4. AI深度应用智能不断升级

在高度智能化的百度云计算(阳泉)中心,目前已全面实现无纸化操作,通过 Pad、电脑进行巡检。并提前将数据上传到计算机,巡检人员只需对照相应数据,即可判断运行状态是否良好。

此外,百度云计算(阳泉)中心还建立了数据中心深度学习模型,比如冷水机组三种模式的运行就通过 AI 自动运营判断,根据室外天气湿度、温度和负荷,切换制冷模式、预冷模式和节约模式,此外 AI 还能实现智能预警,通过负载情况,预判 IT 设备磨损运行情况,给出维护策略。

AI 另一个大显身手之处是做到了智能调度,百度云计算(阳泉)中心将每一台设备的运算模型都放在一套逻辑里,AI 会根据逻辑自主判定出运行中的设备负荷量是否达到要求。例如以前运营几台设备比较节能,只能靠人的经验判断,而现在 AI 会根据运行情况进行判断,靠数据精准调控。

5. 备份电池子系统(BBS)

服务器作为数据中心重要的组成成分,在数据中心节能技术中扮演着极其重要的角色,百度数据中心目前部署在机架服务器中的基于锂电池(Li-ion)的备份电池子系统(BBS)展示了他们先进的高能效服务器设计理念。与传统的铅酸蓄电池供电系统(UPS)相比,分布式 BBS 设计具有更低的能耗和更高的空间利用率,在极大降低运营成本的同时提高数据中心的能效,具有不错的节能效果。

基于 BBS 的系统电源架构如图 3-12 所示[20],BBS 主要包括多个锂电池组(BBS1…n),BBS 的管理控制器负责 BBS 的充放电和自动调整电压和电流输出以到稳定的水平。服务器机架管理控制器负责监控机架的所有组件信息,同时它也保持与 BBS 控制器的会话。图 3-13 表示了 BBS 与传统的铅酸蓄电池供电系统(UPS)相比具有更好的能源效率[20]。

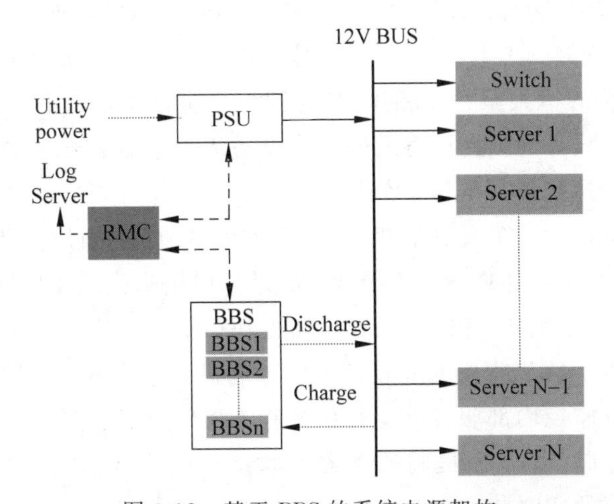

图 3-12 基于 BBS 的系统电源架构

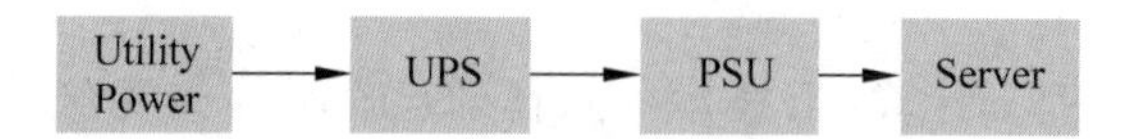

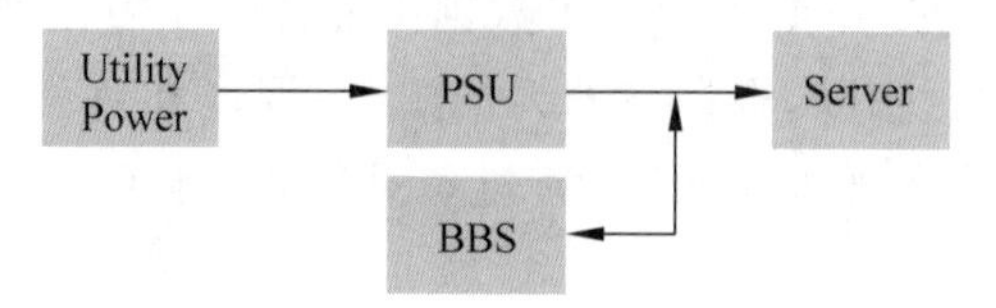

图 3-13 使用 BBS 架构提高能源效率

6. 百度自研服务器

百度以数据中心节能为目标自主研制了一系列的高能效服务器[21]，如“冰山”“鲲鹏”X-Man 和“北极”等。

“冰山”自研高密度存储服务器：创新的高密度存储解决方案，支持储存池化设计和分层存储，单台服务器可存储 180TB 数据，有力地支持了百度的私有云、公有云业务[21]。

“鲲鹏”自研高温服务器：业界首次规模商用的高温服务器（一般服务器送风温度是 22～24℃，鲲鹏可以支持送风温度达到 45℃）同时具备耐腐蚀性，与 IDC 强耦合，彻底实现全自然新风冷却[21]。

X-Man 自研 AI 服务器：业界首个基于 PCIe Fabric 架构的 16 卡 GPU 服务器，兼容支持 FPGA。支持异构计算资源池化，可扩展到 64GPU 以上，提供 1000TOPS 量级计算能力，能够广泛应用于语音、图像、NLP、搜索、无人车加速计算场景[21]。

“北极”自研整机柜服务器：采用共享电源、共享风扇架构，部件全部标准化、模块化、一体化，支持 40 摄氏度环境温度长期运行。总拥有成本（TCO）降低 15%，交付效率提升 20 倍。这句话更直观地换算过来什么意思呢？那就是原先需要 1 个月上线的服务器，现在只需要 1 天[21]。与传统的机架服务器相比，“北极”在节能方面有以下的创新点[22]：

- 集中式的冷却设计：“北极”将风扇制冷设备集中放置在服务器机架背部，在节省机架空间的同时达到最好的散热效果。
- 集中式的供电设计：在服务器机架中间预留 3U 的空间用来提供集中式的电源供应，其中供电系统中还放置了 BBS 电源系统，以用来提供不间断的供电服务。
- 集中式管理：“北极”拥有机架管理控制模块（RMC），该模块主要负责供电、冷却和其他管理职能。从节能角度来看，RMC 为机架服务器管理引擎，它主要实现节能策略/算法，负责监控内部服务器运行信息和连接外部服务器。
- 服务器节点定制设计：百度将服务器的状态定制为开启、关闭和休眠三种状态，根据服务器运行的实时状况来为服务器选择合适的状态。

3.3 基于百度云的基础架构实践

3.3.1 基于百度云实现云上弹性架构

在传统 IT 模式下，如果用户需要建立一个 Web 站点，需要购买服务器并托管在某个 IDC，并搭建各种各样应用底层服务来满足建站的需要，而这一切在百度云能一站轻松完成。用户可以视自身的建站需求购买 CDN、BLB、BCC、SCS、RDS、BOS 等服务来满足自身的建站需求。如图 3-14 所示[4]，可以基于百度云 BLB、BCC、RDS、BOS 和 CDN 实现云上弹性架构应用。

当用户发出 HTTP 请求时，CDN 会对外承载用户的 HTTP 请求，而 CDN 未命中的请求则会通过 BOS 访问静态资源，后端请求会先经过 BLB 做负载均衡，用户的 Web Server 部署在 BCC 或直接使用 BAE，SCS 用来缓存热点数据，关系型数据库由 RDS 提供，网页的静态资源如 JS、CSS、Images 等则存储至 BOS。

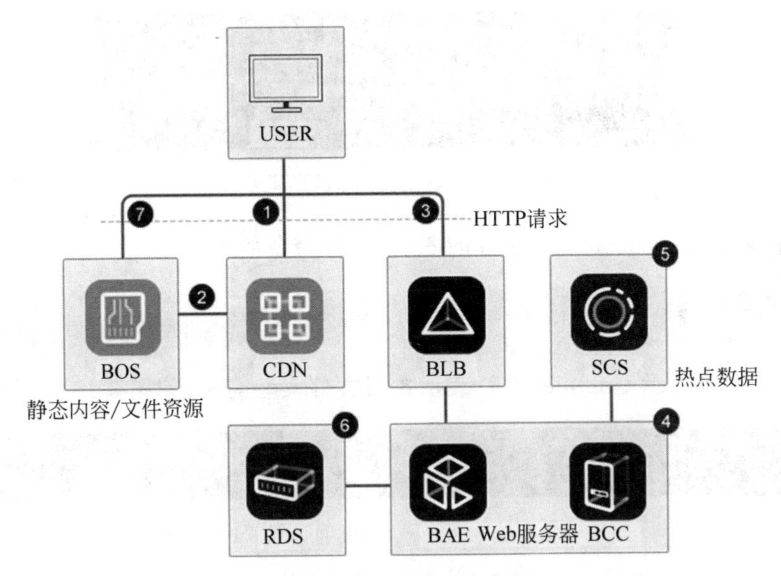

图 3-14　建站的典型架构图

3.3.2 基于百度云快速部署 Discuz 论坛

前面我们了解了百度云平台上云服务器 BCC 的理论知识以及建站的原理，但是缺乏实践开发上的领会是不完整的。下面我们将基于 BCC 实例的 CentOS 系统，其配置为单核 CPU、1G 内存和 40G 硬盘，快速搭建 Discuz 论坛，提供实践指导意义。

在论坛搭建之前，我们需要对 Linux 的基本指令和 Discuz 论坛有个最基本的了解。Discuz 是基于 PHP 网页，在 Linux 和 Windows 两平台均可部署的论坛工具，通过 Discuz 论坛，用户可以快速搭建自己的网站。在 Discuz 论坛搭建过程中，我们需要进行的操作包括：Apache 服务器的安装和部署，MySQL 数据库的安装，PHP 语言环境的安装和部署以及最后的搭建安装操作。

首先是进行 Apache 服务器的安装和部署。

(1) 创建好 BCC 实例以后,通过 VCN 远程登录,输入创建实例时设置好的用户名和密码即可登录,如图 3-15 所示。

```
CentOS Linux 7 (Core)
Kernel 3.10.0-957.1.3.el7.x86_64 on an x86_64

instance-167a52kq login: root
Password:
[root@instance-167a52kq ~]#
```

图 3-15　登录 BCC 实例

(2) 登录到 BCC 实例以后,执行如下命令,下载并安装 Apache HTTP 服务。

```
yum -y install httpd
```

当页面显示 Complete 时,表示安装成功,如图 3-16 所示。

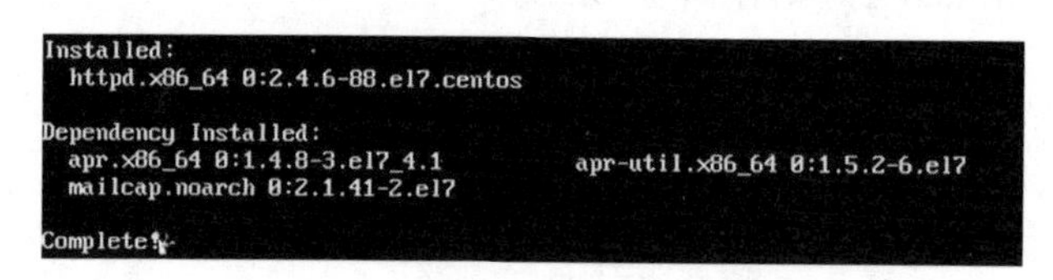

图 3-16　安装 Apache HTTP 服务

(3) 接下来进行 Apache 扩展文件的安装,执行命令如下。

```
yum -y install httpd_manual mod_ssl mod_perl mod_auth_mysql
```

同样的,当页面显示 Complete 时,表示扩展文件安装完毕,如图 3-17 所示。

```
Dependency Updated:
  glibc.x86_64 0:2.17-260.el7_6.4                    glibc-common.x86_64 0:2.17-260.el7_6.4

Complete!
```

图 3-17　安装 Apache 的扩展文件

(4) 之后,让我们启动 Apache HTTP 服务,执行以下命令,如图 3-18 所示。

```
systemctl start httpd.service
```

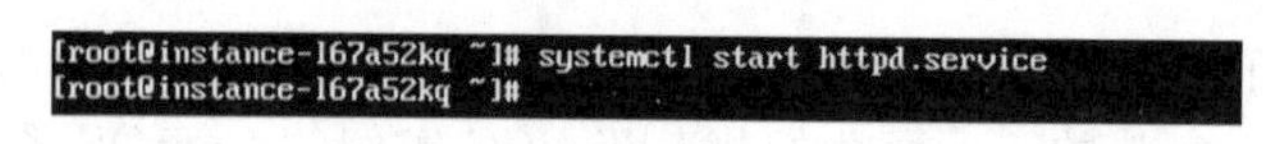

图 3-18　启动 apache http 服务

(5) 执行以下命令,设置开机自动启动 Apache HTTP 服务,如图 3-19 所示。

```
chkconfig httpd on
```

(6) 打开本地浏览器,并访问实验资源提供的 BCC 实例的弹性 IP,出现如图 3-20 所示

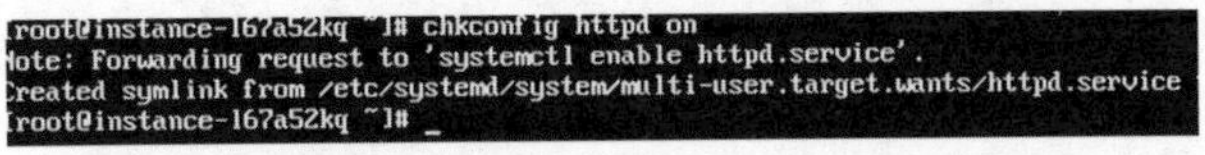

```
[root@instance-167a52kq ~]# chkconfig httpd on
Note: Forwarding request to 'systemctl enable httpd.service'.
Created symlink from /etc/systemd/system/multi-user.target.wants/httpd.service
[root@instance-167a52kq ~]# _
```

图 3-19　设置开机自动启动 Apache HTTP 服务

的测试页面，这证明 Apache HTTP 服务部署启动成功。

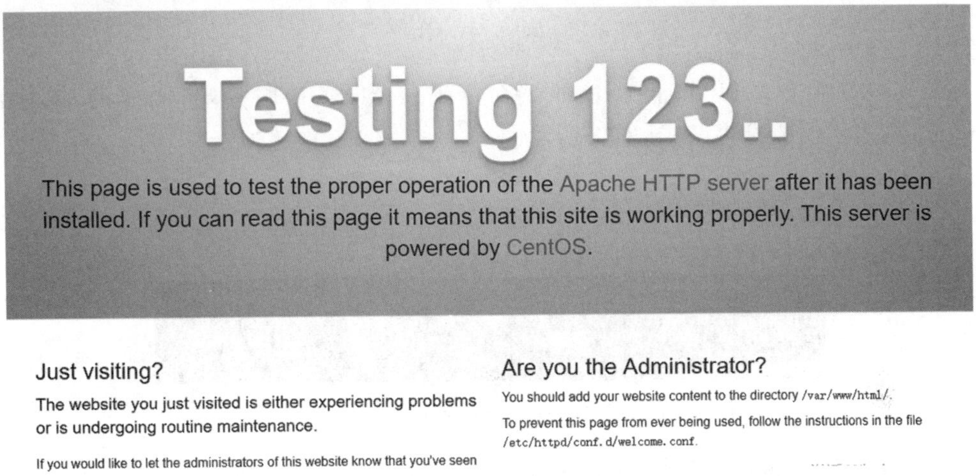

Testing 123..

This page is used to test the proper operation of the Apache HTTP server after it has been installed. If you can read this page it means that this site is working properly. This server is powered by CentOS.

Just visiting?

The website you just visited is either experiencing problems or is undergoing routine maintenance.

If you would like to let the administrators of this website know that you've seen

Are you the Administrator?

You should add your website content to the directory /var/www/html/.

To prevent this page from ever being used, follow the instructions in the file /etc/httpd/conf.d/welcome.conf.

图 3-20　Apache 的测试页面

接下来是安装并验证 MySQL 数据库。

(1) 首先进入到/usr/local 路径下，通过命令查看 yum 源中有哪些 MySQL 的版本，如图 3-21 所示。

```
cd /usr/local
yum list mysql *
```

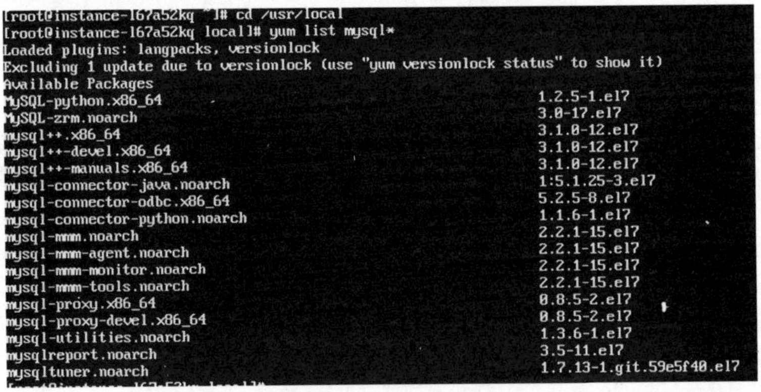

```
[root@instance-167a52kq ~]# cd /usr/local
[root@instance-167a52kq local]# yum list mysql*
Loaded plugins: langpacks, versionlock
Excluding 1 update due to versionlock (use "yum versionlock status" to show it)
Available Packages
MySQL-python.x86_64                 1.2.5-1.el7
MySQL-zrm.noarch                    3.0-17.el7
mysql++.x86_64                      3.1.0-12.el7
mysql++-devel.x86_64                3.1.0-12.el7
mysql++-manuals.x86_64              3.1.0-12.el7
mysql-connector-java.noarch         1:5.1.25-3.el7
mysql-connector-odbc.x86_64         5.2.5-8.el7
mysql-connector-python.noarch       1.1.6-1.el7
mysql-mmm.noarch                    2.2.1-15.el7
mysql-mmm-agent.noarch              2.2.1-15.el7
mysql-mmm-monitor.noarch            2.2.1-15.el7
mysql-mmm-tools.noarch              2.2.1-15.el7
mysql-proxy.x86_64                  0.8.5-2.el7
mysql-proxy-devel.x86_64            0.8.5-2.el7
mysql-utilities.noarch              1.3.6-1.el7
mysqlreport.noarch                  3.5-11.el7
mysqltuner.noarch                   1.7.13-1.git.59e5f40.el7
```

图 3-21　查看 yum 源中 MySQL 的版本

(2) 然后，通过如下命令安装 MySQL 客户端，当安装过程执行完毕，末尾出现 Complete 则表示安装成功了，如图 3-22 所示。

```
yum -y install mysql
```

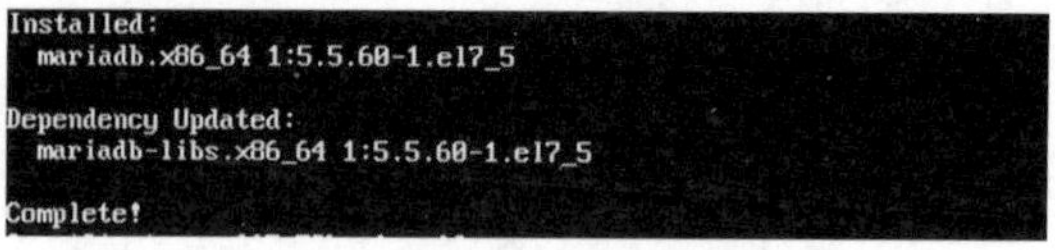

```
Installed:
  mariadb.x86_64 1:5.5.60-1.el7_5

Dependency Updated:
  mariadb-libs.x86_64 1:5.5.60-1.el7_5

Complete!
```

图 3-22　安装 MySQL 客户端

（3）安装好客户端以后，再通过如下命令安装 MySQL 服务端，同样的，末尾出现 Complete 则表示安装成功，如图 3-23 所示。

```
yum -y install mysql-server mysql-devel
```

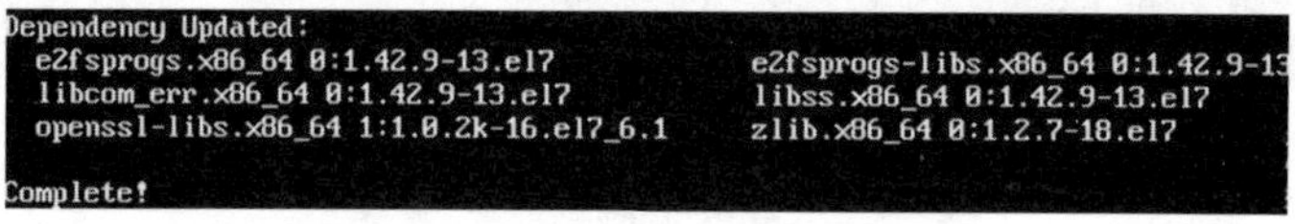

```
Dependency Updated:
  e2fsprogs.x86_64 0:1.42.9-13.el7                e2fsprogs-libs.x86_64 0:1.42.9-13
  libcom_err.x86_64 0:1.42.9-13.el7               libss.x86_64 0:1.42.9-13.el7
  openssl-libs.x86_64 1:1.0.2k-16.el7_6.1         zlib.x86_64 0:1.2.7-18.el7

Complete!
```

图 3-23　安装 MySQL 服务端

（4）通过如下命令安装 MariaDB，当安装过程执行完毕，末尾处出现 Complete 的时候表示安装已经成功了，如图 3-24 所示。

```
yum install -y mariadb-server
```

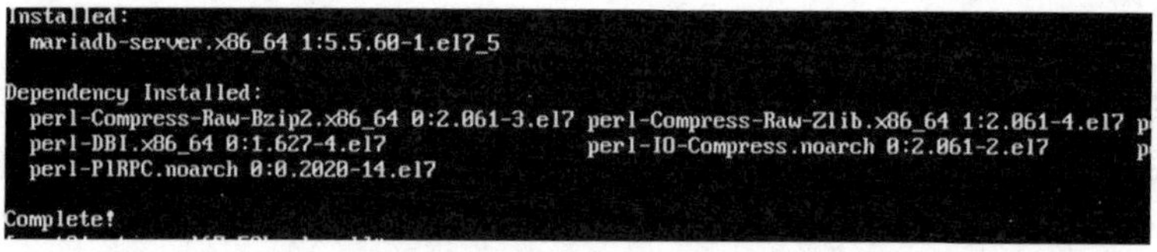

```
Installed:
  mariadb-server.x86_64 1:5.5.60-1.el7_5

Dependency Installed:
  perl-Compress-Raw-Bzip2.x86_64 0:2.061-3.el7 perl-Compress-Raw-Zlib.x86_64 1:2.061-4.el7 p
  perl-DBI.x86_64 0:1.627-4.el7                perl-IO-Compress.noarch 0:2.061-2.el7        p
  perl-PlRPC.noarch 0:0.2020-14.el7

Complete!
```

图 3-24　安装 MariaDB

（5）然后启动服务，并添加开机启动，如图 3-25 所示。

```
systemctl start mariadb.service
systemctl enable mariadb.service
```

```
[root@instance-167a52kq local]# systemctl start mariadb.service
[root@instance-167a52kq local]# systemctl enable mariadb.service
Created symlink from /etc/systemd/system/multi-user.target.wants/mariadb.service to
```

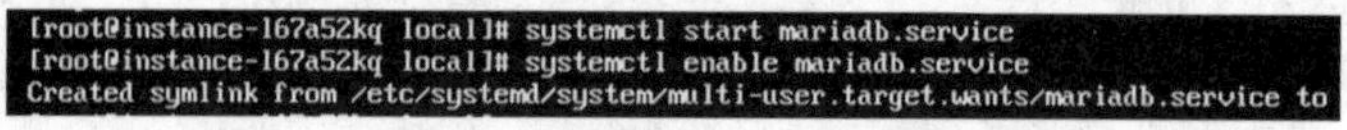

图 3-25　启动服务和添加开机启动

（6）通过如下命令创建用户，如图 3-26 所示。

```
mysqladmin -u root password 123456
```

（7）通过命令登录到数据库，如图 3-27 所示，注意：密码输入是不可见的。

```
[root@instance-167a52kq local]# mysqladmin -u root password 123456
```

图 3-26　创建用户

```
mysql -uroot -p
```

```
[root@instance-167a52kq local]# mysql -uroot -p
Enter password: _
```

图 3-27　登录数据库

(8) 使用 SQL 语言创建一个属于自己的数据库，比如这里命名为 Company，并通过如下命令可以查询我们刚刚创建的数据库，如图 3-28 所示。

```
create database Company;
show databases;
```

```
MariaDB [(none)]> create database Company;
Query OK, 1 row affected (0.00 sec)

MariaDB [(none)]> show databases;
+--------------------+
| Database           |
+--------------------+
| information_schema |
| Company            |
| mysql              |
| performance_schema |
| test               |
+--------------------+
5 rows in set (0.01 sec)
```

图 3-28　创建数据库 Company 并查询

(9) 创建一张员工信息表，包含员工的工号、姓名、性别、职位和入职日期，并通过 insert 语句插入几条记录，SQL 脚本示例如下，最后通过 select 语句查看数据，如图 3-29 所示。

```
use Company;
create table employee(empno varchar(50), empname varchar(50), sex varchar(10), joblevelname
varchar(50), onboarddate varchar(20));
insert into employee(empno, empname, sex, joblevelname, onboarddate)
values('001', 'Kobe', 'Male', 'Sales', '2019-01-01');
select * from employee;
```

```
MariaDB [Company]> Select * from employee;
+-------+---------+--------+--------------+-------------+
| empno | empname | sex    | joblevelname | onboarddate |
+-------+---------+--------+--------------+-------------+
| 001   | Kobe    | Male   | Sales        | 2019-01-01  |
| 002   | James   | Male   | Manager      | 2018-10-01  |
| 003   | Mary    | Female | Developer    | 2015-4-12   |
+-------+---------+--------+--------------+-------------+
3 rows in set (0.00 sec)
```

图 3-29　创建员工信息表并查询

(10) 退出数据库，如图 3-30 所示。

图 3-30　退出数据库

然后是安装 PHP 语言环境。

(1) 执行如下命令,安装 PHP 以及 PHP 支持 MySQL 的 php-mysql 软件包,如图 3-31 所示。

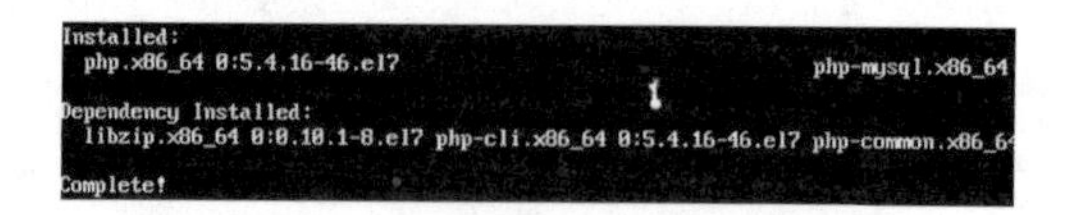

图 3-31 安装 php 及 php-mysql 软件包

(2) 执行如下命令,安装 PHP 常用扩展包。

```
yum -y install gd php-gd gd-devel php-xml php-common php-mbstring php-ldap php-pear
php-xmlrpc php-imap
```

同样的,当看到 complete 时,表示安装完毕。

(3) 执行如下命令,重启 Apache 服务,如图 3-32 所示,这是非常必要的一步。

```
systemctl restart httpd.service
```

```
[root@instance-l67a52kq local]# systemctl restart httpd.service
```

图 3-32 重启 Apache 服务

(4) 最后,执行如下命令,创建一个 PHP 页面,测试 PHP 环境。

```
echo "<?php phpinfo(); ?>" > /var/www/html/phpinfo.php
```

(5) 返回浏览器,并在新建页面中访问 http://xxx.xxx.xx.x/phpinfo.php,其中 xxx.xxx.xx.x 表示实验资源中的 BCC 实例 IP,可以查看到如图 3-33 所示的 PHP 信息页面:

PHP Version 5.4.16

System	Linux instance-l67a52kq 3.10.0-957.1.3.el7.x86_64 #1 SMP Thu Nov 29 14:49:43 UTC 2018 x86_64
Build Date	Oct 30 2018 19:31:42
Server API	Apache 2.0 Handler
Virtual Directory Support	disabled
Configuration File (php.ini) Path	/etc
Loaded Configuration File	/etc/php.ini
Scan this dir for additional .ini files	/etc/php.d
Additional .ini files parsed	/etc/php.d/curl.ini, /etc/php.d/dom.ini, /etc/php.d/fileinfo.ini, /etc/php.d/gd.ini, /etc/php.d/imap.ini, /etc/php.d/json.ini, /etc/php.d/ldap.ini, /etc/php.d/mbstring.ini, /etc/php.d/mysql.ini, /etc/php.d/mysqli.ini, /etc/php.d/pdo.ini, /etc/php.d/pdo_mysql.ini, /etc/php.d/pdo_sqlite.ini, /etc/php.d/phar.ini, /etc/php.d/posix.ini, /etc/php.d/sqlite3.ini, /etc/php.d/sysvmsg.ini, /etc/php.d/sysvsem.ini, /etc/php.d/sysvshm.ini, /etc/php.d/wddx.ini, /etc/php.d/xmlreader.ini, /etc/php.d/xmlrpc.ini, /etc/php.d/xmlwriter.ini, /etc/php.d/xsl.ini, /etc/php.d/zip.ini
PHP API	20100412
PHP Extension	20100525
Zend Extension	220100525
Zend	API220100525,NTS

图 3-33 PHP 信息页面

到这里为止，PHP 语言开发环境就已经搭建好了，接下来我们开始安装搭建 Discuz 论坛。

首先我们要下载 Discuz 安装包，这里提供了多种版本的下载地址，如图 3-34 所示，大家可以根据需求下载，我们在这里选择使用中文简体 UTF8 版本。

下载地址
简体中文GBK
http://download.comsenz.com/DiscuzX/3.2/Discuz_X3.2_SC_GBK.zip
繁体中文 BIG5
http://download.comsenz.com/DiscuzX/3.2/Discuz_X3.2_TC_BIG5.zip
简体 UTF8
http://download.comsenz.com/DiscuzX/3.2/Discuz_X3.2_SC_UTF8.zip
繁体 UTF8
http://download.comsenz.com/DiscuzX/3.2/Discuz_X3.2_TC_UTF8.zip

图 3-34　Discuz 的下载地址

(1) 执行以下命令，下载并解压 Discuz 的安装包，如图 3-35 所示。

```
Wget http://download.comsenz.com/DiscuzX/3.2/Discuz_X3.2_SC_UTF8.zip
Unzip Discuz_X3.2_SC_UTF8.zip
```

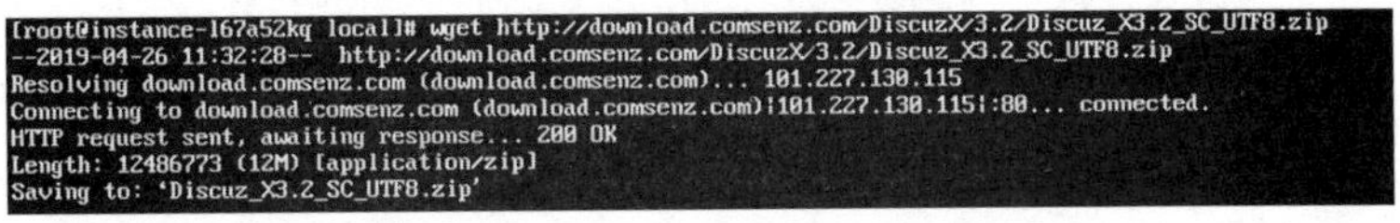

```
[root@instance-167a52kq local]# wget http://download.comsenz.com/DiscuzX/3.2/Discuz_X3.2_SC_UTF8.zip
--2019-04-26 11:32:28--  http://download.comsenz.com/DiscuzX/3.2/Discuz_X3.2_SC_UTF8.zip
Resolving download.comsenz.com (download.comsenz.com)... 101.227.130.115
Connecting to download.comsenz.com (download.comsenz.com)|101.227.130.115|:80... connected.
HTTP request sent, awaiting response... 200 OK
Length: 12486773 (12M) [application/zip]
Saving to: 'Discuz_X3.2_SC_UTF8.zip'
```

图 3-35　下载并解压 Discuz 安装包

(2) 解压完成后，执行如下命令，将 upload 目录转移到 Web 请求目录下，如图 3-36 所示。

```
cp -R ./upload /var/www
```

```
[root@instance-167a52kq local]# cp -R ./upload /var/www
```

图 3-36　转移 upload 目录

(3) 执行以下命令，进入 upload 目录，并且给予几个目录权限访问，如图 3-37 所示。

```
chmod -R 777 config
chmod -R 777 data
chmod -R 777 uc_client
chmod -R 777 uc_server
```

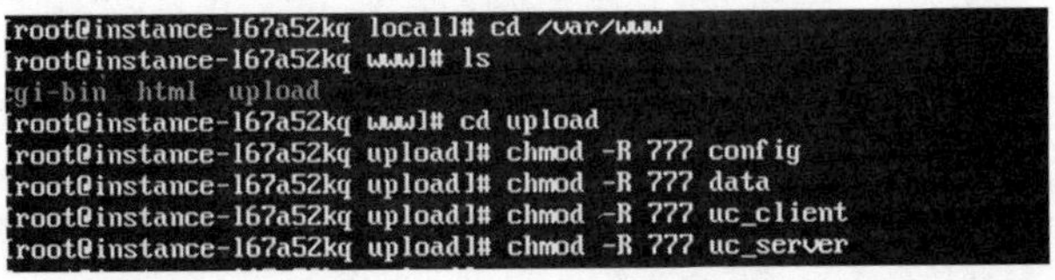

```
[root@instance-167a52kq local]# cd /var/www
[root@instance-167a52kq www]# ls
cgi-bin  html  upload
[root@instance-167a52kq www]# cd upload
[root@instance-167a52kq upload]# chmod -R 777 config
[root@instance-167a52kq upload]# chmod -R 777 data
[root@instance-167a52kq upload]# chmod -R 777 uc_client
[root@instance-167a52kq upload]# chmod -R 777 uc_server
```

图 3-37　给予目录访问权限

执行完以上步骤以后，打开浏览器，在浏览器地址栏输入：http://xx.xx.xx.xx/upload/forum.php，可以看到如图 3-38 所示页面，就表示开始安装了，接下来我们就可以按照提示安装论坛。

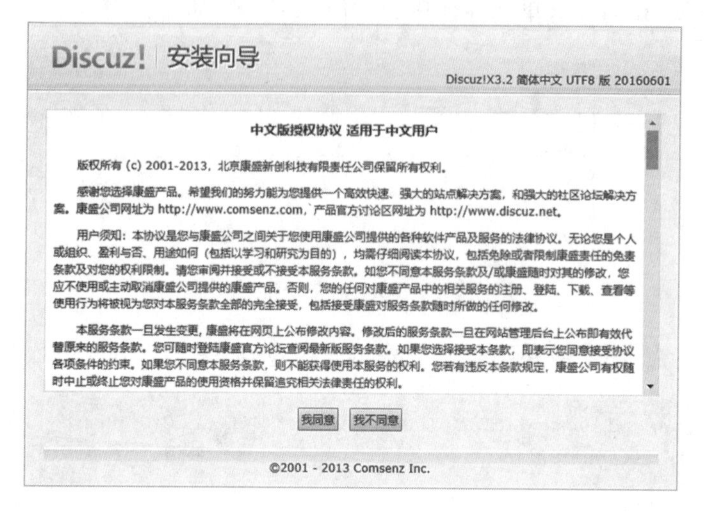

图 3-38　论坛安装成功

单击“我同意”进行安装，如果出现各种目录不可写状态时，执行命令如下：

```
chmod -R 777 /var/www/html
```

然后刷新界面，就可以看到如图 3-39 所示的状态。

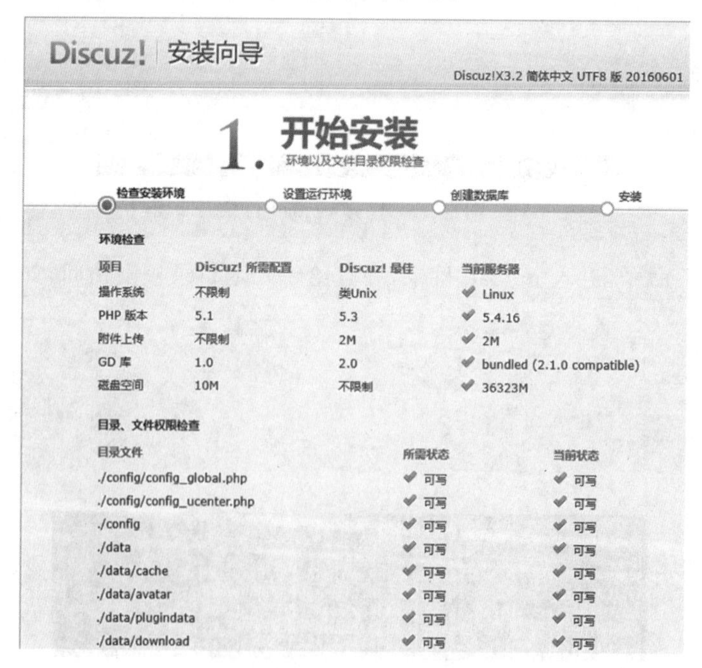

图 3-39　检查安装环境

继续单击“下一步”，进入设置运行环境界面，如图 3-40 所示。

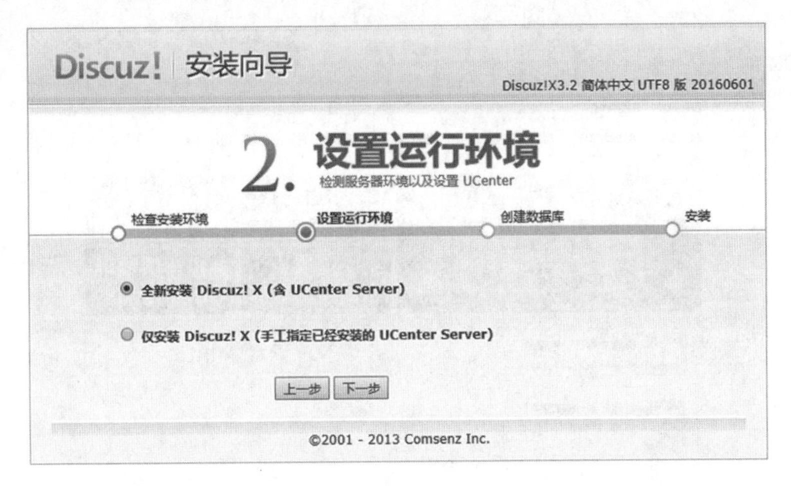

图 3-40　设置运行环境

设置好运行环境以后，就可以单击“下一步”，开始设置数据库信息，如图 3-41 所示，并执行安装。

3. 安装数据库
正在执行数据库安装
检查安装环境　设置运行环境　创建数据库　安装

填写数据库信息

数据库服务器:	localhost	数据库服务器地址，一般为 localhost
数据库名:	ultrax	
数据库用户名:	root	
数据库密码:	root	
数据表前缀:	pre_	同一数据库运行多个论坛时，请修改前缀
系统信箱 Email:	admin@admin.com	用于发送程序错误报告

填写管理员信息

管理员账号:	admin	
管理员密码:		管理员密码不能为空
重复密码:		
管理员 Email:	admin@admin.com	

下一步

图 3-41　安装数据库

如果安装成功，则会出现如图 3-42 所示画面，这里用户可以选择插件模板等，无限制扩展站点功能，但我们这里什么都不做选择，单击访问论坛。

Discuz 论坛的首页如图 3-43 所示，Discuz 论坛已经搭建成功了。

图 3-42　安装成功

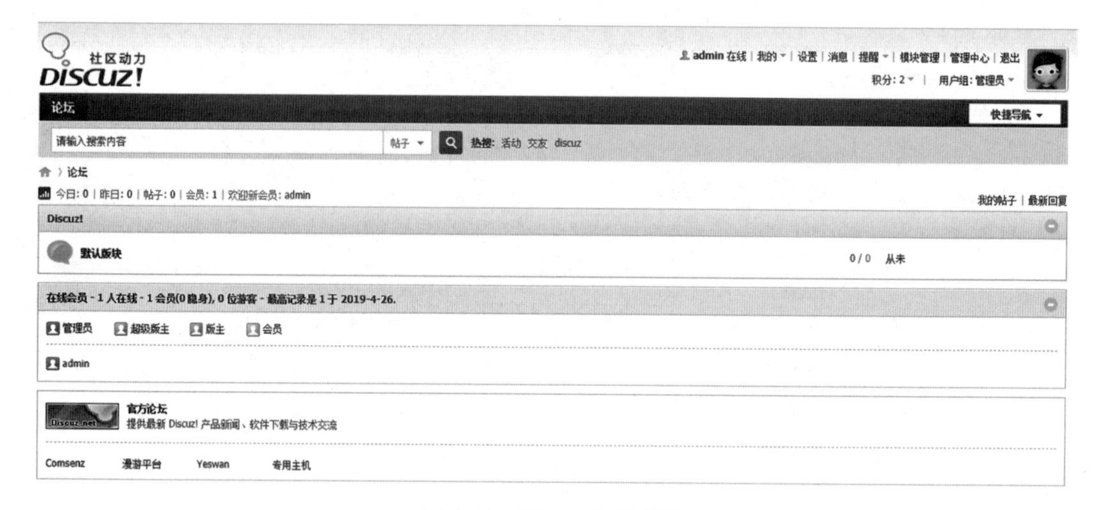

图 3-43　Discuz 论坛首页

3.4　习题

(1) 为什么亚马逊云计算服务命名为 EC2?

(2) 简述传统云架构的演变过程。

(3) 简述云上架构和传统架构设计的不同。

(4) 理解百度云调度技术的内容。

（5）简述百度云节能技术。

（6）简述百度云基础服务的内容。

（7）动手搭建一个自己的 Discuz 论坛。

3.5 参考文献

[1] 单体应用架构和微服务架构的区别[EB/OL]. https://blog.csdn.net/qinaye/article/details/82840625.

[2] 四种软件架构，看看你属于哪个层次[EB/OL]. https://www.jianshu.com/p/e7b992a82dc0.

[3] 百度智能云技术白皮书[EB/OL]. https://cloud.baidu.com/doc/Whitepapers/index.html.

[4] 网站及部署解决方案[EB/OL]. https://cloud.baidu.com/solution/website.html.

[5] 陈伯龙，程志鹏，张杰. 云计算与 OpenStack：虚拟机 Nova 篇[M]. 北京：电子工业出版社，2013.12.

[6] https://docs.openstack.org/ocata/install-guide-ubuntu/overview.html.

[7] 英特尔开源技术中心. OpenStack 设计与实现[M]. 北京：电子工业出版社，2015.8.

[8] 曲晓雅，刘真. 基于阈值滑动窗口机制的虚拟机迁移判决算法[J]. 计算机科学，2016，43(4)：64-69.

[9] 马志超. OpenStack 调度算法研究与优化[D]. 浙江大学，2014.

[10] 张梦. 基于 OpenStack 云平台的虚拟机资源调度方法研究[D]. 西安电子科技大学，2017.

[11] 李路中. 基于 OpenStack 的资源调度机制研究[D]. 重庆邮电大学，2017.

[12] Van VN，Chi L M，Long N Q，et al. A performance analysis of openstack open-source solution for IaaS cloud computing[M]// Proceedings of the Second International Conference on Computer and Communication Technologies. Springer India，2016.

[13] 张莉莉. 基于 OpenStack 的虚拟机资源调度关键技术研究[D]. 北京邮电大学，2015.

[14] 王少鹏，王树龄. 数据中心能效指标与能耗模型研究[J]. 信息通信技术与政策，2019，296(02)：25-28.

[15] 企鹅号. PUE 1.1? 百度云计算中心还能做到更低！[EB/OL]. https://cloud.tencent.com/developer/news/334935，2018-10-29.

[16] 极客电商. 想再拷贝一个百度云计算中心，过了绿色智能这关再说[EB/OL]. https://baijiahao.baidu.com/s? id=1616899933877844713&wfr=spider&for=pc，2018-11-12.

[17] 中国经济新闻网. 同样是免费冷却技术 百度云计算中心却玩出新花样[EB/OL]. https://xin.baidu.com/yuqing? yuqingId=ef68ba19b5bfc4c3329f20c26902e090，2018-11-13.

[18] 雷锋网. 不吹不黑！年均 PUE1.1 的百度首个自建超大型数据中心是什么水平？[EB/OL]. https://baijiahao.baidu.com/s? id=1613018445404691175&wfr=spider&for=pc，2018-09-30.

[19] 项城网. 领跑绿色智能数据中心的百度云计算中心为何不可复制[EB/OL]. http://www.jifang360.com/news/20181112/n0720110624.html，2018/11/12.

[20] WangC，Sun X，Zhang J，et al. An Advanced Energy Efficient Rack Server Design With Distributed Battery Subsystem[C]// Thermal & Thermomechanical Phenomena in Electronic Systems. IEEE，2017.

[21] 智东西. 探秘百度阳泉云计算中心：8 大机房模组、16 万台服务器、20 倍交付效率[EB/OL]. http://zhidx.com/p/85185.html，2017/06/16.

[22] Pang W，Wang C，Ahuja N，et al. An advanced energy efficient rack server design[C]//2017 16th IEEE Intersociety Conference on Thermal and Thermomechanical Phenomena in Electronic Systems (ITherm). IEEE，2017：806-814.

[23] 徐涌霞. 计算机数据库备份与恢复技术的应用策略研究[J]. 黑河学院学报，2018.

第4章

云存储技术和百度云存储

本章首先介绍存储方面的基础知识，包括 DAS、NAS、SAN、RAID、快照以及分级存储的概念，然后阐述分布式存储（包括分布式文件存储、分布式对象存储和分布式表存储）的技术原理，最后重点讨论百度云存储技术原理和相关产品实现技术。

关于云存储的定义，目前没有标准。百度百科的定义为，云存储是一种网上在线存储（cloud storage）的模式，即把数据存放在通常由第三方托管的多台虚拟服务器，而非专属的服务器上。云存储这项服务是透过 Web 服务应用程序接口（API），或是透过 Web 化的用户界面来访问。

云存储是在云计算（cloud computing）概念上延伸和衍生发展出来的一个新的概念。云存储的概念与云计算类似，它是指通过集群应用、网格技术或分布式文件系统等功能，网络中大量各种不同类型的存储设备通过应用软件集合起来协同工作，共同对外提供数据存储和业务访问功能的一个系统，保证数据的安全性，并节约存储空间。简单来说，云存储就是将储存资源放到云上供用户存取的一种新兴方案。因此，云存储一般包含两个含义：

（1）云存储是云计算的存储部分，即虚拟化的、易于扩展的存储资源池。用户通过云计算使用存储资源池，但不是所有的云计算的存储部分都是可以分离的。

（2）云存储意味着存储可以作为一种服务，通过网络提供给用户。用户可以通过若干种方式（互联网开放接口、在线服务等）来使用存储功能，并按使用（时间、空间或两者结合）付费。

从技术层面看，目前业界普遍认为云存储的两种主流技术解决方案：基于虚拟化技术和分布式存储。从技术特征上看，分布式存储主要包括四种：分布式块存储、分布式文件存储、分布式对象存储、分布式表存储。本章将在介绍传统数据存储基础知识的基础上，重点针对云存储的分布式存储技术进行阐述。

4.1 存储基础知识

4.1.1 网络存储

网络存储的应用从网络信息技术诞生的那天就已经开始，应用的领域随着信息技术的发展而不断增加。如图 4-1 所示，根据服务器类型可以将存储分为：封闭系统的存储（主要指大型机）和开放系统的存储（指基于包括 Windows、UNIX、Linux 等操作系统的服务器）。其中开放式系统的存储可以分为直连式存储（DAS，Direct-Attached Storage）和网络存储（FAS，Fabric-Attached Storage）。根据组网形式不同，当前三种主流存储技术或存储解决方案为：直连式存储（DAS）、存储区域网络（SAN）、网络接入存储（NAS），如图 4-2 所示。

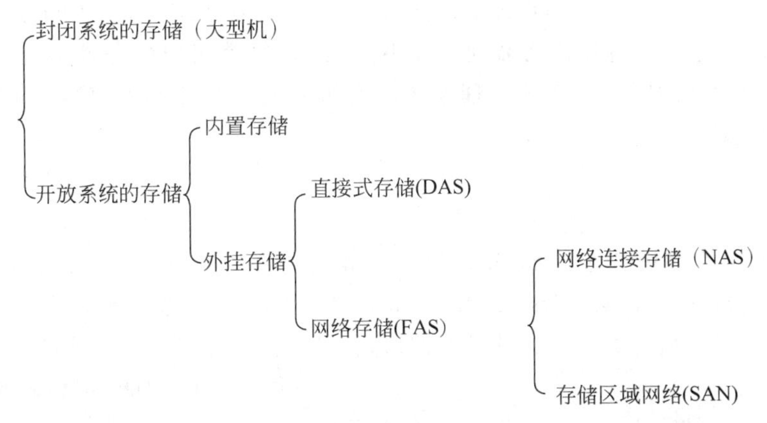

图 4-1 网络存储的分类

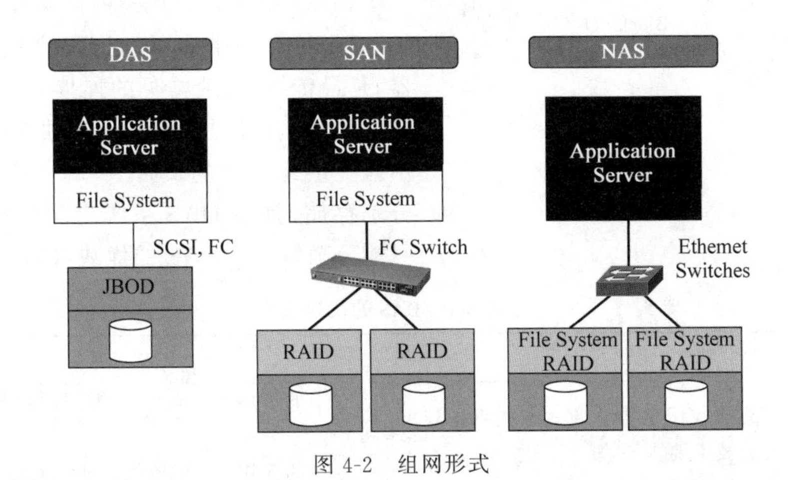

图 4-2 组网形式

DAS 即直接连接存储，是指将存储设备通过 SCSI 接口或光纤通道直接连接到一台计算机上。直连式存储（DAS）依赖服务器主机操作系统进行数据的 I/O 读写和存储维护管理，数据备份和恢复要求占用服务器主机资源（包括 CPU、系统 I/O 等），数据流需要回流主机再到服务器连接着的磁带机（库），数据备份通常占用服务器主机资源 20%～30%。直连式存储的数据量越大，备份和恢复的时间就越长，对服务器硬件的依赖性和影响就越大。

将存储器从应用服务器中分离出来，进行集中管理。这就是所说的存储网络（Storage Networks）。又采取了两种不同的实现手段，即NAS（Network Attached Storage，网络连接存储）和SAN（Storage Area Networks，存储区域网络）。

NAS即将存储设备通过标准的网络拓扑结构（例如以太网），连接到一群计算机上。NAS是部件级的存储方法，它的重点在于帮助工作组和部门级机构解决迅速增加存储容量的需求。需要共享大型CAD文档的工程小组就是典型的例子。

SAN采用光纤通道（Fibre Channel，FC）技术，通过光纤通道交换机连接存储阵列和服务器主机，建立专用于数据存储的区域网络。SAN经过十多年历史的发展，已经相当成熟，成为业界的事实标准（但各个厂商的光纤交换技术不完全相同，其服务器和SAN存储有兼容性的要求）。

NAS和SAN最本质的不同就是文件管理系统在哪里，SAN结构中，文件管理系统（FS）还是分别在每一个应用服务器上；而NAS则是每个应用服务器通过网络共享协议（如：NFS、CIFS）使用同一个文件管理系统。换句话说：NAS和SAN存储系统的区别是NAS有自己的文件系统管理。

1. DAS

DAS是指将存储设备通过SCSI接口或光纤通道直接连接到一台计算机上。SCSI的英文名称是Small Computer System Interface，中文翻译为“小型计算机系统专用接口”，顾名思义，这是为了小型计算机设计的扩充接口，它可以让计算机加装其他外设设备以提高系统性能或增加新的功能，例如硬盘、光驱、扫描仪等。

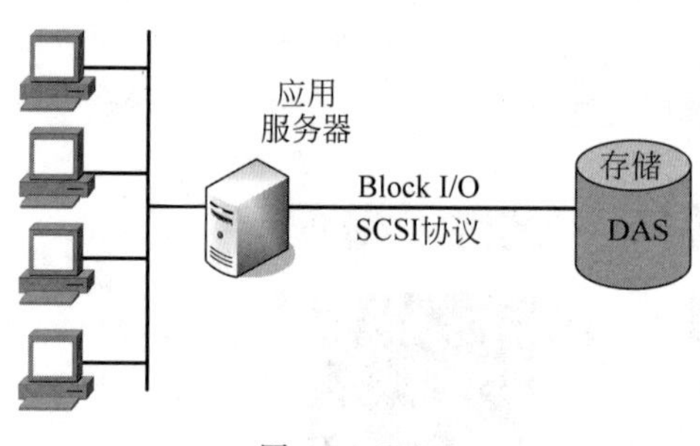

图4-3 DAS

如图4-3所示，DAS将存储设备（RAID系统、磁带机和磁带库、光盘库）直接连接到服务器，是最传统的、最常见的连接方式，容易理解、规划和实施。但是DAS没有独立操作系统，也不能提供跨平台的文件共享，各平台下数据需分别存储，且各DAS系统之间没有连接，数据只能分散管理。DAS的优缺点如表4-1所示。

表4-1 DAS的优缺点

优　势	劣　势
(1) 连接简单：集成在服务器内部；点到点的连接；距离短；安装技术要求不高 (2) 低成本需求：SCSI总线成本低 (3) 较好的性能 (4) 通用的解决方案：DAS的投资低，绝大多数应用可以接受	(1) 有限的扩展性：SCSI总线的距离最大25m；最多15个设备 (2) 专属的连接：空间资源无法与其他服务器共享 (3) 备份和数据保护：备份到与服务器直连的磁带设备上，硬件失败将导致更高的恢复成本 (4) TCO（总拥有成本高）：存储容量的加大导致管理成本上升，存储使用效率低

2. NAS

如图 4-4 所示，NAS 是将存储设备连接到现有的网络上，提供数据和文件服务，应用服务器直接把文件 I/O 请求通过 LAN 传给远端 NAS 中的文件系统，NAS 中的文件系统发起 Block I/O 到与 NAS 直连的磁盘。主要面向高效的文件共享任务，适用于那些需要网络进行大容量文件数据传输的场合。

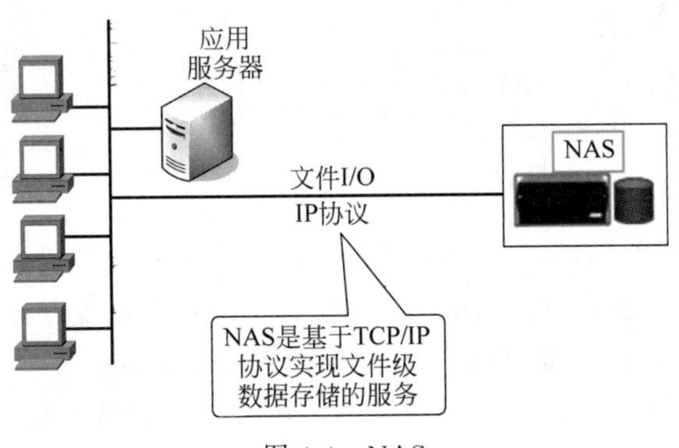

图 4-4　NAS

NAS 本身装有独立的 OS，通过网络协议可以实现完全跨平台共享，支持 Windows NT、Linux、UNIX 等系统共享同一存储分区；NAS 可以实现集中数据管理；一般集成本地备份软件，可以实现无服务器备份功能；NAS 系统的前期投入相对较高。

NAS 是在 RAID 的基础上增加了存储操作系统；NAS 内每个应用服务器通过网络共享协议（如：NFS、CIFS）使用同一个文件管理系统；NAS 关注应用、用户和文件及它们共享的数据上数据；磁盘 I/O 会占用业务网络带宽。

由于局域网在技术上得以广泛实施，在多个文件服务器之间实现了互联，因此可以采用局域网加工作站族的方法为实现文件共享而建立一个统一的框架，达到互操作性和节约成本的目的。NAS 的优缺点如表 4-2 所示。

表 4-2　NAS 的优缺点

优　势	劣　势
(1) 资源共享 (2) 构架于 IP 网络之上 (3) 部署简单 (4) 较好的扩展性 (5) 异构环境下的文件共享 (6) 易于管理 (7) 备份方案简单 (8) 低 TCO	(1) 扩展性有限 (2) 带宽瓶颈，一些应用会占用带宽资源 (3) 不适应某些数据库的应用

3. SAN

如图 4-5 所示，存储区域网络（SAN）通过光纤通道连接到一群计算机上。在该网络中提供了多主机连接，但并非通过标准的网络拓扑。它是一个用在服务器和存储资源之间的、专用的、高性能的网络体系。它为实现大量原始数据的传输而进行了专门的优化。

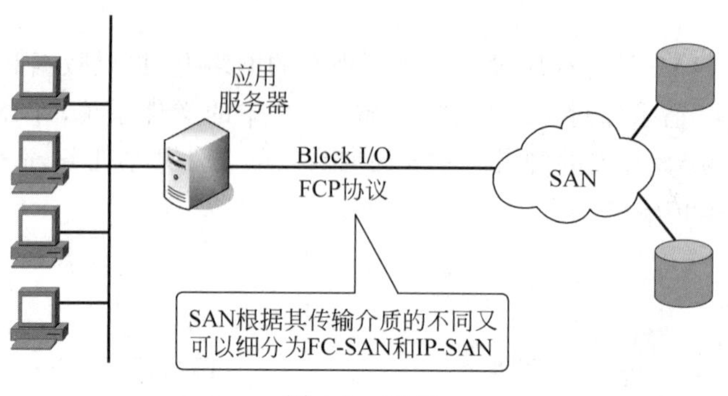

图 4-5　SAN

SAN 是一种高可用性、高性能的专用存储网络,用于安全的连接服务器和存储设备并具备灵活性和可扩展性; SAN 对于数据库环境、数据备份和恢复存在巨大的优势; SAN 是一种非常安全的,快速传输、存储、保护、共享和恢复数据的方法。

SAN 是独立出一个数据存储网络,网络内部的数据传输率很快,但操作系统仍停留在服务器端,用户不直接访问 SAN 的网络; SAN 关注磁盘、磁带及连接它们的可靠的基础结构; SAN 根据其传输介质的不同又可以细分为 FC-SAN 和 IP-SAN。

SAN 专注于企业级存储的特有问题。当前企业存储方案所遇到问题的两个根源是:数据与应用系统紧密结合所产生的结构性限制,以及目前小型计算机系统接口(SCSI)标准的限制。大多数分析都认为 SAN 是未来企业级的存储方案,这是因为 SAN 便于集成,能改善数据可用性及网络性能,而且还可以减轻管理作业。SAN 的优缺点如表 4-3 所示。

表 4-3　SAN 的优缺点

优　势	劣　势
(1) 实现存储介质的共享 (2) 非常好的扩展性 ① 易于数据备份和恢复 ② 实现备份磁带共享 (3) LAN Free 和 Server Free (4) 高性能 (5) 支持服务器集群技术 (6) 容灾手段 (7) 低 TCO	(1) 成本较高 需要专用的连接设备如 FC 交换机及 HBA (2) SAN 孤岛 (3) 技术较为复杂 (4) 需要专业的技术人员维护

4. DAS、NAS、SAN 三种形态比较

DAS、NAS、SAN 每种组网技术都有其优势和劣势,在实际运用中需要权衡各方面的资源和适用范围。一般来说,DAS 是最直接、最简单的组网技术,实现简单但是存储空间利用率和扩展性差,而 NAS 使用较为广泛,技术也相对成熟,SAN 则是专为某些大型存储而定制的昂贵网络。DAS、NAS、SAN 三种存储组网形态的比较如表 4-4 所示。

表 4-4 DAS、NAS、SAN 三种存储组网形态的比较

	DAS	NAS	FC-SAN	IP-SAN
传输类型	SCSI、FC	IP	FC	IP
数据类型	块级	文件级	块级	块级
典型应用	任何	文件服务器	数据库应用	视频监控
优点	易于理解 兼容性好	易于安装 成本低	高扩展性 高性能 高可用性	高扩展性 成本低
缺点	难以管理，扩展性有限；存储空间利用率不高	性能较低；对某些应用不适合	比较昂贵，配置复杂；互操作性问题	性能较低

4.1.2 RAID

RAID 是廉价冗余磁盘阵列（Redundant Array of Inexpensive Disks）的简称，磁盘阵列是由很多价格较便宜的磁盘，组合成一个容量巨大的磁盘组，利用个别磁盘提供数据所产生加成效果提升整个磁盘系统效能。利用这项技术，将数据切割成许多区段，分别存放在各个硬盘上。在具体介绍 RAID 之前，我们先了解一下相关的基本概念，如表 4-5 所示。

表 4-5 RAID 相关名词概念

名　词	说　　明
分区	又称为 Extent；是一个磁盘上的地址连续的存储块。一个磁盘可以划分为多个分区，每个分区可以大小不等，有时也称为逻辑磁盘
分块	又称为 Strip；将一个分区分成多个大小相等的、地址相邻的块，这些块称为分块。分块通常被认为是条带的元素。虚拟磁盘以它为单位将虚拟磁盘的地址映射到成员磁盘的地址
条带	又称为 Stripe；是阵列的不同分区上的位置相关的 strip 的集合，是组织不同分区上条块的单位
软 RAID	RAID 的所有功能都依赖于操作系统（OS）与服务器的 CPU 来完成，没有第三方的控制/处理（业界称其为 RAID 协处理器——RAID Co-Processor）与 I/O 芯片
硬 RAID	有专门的 RAID 控制/处理与 I/O 处理芯片，用来处理 RAID 任务，不需耗用主机 CPU 资源、效率高、性能好

1. RAID 0

没有容错设计的条带磁盘阵列（Striped Disk Array without Fault Tolerance，RAID 0），以条带形式将 RAID 阵列的数据均匀分布在各个阵列中。RAID 0 没有磁盘冗余，一个磁盘失败导致数据丢失，如图 4-6 所示，总容量=（磁盘数量）×（磁盘容量）。

图 4-6 中一个圆柱就是一块磁盘（以下均是），它们并联在一起。从图中可以看出，RAID 0 在存储数据时由 RAID 控制器（硬件或软件）分割成大小相同的数据条，同时写入阵列中的磁盘。如果发挥一下想象力，你会觉得数据像一条带子横跨过所有的阵列磁盘，每个磁盘上的条带深度则是一样的。至于每个条带的深度则要看所采用的 RAID 类型，在 Windows NT 系统的软 RAID 0 等级中，每个条带深度只有 64KB 一种选项，而在硬 RAID 0 等级，可以提供 8KB、16KB、32KB、64KB 以及 128KB 等多种深度参数。

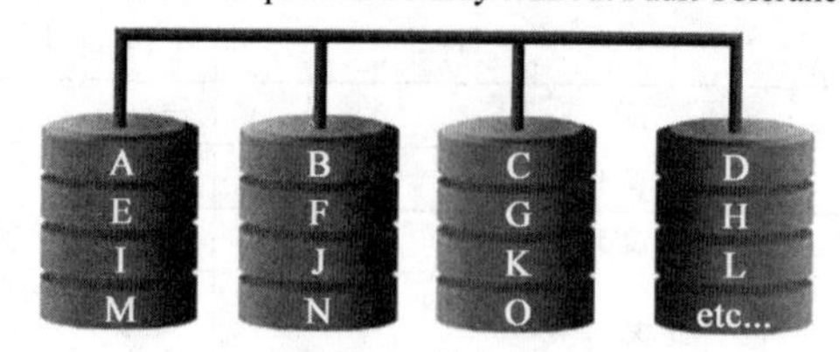

图 4-6 RAID0

RAID0 即 Data Stripping 数据分条技术。整个逻辑盘的数据是被分条(stripped)分布在多个物理磁盘上,可以并行读/写,提供最快的速度,但没有冗余能力。要求至少两个磁盘。本质上 RAID0 并不是一个真正的 RAID,因为它并不提供任何形式的冗余。RAID0 的优缺点如表 4-6 所示。

表 4-6 RAID0 的优缺点

RAID0 的优点	RAID0 的缺点
(1) 可多 I/O 操作并行处理,极高的读写效率 (2) 速度快,由于不存在校验,所以不占用 CPU 资源 (3) 设计、使用与配置简单	(1) 无冗余,一个 RAID 0 的磁盘失败,那么数据将彻底丢失 (2) 不能用于关键数据环境
适用领域: (1) 视频生成和编辑 (2) 图像编辑 (3) 较为“拥挤”的操作 (4) 其他需要大的传输带宽的操作	
至少需要磁盘数:2 个	

2. RAID1

如图 4-7 所示,RAID 1 以镜像作为冗余手段,虚拟磁盘中的数据有多个副本,放在成员磁盘上,具有 100%的数据冗余,但磁盘空间利用率只有 50%,所以,总容量=(磁盘数量/2)×(磁盘容量)。

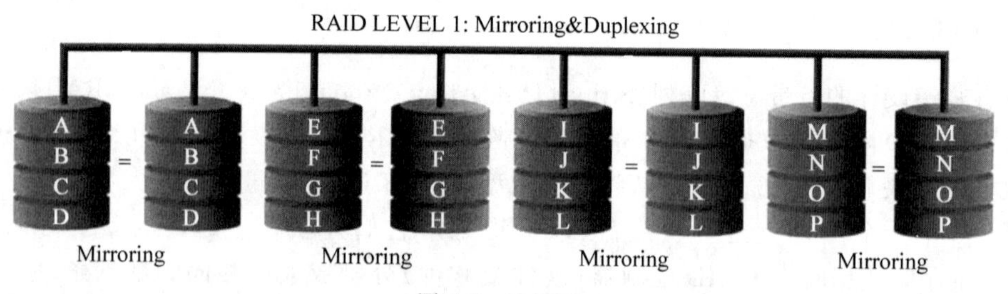

图 4-7 RAID1

对比 RAID 0 等级,硬盘的内容是两两相同的。这就是镜像——两个硬盘的内容完全一样,这等于内容彼此备份。比如阵列中有两个硬盘,在写入时,RAID 控制器并不是将数据分成条带而是将数据同时写入两个硬盘。这样,其中任何一个硬盘的数据出现问题,可以马上从另一个硬盘中进行恢复。注意,这两个硬盘并不是主从关系,也就是说是相互镜像/恢复的。RAID1 是非校验的 RAID 级,其数据保护和性能都极为优秀,因为在数据的读/写过程中,不需要执行 XOR 操作。RAID1 的优缺点如表 4-7 所示。

表 4-7　RAID1 的优缺点

优　　点	缺　　点
(1) 理论上读效率是单个磁盘的两倍 (2) 100%的数据冗余 (3) 设计、使用简单	(1) ECC(错误检查与纠正)效率低下,磁盘 ECC 的 CPU 占用率是所有 RAID 等级中最高的,成本高 (2) 软 RAID 方式下,很少能支持硬盘的热插拔 (3) 空间利用率只有 1/2;
适用领域 (1) 财务统计与数据库 (2) 金融系统 (3) 其他需要高可用的数据存储环境	
至少需要磁盘数 2 个	

3. RAID3

RAID3 (条带分布+专用盘校验):以 XOR 校验为冗余方式,使用专门的磁盘存放校验数据,虚拟磁盘上的数据块被分为更小的数据块并行传输到各个成员物理磁盘上,同时计算出 XOR 校验数据存放到校验磁盘上。只有一个磁盘损坏的情况下,RAID3 能通过校验数据恢复损坏磁盘,但两个以上磁盘同时损坏情况下 RAID3 不能发挥数据校验功能。总容量=(磁盘数量-1)×(磁盘容量)。

如图 4-8 所示,RAID3 中,校验盘只有一个,而数据与 RAID 0 一样是分成条带(Stripe)存入数据阵列中,这个条带的深度的单位为字节而不再是 bit 了。在数据存入时,数据阵列中处于同一等级的条带的 XOR 校验编码被即时写在校验盘相应的位置,所以彼此不会干扰混乱。读取时,则在调出条带的同时检查校验盘中相应的 XOR 编码,进行即时的 ECC。由于在读写时与 RAID 0 很相似,所以 RAID3 具有很高的数据传输效率。RAID3 的优缺点如表 4-8 所示。

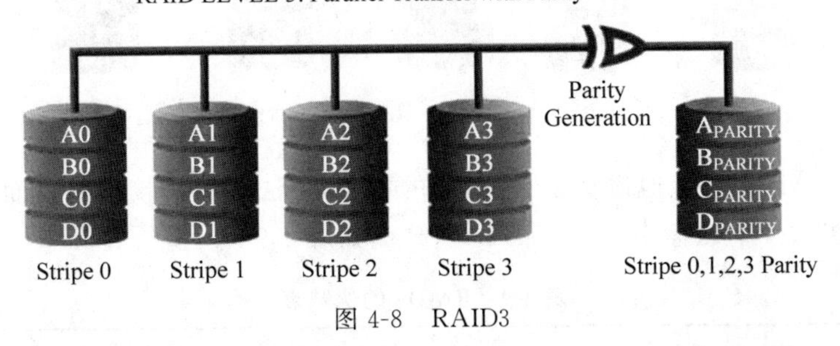

图 4-8　RAID3

表 4-8 RAID3 的优缺点

<table>
<tr><th>优　　点</th><th>缺　　点</th></tr>
<tr><td>（1）相对较高的读取传输率
（2）高可用性，如果有一个磁盘损坏，对吞吐量影响较小
（3）高效率的 ECC 操作</td><td>（1）校验盘成为性能瓶颈
（2）每次读写牵动整个组，每次只能完成一次 I/O</td></tr>
<tr><td colspan="2">适用领域：
（1）视频生成和在线编辑
（2）图像和视频编辑
（3）其他需要高吞吐量的的场合</td></tr>
<tr><td colspan="2">至少需要磁盘数 3 个</td></tr>
</table>

传输速度最大的限制在于寻找磁道和移动磁头的过程，真正往磁盘碟片上写数据的过程实际上很快。RAID3 阵列各成员磁盘的运转马达是同步的，所以整个 RAID3 可以认为是一个磁盘。而在异步传输的阵列中，各个成员磁盘是异步的，可以认为它们是在各自同时寻道和移动磁盘。比起 RAID3 这样的同步阵列，像 RAID4 这样的异步阵列的磁盘各自寻道的速度会更快一些。但是一旦找到了读写的位置，RAID3 就会比异步快，因为成员磁盘同时读写，速度要快很多。这也是为什么 RAID3 所采用的陈列比 4 异步阵列大得多的数据块的原因之一。

4. RAID5

如图 4-9 所示，RAID5（条带技术＋分布式校验）：以 XOR 检验为冗余方式，校验数据均匀分布在各个数据磁盘上，对各个数据磁盘的访问为异步操作，RAID5 相对于 RAID3 改善了校验盘的瓶颈，总容量＝（磁盘数－1）×（磁盘容量）。

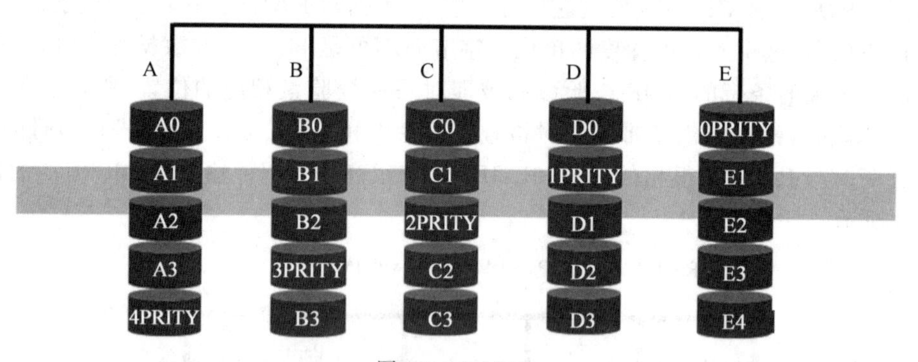

图 4-9 RAID5

RAID5 和 RAID4 相似但避免了 RAID4 的瓶颈，方法是不用校验磁盘而将校验数据以循环的方式放在每一个磁盘中。RAID5 的优缺点如表 4-9 所示。

表 4-9 RAID5 的优缺点

优　　点	缺　　点
（1）高读取速率 （2）中等写速率	（1）异或校验影响存储性能 （2）磁盘损坏后，重建很复杂

续表

适用领域： （1）文件服务器和应用服务器 （2）**OLTP** 环境的数据库 （3）**Web**、**E-mail** 服务器
至少需要磁盘数 **3** 个

5. RAID6

如图 4-10 所示，RAID6 能够允许两个磁盘同时失效的 RAID 级别系统，其总容量＝（磁盘数－2）×（磁盘容量）。

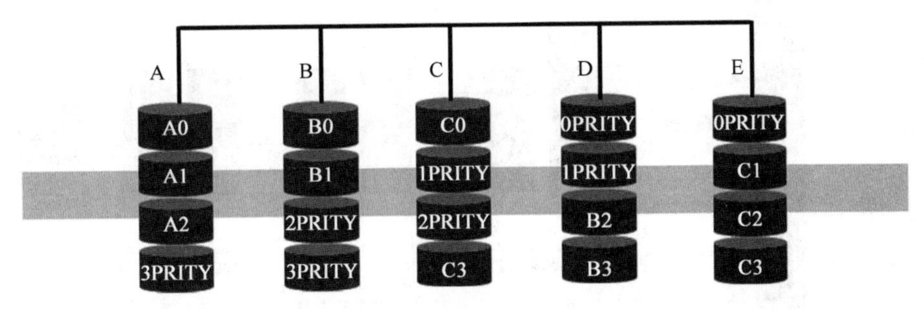

图 4-10 RAID6

如图 4-11 所示，同 RAID5 一样，数据和校验码都是被分成数据块然后分别存储到磁盘阵列的各个硬盘上。RAID6 加入了一个独立的校验磁盘，它把分布在各个磁盘上的校验码都备份在一起，这样 RAID6 磁盘阵列就允许多个磁盘同时出现故障，这对于数据安全要求很高的应用场合是非常必要的。RAID6 的优缺点如表 4-10 所示，在实际应用中 RAID6 的应用范围并没有其他的 RAID 模式那么广泛。如果实现这个功能一般需要设计更加复杂、造价更昂贵的 RAID 控制器，所以 RAID6 的应用并不广泛。

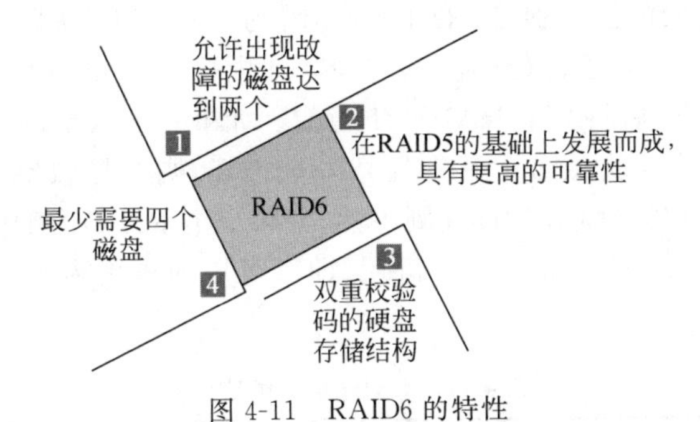

图 4-11 RAID6 的特性

表 4-10 RAID6 的优缺点

优　点	缺　点
（1）快速的读取性能 （2）更高的容错能力	（1）很慢的写入速度 （2）成本更高

续表

适用领域： 高可靠性环境
至少需要磁盘数：**4** 个

6. RAID10

如图 4-12 所示，RAID10（镜像阵列条带化）将镜像和条带组合起来的组合 RAID 级别，最低一级是 RAID1 镜像对，第二级为 RAID0。其总容量=(磁盘数/2)×(磁盘容量)。

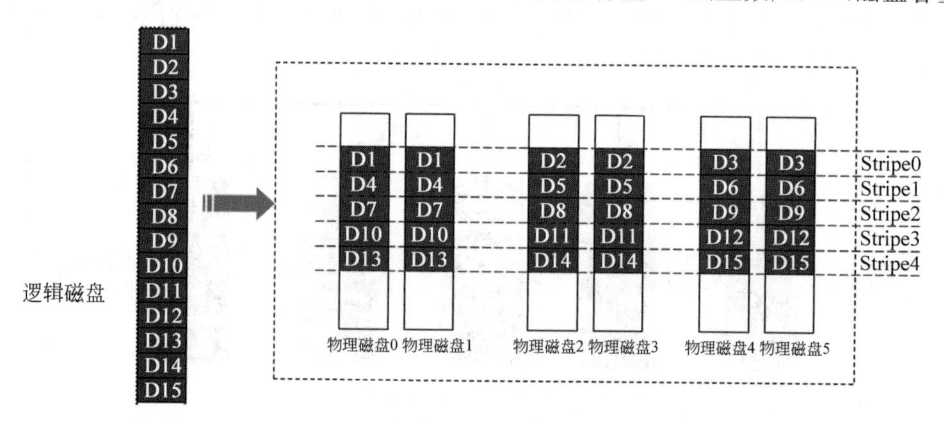

图 4-12 RAID10

每一个基本 RAID 级别都各有特色，都在价格、性能和冗余方面做了许多的折中。组合级别可以扬长避短，发挥各基本级别的优势。RAID10 就是其中比较成功的例子。

RAID10 数据分布按照如下方式来组织：首先将磁盘两两镜像(RAID1)，然后将镜像后的磁盘条带化。图 4-12 中，磁盘 0 和磁盘 1，磁盘 2 和磁盘 3，磁盘 4 和磁盘 5 为镜像后的磁盘对。在将其条带化后得到的数据存储，如图 4-12 所示。

和 RAID10 相类似组合级别是 RAID01。因为其明显的缺陷，RAID01 很少使用。RAID01 是先条带化，然后将条带化的阵列镜像。如同样是 6 块磁盘，RAID01 是先形成 2 个 3 块磁盘 RAID0 组，然后将 2 个 RAID0 组镜像。如果一个 RAID0 组中有一块磁盘损坏了，那么只要另一个组的 3 块磁盘中其中任意一个损坏，则会导致整个 RAID01 阵列不可用，即不可用的概率为 3/5。而 RAID10 则不然，如果一个 RAID1 组中一个磁盘损坏，只有当同一组的磁盘也损坏了，整个阵列才不可用，即不可用的概率为 1/5。RAID10 的优缺点如表 4-11 所示。

表 4-11 RAID10 的优缺点

优　点	缺　点
(1) 高读取速率 (2) 高写速率，较校验 RAID 而言，写开销最小 (3) 至多可以容许 N 个磁盘同时损坏(2N 个磁盘组成的 RAID10 阵列)	(1) 贵 (2) 只有 1/2 的磁盘利用率
适用领域： 要求高可靠性和高性能的数据库服务器	
至少需要磁盘数：4 个	

7. RAID50

如图 4-13 所示，RAID50 将镜像和条带组合起来的组合 RAID 级别，最低一级是 RAID5 镜像对，第二级为 RAID0。其总容量=(磁盘数−1)×(磁盘容量)。

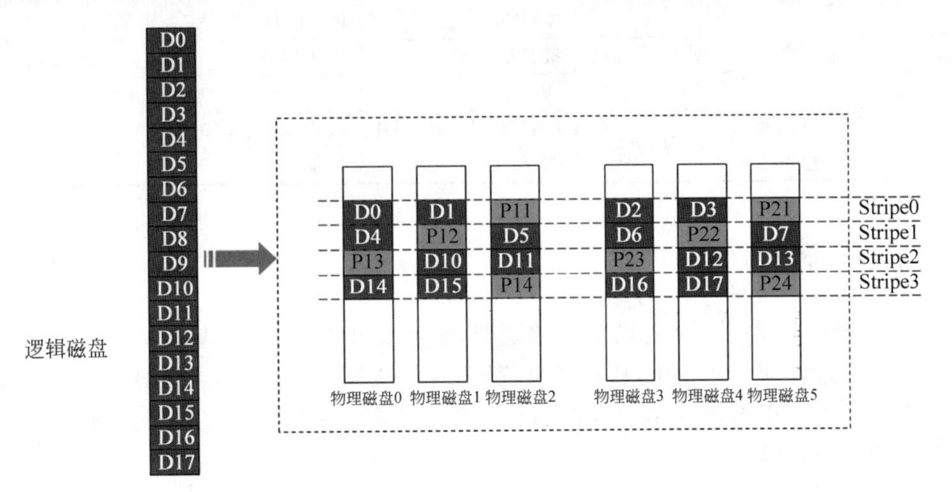

图 4-13　RAID50

RAID50 数据分布按照如下方式来组织：首先将分为 n 组磁盘，然后将每组磁盘做 RAID5，最后将 N 组 RAID5 条带化。图 4-13 中，磁盘 0、磁盘 1 和磁盘 2、磁盘 3、磁盘 4 和磁盘 5 为 RAID5 阵列，然后按照 RAID0 的方式组织数据，最后得到数据存储示意图。

RAID50 是为了解决单个 RAID5 阵列容纳大量磁盘所带来的性能(比如初始化或重建时间过长)缺点而引入的。RAID50 的优缺点如表 4-12 所示。

表 4-12　RAID50 的优缺点

优　　点	缺　　点
(1) 比单个 RAID5 容纳更多的磁盘 (2) 比单个 RAID5 有更好的读性能 (3) 至多可以容许 n 个磁盘同时损坏(N 个 RAID5 组成的 RAID50 阵列) (4) 比相同容量的单个 RAID5 重建时间更短	(1) 比较难实现 (2) 同一个 RAID5 组内的两个磁盘损坏会导致整个 RAID50 阵列的失效
适用领域： (1) 大型数据库服务器 (2) 应用服务器 (3) 文件服务器	
至少需要磁盘数：6 个	

8. RAID 级别比较

RAID3 更适合于顺序存取，RAID5 更适合于随机存取。需要根据具体的应用情况决定使用哪一种 RAID 级别。各种级别的比较如表 4-13 所示。

表 4-13 各种级别 RAID 的比较

项目	RAID0	RAID1	RAID10	RAID5、RAID3	RAID6
最小配置	1	2	4	3	4
性能	Highest	Lowest	RAID5＜RAID10＜RAID0	RAID1＜RAID5＜RAID10	RAID6＜RAID5＜RAID10
特点	无容错	最佳的容错	最佳的容错	提供容错	提供容错
磁盘利用率	100%	50%	50%	(N－1)/N	(N－2)/N
描述	不带奇偶效验的条带集	磁盘镜像	RAID0 与 RAID1 的结合	带奇偶效验的条带集	双校验位

4.1.3 快照

快照是某一个时间点上的逻辑卷的镜像，逻辑上相当于整个 Base Volume 的副本，可将快照卷分配给任何一台主机，快照卷可读取、写入或复制，需要相当于 Base Volume 20% 的额外空间。主要用途是利用少量存储空间保存原始数据的备份，文件、逻辑卷恢复及备份、测试、数据分析等。

1. 基本概念

（1）Base Volume：快照源卷。

（2）Repository Volume：快照仓储卷，保存快照源卷在快照过程中被修改以前的数据。

（3）Snapshot Volume：快照卷，是某一个时间点的逻辑卷镜像，逻辑上相当于整个 Base Volume 的副本，可将快照卷分配给任何一台主机，快照卷可读取、写入或复制。

2. 快照过程

（1）首先保证源卷和仓储卷的正常运行。如图 4-14 所示。

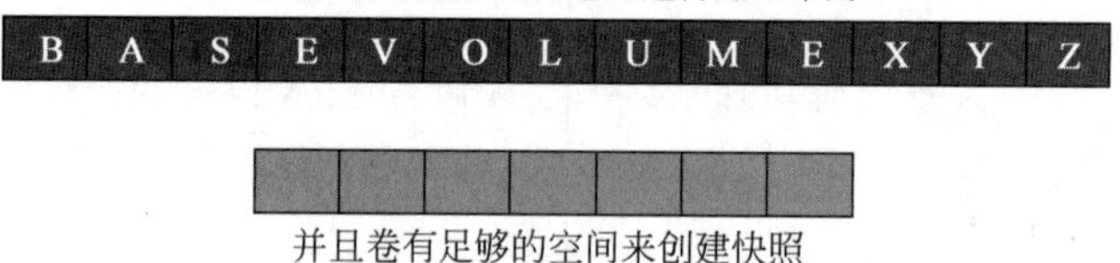

图 4-14 源卷和仓储卷

（2）快照开始时源卷是只读的，快照卷与源卷的对照关系如图 4-15 所示。

（3）快照完成，控制器释放对源卷的写权限，可以对源卷进行写操作，快照是一些指向源卷数据的指针。如图 4-16 所示。

（4）当源卷数据发生改变时，首先在源卷的数据改变之前将原数据写入仓储卷上，并且将快照指针引导到仓储卷上，然后再对源卷数据进行修改。如图 4-17 所示。

（5）最后更新源卷数据，此时快照可以跟踪到更新之前的旧数据。如图 4-18 所示。

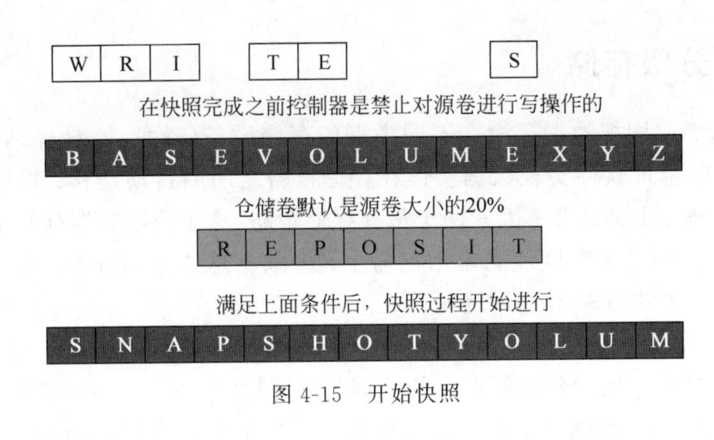

图 4-15　开始快照

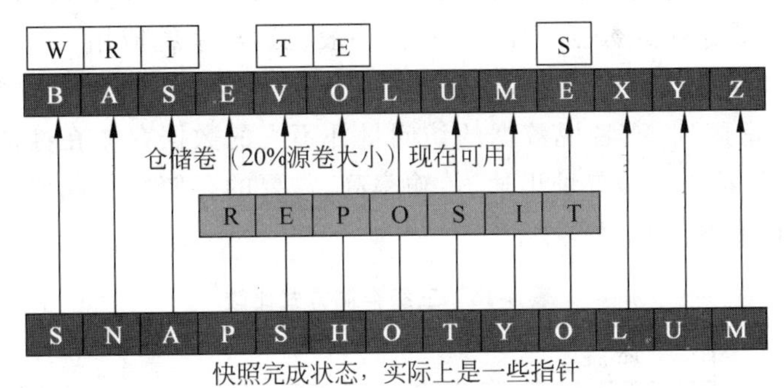

图 4-16　完成快照

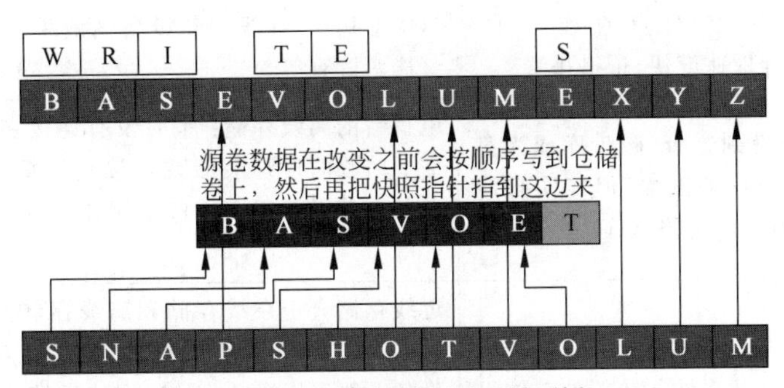

图 4-17　源卷数据修改过程

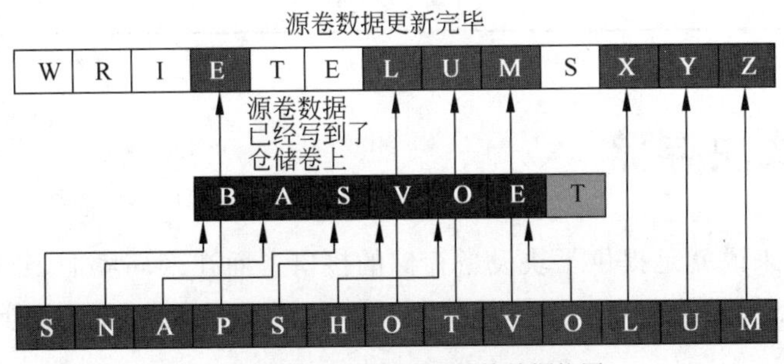

图 4-18　更新源卷数据

4.1.4 分级存储

数据分级存储：即把数据存放在不同类别的存储设备(磁盘、磁盘阵列、光盘库、磁带)中，通过分级存储管理软件实现数据实体在存储设备之间的自动迁移；根据数据的访问频率、保留时间、容量、性能要求等因素确定最佳存储策略，从而控制数据迁移的规则。分级存储具有以下优点：①最大限度地满足用户需求；②减少总体存储成本；③性能优化；④改善数据可用性；⑤数据迁移对应用透明。

一般分为在线(On-line)存储、近线(Near-line)存储和离线(Off-line)存储三级存储方式。在线存储：是指存储设备和所存储的数据时刻保持“在线”状态，可供用户随意读取，满足计算平台对数据访问的速度要求；离线存储：是对在线存储数据的备份，以防范可能发生的数据灾难。离线存储的数据不常被调用，一般也远离系统应用；离线存储的访问速度慢，效率低，典型产品是磁带库；近线存储：主要定位于客户在线存储和离线存储之间的应用，将那些不是经常用到，或者说数据的访问量并不大的数据存放在性能较低的存储设备上，但同时对这些设备要求是寻址迅速、传输率高，需要的存储容量相对较大。关于三级存储方式的详细比较见表4-14。

表4-14 三级存储方式比较

存储方式	描述	举例
在线存储	数据存放在磁盘系统上。在线存储一般采用高端存储系统和技术如：SAN、点对点直连技术、S2A。存取速度快，价格昂贵	电视台的在线存储：用于存储即将用于制作、编辑、播出的视音频素材。并随时保持可实时快速访问的状态。在这类应用中，在线存储设备一般采用SCSI磁盘阵列、光纤磁盘阵列等
离线存储	数据备份到磁带、磁带库或光盘库上。访问速度慢，但能实现海量存储，同时价格低廉	电视台的离线存储：平时没有连接在编辑/播出系统，在需要时临时性地装载或连接到编辑/播出系统。可以将总的存储做得很大。包括制作年代较远的新闻片、专题片等
近线存储	不经常用到，数据的访问量不大的数据存放在性能较低的存储设备上，同时对这些设备的要求是寻址迅速、传输率高	近线存储介于在线存储和离线存储之间，既可以做到较大的存储容量，又可以获得较快的存取速度。近线存储设备一般采用自动化的数据流磁带或者光盘塔。近线存储设备用于存储和在线设备发生频繁读写交换的数据，包括近段时间采集的视音频素材或近段时间制作的新闻片、专题片等

4.2 分布式块存储

块存储，简单来说就是提供了块设备存储的接口。而在云环境下，分布式块存储就是把分布的块存储设备提供给分布的虚拟机使用。下面从底层实现原理上分析块存储、文件存储和对象存储。

块存储接口的操作对象是二进制数据，物理存储位置是硬盘（通过逻辑目录找到对应分区，然后找到对应存储块存储）。本质上，块存储就是在物理层这个层面对外提供服务。文件存储接口操作对象是目录和文件，物理存储位置是由文件服务器对应的文件系统来决定的（比块存储多一个过程：判断参数文件应该存储到哪个逻辑目录上）。本质上，文件存储就是在文件系统一层对外提供服务，系统只用访问文件系统一级就可以，各个系统都可以根据接口取访问。对象存储接口的操作对象是对象，存储位置是大型分布式服务器。本质上，对象存储也是文件系统一级提供服务，只是优化了目前的文件系统，采用扁平化方式，弃用了目录树结构，便于共享，高速访问。

如图4-19所示，块存储将存储区域划分成固定大小的小块，是传统裸存储设备的存储空间对外暴露方式。块存储系统将大量磁盘设备通过SCSI/SAS或FC SAN与存储服务器连接，服务器直接通过SCSI/SAS或FC协议控制和访问数据。块存储方式不存在数据打包/解包过程，可提供更高的性能。分布式块存储的系统目标是：为现有的各种应用提供通用的存储能力。

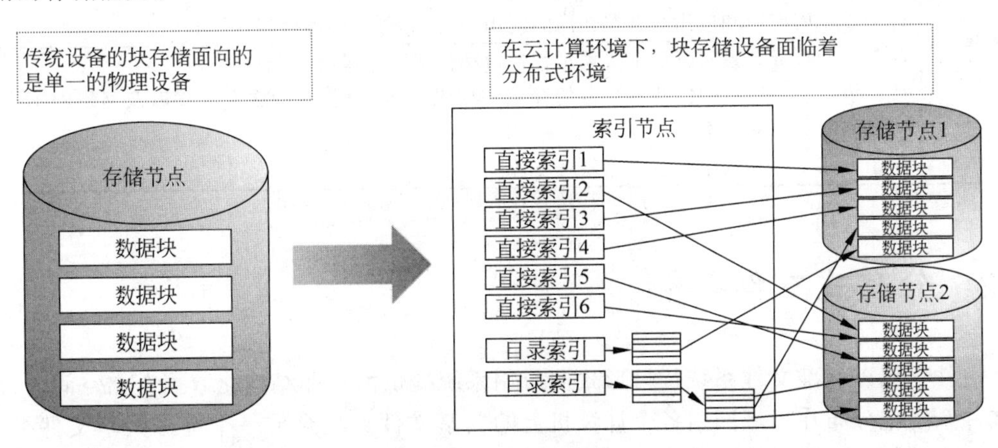

图4-19　块存储技术

块存储技术特点：

（1）基于传统的磁盘阵列实现，对外提供标准的FC或iSCSI协议。

（2）数据访问特点：延迟低、带宽较高，但可扩展性差。

（3）应用系统跟存储系统耦合程度紧密。

（4）以卷的方式挂载到主机操作系统后，可格式化文件系统，或以裸数据或文件系统的方式作为数据库的存储。

块存储主要适用场景：

（1）为一些高性能，高I/O的企业关键业务系统（如企业内部数据库）提供存储。块存储本身可以通过多个设备堆叠出更大的空间，但受限于数据库的能力，通常只能支持TB级数据库应用。

（2）可为虚拟机提供集中存储，包括镜像和实例的存储。

块存储主要包括DAS和SAN两种存储方式，关于两种技术的详细介绍见4.1节，表4-15比较了两种技术的优缺点和适用的场景。

表 4-15 块存储技术比较

	优　点	缺　点
DAS	设备成本低廉，实施简单 通过磁盘阵列技术，可将多块硬盘在逻辑上组合成一块硬盘，实现大容量的存储	不能提供不同操作系统下的文件共享 存储容量受限I/O总线支持的设备数量 服务器发生故障时，数据不可访问 数据备份操作非常复杂
SAN	可实现大容量存储设备数据共享 可实现高速计算机和高速存储设备的高速互联 可实现数据高效快速集中备份	建设成本和能耗高，部署复杂 单独建立光纤网络，异地扩展比较困难 互操作性差，数据无法共享 元数据服务器会成为性能瓶颈
	适用场景	
DAS	服务器在地理分布上很分散，通过SAN或NAS在它们之间进行互连非常困难，既要求数据的集中管理，又要求最大限度地降低数据的管理成本 许多数据库应用和应用服务器在内的应用，它们需要直接连接到存储器上	
SAN	与其他计算资源紧密集群来实现远程备份和档案存储过程 磁盘镜像、备份与恢复、档案数据的存档和检索、存储设备间的数据迁移以及网络中不同服务器间的数据共享等 用于合并子网和网络附接存储系统NAS	

4.3 分布式文件存储

文件存储以标准文件系统接口形式向应用系统提供海量非结构化数据存储空间。分布式文件系统把分布在局域网内各个计算机上的共享文件夹集合成一个虚拟共享文件夹，将整个分布式文件资源以统一的视图呈现给用户。它对用户和应用程序屏蔽各个节点计算机底层文件系统的差异，提供用户方便的管理资源的手段或统一的访问接口。

分布式文件系统的出现很好地满足了互联网信息不断增长的需求，并为上层构建实时性更高、更易使用的结构化存储系统提供有效的数据管理的支持，在催生了许多分布式数据库产品的同时，也促使分布式存储技术不断发展和成熟。表4-16给出了分布式存储的技术特点与适用场景。

表 4-16 分布式存储的技术特点与适用场景

技术特点	提供NFS/CIFS/POSIX等文件访问接口
	协议开销较高、响应延迟较块存储长
	应用系统跟存储系统的耦合程度中等
	存储能力和性能水平扩展
适用场景	适合TB～PB级文件存储，可支持文件频繁修改和删除。例如图片、文件、视频、邮件附件、MMS的存储
	海量数据存储及系统负载的转移
	文件在线备份
	文件共享

1）传统分布式文件系统 NAS

如图 4-20 所示，NAS 是一种文件网络存储结构，通过以太网及其他标准的网络拓扑结构将存储设备连接到许多计算机上，建立专用于数据存储的存储内部网络。

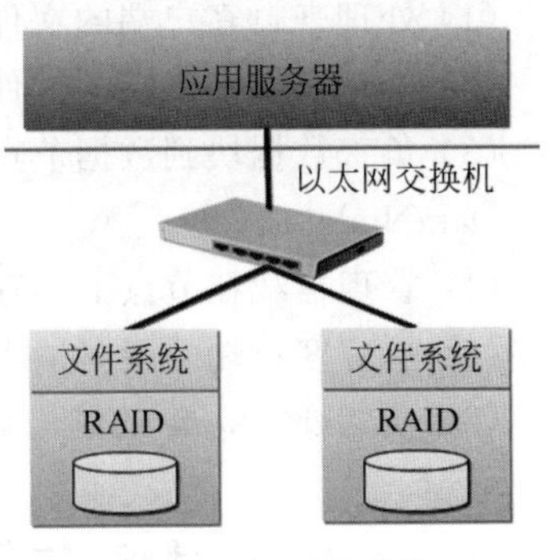

图 4-20　NAS 系统

以 SUN-Lustre 文件系统为例，它只对数据管理器 MDS 提供容错解决方案。Lustre 推荐 OST（对象存储服务器）节点采用成本较高的 RAID 技术或 SAN 来达到容灾的要求，但 Lustre 自身不能提供数据存储的容灾，一旦 OST 发生故障就无法恢复，因此对 OST 的可靠性就提出了相当高的要求，大大增加了存储的成本，这种成本的投入会随着存储规模的扩大线性增长。

2）分布式文件系统——GFS

GFS 是 Google 公司为了存储海量搜索数据而设计的专用文件系统。如图 4-21 所示，GFS 是一个可扩展的分布式文件系统，用于大型的、分布式的、对大量数据进行访问的应用。

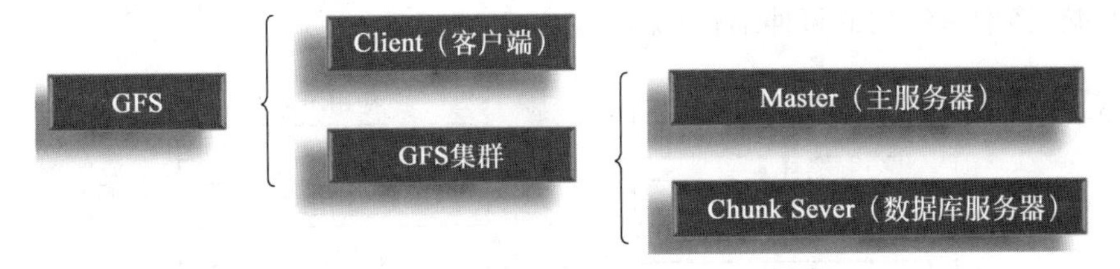

图 4-21　GFS 的组成

（1）Client：GFS 提供给应用程序的接口，不遵守 POSIX 规范以库文件形式提供。

（2）Master：GFS 的管理节点，主要存储与数据文件相关的元数据。

（3）Chunk Sever：负责具体的存储工作，用来存储 Chunk。

3）分布式文件系统——HDFS

如图 4-22 所示，HDFS（Hadoop Distributed File System）是运行在通用硬件上的分布式文件系统，提供了一个高度容错性和高吞吐量的海量数据存储解决方案。

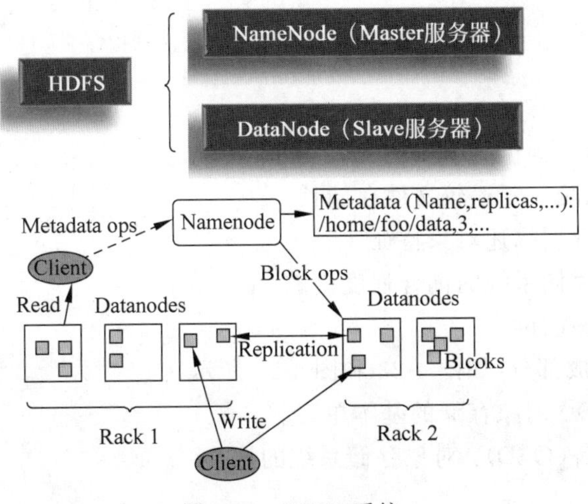

图 4-22　HDFS 系统

NameNode

(1) 处理来自客户端的文件访问。

(2) 处理来自客户端的文件访问。

(3) 负责数据块到数据节点之间的映射。

DataNode

(1) 管理挂载在节点上的存储设备。

(2) 响应客户端的读写请求。

(3) 在 NameNode 的统一调度下创建、删除和复制数据块。

4.4 分布式对象存储

对象存储为海量非结构化数据提供 Key-Value 这种通过键-值查找数据文件的存储模式,提供了基于对象的访问接口,有效地合并了 NAS 和 SAN 的存储结构优势,通过高层次的抽象具有 NAS 的跨平台共享数据和基于策略的安全访问优点,支持直接访问具有 SAN 的高性能和交换网络结构的可伸缩性(见图 4-23 和图 4-24)。

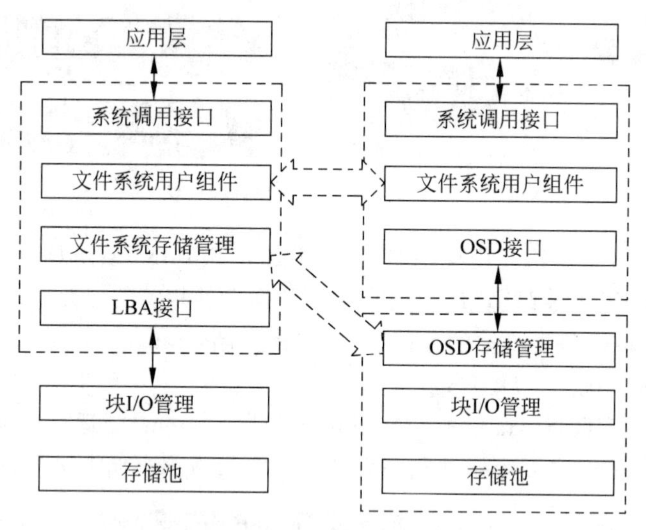

图 4-23 分布式对象存储层次结构

具有如下特点:

(1) 访问接口简单,提供 REST/SOAP 接口。

(2) 协议开销高、响应延迟较文件存储长。

(3) 引入对象元数据描述对象特征。

(4) 应用系统跟存储系统的耦合程度松散。

(5) 支持一次写多次读。

对象存储系统组成部分(如图 4-23 和图 4-24 所示):

(1) 对象(Object):对象存储的基本单元。

(2) 对象存储设备(OSD):对象存储系统的核心。

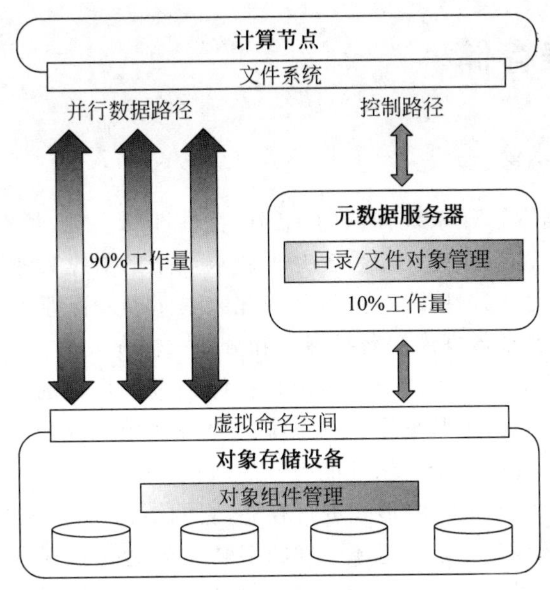

图 4-24　对象存储系统

(3) 文件系统：文件系统对用户的文件操作进行解释，并在元数据服务器和对象存储设备间通信，完成所请求的操作。

(4) 元数据服务器(MDS)：为客户端提供元数据。

(5) 网络连接：对象存储系统的重要组成部分。

对象特点：

(1) 对象是介于文件和块之间的一种抽象，具有唯一的 ID 标识符。对象提供类似文件的访问方法，如创建、打开、读写和关闭等。

(2) 每个对象是一系列有序字节的集合，是数据和数据属性集的综合体。数据包括自身的元数据和用户数据。数据属性可以根据应用的需求进行设置，包括数据分布、服务质量等。

(3) 对象维护自己的属性，简化了存储系统的管理任务，增加了灵活性。

(4) 对象分为根对象、组对象和用户对象。

对象存储系统在高性能计算及企业级应用方面发挥着重要作用，对象的灵活性和易扩展的能力在大数据处理方面非常得心应手。表 4-17 示出了一些对象存储的适用范围。

表 4-17　对象存储的使用场景及其适用业务

对象存储适用场景	云存储供应商：对象存储使得“混合云”和“私有云”成为可能
	高性能计算领域：提供了一个带有 NAS 系统的传统的文件共享和管理特征的单系统映象文件系统，并改进了 SAN 的资源整合和可扩展的性能
	企业级应用：对象存储是企业能够以低成本的简易方式实现对大规模数据存储和访问的方案
	大数据应用：对象存储系统对于文件索引所容纳的条目数量不受限制
	数据备份或归档：以互联网服务的方式进行广域归档或远程数据备份
对象存储适用业务	大型流数据存储对象(如视频与音频流媒体数据)
	中型存储对象(如遥感图像数据、图片数据等)
	小型存储对象(如一般矢量 GIS 数据、文本属性和 DEM 数据等)

4.5 分布式表存储

1. 传统数据库技术壁垒

(1) 传统关系数据库管理系统强调的 ACID 特性即原子性，最典型的就是关系数据库事务一致性，目前很多 Web 实时应用系统并不要求严格的数据库事务特性，对读一致性的要求很低，有些场合对写一致性要求也不高，因此数据库事务管理成了数据库高负载下的一个沉重负担，也限制了关系数据库向着扩展性和分布式方向发展。

(2) 传统关系数据库管理系统中的表都是存储经过串行化的数据结构，每个字段构成都一样，即使某些字段为空，但数据库管理系统会为每个元组分配所有字段的存储空间，这也是关系数据库管理系统的一个限制性能提升的瓶颈。

(3) 分布式表存储以键-值对的形式进行存储，它的结构灵活，不像关系数据库那样每个有固定的字段数，每个元组可以有自己不一样的字段构成，也可以根据需要增加一些自己所特有的键-值对，这样每个结构就很灵活，可以动态调整，减少一些不必要的处理时间和空间开销。

2. 分布式表存储系统

分布式表存储的系统目标是管理结构化数据或半结构化数据。表存储系统用来存储和管理结构化/半结构化数据，向应用系统提供高可扩展的表存储空间，包括交易型数据库和分析型数据库。交易型数据特点：每次更新或查找少量记录、并发量大、响应时间短；分析型数据特点：更新少、批量导入、每次针对大量数据进行处理、并发量小。交易型数据常用 NoSQL 存储，而分析型数据常用日志详单类存储。表存储技术的适用场景和技术特点如表 4-18 所示。

表 4-18 分布式表存储系统的技术特点与适用场景

	技术特点	适用场景
NoSQL 存储	通常不支持 SQL、只有主索引、半结构化	大规模互联网社交网络、博客、微博等
日志详单类存储	兼容 SQL、索引通常只对单表有效、多表 Join 需扫描，支持 MapReduce 并行计算	大规模日志存储处理、信令系统处理、经分系统 ETL 等
OLTP 关系数据库	支持标准 SQL、多表 Join、索引、事务	计费系统、在线交易系统等
OLAP 数据仓库	支持标准 SQL、多表 Join、索引	中等规模日志存储处理、经济分析系统等

3. NoSQL 系统

NoSQL 是设计满足超大规模数据存储需求的分布式存储系统，没有固定的 Schema，不支持 Join 操作，通过“向外扩展”的方式提高系统负载能力。

BigTable 是 Google 设计的分布式数据存储系统，用来处理海量的数据的一种非关系型的数据库。本质上说，BigTable 是一个键-值(key-value)映射。

HBase是一个高可靠性、高性能、面向列、可伸缩的分布式存储系统，利用HBase技术可在廉价PC Server上搭建起大规模结构化存储集群，基于列存储的键值对NoSQL数据库系统。采用Java语言实现的，HBase表结构是一个稀疏的、多维度的、排序的映射表。客户端以表格为单位，进行数据的存储，每一行都有一个关键字作为行在HBase的唯一标识，表数据采用稀疏的存储模式，因此同一张表的不同行可能有截然不同的列。一般通过行主键、列关键字和时间戳来访问表中的数据单元。其他NoSQL数据库如表4-19所示，可分为列存储、文档存储、Key-Value存储等。

表4-19　主要的NoSQL数据库类型及其特点

类　型	主要产品	特　　点
列存储	Hbase Cassandra Hypertable	顾名思义，是按列存储数据的。最大的特点是方便存储结构化和半结构化数据，方便做数据压缩，对针对某一列或者某几列的查询，有非常大的I/O优势
文档存储	MongoDB CouchDB	文档存储一般用类似JSON的格式存储，存储的内容是文档型的。这样也就有有机会对某些字段建立索引，实现关系数据库的某些功能
Key-Value存储	TCabinet/Tyrant Berkeley DB MemcacheDB Redis	可以通过key快速查询到其value。一般来说，存储不管value的格式，照单全收(Redis包含了其他功能)
图存储	Neo4J FlockDB	图形关系的最佳存储。使用传统关系数据库来解决性能低下，而且设计使用不方便
对象存储	db4o Versant	通过类似面向对象语言的语法操作数据库，通过对象的方式存取数据
XML数据库	Berkeley DB XML BaseX	高效的存储XML数据，并支持XML的内部查询语法，比如XQuery、Xpath

在大规模的分布式数据管理系统中，数据的划分策略直接影响系统的扩展性和性能，分布式环境下，数据的管理和存储都需要协调多个服务器节点来进行，为提高系统的整体性能和避免某个节点负载过高，系统必须在客户端请求到来时及时进行合理的分发。目前，主流的分布式数据库系统在数据划分的策略方面主要有顺序均分和哈希映射两种方式。

BigTable和HBase采用了顺序均分的策略进行数据划分，这种划分策略能有效利用系统资源，也易扩展系统的规模。Cassandra和Dynamo采取了一致哈希的方式进行数据划分，保证了数据能均匀散列到各存储节点上，避免了系统出现单点负载较高的情况，这种方式也能提供良好的扩展性。

负载均衡是分布式系统需要解决的关键问题。分布式数据管理系统中，负载均衡主要包括数据均匀的散列，和访问请求产生的负载能均匀分担在各服务节点上，实际中这两者很难同时满足，用户访问请求的不可预测性可能导致某些节点过热。

Dynamo采用虚拟节点技术，将负载较大的虚拟节点映射到服务能力较强的物理节点上来达到系统的负载均衡，这也使服务能力较强的物理节点在集群的哈希环上占有多个虚拟节点的位置，避免了负载均衡策略导致数据在全环的移动。HBase通过主控节点监控其他每个RegionServer的负载状况，通过Region的划分和迁移来达到系统的负载均衡。

4.6 百度云存储技术及核心产品

4.6.1 百度云存储产品体系

如图 4-25 所示，百度云存储的产品体系包括对象存储、IaaS 存储、NoSQL 存储、数据库存储和私有云存储，这些存储产品所用到存储技术包括对象存储 BOS、云磁盘 CDS、文件存储 CFS、表格存储 BTS、云数据库 RDS 等，按照它们所支持的数据类型可以进一步划分为：①非结构化数据存储：块存储 CDS、文件存储 CFS、对象存储 BOS；②半结构化数据存储：表格存储 BTS、时序数据库 TSDB、文档数据库 MongoDB、简单缓存服务 SCS、图数据库 HugeGraph；③结构化数据存储：云数据库 RDS(包括 RDS for MySQL、RDS for SQL Server 和 RDS for PostgreSQL)、分布式数据库 DRDS。有关百度云存储的详细说明请参考：https://cloud.baidu.com/doc/index.html。

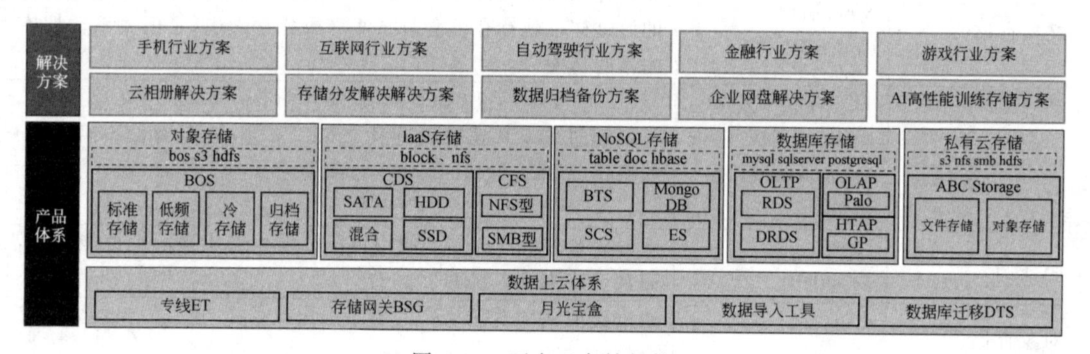

图 4-25 百度云存储架构

4.6.2 百度云存储架构

百度云提供一系列云计算服务，无疑要建立在一个强壮的基础存储架构之上。目前百度的基础存储体系包含三种存储系统：分布式表格存储、分布式文件存储和分布式对象存储，其对应的架构如图 4-26 所示。

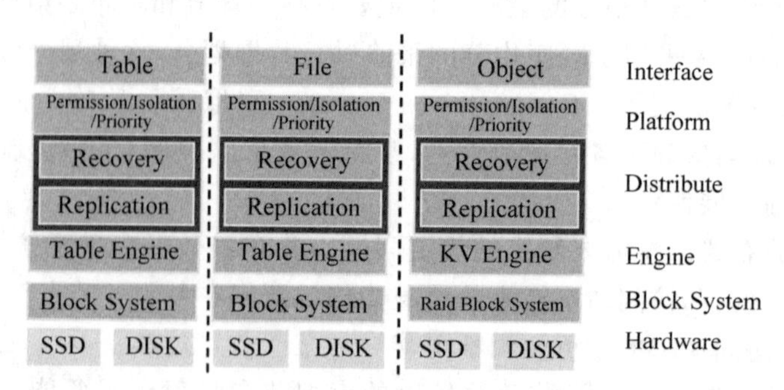

图 4-26 百度云存储架构

可以看出来，百度云存储体系架构主要分为 6 层：硬件层、块系统层、引擎层、分发层、平台层和接口层。无论是哪种存储系统，数据都是存储在分布式系统的 SSD 或 DISK 中，对于一些实时性要求非常高,但数据量不太大的计算,可以直接把数据和计算放到内存里面,如果一台机器不够,就用很多机器做分布式的内存数据结构。在块系统层,统一用块(block)来存储数据,这样就可以用一种基本的模型来支持不同的对象,不同的是对象存储是基于 RAID 块系统的,这是为了提升数据服务的容错性,而其他两个系统的可靠性主要依靠分发层的数据备份和恢复。前面提到过分布式对象系统是由百度云内部的 KV 存储系统发展而来的,因此分布式对象系统使用的是 KV 引擎,其他两个都是基于表引擎。百度云存储体系通过对外开放统一数据调用接口,屏蔽底层实现细节,提升数据服务的易用性,并且通过在表和分片级别采用负载均衡,提升数据服务的稳定性。

分布式系统需要在硬件失效等故障发生就仍然能继续提供服务,一般而言使用的是数据备份,而百度云分布式对象存储系统还使用了 Erasure Code 编码。与副本相比,Erasure Code 编码的优点在于节省内存空间,缺点在于有计算开销且恢复需要一定的时间,下面将对 Erasure Code 进行简单介绍。

当 Erasure Code 编码冗余级别为 n+m 时,如图 4-27 所示,从 n 个数据块中计算出 m 个校验块,将这 n+m 个数据块分别存放在 n+m 个硬盘上,就能容忍 m 个硬盘故障;硬盘故障时,只需任意选取 n 个正常的数据块就能计算得到所有的源数据。如果将 n+m 个数据块分散在不同的存储节点上,就能容忍 m 个节点故障。

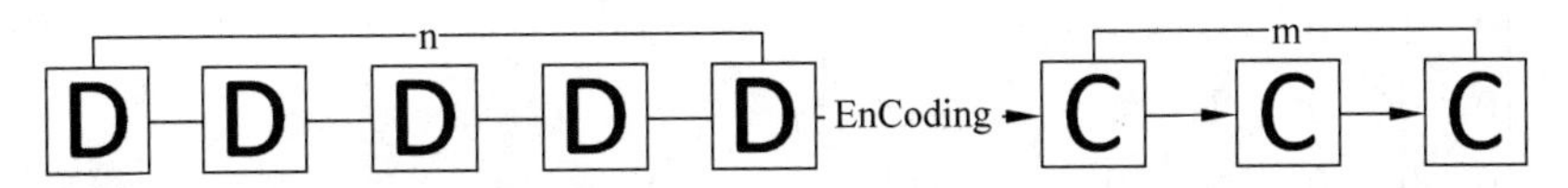

图 4-27 冗余级别为 n+m 的 Erasure Code 编码,D 为源数据,C 为校验数据

以冗余级别为 5+3 的 Erasure code 为例,将 n 个元数据块 D_1-D_n 按列排成向量 D,并构造(n+m)×n 的矩阵 B,B 为分布矩阵且可逆,矩阵 B 的前 n 行为单位矩阵 E,后 m 行的构造方法则较为多样。我们这里使用 Vandermonde 矩阵进行构造后 m 行,即对互不相等的实数 a_1、a_2,…,a_k($k\geqslant n$),矩阵 V 的任意 n 行组成的矩阵都可逆,矩阵 V 如公式 4-1 所示。任选 m 列构造后 m 行,然后进行矩阵运算 B×D,可以得到 m 个校验块 C_1-C_m,如公式 4-2 所示。

$$V=\begin{bmatrix}1 & a_1 & a_1^2 & a_1^3 & a_1^4\\ 1 & a_2 & a_2^2 & a_2^3 & a_2^4\\ 1 & a_3 & a_3^2 & a_3^3 & a_3^4\\ \vdots & \vdots & \vdots & \vdots & \vdots\\ 1 & a_k & a_k^2 & a_k^3 & a_k^4\end{bmatrix} \tag{4-1}$$

$$\begin{pmatrix}1 & 0 & 0 & 0 & 0\\ 0 & 1 & 0 & 0 & 0\\ 0 & 0 & 1 & 0 & 0\\ 0 & 0 & 0 & 1 & 0\\ 0 & 0 & 0 & 0 & 1\\ 1 & a & a^2 & a^3 & a^4\\ 1 & b & b^2 & b^3 & b^4\\ 1 & c & c^2 & c^3 & c^4\end{pmatrix}\begin{pmatrix}D1\\ D2\\ D3\\ D4\\ D5\end{pmatrix}=\begin{pmatrix}D1\\ D2\\ D3\\ D4\\ D5\\ C1\\ C2\\ C3\end{pmatrix} \tag{4-2}$$

假设 m 个硬盘发生故障，比如数据块 D1、D3、C2 丢失，需要从剩下的 n 个数据块中恢复 D1－Dn。此时，从矩阵 B 中将剩余数据块中对应的行向量挑选出来，组成新矩阵 B'，进行矩阵运算 B'×D 可以得到无故障的数据块，如公式 4-3 所示。

$$\begin{pmatrix} 0 & 1 & 0 & 0 & 0 \\ 0 & 0 & 0 & 1 & 0 \\ 0 & 0 & 0 & 0 & 1 \\ 1 & a & a^2 & a^3 & a^4 \\ 1 & c & c^2 & c^3 & c^4 \end{pmatrix} \begin{pmatrix} D1 \\ D2 \\ D3 \\ D4 \\ D5 \end{pmatrix} = \begin{pmatrix} D2 \\ D4 \\ D5 \\ C1 \\ C3 \end{pmatrix} \tag{4-3}$$

根据线性代数，公式两边乘以 B'的逆，可以得到矩阵 D，如公式 4-4 所示，这样就做到了数据的恢复。

$$\begin{pmatrix} 0 & 1 & 0 & 0 & 0 \\ 0 & 0 & 0 & 1 & 0 \\ 0 & 0 & 0 & 0 & 1 \\ 1 & a & a^2 & a^3 & a^4 \\ 1 & c & c^2 & c^3 & c^4 \end{pmatrix}^{-1} \begin{pmatrix} 0 & 1 & 0 & 0 & 0 \\ 0 & 0 & 0 & 1 & 0 \\ 0 & 0 & 0 & 0 & 1 \\ 1 & a & a^2 & a^3 & a^4 \\ 1 & c & c^2 & c^3 & c^4 \end{pmatrix} \begin{pmatrix} D1 \\ D2 \\ D3 \\ D4 \\ D5 \end{pmatrix} = \begin{pmatrix} 0 & 1 & 0 & 0 & 0 \\ 0 & 0 & 0 & 1 & 0 \\ 0 & 0 & 0 & 0 & 1 \\ 1 & a & a^2 & a^3 & a^4 \\ 1 & c & c^2 & c^3 & c^4 \end{pmatrix}^{-1} \begin{pmatrix} D2 \\ D4 \\ D5 \\ C1 \\ C3 \end{pmatrix}$$

$$\begin{pmatrix} D1 \\ D2 \\ D3 \\ D4 \\ D5 \end{pmatrix} = \begin{pmatrix} 0 & 1 & 0 & 0 & 0 \\ 0 & 0 & 0 & 1 & 0 \\ 0 & 0 & 0 & 0 & 1 \\ 1 & a & a^2 & a^3 & a^4 \\ 1 & c & c^2 & c^3 & c^4 \end{pmatrix}^{-1} \begin{pmatrix} D2 \\ D4 \\ D5 \\ C1 \\ C3 \end{pmatrix} \tag{4-4}$$

4.6.3 对象存储 BOS

1. 存储＋计算框架

BOS 的"存储＋计算框架"，如图 4-28 所示，让数据在传输、存储、处理和发布四个环节有机融为一体。用户有两种数据上传到 BOS 的途径：直接上传和通过云服务器上传。用户在使用云服务器的时候可以绑定数据库和 BOS，而且，当要进行数据库备份的时候也可以绑定 BOS。

当用户数据成功上传到 BOS 以后，BOS 可以配合其他百度云产品，在数据分发、数据备份、数据分析和数据处理方面发挥很大的作用。首先是数据备份，由于不同类型数据的使用方式、访问频率均有不同，数据也存在老化曲线，因此，BOS 提供了分级存储，即标准存储、低频存储和冷存储三种存储类型，将不同类别数据存放到不同存储类型，以降低总存储成本，同时满足服务要求。这三种存储类型的特性和使用范围等可参考百度云网站：https://www.idcs.cn/baidu/bos。

2. BOS 架构

对象存储 BOS(Baidu Object Storage)是百度智能云提供的稳定、安全、高效、低成本以及高扩展的云存储服务。BOS 提供标准的 RESTful HTTP 接口，支持单文件最大 5TB 的

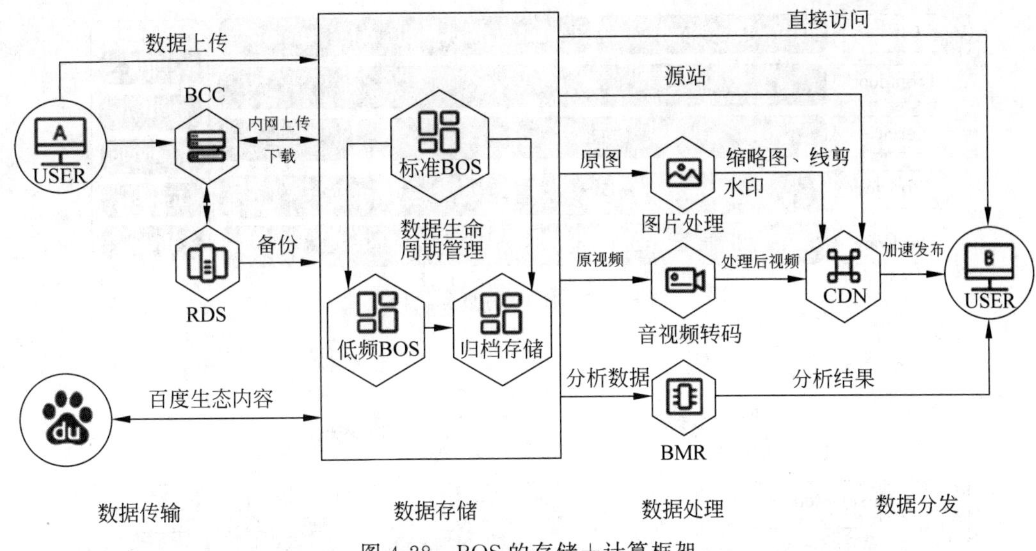

图 4-28　BOS 的存储＋计算框架

文本、多媒体、二进制等任何类型的数据存储。

百度对象存储 BOS 整体架构设计均为高可用设计，从前端 Web 接入到数据存储节点均为多路冗余，多节点热备，读写数据流均有自动 failover 机制。数据读写服务可用性 99.95%。数据存储系统使用在线实时纠删码(erasure coding)技术冗余存储，分片分布在多交换机下不同存储节点下，所有存储副本至少有 6 个冗余节点。数据也可存储在同区域不同的 AZ(Available Zone)或者跨区域存储，数据可靠性达到 99.99999999%。BOS 采用如图 4-29 所示的服务架构，各个层级服务分别功能如下。

(1) Client 层：用户接入 BOS 的使用方式。包括 SDK、Tools 和 Console 控制台等，SDK 目前已覆盖主流编程语言；Tools 则包括 BOS FS(用于将远程 BOS 挂载到本地文件系统中)，CLI&CMD(通用的 BOS 工具，提供丰富的功能，涵盖了所有常用功能如 Bucket 的创建和删除，Object 的上传、下载、删除和复制)；Console 是控制管理界面，提供统一的界面使用方式。

(2) Frontdoor 层：负责解析用户发过来的请求、流控和负载均衡。

(3) Service 层：抽象对外提供的具体服务。acl 模块负责认证和鉴权，bucket 和 object 模块分别负责 Bucket 和 Object 相关的操作，cache 负责 metadata 和 data 数据的缓存。

(4) Storage 层：分为元数据存储和数据存储。元数据存储系统是全局有序的 table 系统，通过分布式一致性协议 raft 进行数据复制和控制节点的高可用。数据存储是在线实时 Erasure Coding 存储系统，数据 EC 编码后并行落盘，支持可变副本数，最低可以做到 1.2 副本。

(5) Hardware 层：硬件介质层，最底层的硬件介质负责实际存储最终的数据，根据不同的存储等级，数据会存储在不同介质上如 NVMe SSD、HDD、Tape 等。

BOS 的存储架构方面，采用如图 4-30 所示的多 AZ 冗余存储架构。metadata 和 data 跨 AZ 冗余存储，在单个 AZ 故障时，不影响数据的读写。数据可以从任意一个 AZ 写入，存储后端把数据 EC 编码后分别写入到三个不同的 AZ，当一个 AZ 故障后，剩下的有效的数

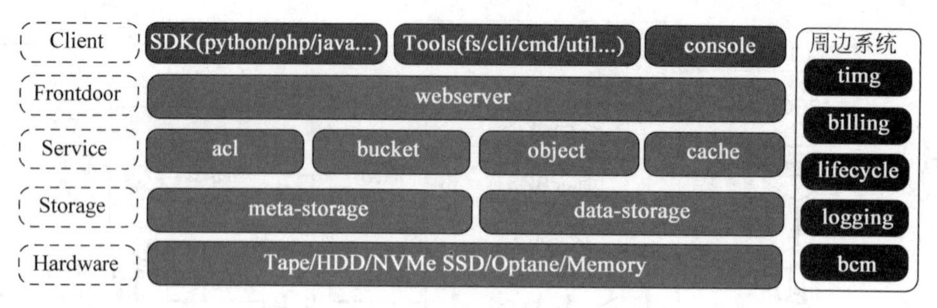

图 4-29 BOS 的服务架构

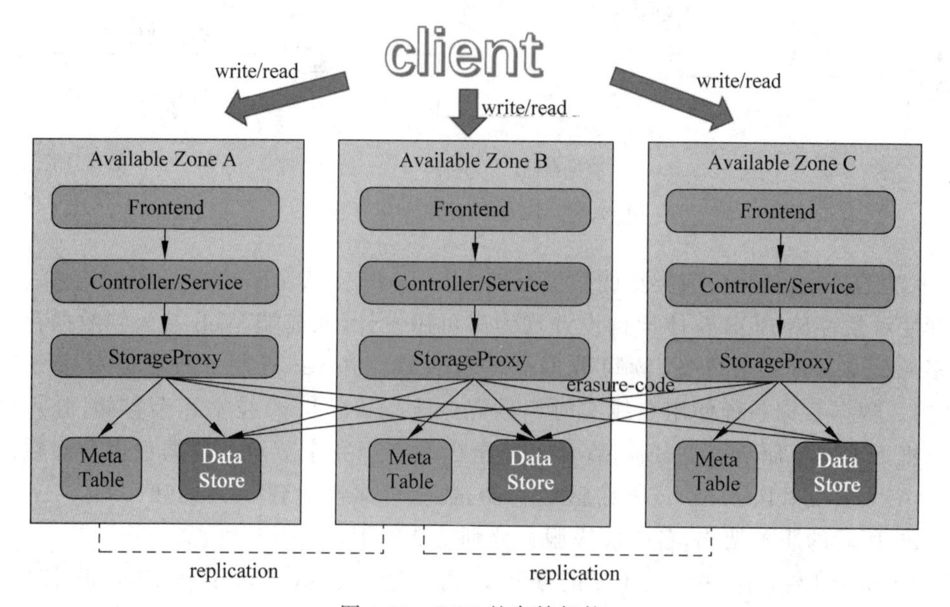

图 4-30 BOS 的存储架构

据副本仍可解码出正确的数据，从而不影响数据的持久性。

3. BOS 跨集群复制

对象存储 BOS 提供了跨地域容灾，该功能可以在不同区域间按照用户设置的逻辑，异步复制 Object 或者 Bucket，它可以将源 Bucket 中的对象的改动（新建、覆盖、删除等）及历史数据同步到目标 Bucket。该功能能够有效帮助用户完成源 Bucket 的合规性容灾，以及目标 Bucket 数据的高效使用。目标 Bucket 中的对象是源 Bucket 中对象的同步副本，它们具有相同的对象名、元数据及内容。如图 4-31 所示，用户数据先写入接入层，可以进行双写，写到两个地域，通过消息队列可以查看是否写成功了。

4.6.4 云磁盘 CDS

1. CDS 存储结构

如图 4-32 所示，云磁盘 CDS 是与云主机绑定在一块的，两者提供一个可用区级别，每个可用区内部部署一套系统，提供服务，同时，把快照放到一个地域范围内，在整个范围内生效。

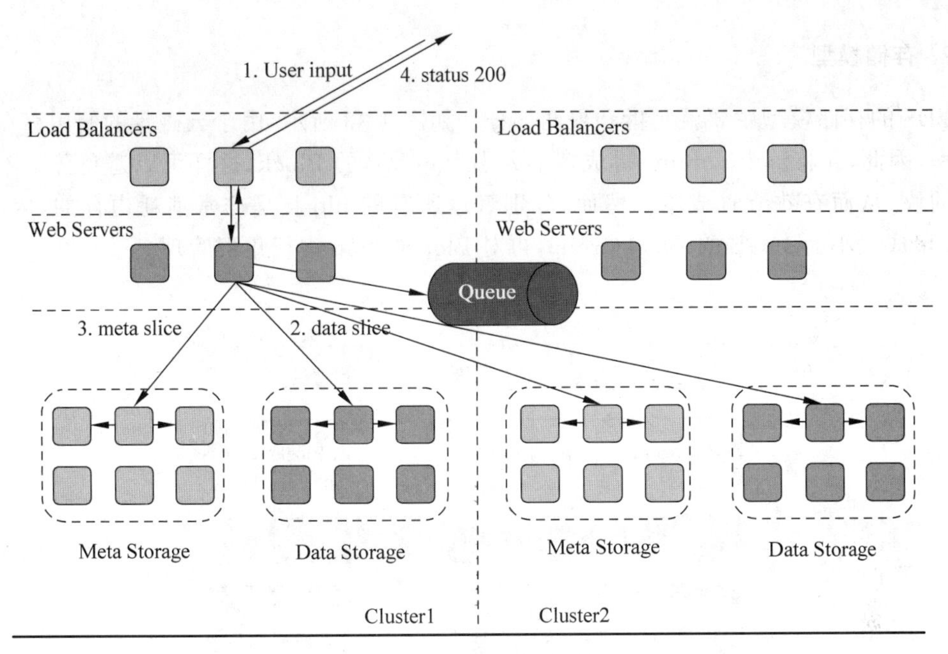

图 4-31　BOS 跨集群复制

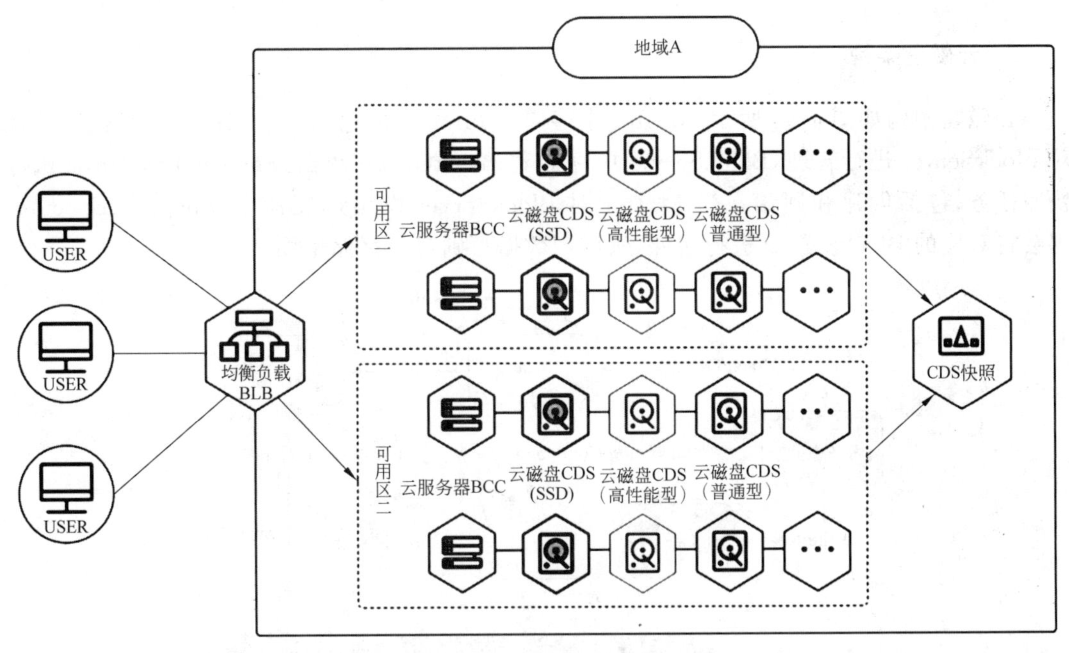

图 4-32　CDS 存储结构

云磁盘 CDS 提供了多种云磁盘类型，包括上一代云磁盘、普通云磁盘、高性能云磁盘、SSD 云磁盘，用户可以根据适用场景和需求进行选择，详细信息可参考百度云网站的说明：https://cloud.baidu.com/product/cds.html。

2. 存储模型

CDS的存储模型主要就是拆和聚两部分。如图4-33所示，由于云磁盘的使用存在很多空洞率，因此，先将整个volume拆成多个大小为64MB的Block，这样可以避免分配不需要使用的块，从而有效节省成本。然而，分别管理所有的block是非常消耗内存的，因此，将Block聚成大小为10GB的BlockGroup，再对BlockGroup进行集群管理。

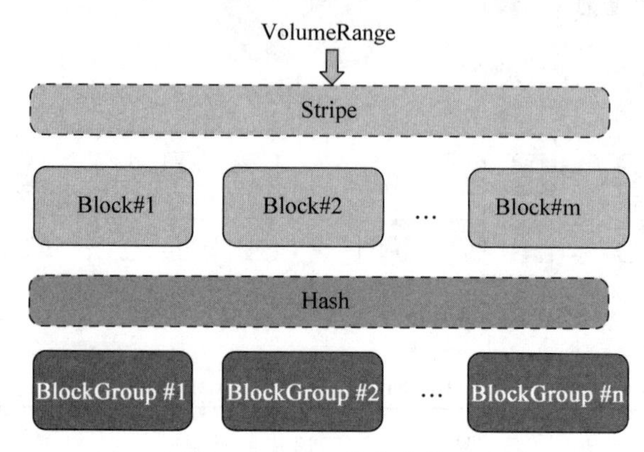

图4-33 CDS的存储模型

3. 云磁盘架构

云磁盘架构如图4-34所示，Master中存储volume元信息和BlockGroup元信息，并且对BlockServer进行管理，BlockServer中存储着BlockGroup数据，SnapshotExecutor执行快照任务，包括创建和回滚。当Master对BlockServer发出调度命令，SnapshotExecutor则会将对应的BlockServer进行快照，然后把数据写到对象存储里面。

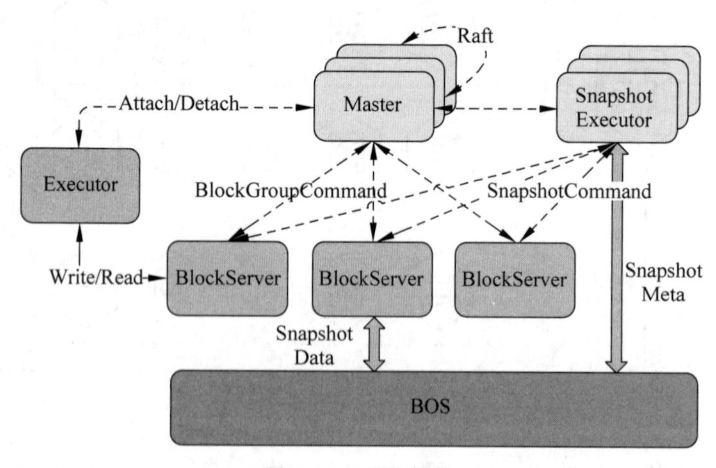

图4-34 CDS架构

4. 数据复制和修复

BlockServer通过数据复制实现数据的冗余，从而保证数据的可靠性，其复制结构如

图 4-35 所示，这种复制结构在业界中来看，比较折中，且在延迟上面会达到比较优的一个折中。通过多次复制，即使主本挂了，也总还有副本可以成功，不会影响到整个复制的过程。

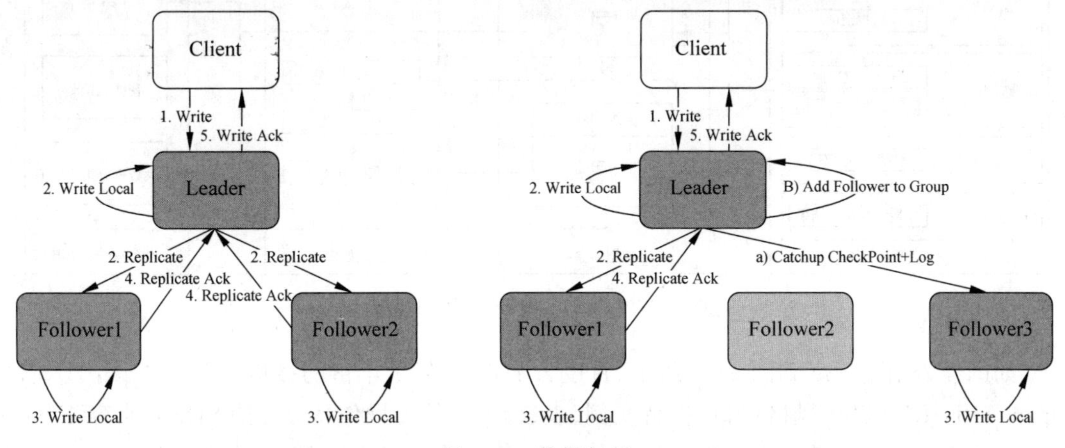

图 4-35 数据复制

另外，对于云磁盘服务来讲，任何一个块，用户都可能会在下一时刻访问这些快，因此，必须有一个不影响用户现在读写的一种修复机制，这里我们选择快照来实现写时修复，如图 4-36 所示。

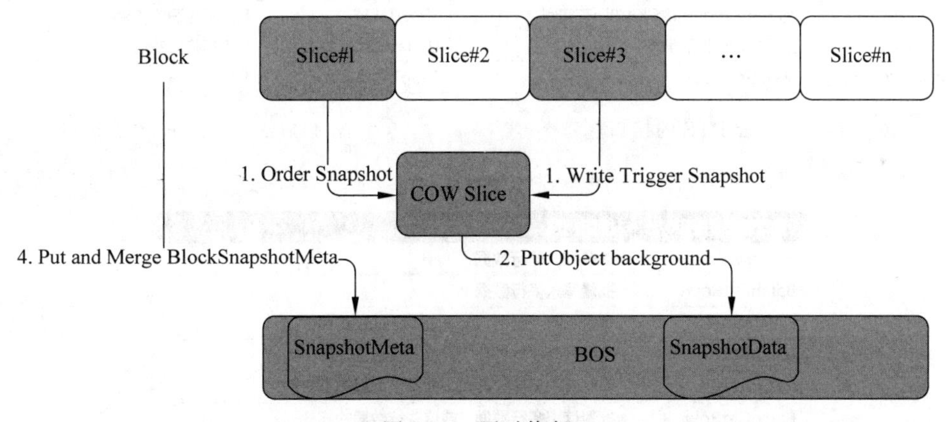

图 4-36 写时修复

4.6.5 表格存储 BTS

云数据库 TableStorage 是构建在百度自研的分布式表格存储 Table 上的 NoSQL 数据存储服务，提供了海量结构化、半结构化的存储和实时访问。由于 TableStorage 提供了低成本、高并发、低时延的海量数据存储与在线访问，集合高可用、低时延等特点，从而可以应用于以下场景：大数据分析、IM 社交产品、物联网 & 车联网、广告 & 电商推荐及游戏应用。

如图 4-37 所示，百度云 BTS 的使用场景可以分为：①横向业务场景：数据存储/处理/查询，大数据分析；②纵向行业场景：物联网、AI、feed 流、广告、电商、搜索、Web 应用等场景。

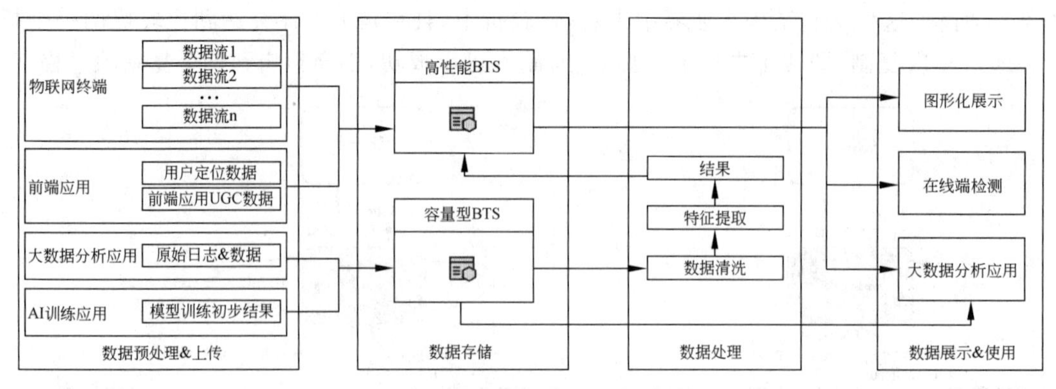

图 4-37 百度云 BTS 的使用场景

如图 4-38、图 4-39 和图 4-40 所示，百度云 BTS 提供了丰富的接口及开发工具：①提供 Open API：RESTful 风格接口，支持实例、表、行不同粒度操作；②支持 SDK：兼容 HBase Client 的 Java SDK，助力大数据分析；③此外，还提供了简单易用、功能全面的控制台可视化界面。

实例操作相关接口	接口用途
CreateInstance	在指定region创建一个实例
ListInstance	列出一个region内创建的所有实例
ShowInstance	显示指定实例的信息
DropInstance	删除指定实例

图 4-38 百度云 BTS 的接口

表操作相关接口	接口用途
CreateTable	在指定instance下创建一个表
ListTable	列出一个instance下创建的所有表
ShowTable	显示指定表的信息
UpdateTable	更新指定表的信息
DropTable	删除指定表

图 4-39 百度云 BTS 的接口

行操作处理接口	接口用途
PutRow	单条写入一行数据
BatchPutRow	批量写入多行数据
DeleteRow	单条删除一整行数据（或该行数据的部分列）
BatchDeleteRow	批量删除多行数据（或这些行数据的部分列）
GetRow	单条读出一整行数据（或该行数据的部分列）
BatchGetRow	批量读出多行数据（或这些行数据的部分列）
Scan	批量读出一个区间内的多行数据（或这些行数据的部分列）

图 4-40 百度云 BTS 的接口

百度云 BTS 采用先进的底层架构，如图 4-41 所示，在写路径上方法为：客户端写→数据进入内存表→服务程序 Dump 数据，压缩后以单元数据模式存储，支持多级压缩；同时将读操作记入日志；在读路径上方法为：客户端读→优先在内存表和数据块缓存查询→如未命中，下沉到单元数据中查询→将数据返回客户端。

百度云 BTS 的核心技术包括 Key Value 分离存储、多级数据压缩、并行无锁数据结构、支持加速器、单元服务器热备。这些核心技术带来的效果与收益如图 4-42 所示。

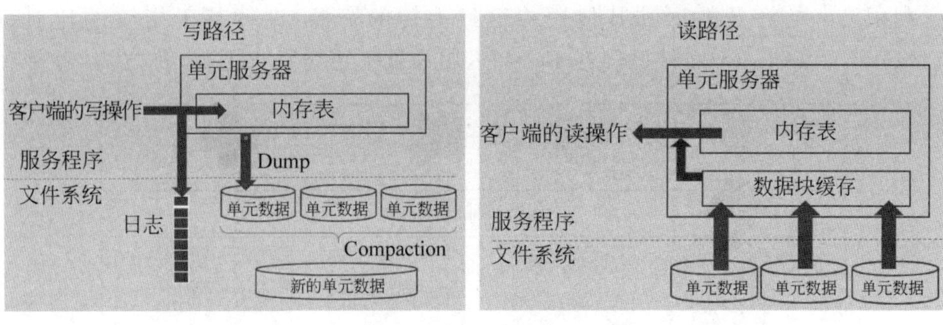

图 4-41　百度云 BTS 的读写路径

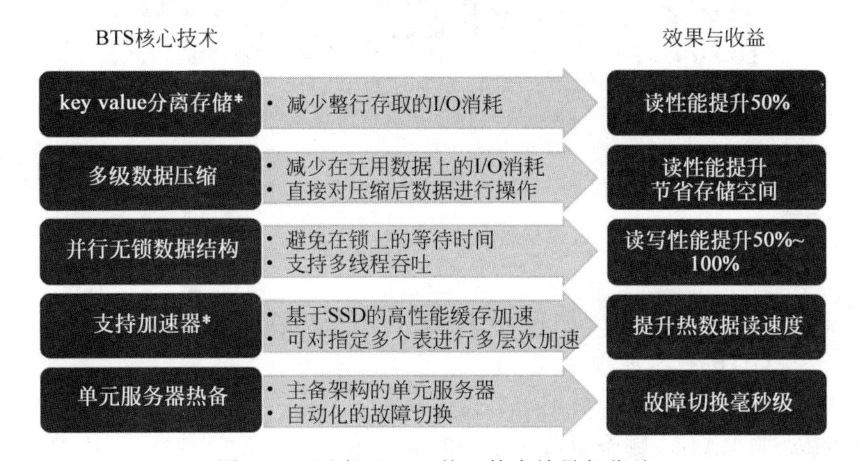

图 4-42　百度云 BTS 核心技术效果与收益

4.6.6　百度网盘

从面向开发者的开放云存储服务(Baidu Cloud Storage,BCS)到面向个人的个人云存储(Personal Cloud Storage,PCS),百度云逐步地实现了云存储的开放。PCS 是百度云战略的核心,将云存储与个人直接结合起来,也就是说,PCS 为每个用户提供专属的存储空间,用户在不同终端设备上所产生的数据,都可以保存在这个空间中。

百度网盘底层使用了对象存储 BOS 技术来实现。同时,百度网盘是在 PCS 的基础上发展而来,如图 4-43 所示,只需要开发各个终端上的 APP,就可以基于 PCS 快速构建百度网盘。这些 APP 使用 PCS 的 API/SDK,直接将文件和目录保存到 PCS 的用户空间,目录结构保持一致。在手机端,为了节约流量,网盘要靠用户的确认才会上传/下载文件;在 PC 端,网盘的常驻客户端进程可以检测用户的专用同步目录,当新建、修改和删除文件时,会触发自动同步,将本地的修改及时保存到 PCS;进程也会定期检查 PCS 上是否有新的文件,如果有也会下载到本地,以保持数据的多端同步。为了把用户体验做到更好,网盘用了一系列的算法和技术来加快数据的同步,如:

- 使用增量通知机制来获得更新的文件,而不是全部文件列表的对比。
- 当用户修改文件时,使用改进的 rsync 算法来分析出实际改变的部分,可以避免上传整个文件。

• 利用已有的海量数据和其他用户已经上传的资源，进行基于指纹的比对(Cloud Match)，如果一个文件已经在 PCS 上，用户就不用再真正上传，称之为“秒传”。

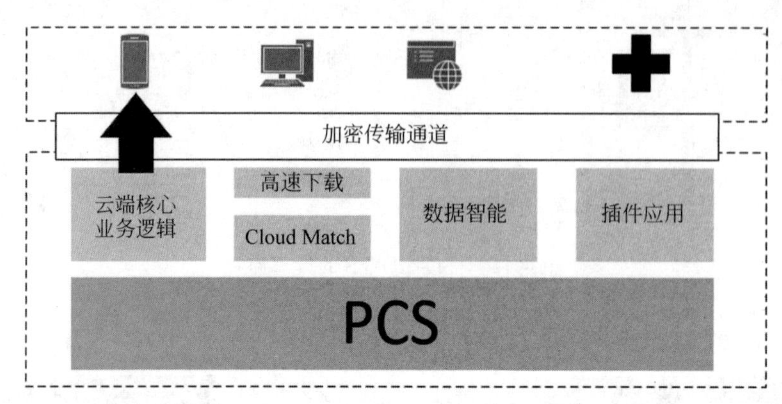

图 4-43　基于 PCS 快速构建百度网盘

4.7　习题

(1) 简述存储组网的几种形式(DAS、NAS、SAN)及其适用范围。
(2) 简述 RAID 的技术原理。
(3) RAID5 和 RAID6 哪个数据可靠性更高?
(4) RAID3 与 RAID5 哪个更适合于一般的应用? 为什么?
(5) 简述快照技术原理。
(6) 简述分布式对象存储的概念及原理。
(7) 简述 NoSQL 的概念及原理。
(8) 简述百度云存储技术特点。

4.8　参考文献

[1] 林伟伟，刘波. 分布式计算、云计算与大数据[M]. 北京：机械工业出版社，2015.
[2] 林伟伟，彭绍亮. 云计算与大数据技术理论及应用[M]. 北京：清华大学出版社. 2019.
[3] 刘贝，汤斌. 云存储原理及发展趋势[J]. 科技信息，2011 (5)：50-51.
[4] 钱宏蕊. 云存储技术发展及应用[J]. 电信工程技术与标准化，2012，25(4)：15-20.
[5] 冯丹. 网络存储关键技术的研究及进展 [J]. 移动通信，2009，33(11)：35-39.
[6] Ghemawat S，Gobioff H，Leung P T. The Google file system，Proceedings of the 19th ACM Symposium on Operating Systems Principles[M]. New York：ACM Press，2003：29-43.
[7] 郭杏荣. 从引擎到应用的云存储实战——百度云存储技术剖析[J]. 程序员，2012(9)：98-101.
[8] 百度云资深架构师聊百度云存储架构特点[EB/OL]. https://blog. csdn. net/shudaqi2010/article/details/70766179.

第 5 章

基于云计算的大数据分析技术

云计算是基础，没有云计算，无法实现大数据存储与计算；大数据是应用，没有大数据，云计算就缺少了目标与价值。云计算和大数据之间的关系相辅相成又密不可分。本章将重点介绍基于云计算的大数据分析计算技术，首先主要介绍大数据的背景与概述、大数据处理的关键技术及大数据计算模式，接着介绍大数据分析计算平台，并通过介绍基于 Hadoop 和 Spark 的编程实践带领读者初步入门大数据编程，最后介绍百度大数据平台上的技术与服务，包括百度天算平台、百度 MapReduce BMR、百度 OLAP 引擎 Palo 和百度机器学习 BML，并给出基于这些平台的相关应用开发案例，提供相关操作过程和源代码。

5.1 大数据背景与概述

5.1.1 大数据产生的背景

早在 1980 年，著名未来学家阿尔文·托夫勒便在《第三次浪潮》一书中，将大数据热情地赞颂为“第三次浪潮的华彩乐章”。但当时数据世界尚处于萌芽阶段，全球第一批数据中心和首个关系数据库便是在那个时代出现的。

2005 年左右，人们开始意识到用户在使用 Facebook、YouTube 及其他在线服务时生成了海量数据。同一年，专为存储和分析大型数据集而开发的开源框架 Hadoop 问世，NoSQL 也在同一时期开始慢慢普及开来。Hadoop 及后来 Spark 等开源框架的问世对大数据的发展具有重要意义，正是它们降低了数据存储成本，让大数据更易于使用。在随后几年里，大数据数量进一步呈爆炸式增长。时至今日，全世界“用户”——不仅有人，还有机器——仍在持续生成海量数据。

随着物联网（IoT）的兴起，如今越来越多的设备接入了互联网，它们大量收集客户的使用模式和产品性能数据，而机器学习的出现也进一步加速了数据量的增长。然而，尽管已经出现了很长一段时间，人们对大数据的利用才刚刚开始。今天，云计算进一步释放了大数据的潜力，通过提供真正的弹性/可扩展性，让开发人员能够轻松启动 Ad Hoc 集群来测试数据子集。现在，数据已经爆炸增长到足以引发全世界的一次技术变革。于是，"第三次浪潮"——大数据技术应运而生。

5.1.2 大数据的定义

大数据一词由英文"Big Data"翻译而来，是最近几年兴起的概念，它目前还没有一个统一的定义。相比于过去的"信息爆炸"的概念，它更强调数据量的"大"。大数据的"大"是相对而言的，是指所处理的数据规模巨大到无法通过目前主流数据库软件工具，在可以接受的时间内完成抓取、存储、管理和分析，并从中提取出人类可以理解的资讯。这个"大"是与时俱进的，不能以超过多少 TB 的数据量来界定大数据与普通数据。随着人类大数据处理技术的不断进步，大数据的标准也不断提高。

相对于过去的"海量数据"概念而言，大数据还有一个数据类型复杂多变的特点。互联网上流动的各种数据类型迥异，收集和处理这些数据，特别是非结构化数据也是大数据研究的一个重要方面。业界普遍认同大数据具有 5 个 V 特征，即数据量大(Volume)、变化速度快(Velocity)、多类型(Variety)、真实性(Veracity)与高价值(Value)。简而言之，大数据可以被认为是数据量巨大且结构复杂多变的数据集合。

5.1.3 大数据的 5V 特征

尽管目前大数据的重要性已被社会各界认同，但大数据的定义却众说纷纭，Apache Hadoop 组织、麦肯锡、国际数据公司等其他研究者都对大数据有不同的定义。但无论是哪种定义都具有一定的狭义性。因此，我们可以从大数据的 5V 特征对大数据进行识别。同时，企业内部在思考如何构建数据集时，也可以从此特征入手。图 5-1 就是大数据的 5V 特征图。

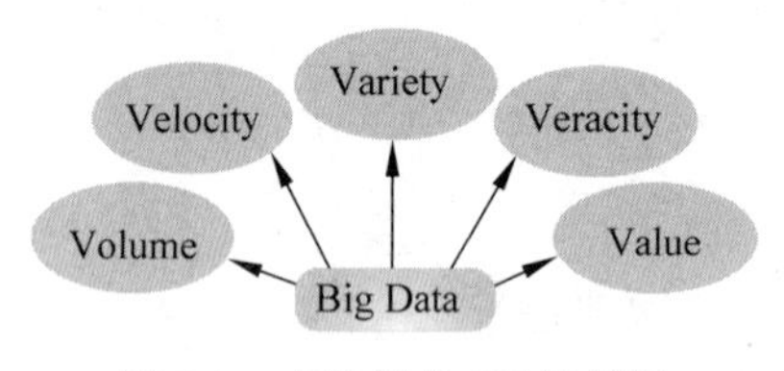

图 5-1　大数据的 5V 特征图

1. 容量(Volume)

这是指大规模的数据量，并且数据量呈持续增长趋势。目前一般指超过 10TB 规模的数据量，但未来随着技术的进步，符合大数据标准的数据集大小也会变化。大规模的数据对象构成的集合，即称为"数据集"。

不同的数据集具有维度不同、稀疏性不同(有时一个数据记录的大部分特征属性都为 0)、分辨率不同(分辨率过高，数据模式可能会淹没在噪声中；分辨率过低，模式无从显现)的特性。

因此数据集也具有不同的类型，常见的数据集类型包括：记录数据集(是记录的集合，即数据库中的数据集)、基于图形的数据集(数据对象本身用图形表示，且包含数据对象之间的联系)和有序数据集(数据集属性涉及时间及空间上的联系，存储时间序列数据、空间数据等)。

2. 速率(Velocity)

速率即数据生成、流动速率快。数据流动速率指指对数据采集、存储及分析具有价值信息的速度。因此也意味着数据的采集和分析等过程必须迅速及时。

3. 多样性(Variety)

多样性指大数据包括多种不同格式和不同类型的数据。数据来源包括人与系统交互时与机器自动生成,来源的多样性导致数据类型的多样性。根据数据是否具有一定的模式、结构和关系,数据可分为三种基本类型：结构化数据、非结构化数据、半结构化数据。

- 结构化数据：指遵循一个标准的模式和结构,以二维表格的形式存储在关系型数据库里的行数据。
- 非结构化数据：是指不遵循统一的数据结构或模型的数据(如文本、图像、视频、音频等),不方便用二维逻辑表来表现。
- 半结构化数据：是指有一定的结构性,但本质上不具有关系性,介于完全结构化数据和完全非结构化数据之间的数据。

元数据：又称中介数据、中继数据,为描述数据的数据(data about data),主要是描述数据属性的信息,用来支持如指示存储位置、历史数据、资源查找、文件记录等功能。

4. 真实性(Veracity)

指数据的质量和保真性。大数据环境下的数据最好具有较高的信噪比。信噪比与数据源和数据类型无关。

5. 价值(Value)

价值指大数据的低价值密度。随着数据量的增长,数据中有意义的信息却没有成相应比例增长。而价值同时与数据的真实性和数据处理时间相关,见图 5-2。

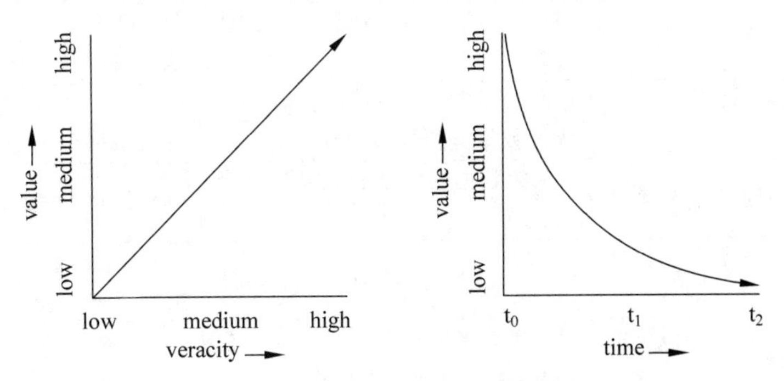

图 5-2 价值与数据真实性和数据处理时间的关系

5.1.4 大数据发展趋势

随着大数据技术的研究深入,大数据的应用和发展将涉及我们生产生活的方方面面。作为自 2012 年起就持续开展的一项活动,中国计算机学会(CCF)大数据专家委员会每年在中国大数据技术大会(BDTC)的开幕式上,正式发布下一年度的大数据十大发展趋势预测,目前“大数据发展趋势预测”已经形成了良好的品牌效应。近8年的大数据发展趋势十大预测如表5-1、5-2和5-3所示。每次预测都是基于对大专委专家委员观点的收集整理、投票、汇总、解读,最终形成年度预测,此预测是大数据专家委员会群体智慧的结晶,对大数据相关理论研究和应用开展具有较好的指导和参考意义。

表5-1 2013—2015年的十大趋势预测对比

2013年预测	2014年预测	2015年预测
(1) 数据的资源化	(1) 大数据从“概念”走向“价值”	(1) 智能计算与大数据分析成为热点
(2) 大数据的隐私问题突出	(2) 大数据架构的多样化模式并存	(2) 数据科学带动学科融合
(3) 大数据与云计算等深度融合	(3) 大数据安全与隐私	(3) 与各行业结合,跨领域应用
(4) 基于大数据的智能的出现	(4) 大数据分析与可视化	(4) “物云移社”融合,产生综合价值
(5) 大数据分析的革命性方法	(5) 大数据产业成为战略性产业	(5) 一体化平台与软硬件基础设施夯实
(6) 大数据安全	(6) 数据商品化与数据共享联盟化	(6) 大数据的安全与隐私保护
(7) 数据科学兴起	(7) 基于大数据的推荐与预测流行	(7) 新模式突破:深度学习、众包计算
(8) 数据共享联盟	(8) 深度学习与大数据智能成为支撑	(8) 可视化分析与可视化呈现
(9) 大数据新职业	(9) 数据科学的兴起	(9) 大数据人才与教育
(10) 更大的数据	(10) 大数据生态环境逐步完善	(10) 开源系统将成为主流选择

表5-2 2016—2018年的十大趋势预测对比

2016年预测	2017年预测	2018年预测
(1) 可视化推动大数据平民化	(1) 机器学习继续成智能分析核心技术	(1) 机器学习继续成为大数据智能分析的核心技术
(2) 多学科融合与数据科学的兴起	(2) 人工智能和脑科学相结合,成大数据分析领域的热点	(2) 人工智能和脑科学相结合,成为大数据分析领域的热点
(3) 大数据安全与隐私令人忧虑	(3) 大数据的安全和隐私持续令人担忧	(3) 数据科学带动多学科融合
(4) 新热点融入大数据多样化处理模式	(4) 多学科融合与数据科学兴起	(4) 数据学科虽然兴起,但是学科突破进展缓慢
(5) 大数据提升社会治理和民生领域应用	(5) 大数据处理多样化模式并存融合,流计算成主流模式之一	(5) 推动数据立法,重视个人数据隐私
(6)《促进大数据发展行动纲要》驱动产业生态	(6) 大数据处理多样化模式并存融合,流计算成主流模式之一	(6) 大数据预测和决策支持仍然是应用的主要形式
(7) 深度分析推动大数据智能应用	(7) 开源成大数据技术生态主流	(7) 数据的语义化和知识化是数据价值的基础问题

续表

2016 年预测	2017 年预测	2018 年预测
(8) 数据权属与数据主权备受关注	(8) 政府大数据发展迅速	(8) 基于海量知识的智能是主流智能模式
(9) 互联网、金融、健康保持热度,智慧城市、企业数据化、工业大数据是新增长点	(9) 推动数据立法,重视个人数据隐私	(9) 大数据的安全持续令人担忧
(10) 开源、测评、大赛催生良性人才与技术生态	(10) 推动数据立法,重视个人数据隐私	(10) 基于知识图谱的大数据应用成为热门应用场景

表 5-3　2019—2020 年的十大趋势预测对比

2019 年预测	2020 年预测
(1) 数据科学与人工智能的结合越来越紧密	(1) 数据科学与人工智能的结合越来越紧密
(2) 机器学习继续成为大数据智能分析的核心技术	(2) 数据科学带动多学科融合；基础理论研究的重要性受到重视,但理论突破进展缓慢
(3) 大数据的安全和隐私保护成为研究和应用热点	(3) 大数据的安全和隐私保护成为研究热点
(4) 数据科学带动多学科融合；基础理论研究受到重视,但未见突破	(4) 机器学习继续成为大数据智能分析的核心技术
(5) 基于知识图谱的大数据应用成为热门应用场景	(5) 基于知识图谱的大数据应用成为热门应用场景
(6) 数据的语义化和知识化是数据价值的基础问题	(6) 数据融合治理和数据质量管理工具成为应用瓶颈
(7) 人工智能、大数据、云计算将高度融合为一体化的系统	(7) 基于区块链技术的大数据应用场景渐渐丰富
(8) 基于区块链技术的大数据应用场景渐渐丰富	(8) 对基于大数据进行因果分析的研究得到越来越多的重视
(9) 大数据处理多样化模式并存融合,基于海量知识仍是主流智能模式	(9) 数据的语义化和知识化是数据价值的基础问题
(10) 关键数据资源涉及国家主权	(10) 边缘计算和云计算将在大数据处理中成为互补模型

5.2　大数据处理关键技术

数据处理是对纷繁复杂的海量数据价值的提炼,而其中最有价值的地方在于预测性分析,即可以通过数据可视化、统计模式识别、数据描述等数据挖掘形式帮助数据科学家更好地理解数据,根据数据挖掘的结果得出预测性决策。其中主要工作环节包括：

大数据采集、大数据预处理、大数据存储及管理、大数据分析及挖掘、大数据展现和应用(大数据检索、大数据可视化、大数据应用、大数据安全等)。

5.2.1 大数据采集

数据是指通过RFID射频数据、传感器数据、社交网络交互数据及移动互联网数据等方式获得的各种类型的结构化、半结构化(或称之为弱结构化)及非结构化的海量数据,是大数据知识服务模型的根本。

大数据开启了一个大规模生产、分享和应用数据的时代,它给技术和商业带来了巨大的变化。麦肯锡研究表明,在医疗、零售和制造业领域,大数据每年可以提高劳动生产率0.5%~1%。大数据在核心领域的渗透速度有目共睹,然而调查显示,未被使用的信息比例高达99.4%,很大程度都是由于高价值的信息无法获取采集。因此在大数据时代背景下,如何从大数据中采集出有用的信息已经是大数据发展的关键因素之一。

1. 定义

数据采集(DAQ)又称数据获取,是指从传感器和其他待测设备等模拟和数字被测单元中自动采集信息的过程。数据分类新一代数据体系中,将传统数据体系中没有考虑过的新数据源进行归纳与分类,可将其分为线上行为数据与内容数据两大类:

- 线上行为数据:页面数据、交互数据、表单数据、会话数据等。
- 内容数据:应用日志、电子文档、机器数据、语音数据、社交媒体数据等。

大数据的主要来源:①商业数据;②互联网数据;③传感器数据。

2. 数据采集与大数据采集的区别

数据采集和大数据采集的区别如图5-3所示,传统的数据采集存在着许多的不足,其来源单一,且存储、管理和分析数据量也相对较小,大多采用关系型数据库和并行数据库即可处理。对依靠并行计算提升数据处理速度方面而言,传统的并行数据库技术追求高度一致性和容错性,根据CAP理论,难以保证其可用性和扩展性。

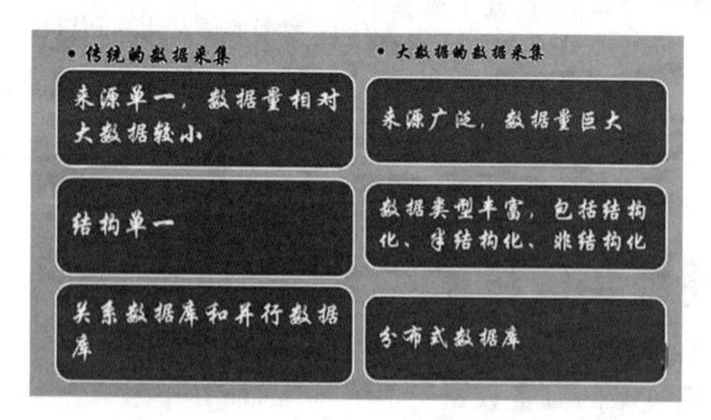

图5-3 数据采集和大数据采集区别

3. 采集分类

大数据采集一般分为:

(1) 智能感知层:主要包括数据传感体系、网络通信体系、传感适配体系、智能识别体系及软硬件资源接入系统,实现对结构化、半结构化、非结构化的海量数据的智能化识别、定位、跟踪、接入、传输、信号转换、监控、初步处理和管理等。为此，需要着重攻克针对大数据源的智能识别、感知、适配、传输、接入等技术。

(2) 基础支撑层：提供大数据服务平台所需的虚拟服务器，结构化、半结构化及非结构化数据的数据库及物联网络资源等基础支撑环境。为此，需要着重攻克分布式虚拟存储技术，大数据获取、存储、组织、分析和决策操作的可视化接口技术，大数据的网络传输与压缩技术，大数据隐私保护技术等。

4. 采集方法

大数据技术在数据采集方面采用了以下方法：

(1) 系统日志采集方法：很多互联网企业都有自己的海量数据采集工具，多用于系统日志采集，如 Hadoop 的 Chukwa、Apache 的 Flume、Cloudera 的 Flume、Facebook 的 Scribe 等，这些工具均采用分布式架构，能满足每秒数百兆字节的日志数据采集和传输需求。

(2) 网络数据采集方法：网络数据采集是指通过网络爬虫或网站公开 API 等方式从网站上获取数据信息。该方法可以将非结构化数据从网页中抽取出来，将其存储为统一的本地数据文件，并以结构化的方式存储。它支持图片、音频、视频等文件或附件的采集，附件与正文可以自动关联。除了网络中包含的内容之外，对于网络流量的采集可以使用 DPI 或 DFI 等带宽管理技术进行处理。

(3) 其他数据采集方法：对于企业生产经营数据或学科研究数据等保密性要求较高的数据，可以通过与企业或研究机构合作，使用特定系统接口等相关方式采集数据。

5. 采集平台

以下是几款应用广泛的大数据采集平台，供读者参考使用：

(1) Apache Flume：Flume 是 Apache 旗下的一款开源、高可靠、高扩展、容易管理、支持客户扩展的数据采集系统。Flume 使用 JRuby 来构建，所以依赖 Java 运行环境。

(2) Fluentd：Fluentd 是另一个开源的数据收集框架。Fluentd 使用 C 语言和 Ruby 语言开发，使用 JSON 文件来统一日志数据。它的可插拔架构，支持各种不同种类和格式的数据源和数据输出。最后它也同时提供了高可靠和很好的扩展性。Treasure Data 公司对该产品提供支持和维护。

(3) Logstash：Logstash 是著名的开源数据栈 ELK（数据搜索引擎 ElasticSearch，数据采集系统 Logstash，数据分析与可视化系统 Kibana）中的那个 L。Logstash 用 JRuby 开发，所以运行时依赖 JVM。

(4) Splunk Forwarder：Splunk 是一个分布式的机器数据平台，主要有三个角色：Search Head 负责数据的搜索和处理，提供搜索时的信息抽取；Indexer 负责数据的存储和索引；Forwarder 负责数据的收集、清洗、变形，并发送给 Indexer。

5.2.2　大数据预处理

数据就是算法的粮食，巧妇难为无米之炊。由于当今数据收集的完整性和及时性，对算法模型效果的优劣这一点上已达成广泛共识，如何利用好这些数据使其产生最大的价值是算法工作者每天思考的主要问题。但不可忽视的是，通过系统收集来的数据信息并不能直接用于算法，需要做一些清洗、归一化等操作，这就是下面要讲到的大数据预处理。

1. 缺失数据处理

缺失数据是真实世界中必然发生的事情，在统计和采集数据维度的各方面信息时，经常会由于一些特殊原因或者异常状态导致有些数据样本个体的数据缺失，如何针对这部分缺失的数据进行处理使其能为算法的训练做贡献是本部分需要考虑的主要问题。

（1）删除法。简单删除一些因为特殊异常原因导致的数据缺失，将存在数据维度缺失的样本删除，这种情况仅限删除小部分样本数据就可以达到目标的情况，且在将来算法模型应用的过程中，缺失维度的情况发生概率很小。

（2）填充法。这种方法通常用默认值或者均值等默认填充的方法来补充缺失的维度信息，目前这种方法是使用最多的方法，存在易操作、易解释等优点。但在一定程度上，单一维度填入大量相同的数值，可能会导致该维度的区分度下降。

（3）映射到高维空间。例如，男、女、缺失三种情况的性别数据维度，映射分别为是否男、是否女、是否缺失。这样的好处是完美保留缺失值这个信息，不会对原始信息加入人为的先验知识，带来的问题就是数据维度的增加，算法的计算量也随之变大。

2. 数据数值化

在收集到的各个维度信息中，经常会有些字符串的信息，例如男、女，高、中、低等信息，对于这类信息不能直接用于算法的计算，通常情况下，需要将这些数据转化为数值的形式进行编码，便于后期算法的计算。

（1）离散编码。对于可穷举的字符串通常根据出现的频率进行编码即可，例如男出现100次，女出现80次，将男编码为0，女编码为1。

（2）语义编码。对于在有些信息无法通过穷举法来表示完全，做文本分类过程中的文本信息，包含了一段自然语言信息，导致这一段无法通过穷举来表示。对于这一类信息通常采用词嵌入（word embedding）的方式是比较好的选择，在同一语料库训练下，这部分词嵌入信息可以携带一些语义信息。目前在这一领域比较好的方法是基于Google的word2vec方法。

3. 数据正则化

什么是数据的正规化？举一个简单的例子，做一个人群的聚类工作，统计的信息包括男女、薪资、身高、体重等相关信息，如果对这些信息做数值化替换，可能会发现薪资字段为5000，体重字段为50，这样的数据如果不做正规化处理，当计算聚类时，简单计算两个员工之间的欧氏距离时，可能会发现如果直接计算距离，体重字段的信息值可能被薪资字段掩盖了，也就是说，数据绝对值小的维度信息被绝对值大的维度信息淹没了，导致这一维度在实际计算中是不发生作用的。如何避免这一问题的出现就是数据正规化解决的问题，对每一个维度值利用如下公式进行正规化处理。

$$zi = xi - xmin/(xmax - xmin)$$

其中：zi为指标的标准分数，xi为某特征某指标的指标值，xmax为全部特征中某指标的最大值，xmin为全部镇中某指标的最小值。通过利用上面的公式可以将一个维度的数值信息映射到0～1,这样,当所有的维度都在0～1时,这一问题就得到了解决。

5.2.3 大数据存储及管理

在大数据时代的背景下,海量的数据整理成为各个企业急需解决的问题。随着云计算技术、物联网等技术的快速发展,多样化已经成为数据信息的一个显著特点,为了充分发挥信息应用价值,需要针对不同的大数据应用特征,从多个角度、多个层次对大数据进行存储和管理。

1. 大数据存储背景

(1) 存储规模大。大数据的一个显著特征就是数据量大,起始计算量单位至少是PB,甚至会采用更大的单位EB或ZB,导致存储规模相当大。

(2) 种类和来源多样化,存储管理复杂。目前,大数据主要来源于搜索引擎服务、电子商务、社交网络、音视频、在线服务、个人数据业务、地理信息数据、传统企业、公共机构等领域。因此数据呈现方法众多,可以是结构化、半结构化和非结构化的数据形态,不仅使原有的存储模式无法满足数据时代的需求,还导致存储管理更加复杂。

(3) 对数据的种类和水平要求高。大数据的价值密度相对较低,以及数据增长速度快、处理速度快、时效性要求也高,在这种情况下,如何结合实际的业务有效地组织管理、存储这些数据以从浩瀚的数据中挖掘其更深层次的数据价值,亟待解决。

2. 相关技术

近年来,企业从大数据中受益,大幅度推动支出和投资,并允许它们与规模更大的企业进行竞争,所有事实和数字的存储和管理逐渐变得更加容易。以下是有效存储和管理大数据的三种方式。

(1) 不断加密。任何类型的数据对于任何一个企业来说都是至关重要的,而且通常被认为是私有的,并且在它们自己掌控的范围内是安全的。然而,黑客攻击经常被覆盖在业务故障中,最新的网络攻击活动不断充斥在新闻报道中。因此,许多公司很难感到安全,尤其是当一些行业巨头经常成为攻击目标时。随着企业为保护资产全面开展工作,加密技术成为打击网络威胁的可行途径。将所有内容转换为代码,使用加密信息,只有收件人可以解码。如果没有其他的要求,则加密保护数据传输,增加在数字传输中有效地到达正确人群的机会。

(2) 仓库存储。大数据似乎难以管理,就像一个永无休止统计数据的复杂的漩涡。因此,将信息精简到单一的公司位置似乎是明智的,这是一个仓库,其中所有的数据和服务器都可以被充分地规划指定。然而,有些报告指出了反对这种方法的论据,指出即使是最大的存储中心,大数据的指数增长也不再能维持。

(3) 备份服务。当然,不可否认的是,大数据管理和存储正在迅速脱离物理机器的范畴,并迅速进入数字领域。除了所有技术的发展,大数据增长得更快,以这样的速度,世界上所有的机器和仓库都无法完全容纳它。

因此,由于云存储服务推动了数字化转型,云计算的应用越来越繁荣。数据在一个位置不再受到风险控制,并随时随地可以访问,大型云计算公司(如谷歌云)将会更多地访问基本统计信息。数据可以在这些服务上进行备份，这意味着一次网络攻击不会消除多年的业务增长和发展。最终，如果出现网络攻击，云端将以A迁移到B的方式提供独一无二的服务。

3. 常用工具

数据存储管理分为两个部分，一部分是底层的文件系统，另一部分是之上的数据库或数据仓库。

(1) 文件系统。大数据文件系统其实是大数据平台架构最为基础的组件，其他的组件或多或少都会依赖这个基础组件，目前应用最为广泛的大数据存储文件系统非Hadoop的HDFS莫属，除此之外，还有发展势头不错的Ceph。

- HDFS：一个高度容错性(多副本，自恢复)的分布式文件系统，能提供高吞吐量的数据访问，非常适合大规模数据集上的访问，不支持低延迟数据访问，不支持多用户写入、任意修改文件。HDFS是Hadoop大数据工具栈里最基础有也是最重要的一个组件，基于Google的GFS开发。
- Ceph：一个符合POSIX、开源的分布式存储系统。Ceph最早是加州大学圣克鲁兹分校(USSC)博士生Sage Weil在博士期间的一项有关存储系统的研究项目，主要目标是设计成基于POSIX的没有单点故障的分布式文件系统，使数据能容错和无缝复制。真正让Ceph叱咤风云的是开源云计算解决方案Openstack，现在Openstack+Ceph的方案已被业界广泛使用。

(2) 数据库或数据仓库。针对大数据的数据库大部分是NoSQL数据库，这里顺便澄清一下，NoSQL的真正意义是Not only SQL，并非是RMDB的对立面。

- Hbase：一个开源的面向列的非关系型分布式数据库(NoSQL)，它参考了Google的BigTable建模，实现的编程语言为Java。它是Apache软件基金会的Hadoop项目的一部分，运行于HDFS文件系统之上，为Hadoop提供类似于BigTable规模的服务。因此，它可以容错地存储海量稀疏的数据。
- MongoDB：一个基于分布式文件存储的数据库，主要面向文档存储，旨在为Web应用提供可扩展的高性能数据存储解决方案。介于关系数据库和非关系数据库之间的开源产品，是非关系数据库当中功能最丰富、最像关系数据库的产品。
- Cassandra：一个混合型的非关系的数据库(一个NoSQL数据库)，类似于Google的BigTable，是由Facebook开发的开源分布式NoSQL数据库系统。
- Neo4j：一个高性能的NOSQL图形数据库，它将结构化数据存储在网络上而不是表中。

5.2.4 大数据分析及挖掘

1. 概述

(1) 数据分析。数据分析是指用适当的统计分析方法对收集来的大量数据进行分析，提取有用信息和形成结论从而对数据加以详细研究和概括总结的过程。这一过程也是质量管理体系的支持过程。在实用中，数据分析可帮助人们做出判断，以便采取适当行动。

数据分析的数学基础在20世纪早期就已确立，但直到计算机的出现才使得实际操作成为可能，并使得数据分析得以推广。数据分析是数学与计算机科学相结合的产物。

(2) 数据挖掘。数据挖掘(data mining)是一个跨学科的计算机科学分支。它是用人工智能、机器学习、统计学和数据库的交叉方法在相对较大型的数据集中发现模式的计算过程。

数据挖掘过程的总体目标是从一个数据集中提取信息，并将其转换成可理解的结构，以进一步使用。除了原始分析步骤，它还涉及数据库和数据管理方面、数据预处理、模型与推断方面考量、兴趣度度量、复杂度的考虑，以及发现结构、可视化及在线更新等后处理。数据挖掘是数据库知识发现(Knowledge-Discovery in Databases，KDD)的分析步骤，本质上属于机器学习的范畴。

(3) 数据分析和数据挖掘的区别关系。由上文可以看到，当提及数据挖掘时，人们一般指的都是用人工智能、机器学习、统计学和数据库的方法应用于较大型数据集，是knowledge discovery in databases的一个步骤，本质是一种计算过程，目的是发现知识规则(discovering patterns)。提及数据分析时，一般包含检查、清理、转换和建模的过程，本质是人的智能活动的结果，目的是发现有用信息、建设性结论以及辅助决策。

但是在实践应用中，我们不应该硬性地把两者割裂开，也无法割裂，正确的思路和方法应该是：针对具体的业务分析需求，先确定分析思路，然后根据这个分析思路去挑选和匹配合适的分析算法、分析技术(一个具体的分析需求一般都会有两种以上不同的思路和算法可以去探索)，最后可根据验证的效果和资源匹配等系列因素进行综合权衡，从而决定最终的思路、算法和解决方案。

2. 常用方法

(1) 神经网络方法。神经网络由于本身良好的鲁棒性、自组织自适应性、并行处理、分布存储和高度容错等特性非常适合解决数据挖掘的问题，因此越来越受到人们的关注。

(2) 遗传算法。遗传算法是一种基于生物自然选择与遗传机理的随机搜索算法，是一种仿生全局优化方法。遗传算法具有的隐含并行性、易于和其他模型结合等性质使得它在数据挖掘中被加以应用。

(3) 决策树方法。决策树是一种常用于预测模型的算法，它通过将大量数据有目的分类，从中找到一些有价值的、潜在的信息。它的主要优点是描述简单、分类速度快，特别适合大规模的数据处理。

(4) 粗集方法。粗集理论是一种研究不精确、不确定知识的数学工具。粗集方法有几个优点：不需要给出额外信息；简化输入信息的表达空间；算法简单，易于操作。粗集处理的对象是类似二维关系表的信息表。

(5) 覆盖正例排斥反例方法。它是利用覆盖所有正例、排斥所有反例的思想来寻找规则。在正例集合中任选一个种子，到反例集合中逐个比较，与字段取值构成的选择子相容则舍去，相反则保留。按此思想循环所有正例种子，将得到正例的规则(选择子的合取式)。

(6) 统计分析方法。在数据库字段项之间存在两种关系：函数关系和相关关系。对它们的分析可采用统计学方法，即利用统计学原理对数据库中的信息进行分析。可进行常用统计、回归分析、相关分析、差异分析等。

(7) 模糊集方法。即利用模糊集合理论对实际问题进行模糊评判、模糊决策、模糊模式识别和模糊聚类分析。系统的复杂性越高，模糊性越强，一般模糊集合理论是用隶属度来刻画模糊事物的亦此亦彼性的。

3. 常用工具

(1) Hadoop。Hadoop 是一个能够对大量数据进行分布式处理的软件框架。但是 Hadoop 是以一种可靠、高效、可伸缩的方式进行处理的。Hadoop 是可靠的，因为它假设计算元素和存储会失败，因此它维护多个工作数据副本，确保能够针对失败的节点重新分布处理。Hadoop 是高效的，因为它以并行的方式工作，通过并行处理加快处理速度。Hadoop 还是可伸缩的，能够处理 PB 级数据。此外，Hadoop 依赖于社区服务器，因此它的成本比较低，任何人都可以使用。

(2) Spark。Spark 是 Apache 基金会的开源项目，它由加州大学伯克利分校的实验室开发，是另外一种重要的分布式计算系统。它在 Hadoop 的基础上进行了一些架构上的改良。Spark 与 Hadoop 最大的不同点在于，Hadoop 使用硬盘来存储数据，而 Spark 使用内存来存储数据，因此 Spark 可以提供超过 Hadoop 100 倍的运算速度。但是，由于内存断电后数据会丢失，Spark 不能用于处理需要长期保存的数据。目前 Spark 完成了大部分的数据挖掘算法由单机到分布式的改造，并提供了较方便的数据分析可视化界面。

(3) Storm。Storm 是 Twitter 主推的分布式计算系统，它由 BackType 团队开发，是 Apache 基金会的孵化项目。它在 Hadoop 的基础上提供了实时运算的特性，可以实时地处理大数据流。不同于 Hadoop 和 Spark，Storm 不进行数据的收集和存储工作，它直接通过网络实时地接收数据并且实时地处理数据，然后直接通过网络实时地传回结果。

5.2.5 大数据展现及应用

大数据技术能够将隐藏于海量数据中的信息和知识挖掘出来，为人类的社会经济活动提供依据，从而提高各个领域的运行效率，大大提高整个社会经济的集约化程度。

在我国，大数据将重点应用于以下三大领域：商业智能、政府决策、公共服务。例如：商业智能技术、政府决策技术、电信数据信息处理与挖掘技术、电网数据信息处理与挖掘技术、气象信息分析技术、环境监测技术、警务云应用系统（道路监控、视频监控、网络监控、智能交通、反电信诈骗、指挥调度等公安信息系统）、大规模基因序列分析比对技术、Web 信息挖掘技术、多媒体数据并行化处理技术、影视制作渲染技术以及其他各种行业的云计算和海量数据处理应用技术等。

1. 大数据检索

大数据检索是大数据展现及应用中的重要一环，因为数据集很大、很复杂，所以它们需要特别的硬件和软件工具，以下我们将会介绍几种当下流行的大数据检索工具。

(1) Apache Drill。它是一个低延迟的分布式海量数据（涵盖结构化、半结构化以及嵌套数据）交互式查询引擎，使用 ANSI SQL 兼容语法，支持本地文件、HDFS、HBase、MongoDB 等后端存储，支持 Parquet、JSON、CSV、TSV、PSV 等数据格式。受 Google 的 Dremel 启发，Drill 满足上千节点的 PB 级别数据的交互式商业智能分析场景。

(2) Presto。FaceBook 于 2013 年 11 月份开源了 Presto——一个分布式 SQL 查询引擎,它被设计为用来专门进行高速、实时的数据分析。它支持标准的 ANSI SQL,包括复杂查询、聚合(aggregation)、连接(join)和窗口函数(window functions)。Presto 设计了一个简单的数据存储的抽象层,来满足在不同数据存储系统(包括 HBase、HDFS、Scribe 等)之上都可以使用 SQL 进行查询。

(3) Apache Kylin。这是一个开源的分布式分析引擎,提供 Hadoop/Spark 之上的 SQL 查询接口及多维分析(OLAP)能力以支持超大规模数据,最初由 eBay 公司开发并贡献至开源社区。它能在亚秒内查询巨大的 Hive 表。

2. 大数据可视化

大数据可视化是指根据数据的特性,如时间信息和空间信息等,找到合适的可视化方式,例如图表(Chart)、图(Diagram)和地图(Map)等,将数据直观地展现出来,以帮助人们理解数据,同时找出包含在海量数据中的规律或者信息。数据可视化起源于图形学、计算机图形学、人工智能、科学可视化以及用户界面等领域的相互促进和发展,是当前计算机科学的一个重要研究方向,它利用计算机对抽象信息进行直观的表示,以利于快速检索信息和增强认知能力。以下,我们将介绍几个常用的可视化工具。

1) Jupyter:大数据可视化的一站式商店

Jupyter 是一个开源项目,通过十几种编程语言实现大数据分析、可视化和软件开发的实时协作。它的界面包含代码输入窗口,并通过运行输入的代码以基于所选择的可视化技术提供视觉可读的图像。图 5-4 为其 Logo。

但是,以上提到的功能仅仅是冰山一角。Jupyter Notebook 可以在团队中共享,以实现内部协作,并促进团队共同合作进行数据分析。团队可以将 Jupyter Notebook 上传到 GitHub 或 Gitlab,以便能共同合作影响结果。团队可以使用 Kubernetes 将 Jupyter Notebook 包含在 Docker 容器中,也可以在任何其他使用 Jupyter 的机器上运行 Notebook。在最初使用 Python 和 R 时,Jupyter Notebook 正在积极地引入 Java、Go、C#、Ruby 等其他编程语言编码的内核。

图 5-4　Jupyter Logo

除此以外,Jupyter 还能够与 Spark 这样的多框架进行交互,这使得对从具有不同输入源的程序收集的大量密集的数据进行数据处理时,Jupyte 能够提供一个全能的解决方案。

2) Google Chart:Google 支持的免费而强大的整合功能

Google Chart 也是大数据可视化的解决方案之一,其得到了 Google 的大力技术支持,并且完全免费,Google Chart 提供了大量的可视化类型,从简单的饼图、时间序列一直到多维交互矩阵都有。图表可供调整的选项很多。如果需要对图表进行深度定制,还可以参考官方提供的详细文档。

图 5-5 为 Google Charts 的 Logo。

图 5-5　Google Charts Logo

3) D3.js:以任何你需要的方式直观显示大数据

D3.js 代表 Data Driven Document,是一个用于实时交互式大数据可视化的 JS 库,其 Logo 如图 5-6 所示。由于这不是一个工具，所以用户在使用它来处理数据之前，需要对 Javascript 有一个很好的理解，并能以一种能被其他人理解的形式呈现。除此以外，这个 JS 库将数据以 SVG 和 HTML5 格式呈现，所以像 IE7 和 8 这样的旧式浏览器不能利用 D3.js 功能。

图 5-6 D3.js Logo

从不同来源收集的数据如大规模数据将与实时的 DOM 绑定并以极快的速度生成交互式动画(2D 和 3D)。D3 架构允许用户通过各种附件和插件密集地重复使用代码。

3. 大数据应用

如图 5-7 所示，根据中国信息通信研究院结合对大数据相关企业的调研测算，2017 年我国大数据产业规模为 4700 亿元人民币，同比增长 30%。由此可见，在应用层面，大数据与各行业的融合应用正在持续深化，大数据企业正在尝到与实体经济融合发展带来的“甜头”。利用大数据可以对实体经济行业进行市场需求分析、生产流程优化、供应链与物流管理、能源管理、提供智能客户服务等，这不但大大拓展了大数据企业的目标市场，更成为众多大数据企业技术进步的重要推动力。随着融合深度的增强和市场潜力不断被挖掘，融合发展给大数据企业带来的益处和价值正在日益显现。

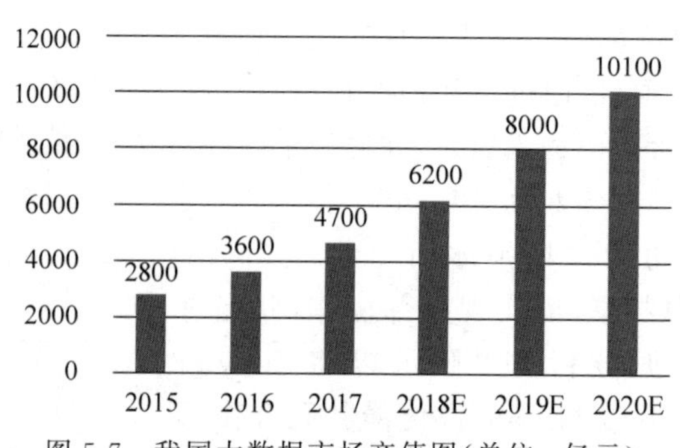

图 5-7 我国大数据市场产值图(单位：亿元)

接下来不妨看一看各个行业在大数据应用领域的现状、前景或面临的挑战：

1）医疗大数据——看病更高效

除了较早前就开始利用大数据的互联网公司，医疗行业是让大数据分析最先发扬光大的传统行业之一。医疗行业拥有大量的病例、病理报告、治愈方案、药物报告等。如果这些数据可以被整理和应用，将会极大地帮助医生和病人。我们面对的数目及种类众多的病菌、病毒，以及肿瘤细胞，都处于不断进化的过程中。在发现诊断疾病时，疾病的确诊和治疗方案的确定是最困难的。

在未来，借助于大数据平台可以收集不同病例和治疗方案，以及病人的基本特征，可以建立针对疾病特点的数据库。如果未来基因技术发展成熟，可以根据病人的基因序列特点进行分类，建立医疗行业的病人分类数据库。在医生诊断病人时可以参考病人的疾病特征、化验报告和检测报告，参考疾病数据库来快速帮助病人确诊，明确定位疾病。在制定治疗方案时，医生可以依据病人的基因特点，调取相似基因、年龄、人种、身体情况相同的有效治疗方案，制定出适合病人的治疗方案，帮助更多人及时进行治疗。同时这些数据也有利于医药行业开发出更加有效的药物和医疗器械。

医疗行业的数据应用一直在进行，但是数据没有打通，都是孤岛数据，没有办法进行大规模应用。未来需要将这些数据统一收集起来，纳入统一的大数据平台，为人类健康造福。政府和医疗行业是推动这一趋势的重要动力。

2）生物大数据——改良基因

自人类基因组计划完成以来，以美国为代表，世界主要发达国家纷纷启动了生命科学基础研究计划，如国际千人基因组计划、DNA 百科全书计划、英国十万人基因组计划等。这些计划引领生物数据呈爆炸式增长，目前每年全球产生的生物数据总量已达 EB 级，生命科学领域正在爆发一次数据革命，生命科学某种程度上已经成为大数据科学。

当下，我们所说的生物大数据技术主要是指大数据技术在基因分析上的应用，通过大数据平台人类可以将自身和生物体基因分析的结果进行记录和存储，利用建立基于大数据技术的基因数据库。大数据技术将会加速基因技术的研究，快速帮助科学家进行模型的建立和基因组合模拟计算。基因技术是人类未来战胜疾病的重要武器，借助于大数据技术的应用，人们将会加快自身基因和其他生物的基因的研究进程。未来利用生物基因技术来改良农作物，利用基因技术来培养人类器官，利用基因技术来消灭害虫都即将实现。

3）金融大数据——理财利器

大数据在金融行业应用范围较广，典型的案例有花旗银行利用 IBM 沃森计算机为财富管理客户推荐产品；美国银行利用客户点击数据集为客户提供特色服务，如有竞争的信用额度；招商银行利用客户刷卡、存取款、电子银行转账、微信评论等行为数据进行分析，每周给客户发送针对性广告信息，里面有顾客可能感兴趣的产品和优惠信息。

可见，大数据在金融行业的应用可以总结为以下五个方面：

（1）精准营销：依据客户消费习惯、地理位置、消费时间进行推荐。

（2）风险管控：依据客户消费和现金流提供信用评级或融资支持，利用客户社交行为记录实施信用卡反欺诈。

（3）决策支持：利用决策树技术进抵押贷款管理，利用数据分析报告实施产业信贷风险控制。

（4）效率提升：利用金融行业全局数据了解业务运营薄弱点，利用大数据技术加快内部数据处理速度。

（5）产品设计：利用大数据计算技术为财富客户推荐产品，利用客户行为数据设计满足客户需求的金融产品。

4）零售大数据——最懂消费者

零售行业大数据应用有两个层面：一个层面是零售行业可以了解客户消费喜好和趋势，进行商品的精准营销，降低营销成本；另一个层面是依据客户购买产品，为客户提供可能购买的其他产品，扩大销售额，也属于精准营销范畴。另外，零售行业可以通过大数据掌握未来消费趋势，有利于热销商品的进货管理和过季商品的处理。零售行业的数据对于产品生产厂家是非常宝贵的，零售商的数据信息将会有助于资源的有效利用，降低产能过剩，厂商依据零售商的信息按实际需求进行生产，减少不必要的生产浪费。

5）电商大数据——精准营销法宝

电商是最早利用大数据进行精准营销的行业，除了精准营销，电商可以依据客户消费习惯来提前为客户备货，并利用便利店作为货物中转点，在客户下单后15分钟内将货物送上门，提高客户体验。菜鸟网络宣称的24小时完成在中国境内的送货，以及京东宣传未来京东将在15分钟完成送货上门都是基于客户消费习惯的大数据分析和预测。

电商可以利用其交易数据和现金流数据，为其生态圈内的商户提供基于现金流的小额贷款，电商业也可以将此数据提供给银行，同银行合作为中小企业提供信贷支持。由于电商的数据较为集中，数据量足够大，数据种类较多，因此未来电商数据应用将会有更多的想象空间，包括预测流行趋势、消费趋势、地域消费特点、客户消费习惯、各种消费行为的相关度、消费热点、影响消费的重要因素等。依托大数据分析，电商的消费报告将有利于品牌公司产品设计，生产企业的库存管理和计划生产，物流企业的资源配制，生产资料提供方产能安排等，有利于精细化社会化大生产，有利于精细化社会的出现。

6）农牧大数据——量化生产

大数据在农业应用主要是指依据未来商业需求的预测来进行农牧产品生产，降低菜贱伤农的概率。同时大数据的分析将会更精确预测未来的天气气候，帮助农牧民做好自然灾害的预防工作。大数据会帮助农民依据消费者消费习惯决定来增加哪些品种的种植，减少哪些品种农作物的生产，提高单位种植面积的产值，同时有助于快速销售农产品，完成资金回流。牧民可以通过大数据分析来安排放牧范围，有效利用牧场。渔民可以利用大数据安排休渔期、定位捕鱼范围等。

7）交通大数据——畅通出行

目前，交通的大数据应用主要在两个方面：一方面可以利用大数据传感器数据来了解车辆通行密度，合理进行道路规划包括单行线路规划；另一方面可以利用大数据来实现即时信号灯调度，提高已有线路的运行能力。科学的安排信号灯是一个复杂的系统工程，必须利用大数据计算平台才能计算出一个较为合理的方案。科学的信号灯安排将会提高30%左右已有道路的通行能力。在美国，政府依据某一路段的交通事故信息来增设信号灯，降低了50%以上的交通事故率。机场的航班起降依靠大数据将会提高航班管理的效率，航空公司利用大数据可以提高上座率，降低运行成本。铁路利用大数据可以有效安排客运和货运列车，提高效率、降低成本。

8）政府调控和财政支出——大数据令其有条不紊

政府利用大数据技术可以了解各地区的经济发展情况、各产业发展情况、消费支出和产品销售情况，依据数据分析结果，科学地制定宏观政策、平衡各产业发展、避免产能过剩、有效利用自然资源和社会资源、提高社会生产效率。大数据还可以帮助政府进行监控自然资源的管理，无论是国土资源、水资源、矿产资源、能源等，大数据通过各种传感器来提高其管理的精准度。同时大数据技术也能帮助政府进行支出管理，透明合理的财政支出将有利于提高公信力和监督财政支出。

大数据及大数据技术带给政府的不仅是效率提升、科学决策、精细管理，更重要的是数据治国、科学管理的意识改变，未来大数据将会从各个方面来帮助政府实施高效和精细化管理。政府运作效率的提升、决策的科学客观、财政支出合理透明都将大大提升国家整体实力，成为国家竞争优势。大数据带给国家和社会的益处将会具有极大的想象空间。

4. 大数据安全

大数据安全是涉及技术、法律、监管、社会治理等领域的综合性问题，其影响范围涵盖国家安全、产业安全和个人合法权益。同时，大数据在数量规模、处理方式、应用理念等方面的革新，不仅导致大数据平台自身安全需求发生变化，还带动数据安全防护理念随之改变，同时引发对高水平隐私保护技术的需求和期待。

如图 5-8 所示，大数据安全技术体系分为大数据平台安全、数据安全和个人隐私保护三个层次，自下而上为依次承载的关系。

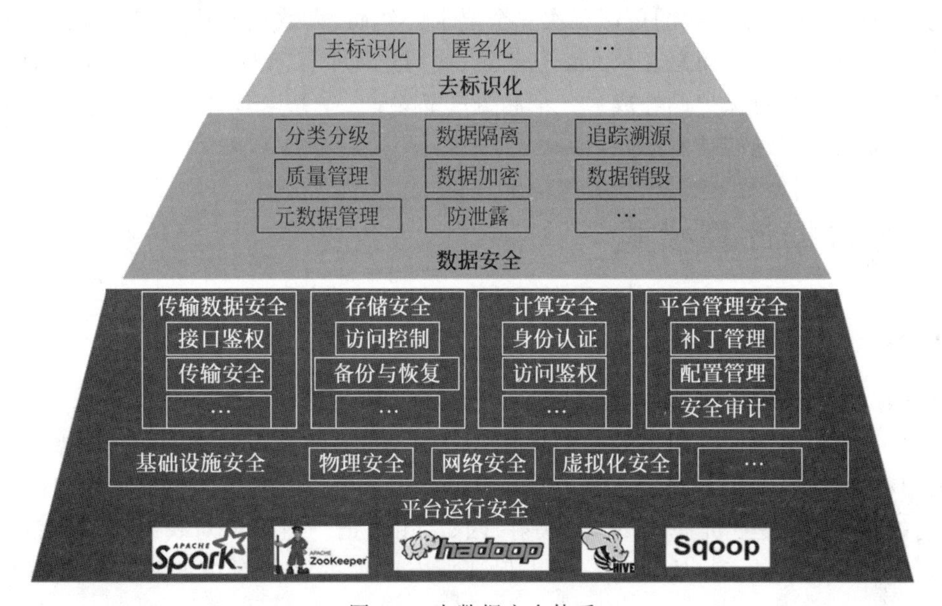

图 5-8　大数据安全体系

1）大数据平台安全

大数据平台安全是对大数据平台传输、存储、运算等资源和功能的安全保障，包括传输交换安全、存储安全、计算安全、平台管理安全以及基础设施安全。

传输交换安全是指保障与外部系统交换数据过程的安全可控，需要采用接口鉴权等机制，对外部系统的合法性进行验证，采用通道加密等手段保障传输过程的机密性和完整性。存储安全是指对平台中的数据设置备份与恢复机制，并采用数据访问控制机制来防止数据的越权访问。计算组件应提供相应的身份认证和访问控制机制，确保只有合法的用户或应用程序才能发起数据处理请求。平台管理安全包括平台组件的安全配置、资源安全调度、补丁管理、安全审计等内容。此外，平台软硬件基础设施的物理安全、网络安全、虚拟化安全等是大数据平台安全运行的基础。

2）数据安全

数据安全防护是指平台为支撑数据流动安全所提供的安全功能，包括数据分类分级、元数据管理、质量管理、数据加密、数据隔离、防泄露、追踪溯源、数据销毁等内容。

大数据促使数据生命周期由传统的单链条逐渐演变成为复杂多链条形态，增加了共享、交易等环节，且数据应用场景和参与角色愈加多样化，在复杂的应用环境下，保证国家重要数据、企业机密数据以及用户个人隐私数据等敏感数据不发生外泄，是数据安全的首要需求。海量多源数据在大数据平台汇聚，一个数据资源池同时服务于多个数据提供者和数据使用者，强化数据隔离和访问控制，实现数据“可用不可见”，是大数据环境下数据安全的新需求。利用大数据技术对海量数据进行挖掘分析所得结果可能包含涉及国家安全、经济运行、社会治理等敏感信息，需要对分析结果的共享和披露加强安全管理。

3）隐私保护

隐私保护是指利用去标识化、匿名化、密文计算等技术保障个人数据在平台上处理、流转过程中不泄露个人隐私或个人不愿被外界知道的信息。隐私保护是建立在数据安全防护基础之上的保障个人隐私权的更深层次安全要求。然而，大数据时代的隐私保护也不再是狭隘地保护个人隐私权，而是在个人信息收集、使用过程中保障数据主体的个人信息自决权利。实际上，个人信息保护已经成为一个涵盖产品设计、业务运营、安全防护等在内的体系化工程，不是一个单纯的技术问题。

5.3 大数据计算模式

5.3.1 MapReduce

从计算模式看，MapReduce 本质上是一种面向大数据的批处理计算模式。MapReduce 是 Google 公司提出的一种用于大规模数据集(大于 1TB)的并行运算的编程模型。它源自函数式编程理念，模型中的概念 Map(映射)和 Reduce(归约)都是从函数式编程语言借来的，当前的软件实现是指定一个 Map(映射)函数，用来把一组键值对映射成一组新的键值对，指定并发的 Reduce(归约)函数，用来保证所有映射的键值对中的每一个共享相同的键组。

MapReduce 的运行模型如图 5-9 所示。图中有 n 个 Map 操作和 m 个 Reduce 操作。简单地说，一个 Map 函数就是对一部分原始数据进行指定的操作。每个 Map 操作都针对不同的原始数据，因此，Map 与 Map 之间是互相独立的，这就使得它们可以充分并行化。一个 Reduce 操作就是对每个 Map 所产生的一部分中间结果进行合并操作，每个 Reduce 所处理的 Map 中间结果是互不交叉的，所有 Reduce 产生的最终结果经过简单连接就形成了完整的结果集，因此，Reduce 也可以在并行环境下执行。

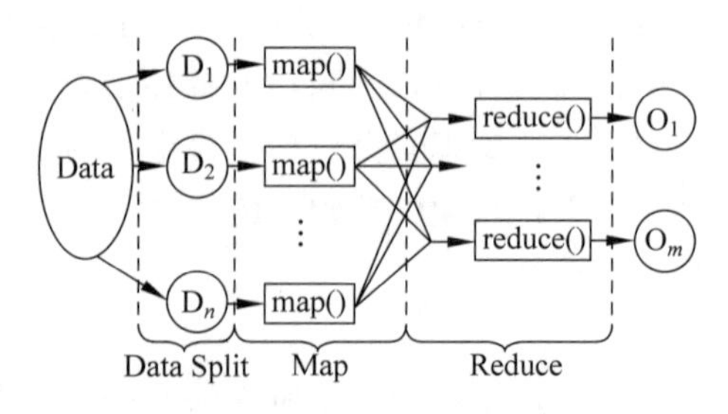

图 5-9 MapReduce 的运行模型

1. MapReduce 经典实例

WordCount 是用于展示 MapReduce 功能的经典例子，它在一个巨大的文档集中统计各个单词的出现次数。输入的数据集被分割成比较小的段，每个小段由一个 Map 函数来处理。Map 函数为每个经过它处理的单词生成一个< key,value >对，并入 word 这个单词生成< word,1 >对。MapReduce 框架把所有相同 key 的值合并一个 key/value 对里面，然后触发 Reduce 函数针对各个 key 值进行处理，WordCount 中是把特定 key 对应的 value 叠加起来，形成特定单词的出现次数。

2. 其他实例

这里有一些让人感兴趣的简单程序，可以很容易地用 MapReduce 计算来实现。

分布式的 Grep(UNIX 工具程序，可做文件内的字符串查找)：如果输入行匹配给定的样式，map 函数就输出这一行。reduce 函数就是把中间数据复制到输出。

计算 URL 访问频率：map 函数处理 Web 页面请求的记录，输出(URL,1)。reduce 函数把相同 URL 的 value 都加起来，产生一个(URL,记录总数)对。

倒转网络链接图：map 函数为每个链接输出(目标,源)对，一个 URL 叫作目标，包含这个 URL 的页面叫作源。reduce 函数根据给定的相关目标 URLs 连接所有的源 URLs 形成一个列表，产生(目标,源列表)对。每个主机的术语向量：一个术语向量用一个(词,频率)列表来概述出现在一个文档或一个文档集中的最重要的一些词。map 函数为每一个输入文档产生一个(主机名,术语向量)对(主机名来自文档的 URL)。reduce 函数接收给定主机的所有文档的术语向量。它把这些术语向量加在一起，丢弃低频的术语，然后产生一个最终的(主机名,术语向量)对。

倒排索引：map 函数分析每个文档，然后产生一个(词,文档号)对的序列。reduce 函数接受一个给定词的所有对，排序相应的文档 IDs，并且产生一个(词,文档 ID 列表)对。所有的输出对集形成一个简单的倒排索引。它可以简单增加跟踪词位置的计算。

分布式排序：map 函数从每个记录提取 key，并且产生一个(key,record)对。reduce 函数不改变任何的对。

3. MapReduce 实现原理

根据 J. Dean 的论文，中间结果的 key/value 对是先写入到本地文件系统然后再由 Reduce 任务做处理。Apache 的另一个 MapReduce 实现也是应用了同样的架构，它的具体细节与 Google 的 MapReduce 类似，本书将不再赘述。下面详细描述 Google 的 MapReduce 实现具体细节。

1) MapReduce 执行流程

Map 调用通过把输入数据自动分割成 M 片被分布到多台机器上，输入的片能够在不同的机器上被并行处理。Reduce 调用则通过分割函数分割中间 key，从而形成 R 片(例如，hash(key)modR)，它们也会被分布到多台机器上。分割数量 R 和分割函数由用户来指定。图 5-10 中显示了 Google 实现的 MapReduce 操作的全部流程。当用户的程序调用 MapReduce 函数的时候，将发生下面一系列动作，如图 5-10 所示(下面的数字和图中的数字标签相对应）：

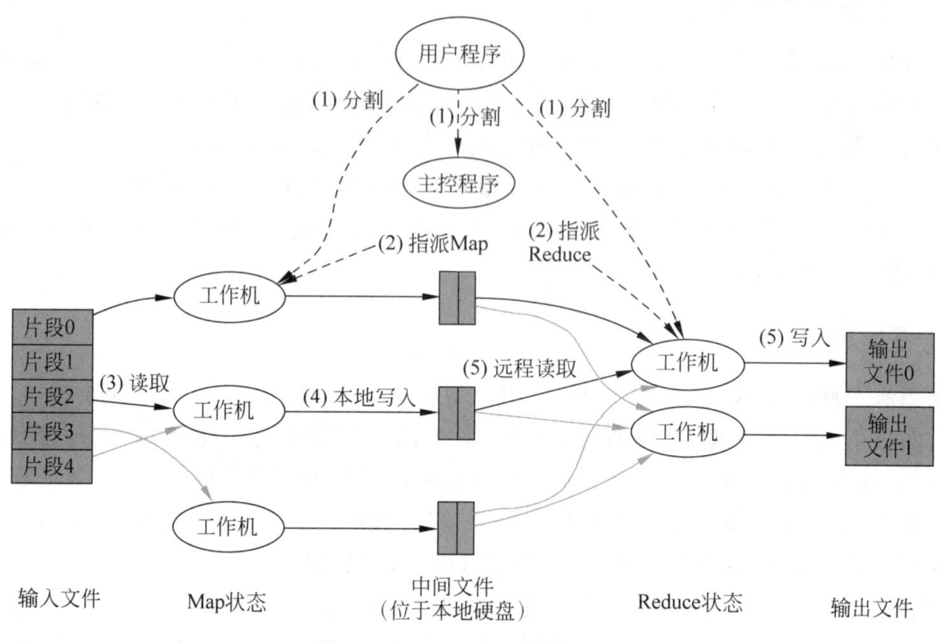

图 5-10 MapReduce 执行流程

（1）在用户程序里的 MapReduce 库首先分割输入文件成 *M* 个片，每个片的大小一般为 16～64MB(用户可以通过可选的参数来控制)，然后在机群中大量地复制程序。

（2）这些复制程序中的一个是 master，其他的都是由 master 分配任务的 worker。有 *M* 个 map 任务和 *R* 个 reduce 任务将被分配。master 分配一个 map 任务或 reduce 任务给一个空闲的 worker。

（3）一个被分配了 map 任务的 worker 读取相关输入 split 的内容。它从输入数据中分析出 key/value 对，然后把 key/value 对传递给用户自定义的 map 函数。由 map 函数产生的中间 key/value 对被缓存在内存中。

（4）缓存在内存中的 key/value 对被周期性地写入本地磁盘上，通过分割函数把它们写入 *R* 个区域。在本地磁盘上的缓存对的位置被传送给 master，master 负责把这些位置传送给 reduceworker。

（5）当一个 reduceworker 得到 master 的位置通知的时候，它使用远程过程调用来从 mapworker 的磁盘上读取缓存的数据。当 reduceworker 读取了所有的中间数据后，它通过排序使具有相同 key 的内容聚合在一起。因为许多不同的 key 映射到相同的 reduce 任务，所以必须排序。如果中间数据比内存还大，那么还需要一个外部排序。

（6）reduceworker 迭代排过序的中间数据，对于遇到的每一个唯一的中间 key，它把 key 和相关的中间 value 集传递给用户自定义的 reduce 函数。reduce 函数的输出被添加到这个 reduce 分割的最终的输出文件中。

当所有的 map 和 reduce 任务都完成了，master 唤醒用户程序。在这个时候，在用户程序里的 MapReduce 调用返回到用户代码。在成功完成之后，MapReduce 执行的输出存放在 *R* 个输出文件中(每一个 reducc 任务产生一个由用户指定名字的文件)。一般来说，用户

不需要合并这 R 个输出文件成一个文件——他们经常把这些文件当作一个输入传递给其他的 MapReduce 调用,或者在可以处理多个分割文件的分布式应用中使用它们。

2) Master 的数据结构

master 保持一些数据结构。它为每一个 map 和 reduce 任务存储它们的状态(空闲,工作中,完成),和 worker 机器(非空闲任务的机器)的标识。master 就像一个管道,通过它,中间文件区域的位置从 map 任务传递到 reduce 任务。因此,对于每个完成的 map 任务,master 存储由 map 任务产生的 R 个中间文件区域的大小和位置。当 map 任务完成的时候,位置和大小的更新信息被接受。这些信息被逐步增加的传递给那些正在工作的 reduce 任务。

3) 容错机制

因为 MapReduce 库被设计用来使用成百上千的机器来帮助处理非常大规模的数据,所以这个库必须要能很好地处理机器故障。worker 故障的检测方法为:master 周期性地 ping 每个 worker。如果 master 在一个确定的时间段内没有收到 worker 返回的信息,那么它将把这个 worker 标记成失效。因为每一个由这个失效的 worker 完成的 map 任务被重新设置成它初始的空闲状态,所以它可以被安排给其他的 worker。同样地,每一个在失败的 worker 上运行的 map 或 reduce 任务,也被重新设置成空闲状态,并且将被重新调度。在一个失败机器上已经完成的 map 任务将被再次执行,因为它的输出存储在它的磁盘上,所以不可访问。已经完成的 reduce 任务将不会再次执行,因为它的输出存储在全局文件系统中。当一个 map 任务首先被 workerA 执行之后,又被 B 执行了(因为 A 失效了),重新执行这个情况被通知给所有执行 reduce 任务的 worker。任何还没有从 A 读数据的 reduce 任务将从 workerB 读取数据。MapReduce 可以处理大规模 worker 失败的情况。例如,在一个 MapReduce 操作期间,在正在运行的机群上进行网络维护引起 80 台机器在几分钟内不可访问了,MapReducemaster 只是简单地再次执行已经被不可访问的 worker 完成的工作,继续执行,最终完成这个 MapReduce 操作。

应对 master 故障,可以很容易地让 master 周期地写入上面描述的数据结构的检查点。如果这个 master 任务失效了,可以从上次最后一个检查点开始启动另一个 master 进程。然而,因为只有一个 master,所以它的失败是比较麻烦的。因此我们现在的实现是,如果 master 失败,就中止 MapReduce 计算。客户可以检查这个状态,并且可以根据需要重新执行 MapReduce 操作。在错误面前的处理机制,当用户提供的 map 和 reduce 操作对它的输出值是确定的函数时,我们的分布式实现产生,与全部程序没有错误的顺序执行时有相同的输出。

我们依赖对 map 和 reduce 任务的输出进行原子提交来完成这个性质。每个工作中的任务把它的输出写到私有临时文件中。一个 reduce 任务产生一个这样的文件,而一个 map 任务产生 R 个这样的文件(一个 reduce 任务对应一个文件)。当一个 map 任务完成的时候,worker 发送一个消息给 master,在这个消息中包含 R 个临时文件的名字。如果 master 从一个已经完成的 map 任务再次收到一个完成的消息,它将忽略这个消息。否则,它在 master 的数据结构里记录 R 个文件的名字。当一个 reduce 任务完成的时候,这个 reduce 的 worker 原子的把临时文件重命名成最终的输出文件。如果相同的 reduce 任务在多个机器上执行,多个重命名调用将被执行,并产生相同的输出文件。我们依赖由底层文件系统提供的原子重命名操作来保证，最终的文件系统状态仅仅包含一个 reduce 任务产生的数据。我们的 map 和 reduce 操作大部分都是确定的，并且我们的处理机制等价于一个顺序的执行的这个事实，使得程序员可以很容易地理解程序的行为。当 map 或 reduce 操作是不确定的时候，我们提供虽然比较弱但是合理的处理机制。当在一个非确定操作的前面，一个 reduce 任务 R1 的输出等价于一个非确定顺序程序执行产生的输出。然而，一个不同的 reduce 任务 R2 的输出也许符合一个不同的非确定顺序程序执行产生的输出。考虑 map 任务 M 和 reduce 任务 R1，R2 的情况。我们设定 e(Ri)为已经提交的 Ri 的执行(有且仅有一个这样的执行)。这个比较弱的语义出现，因为 e(R1)也许已经读取了由 M 的执行产生的输出，而 e(R2)也许已经读取了由 M 的不同执行产生的输出。

4）存储位置

在我们的计算机环境里，网络带宽是一个相当缺乏的资源。我们利用把输入数据(由 GFS 管理)存储在机器的本地磁盘上来保存网络带宽。GFS 把每个文件分成 64MB 的一些块，然后每个块的几个副本存储在不同的机器上(一般是 3 个副本)。MapReduce 的 master 考虑输入文件的位置信息，并且努力在一个包含相关输入数据的机器上安排一个 map 任务。如果这样做失败了，它尝试在那个任务的输入数据的附近安排一个 map 任务(例如，分配到一个和包含输入数据块在一个 switch 里的 worker 机器上执行)。当运行巨大的 MapReduce 操作在一个机群中的一部分机器上的时候，大部分输入数据在本地被读取，从而不消耗网络带宽。

5）任务粒度

像上面描述的那样，我们细分 map 阶段成 M 片，reduce 阶段成 R 片。M 和 R 应当比 worker 机器的数量大许多。每个 worker 执行许多不同的工作来提高动态负载均衡，也可以加速从一个 worker 失效中的恢复，这台机器上的许多已经完成的 map 任务可以被分配到所有其他的 worker 机器上。在我们的实现里，M 和 R 的范围是有大小限制的，因为 master 必须做 O(M+R)次调度，并且保存 O(M * R)个状态在内存中。此因素使用的内存是很少的，在 O(M * R)个状态片里，大约每个 map 任务/reduce 任务对使用 1B 的数据。此外，R 经常被用户限制，因为每一个 reduce 任务最终都是一个独立的输出文件。实际上，我们倾向于选择 M，以便每一个单独的任务大概都是 16～64MB 的输入数据(以便上面描述的位置优化是最有效的)，我们把 R 设置成希望使用的 worker 机器数量的小倍数。我们经常在 M=200000，R=5000，使用 2000 台 worker 机器的情况下，执行 MapReduce 计算。

6）备用任务

一个落后者是延长 MapReduce 操作时间的原因之一：一个机器花费一个异乎寻常的长时间来完成最后的 map 或 reduce 任务中的一个。有很多原因可能产生落后者。例如，一个有坏磁盘的机器经常发生可以纠正的错误，这样就使读性能从 30MB/s 降低到 3MB/s。机群调度系统也许已经安排其他的任务在这个机器上，由于计算要使用 CPU、内存、本地磁盘、网络带宽的原因，引起它执行 MapReduce 代码很慢。我们最近遇到的问题是，在机器初始化时的 Bug 引起处理器缓存的失效：在一台被影响的机器上的计算性能有上百倍的差异。我们有一个一般的机制来减轻这个落后者的问题。当一个 MapReduce 操作将要完成的时候，master 调度备用进程来执行那些剩下的还在执行的任务。无论是原来的还是备用的执行完成了，工作(job)都被标记成完成。我们已经调整了这个机制，通常只会占用多几个百分点的机器资源。我们发现这可以显著地减少完成大规模 MapReduce 操作的时间。

4. MapReduce 的优势

(1) 移动计算而不是移动数据,避免了额外的网络负载。

(2) 任务之间相互独立,让局部故障可以更容易地处理,单个节点的故障只需要重启该节点任务即可。它避免了故障蔓延到整个集群,能够容忍同步中的错误。对于拖后腿的任务也可以启动备份任务加快任务完成。

(3) 理想状态下 MapReduce 模型是可线性扩展的,它是为了使用便宜的商业机器而设计的计算模型。

(4) MapReduce 模型结构简单,终端用户至少只需编写 Map 和 Reduce 函数。

(5) 相对于其他分布式模型,MapReduce 的一大特点是其平坦的集群扩展代价曲线。因为 MapReduce 在启动作业、调度等管理操作的时间成本相对较高,MapReduce 在节点有限的小规模集群中的表现并不十分突出。但在大规模集群时,MapReduce 表现非常好。

5. MapReduce 的劣势

(1) MapReduce 模型本身是有诸多限制的,比如缺乏一个中心用于同步各个任务。

(2) 用 MapReduce 模型来实现常见的数据库连接操作非常麻烦且效率低下,因为 MapReduce 模型是没有索引结构的,通常整个数据库都会通过 Map 和 Reduce 函数。

(3) MapReduce 集群管理比较麻烦,在集群中调试、部署以及日志收集工作都很困难。

(4) 单个 Master 节点有单点故障的可能性且可能会限制集群的扩展性。

(5) 当中间结果必须给保留的时候,作业的管理并不简单。

(6) 对于集群的参数配置的最优解并非显然,许多参数需要有丰富的应用经验才能确定。

5.3.2 Spark

Spark 由加州大学伯克利分校 AMP 实验室开发,可用来构建大型的、低延迟的数据分析应用程序。本质上,Spark 是一种面向大数据处理的分布式内存计算模式或框架。Spark 启用了内存分布数据集,除了能够提供交互式查询外,它还可以优化迭代工作负载。Spark 是在 Scala 语言中实现的,它将 Scala 用作其应用程序框架,而 Scala 的语言特点也铸就了大部分 Spark 的成功。Spark 是类似于 Hadoop MapReduce 的通用并行框架,但在迭代计算上比 MapReduce 性能更优,现在是 Apache 孵化的顶级项目。与 Hadoop 不同,Spark 和 Scala 能够紧密集成,其中的 Scala 可以像操作本地集合对象一样轻松地操作分布式数据集。尽管创建 Spark 是为了支持分布式数据集上的迭代作业,但是实际上它是对 Hadoop 的补充,可以在 Hadoop 文件系统中并行运行。通过名为 Mesos 的第三方集群框架可以支持此行为。

虽然 Spark 与 Hadoop 有相似之处,但它提供了具有有用差异的一个新的集群计算框架。首先,Spark 是为集群计算中的特定类型的工作负载而设计,即那些在并行操作之间重用工作数据集(比如机器学习算法)的工作负载。为了优化这些类型的工作负载,Spark 引进了内存集群计算的概念,可在内存集群计算中将数据集缓存在内存中,以缩短访问延迟。

Spark还引进了名为弹性分布式数据集(RDD)的抽象。RDD是分布在一组节点中的只读对象集合。这些集合是弹性的,如果数据集一部分丢失,则可以对它们进行重建。重建部分数据集的过程依赖于容错机制,该机制可以维护"血统"(即充许基于数据衍生过程重建部分数据集的信息)。

Spark中的应用程序称为驱动程序,这些驱动程序可实现在单一节点上执行的操作或在一组节点上并行执行的操作。与Hadoop类似,Spark支持单节点集群或多节点集群。对于多节点操作,Spark依赖于Mesos集群管理器。Mesos为分布式应用程序的资源共享和隔离提供了一个有效平台。该设置充许Spark与Hadoop共存于节点的一个共享池中。

1. Spark 生态环境

Spark有一套生态环境,而这套蓝图正是AMP实验室正在绘制的。Spark在整个生态系统中的地位如图5-11所示,它是基于Tachyon的。而对底层的Mesos类似与YARN调度框架,在其上也可以搭载如Spark、Hadoop等环境。Shark类似Hadoop里的Hive,而其性能比Hive要快成百上千倍,不过hadoop注重的不一定是最快的速度,而是廉价集群上离线批量的计算能力。此外,图5-11中还有图数据库GraphX、流处理组件Spark Streaming以及machine learning的ML Base。也就是说,Spark这套生态环境把大数据这块领域的数据流计算和交互式计算都包含了,而另外一块批处理计算应该由Hadoop占据,同时Spark又可以与HDFS交互取得里面的数据文件。Spark的迭代、内存运算能力以及交互式计算,都为数据挖掘、机器学习提供了很必要的辅助。

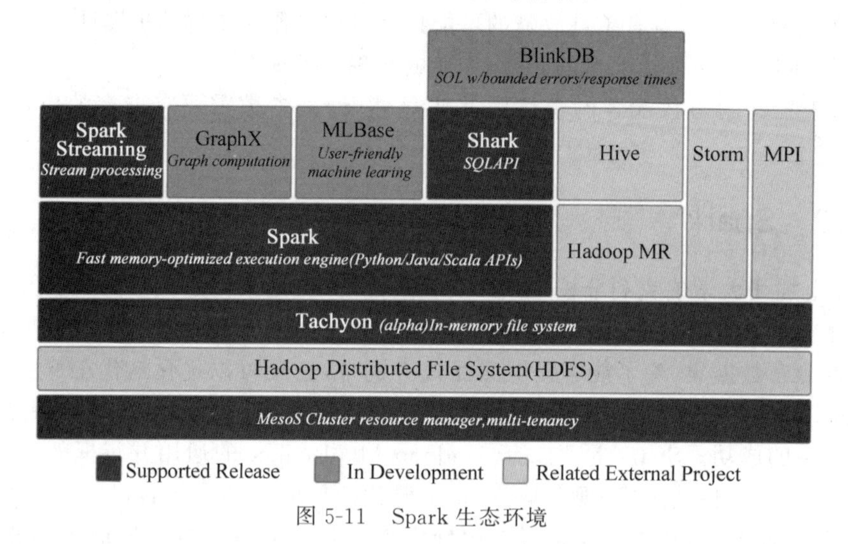

图5-11 Spark生态环境

2. Spark 总体架构

Spark运作状态及总体行架构分别如图5-12和图5-13所示,其中各组件介绍如下:

- Driver Program:运行main函数并且新建SparkContext的程序。
- SparkContext:Spark程序的入口,负责调度各个运算资源,协调各个Worker Node上的Executor。
- Application:基于Spark的用户程序,包含了driver程序和集群上的executor。

- Cluster Manager：集群的资源管理器(例如：Standalone，Mesos，Yarn)。
- Worker Node：集群中任何可以运行应用代码的节点。
- Executor：是在一个 worker node 上为某应用启动的一个进程，该进程负责运行任务，并且负责将数据存在内存或者磁盘上。每个应用都有各自独立的 executors。
- Task：被送到某个 executor 上的工作单元。

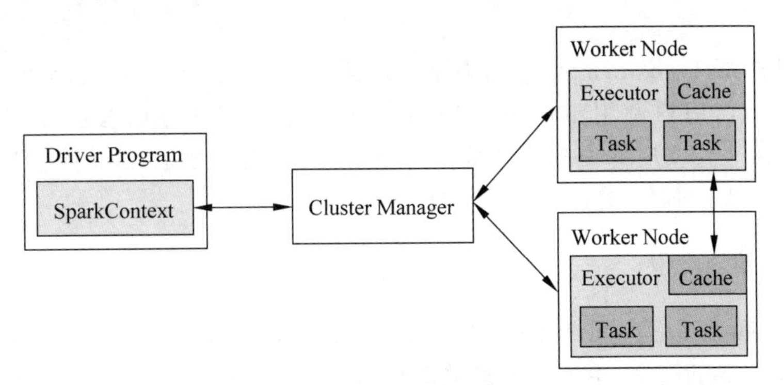

图 5-12　Spark 运行状态

在 Spark 集群中，有两个重要的部件，即 driver 和 worker。driver 程序是应用逻辑执行的起点，类似于 Hadoop 架构中的 JobTracker，而多个 worker 用来对数据进行并行处理，相当于 Hadoop 的 TaskTracker。尽管不是强制的，但数据通常与 worker 搭配，并在集群内的同一套机器中进行分区。在执行阶段，driver 程序会将代码或 scala 闭包传递给 worker 机器，同时相应分区的数据将进行处理。数据会经历转换的各个阶段，同时尽可能地保持在同一分区之内。执行结束之后，worker 会将结果返回 driver 程序。一个用户程序是如何从提交到最终在集群上执行的：

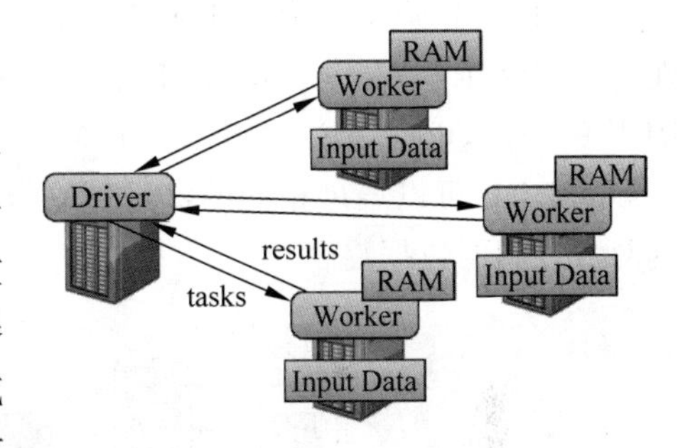

图 5-13　Spark 总体架构

(1) SparkContext 连接到 ClusterManager，并且向 ClusterManager 申请 executors。

(2) SparkContext 向 executors 发送 application code。

(3) SparkContext 向 executors 发送 tasks，executor 会执行被分配的 tasks。运行时的状态如图 5-12 所示。

3. 弹性分布式数据集 RDD

提及 Spark 就不得不提 Spark 的核心数据结构弹性分布式数据集(RDD)。它是逻辑集中的实体，但在集群中的多台机器上进行了分区。通过对多台机器上不同 RDD 联合分区的控制，就能够减少机器之间数据混合(data shuffling)。Spark 提供了一个 partition-by 运算符，能够通过集群中多台机器之间对原始 RDD 进行数据再分配来创建一个新的 RDD。

RDD 可以随意在 RAM 中进行缓存，因此它提供了更快速的数据访问。目前缓存的粒度处在 RDD 级别，因此只能是全部 RDD 被缓存。在集群中有足够的内存时，Spark 会根据 LRU 替换算法将 RDD 进行缓存。

RDD提供了一个抽象的数据架构，我们不必担心底层数据的分布式特性，而应用逻辑可以表达为一系列转换处理。通常应用逻辑是以一系列Transformation和Action来表达的。在执行Transformation中原始RDD是不变的，Transformation后产生的是新的RDD。前者在RDD之间指定处理的相互依赖关系有向无环图DAG，后者指定输出的形式。调度程序通过拓扑排序来决定DAG执行的顺序，追踪最源头的节点或者代表缓存RDD的节点。

用户通过选择Transformation的类型并定义Transformation中的函数来控制RDD之间的转换关系。当用户调用不同类型的Action操作来把任务以自己需要的形式输出。Transformation在定义时并没有立刻被执行，而是等到第一个Action操作到来时，再根据Transformation生成各代RDD，最后由RDD生成最后的输出。

4. RDD依赖的类型

在RDD依赖关系有向无环图中，两代RDD之间的关系由Transformation来确定，根据Transformation的类型，生成的依赖关系有两种形式：窄依赖(Narrow dependency)与宽依赖(Wide dependency)。

如图5-14所示，窄依赖是指父RDD的每一个分区最多被一个子RDD的分区所用，表现为一个父RDD的分区对应于一个子RDD的分区或多个父RDD的分区对应于一个子RDD的分区，也就是说，一个父RDD的一个分区不可能对应一个子RDD的多个分区。窄依赖的RDD可以通过相同的键进行联合分区，整个操作都可以在一台机器上进行，不会造成网络之间的数据混合。

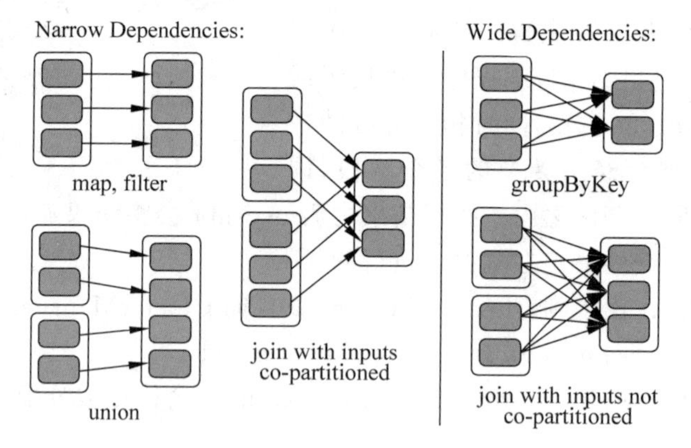

图5-14 窄依赖和宽依赖

宽依赖是指子RDD的分区依赖于父RDD的多个分区或所有分区，也就是说存在一个父RDD的一个分区对应一个子RDD的多个分区。宽依赖的RDD就会涉及数据混合。调度程序会检查依赖性的类型，将窄依赖的RDD划到一组处理当中，即stage。宽依赖在一个执行中会跨越连续的stage，同时需要显式指定多个子RDD的分区。

5. RDD任务生成模式

如图5-15所示，一个实心小方框代表的是一个RDD的分区(Partition)，几个分区合成一个RDD。图中箭头代表了RDD之间的关系。用户提交的计算任务是一个由RDD构成的DAG，如果RDD的转换是宽依赖，那么这个宽依赖转换就将这个DAG分为了不同的阶段(Stage)。由于宽依赖会带来洗牌(Shuffle)，所以不同的Stage是不能并行计算的，后面Stage的RDD的计算需要等待前面Stage的RDD的所有分区全部计算完毕以后才能进行。把一个DAG图划分成多个Stage以后，每个Stage都代表了一组由关联的、相互之间没有宽依赖关系的任务组成的任务集合。在运行的时候，Spark会把每个任务集合提交给任务调度器进行处理。如何切分DAG(Spark划分任务阶段Stage)呢？Spark将每一个job分为不同的Stage，根据是否shuffle来切成多个小DAG(即Stage)，凡是RDD之间是窄依赖的，都归到一个stage里，在每个stage内部将具有窄依赖的转换流水线化。

如图5-15所示：

(1) RDD B与RDD G属于窄依赖，所以它们属于同一个stage，RDD B与父RDD A之间是宽依赖的关系，它们不能划分在一起，所以RDD A自己是一个stage1。

(2) RDD F与RDD G属于宽依赖，它们不能划分在一起，所以最后一个stage的范围也就限定了，RDD B和RDD G组成了Stage3。

(3) RDD F与两个父RDD D、RDD E之间是窄依赖关系，RDD D与父RDD C之间也是窄依赖关系，所以它们都属于同一个Stage2。

(4) 执行过程中Stage1和Stage2相互之间没有前后关系所以可以并行执行，相应地，每个stage内部各个partition对应的task也并行执行。

(5) Stage3依赖Stage1和Stage2执行结果的partition，只有等前两个Stage执行结束后才可以启动Stage3。

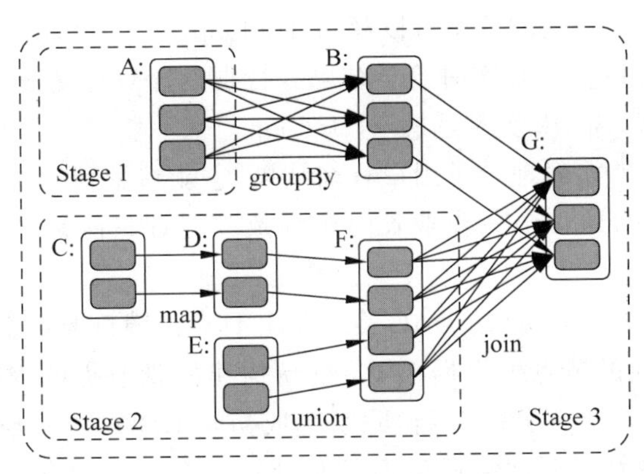

图5-15　Spark任务生成模式

6. Spark迭代性能远超Hadoop的原因

(1) 如图5-16所示，在复杂的大数据处理过程中，迭代计算是非常常见的。Hadoop对于迭代计算没有优化策略，在每一次迭代的过程中，中间结果必须写入磁盘中，并且在写一个迭代必须ETL读取到内存中再进行处理。而Spark中，数据只有在第一个迭代的过程把数据反序列化ETL到内存中，之后的所有迭代的中间结果都保存在内存中，极大地减少了I/O操作次数，其在迭代计算中的效率自然比Hadoop高出许多。

(2) 在实际操作中多次读取同一块数据并作不同的计算也是比较常见的。Hadoop在这一方面并没有做优化，每一次查询操作都必须从HDFS上读取数据，导致更多的硬盘开

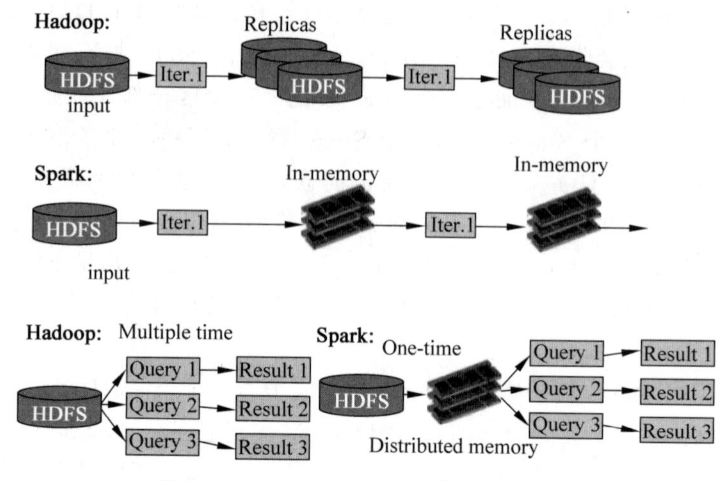

图 5-16　Spark 与 Hadoop 迭代过程比较

销。而 Spark 只有在第一次调用 HDFS 数据的时候反序列化读取到内存中,以后每次针对这一数据的查询都直接通过内存来读取。

7. Spark 的优缺点

优点：

(1) 相对于 Hadoop 来说,Spark 的执行效率更高,当整个集群内存足够保存查询过程中的所有 RDD 时,Spark 的查询效率可以超过 Hadoop 50～100 倍。基本来说这样的低延迟在大数据量处理中可以认为是实时给予结果。特别是针对重复使用同一块数据或者迭代使用不同的数据的过程,Spark 更是远胜于 Hadoop。

(2) 由于 Spark 能够实时地给予用户查询结果,它能够做到与用户互动式的查询,不需要用户长时间等待。而 Hadoop 的作业长时延导致其处理只能是批处理,用户批量输入任务然后等待任务结果。

(3) 快速的故障恢复。RDD 的 DAG 令 Spark 具有故障恢复的能力。当发生节点故障的时候,Spark 会在其他的节点上根据 DAG 重新构建故障节点的 RDDs。由于 RDD 的依赖机制中的窄依赖只在单个节点上运行,除了生成初始 RDD 之外只在内存中进行,因此处理速度很快。宽依赖虽然需要网络通信但是其计算也全部在内存中,因此 RDD 的故障恢复要比 Hadoop 快。

(4) 在 Spark 中,一个 Action 生成一个作业,而在不同的 Action 之间,RDD 是可以共享的。上一个 Action 使用或生成的 RDD 可由下一个 Action 调用,因此实现作业之间的数据共享。对于 Hadoop 来说,其中间结果是保存在 Mapper 的本地文件系统中的,无法让中间结果在作业之间共享。而作业结果又是保存在 HDFS 上,下一个作业要读取的时候还要重新做 ETL。

缺点：

(1) Spark 的架构借鉴了 Hadoop 的 Master-Slave 架构。因此它也会有 Hadoop 相同的 Master 节点性能瓶颈问题。对于多用户多作业的集群来说,Spark 的 Driver 很可能形成整个集群性能的瓶颈。

(2) Spark 官方论文中承认 Spark 也有不适合做的事情。Spark 不适用对于共享状态、数据的异步更新操作。因为 Spark 核心数据结构 RDD 的不可变性,导致在进行每一个小的异步更新时会生成一个 RDD,整个系统会产生大量重复数据,导致系统处理效率低下。Spark 不是不能处理这个类型的数据,而是在处理时效率低下。而这个异步更新共享状态、数据的操作常见的有增量的网络爬虫系统的数据库。

8. Spark 集群简单搭建

简单的单机部署步骤如下:

(1) 安装 JDK 和 Scala 并配置环境变量。Scala 的安装配置与 JDK 相似,兹不赘述。

(2) 下载 Spark 安装包解压到任意目录下(这里使用/opt/spark/)。

(3) 配置 Spark 环境变量:

在 Spark 的根目录执行: cp conf/spark-env. sh. template conf/spark-env. sh

目前 Spark 环境不依赖 Hadoop,也就不需要 Mesos,所以配置的东西很少。最简单的配置信息有:

```
export SCALA_HOME = /opt/scala - 2.10.3
export JAVA_HOME = /usr/java/jdk1.7.0_17
```

下面与官网的 Quick Start 过程相同。

(4) built Spark

在 Spark 的根目录下运行: sbt/sbt assembly

命令完成后,就会下载 Spark 部署所需的依赖包,如图 5-17 所示。

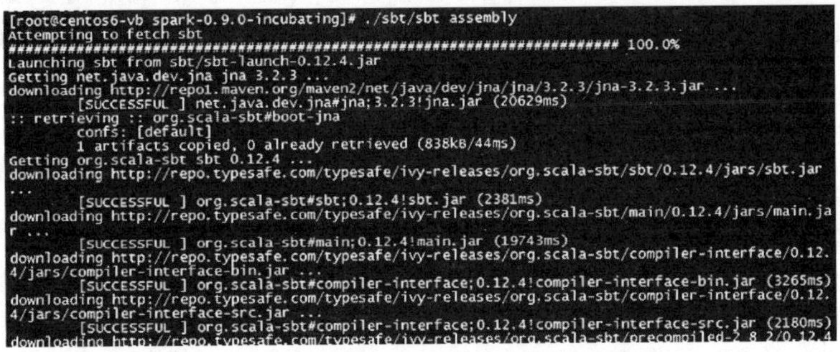

```
[root@centos6-vb spark-0.9.0-incubating]# ./sbt/sbt assembly
Attempting to fetch sbt
######################################################################## 100.0%
Launching sbt from sbt/sbt-launch-0.12.4.jar
Getting net.java.dev.jna jna 3.2.3 ...
downloading http://repo1.maven.org/maven2/net/java/dev/jna/jna/3.2.3/jna-3.2.3.jar ...
        [SUCCESSFUL ] net.java.dev.jna#jna;3.2.3!jna.jar (20629ms)
:: retrieving :: org.scala-sbt#boot-jna
        confs: [default]
        1 artifacts copied, 0 already retrieved (838kB/44ms)
Getting org.scala-sbt sbt 0.12.4 ...
downloading http://repo.typesafe.com/typesafe/ivy-releases/org.scala-sbt/sbt/0.12.4/jars/sbt.jar
...
        [SUCCESSFUL ] org.scala-sbt#sbt;0.12.4!sbt.jar (2381ms)
downloading http://repo.typesafe.com/typesafe/ivy-releases/org.scala-sbt/main/0.12.4/jars/main.ja
r ...
        [SUCCESSFUL ] org.scala-sbt#main;0.12.4!main.jar (19743ms)
downloading http://repo.typesafe.com/typesafe/ivy-releases/org.scala-sbt/compiler-interface/0.12.
4/jars/compiler-interface-bin.jar ...
        [SUCCESSFUL ] org.scala-sbt#compiler-interface;0.12.4!compiler-interface-bin.jar (3265ms)
downloading http://repo.typesafe.com/typesafe/ivy-releases/org.scala-sbt/compiler-interface/0.12.
4/jars/compiler-interface-src.jar ...
        [SUCCESSFUL ] org.scala-sbt#compiler-interface;0.12.4!compiler-interface-src.jar (2180ms)
downloading http://repo.typesafe.com/typesafe/ivy-releases/org.scala-sbt/precompiled-2_8_2/0.12.4
```

图 5-17　下载 Spark 所需依赖效果图

如图 5-18 所示,编译后的结果。

```
[warn] Strategy 'first' was applied to 241 files
[info] Checking every *.class/*.jar file's SHA-1.
[info] Assembly up to date: /opt/spark/spark-0.9.0-incubating/assembly/target/sc
ala-2.10/spark-assembly-0.9.0-incubating-hadoop1.0.4.jar
[success] Total time: 156 s, completed Feb 28, 2014 6:28:13 PM
[root@centos6-vb spark-0.9.0-incubating]#
```

图 5-18　编译后的结果

编译后的 jar 文件在 spark-0. 9. 0-incubating/assembly/target/scala-2. X/spark-assembly- 0. 9. 0-incubating-hadoop1. 0. 4. jar(在 Eclipsevs 创建 Spark 应用时,需要把这个

jar 文件添加到 Build Path)。

(5) 通过>[bin]#./spark-shell 命令可以进入 Scala 解释器环境。如图 5-19 所示,在解释器环境下(Spark 交互模式)测试 Spark,便可知 Spark 是否正常运行。

```
scala> var data=Array(1,2,3,4,5,6)
data: Array[Int] = Array(1, 2, 3, 4, 5, 6)

scala> val distData = sc.parallelize(data)
distData: org.apache.spark.rdd.RDD[Int] = ParallelCollectionRDD[0] at parallelize at <cor

scala> distData.reduce(_+_)
14/02/28 18:15:54 INFO SparkContext: Starting job: reduce at <console>:17
14/02/28 18:15:54 INFO DAGScheduler: Got job 0 (reduce at <console>:17) with 1
output partitions (allowLocal=false)
14/02/28 18:15:54 INFO DAGScheduler: Final stage: Stage 0 (reduce at <console>:17)
14/02/28 18:15:54 INFO DAGScheduler: Parents of final stage: List()
14/02/28 18:15:54 INFO DAGScheduler: Missing parents: List()
14/02/28 18:15:54 INFO DAGScheduler: Submitting Stage 0
(ParallelCollectionRDD[0] at parallelize at <console>:14), which has no missing parents
14/02/28 18:15:55 INFO DAGScheduler: Submitting 1 missing tasks from Stage 0
(ParallelCollectionRDD[0] at parallelize at <console>:14)
14/02/28 18:15:55 INFO TaskSchedulerImpl: Adding task set 0.0 with 1 tasks
14/02/28 18:16:00 INFO TaskSetManager: Starting task 0.0:0 as TID 0
on executor localhost: localhost (PROCESS_LOCAL)
14/02/28 18:16:00 INFO TaskSetManager: Serialized task 0.0:0 as 1077 bytes in 88 ms
14/02/28 18:16:01 INFO Executor: Running task ID 0
14/02/28 18:16:02 INFO Executor: Serialized size of result for 0 is 641
14/02/28 18:16:02 INFO Executor: Sending result for 0 directly to driver
14/02/28 18:16:02 INFO Executor: Finished task ID 0
14/02/28 18:16:02 INFO TaskSetManager: Finished TID 0 in 6049
ms on localhost (progress: 0/1)
14/02/28 18:16:02 INFO DAGScheduler: Completed ResultTask(0, 0)
14/02/28 18:16:02 INFO DAGScheduler: Stage 0 (reduce at <console>:17) finished in 6.167
s
14/02/28 18:16:02 INFO TaskSchedulerImpl: Remove TaskSet 0.0 from pool
14/02/28 18:16:02
INFO SparkContext: Job finished: reduce at <console>:17, took 7.928379191 s
res0: Int = 21</console></console></console></console></console></console></cor
```

图 5-19 Spark 测试图

至此,Spark 单机部署搭建成功。

关于集群部署:

多个集群的全分布部署也很简单,只需像 Hadoop 配置过程一样,主要步骤为:①在各个节点安装 JDK、Scala 并配置环境变量;②在各个节点配置同一个账户的免密码登录;③复制 Spark 文件夹到各个节点的相同的目录;④在 conf/slaves 文件中添加各个节点的主机名;⑤在 Spark 的 sbin 目录运行./start-all.sh 就可以启动集群。

当然这里启动的集群只是最简配置下的基于 Hadoop 1.X 集群,如果需要配置高可用性、高性能的集群仍需参考官方配置文档。

5.3.3 流式计算

1. 流式数据

流式大数据是随着时间而无限增加的数据序列,简称为流数据。与传统的静态数据相比,这些数据具有鲜明的流式特征:

(1) 流数据的数据量是庞大的,且随着时间增加,数据规模持续无限扩大,无法掌握数据的全貌,是无穷的数据序列。

(2) 流数据具有时效性,延时过长会使其丧失价值,因此,需要保证对数据的实时更新、处理和反馈,数据的实时性要求高。

(3) 流数据通常是由多个数据源持续形成的,不同数据源的产生和传输速率不同,因此,数据具有突发性,是不断变化的,数据的顺序也是随机的。

(4) 流数据的处理往往是单次处理,且与数据元素流入顺序有关。若非专门存储,不能多次、随机访问这些数据元素。

很明显,根据流数据的数据特征,我们需要计算架构是可靠的,能够处理无限流数据;是延时短的,能够实时处理流数据,把握流数据的价值;是有良好的伸缩性的,能够根据数据量的突发变化快速扩展或回收计算资源。

通常,处理海量数据有两种计算模式:批量计算和流式计算,它们的特点对比如表5-4所示。相比之下,批量计算是先将数据存储到硬盘中,进行数据积累后再处理硬盘中的数据,需要的存储空间较大,且由于集中处理,对计算资源的利用率较低,但对数据的准确性和持久性要求较高。流式计算是直接在内存中处理数据,不需要存储至硬盘中,处理的速度和实时性相对较高。两种计算模式的处理过程如图5-20。显然,流式计算能更好地处理流数据。

表 5-4 计算模式特点对比

类型	批量计算	流式计算
数据类型	静态离线数据	实时动态数据
数据规模	数据的有限集合	无限扩大的数据集合
数据存储	硬盘	无须存储
存储空间	大	小
实时性	低	高
准确性	高	低
持久性	高	低

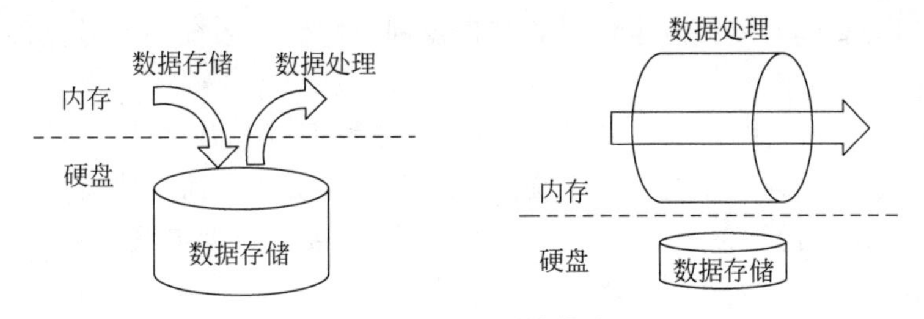

图 5-20 批量计算模式

2. 流式计算系统

流式计算是对流式数据进行实时分析计算的一种技术。它能很好地满足流数据处理的实时性和可靠性的要求,因此,已经有许多流式计算系统投入使用。目前,比较具有代表性的大数据流式计算系统实例有 Spark Streaming 系统、Storm 系统、S4 系统和 Kafka 系统。其中,Spark Streaming 系统、Storm 系统和 Kafka 系统采用的是有中心的主从式架构,S4 系统采用的是去中心化的对等式架构。

1) 系统架构

(1) 主从式架构:如图5-21所示,系统包括一个主节点与多个从节点,各个从节点之间没有数据交换。主节点负责分配系统资源和任务,同时,完成系统容错、负载均衡等工作;从节点负责完成主节点分配的任务,每个从节点受主节点控制。

(2) 对等式架构：如图 5-22 所示，系统中每个节点是对等的，节点的功能相同，对资源的使用权限也相同，能够更好地实现负载均衡。对等架构有良好的伸缩性，能够更好地应对流数据的突发性。另外，当部分节点失效时，对其他节点的影响很小，系统的容错性较强。

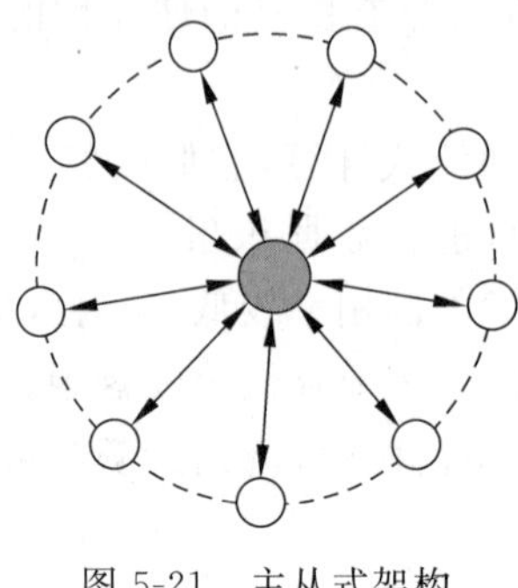

图 5-21　主从式架构

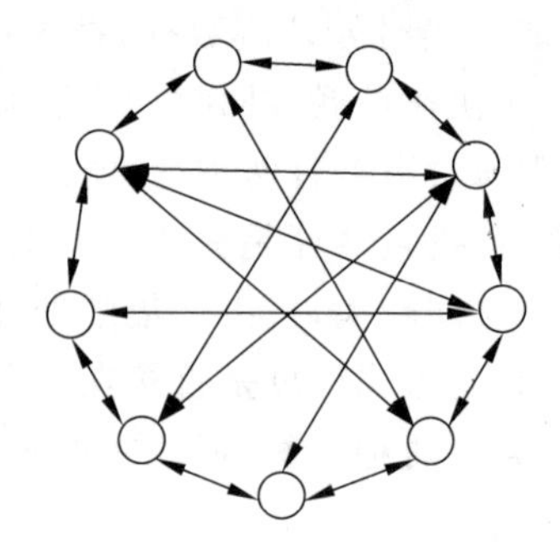

图 5-22　对等式架构

2) 应用场景

大数据流式计算的应用场景主要有金融银行业、互联网、物联网三个典型领域的应用。

(1) 金融银行业。金融银行业的日常运营业务有大量数据，不同银行、不同部门的内部的流动数据规模也很大，且数据结构各不相同。在风险管理、营销管理和商业智能方面，流式计算能够转换不同结构的数据项，提取数据特征，实现数据流的快速实时处理，实现系统的监控和优化。

(2) 互联网。互联网上每天都有大量的数据流动，它们以文字、图片、音频等形式存在。互联网企业通过分析用户的查询历史、浏览历史、地理位置等信息，提供用户偏好的新闻、广告等信息，提升用户体验，获得点击付费的广告盈利。它们对系统的实时性、吞吐量的要求很高。

(3) 物联网。在物联网领域，传感器产生庞大的数据。电力、交通、环境等行业都需要传感器采集大量的数据以实现对整个系统的监控和决策分析。而传感器的数量众多、种类各异，采集的数据的结构和种类也具有多样性，因此，需要大数据流式计算来保障系统的实时性和可靠性。

3) 典型流式计算系统

(1) Spark Streaming。Spark Streaming 是在 Spark 基础上扩展的实时计算框架，能够实现高吞吐量的、容错处理的流式数据处理。如图 5-23 所示，Spark Streaming 对实时流数据的处理流程是，将流数据按照时间间隔分为许多微小的批量数据，即微批，通过 Spark Engine 以批处理方式的处理微批，得到处理后的结果。

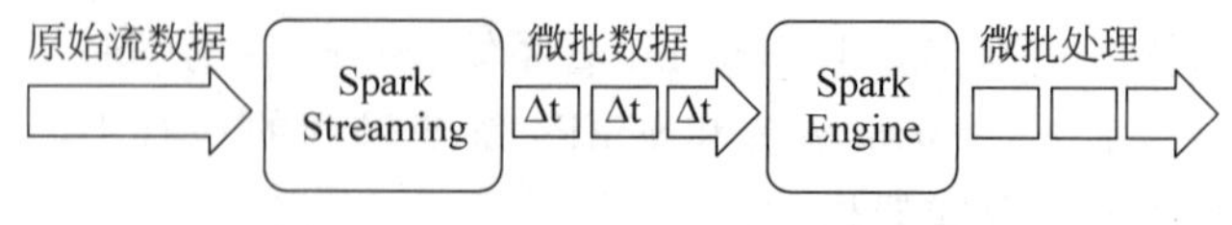

图 5-23　Spark Streaming 处理流程

其中，Spark Streaming 中将流数据分为许多微批数据的引擎为 Spark Core，它将流数据分为许多段微小的数据，再将这些数据转换成 RDD(Resilient Distributed Dataset)，利用 Spark 系统的 Spark Engine 对 RDD 进行 Transformation 处理，将结果保存在内存中。

容错性：Spark Streaming 的容错机制由 Spark RDD 提供。因为 RDD 是不可变的，可以被重计算的分布式数据集，它记录了操作的先后关系。若 RDD 的其中一个分区丢失，则通过执行同样的 Spark 计算，就能得出丢失的分区。当原始数据存储在具有容错性的文件系统如 HDFS 时，可以通过上述容错机制重新生成 RDD，具有容错性。但是如 Kafka 等文件系统不具有容错性，则可能会丢失内存中的数据。因此，在 Spark Streaming 1.2 中引入了 Write Ahead Logs 功能，简称 WAL。WAL 功能是将所有系统接收的数据保存到日志文件中。当数据丢失时，日志文件不会写入数据，这样系统可以通过日志文件信息重新发送丢失的数据，同样保证了系统的容错性。

实时性：Spark Streaming 的实时性是基于 Spark 系统的，它将流式计算分解成多个任务，通过 Spark 引擎对数据处理。由于微批处理后的数据量相对较少，Spark Streaming 的延迟减低，目前能达到最小 100ms 的延迟，能够满足实时性要求不是非常高的工作需求。通过 Spark Streaming 处理流数据，可以比 MapReduce 的数据处理速度更快。但是由于流数据处理的方法依旧是批处理的方法，需要将数据进行缓存，占用内存资源多，大量数据的传入和传出会影响数据处理的速度，因此，Spark Streaming 适用于重视吞吐率、延迟要求较低的工作。

(2) Storm 系统。Strom 系统是由 Twitter 支持开发的一个分布式、实时的高容错开源流式计算系统。它侧重于低延迟，是要求实时处理的工作负载的最佳选择。与 Spark 系统的微批数据处理不同，Storm 系统采用的是原生流数据处理，即直接处理每个到达的数据。很明显，原生流数据处理的速度优于微批数据处理，但是，这种处理方式需要考虑每个数据，需要的系统成本比较高。

Storm 系统计算的作业逻辑单元是拓扑(Topology)，是一个 Thrift 结构，因此需要将原生数据流转换处理成拓扑。拓扑包括 Spout 和 Bolt 两种组件，Spout 是拓扑的起始单元，它从外部数据源中读取原生数据流，通过 nextTuple 方法将数据组织成 Tuple 元组发送给 Bolt；Bolt 是拓扑的处理单元，与 Spout 相互连接，将接收到的 Tuple 元组进行过滤、聚合、连接等处理，以流的形式输出结果。多个 Spout 和 Bolt 连接形成的网络为拓扑，示意图如图 5-24 所示。

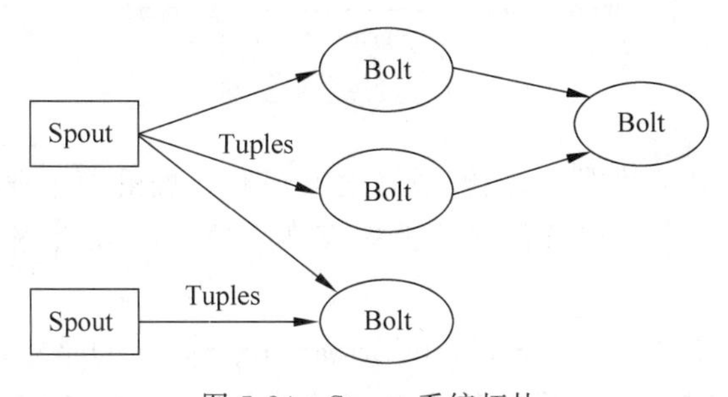

图 5-24　Storm 系统拓扑

Storm 系统采用的是主从式架构，它主要由一个主节点 nimbus、多个从节点 Supervisor 和 Zookeeper 集群组成，主节点和从节点由 Zookeeper 进行协调，系统的架构如图 5-25 所示。

当 Storm 系统部署完成后，主要分为 4 个步骤进行数据流处理：

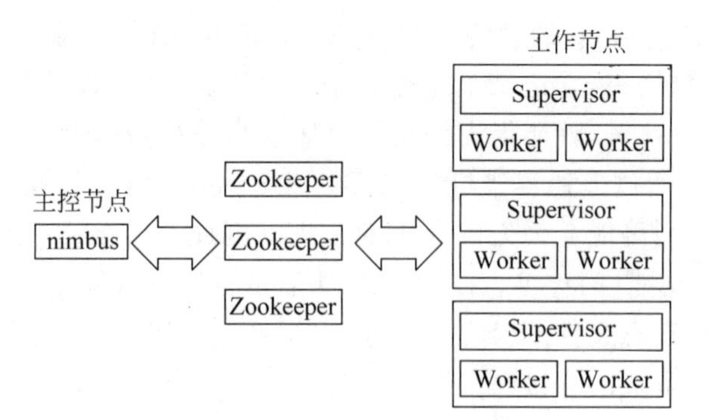

图 5-25 Strom 系统架构

① 将原生数据流处理成拓扑，提交给主节点 nimbus；

② 主节点 nimbus 从 Zookeeper 集群中获得心跳信息，根据系统情况分配资源和任务给从节点 Supervisor 执行；

③ 从节点监听到任务后启动或关闭 Worker 进程执行任务；

④ Worker 执行任务，把相关信息发送给 Zookeeper 集群存储。

每个拓扑是由不同的从节点上的 Worker 共同组成的。Zookeeper 集群是系统的外部资源，存储了拓扑信息和各节点的状态信息，主节点和从节点间通过 Zookeeper 集群传送信息，没有直接交互。主节点 nimbus 根据 Zookeeper 集群的心跳信息进行系统状态监控和配置管理。它们的数据交互示意图如图 5-26 所示。

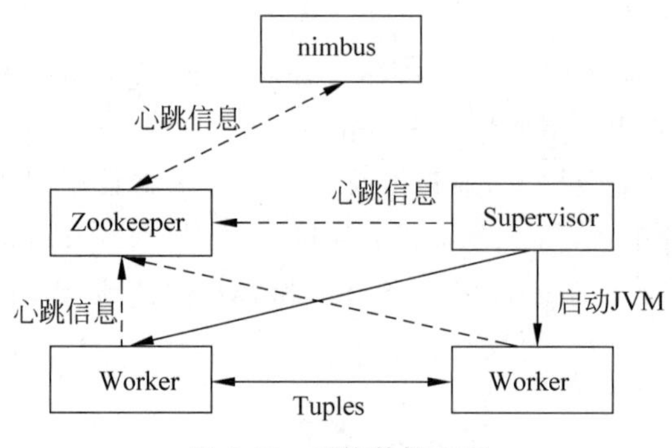

图 5-26 系统数据交互

Storm 系统是面向单条数据的，能够很好地实现对数据的简单业务处理，延时极低，很适合实时处理工作。但是由于单条数据的丢失很难维护，Storm 系统不适合处理逻辑较复杂、容错性要求高的工作。

(3) S4 系统。S4 系统(Simple Scalable Streaming System)是雅虎用 Java 语言开发的通用、分布式、低延时、可扩展、可拔插的大数据流式计算系统，它采用的也是原生流数据处理。

S4 系统的基本计算单元为处理单元(processing element，PE)，它包括四个部分：函数、事件类型、主键、键值。其中，函数表示 PE 的功能与配置；事件类型表示 PE 接收的事件类型；主键和键值构成键值对(K，A)，是由数据项抽象形成的。每个 PE 只处理事件类型、主键、键值都匹配的事件。若某一事件没有可匹配的 PE，系统会创建一个新的处理单元。键值对(K,A)构成数据流,在处理单元 PE 间流动,与各 PE 构成一个有向无环图,即任务拓扑,如图 5-27 所示。

如图 5-28 所示,系统由用户空间、资源调度空间和 S4 处理节点空间组成。用户空间允许多个用户通过本地客户端驱动实现请求;资源调度空间通过 TCP/IP 协议实现用户的客户端驱动与客户适配器的连接和通信,支持多个用户并发请求;S4 处理节点空间由多个处理节点 Pnode 组成,完成用户服务请求的计算。S4 处理空间节点采用的是对等式架构,没有中心节点,各处理节点相互独立,系统具有高并发性。

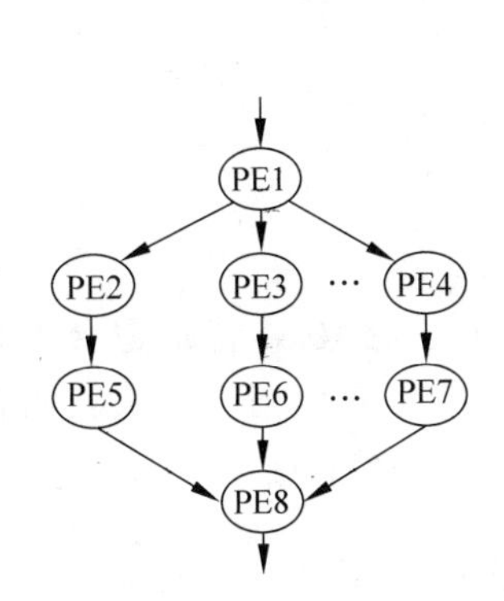

图 5-27　S4 系统任务拓扑

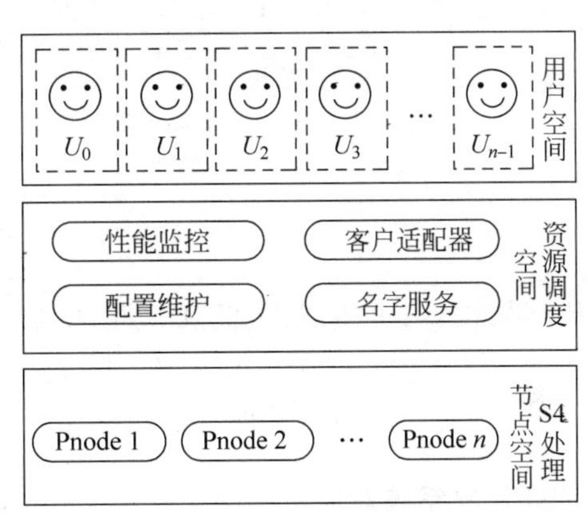

图 5-28　S4 系统架构

S4 系统的伸缩性、扩展性很好,也能满足低时延、高吞吐量的工作负载要求。但是,当数据流到达速度超过一定界限时,系统的错误率会随着到达速度的提高而增大,且仅支持部分容错。所以数据流速度突变大、容错要求高的工作负载不适合采用 S4 系统。

(4) Kafka 系统。Kafka 系统是由 Linkedin 支持开发的分布式、高吞吐量、开源的发布订阅消息系统,能够有效处理活跃的流式数据。它侧重于系统吞吐量,通过分布式结构,实现了每秒处理数十万消息的需求。同时通过数据追加的方式,实现磁盘数据的持久化存储,优化了传输机制,能够有效节省资源和存储空间。

Kafka 系统的架构如图 5-29 所示,由消息发布者 producer、缓存代理 broker 和订阅者 consumer 三类组件构成,三者之间的传输数据为消息 message,message 为字节数组,支持 String、Json、Avro 等数据格式。其中,消息发布者可以向 Kafka 系统的一个主题 topic 推送相关消息,缓存代理存储已发布的消息,订阅者从缓存代理处拉取自己感兴趣主题的一组消息。三者的状态管理及负载均衡都由 Zookeeper 集群负责。

Kafka 系统消息处理的流程:

① 系统根据消息源的类型将其分为不同的主题 topic,每个 topic 包含一个或多个 partition。

② 消息发布者按照指定的 partition 方法,给每个消息绑定一个键值,保证将消息推送到相应的 topic 的 partition 中,每个 partition 代表一个有序的消息队列。

③ 缓存代理将消息持久化到磁盘,设置消息的保留时间,系统仅存储未读消息。

④ 订阅者订阅了某一个主题 topic,则从缓存代理中拉取该主题的所有具有相同键值的消息。

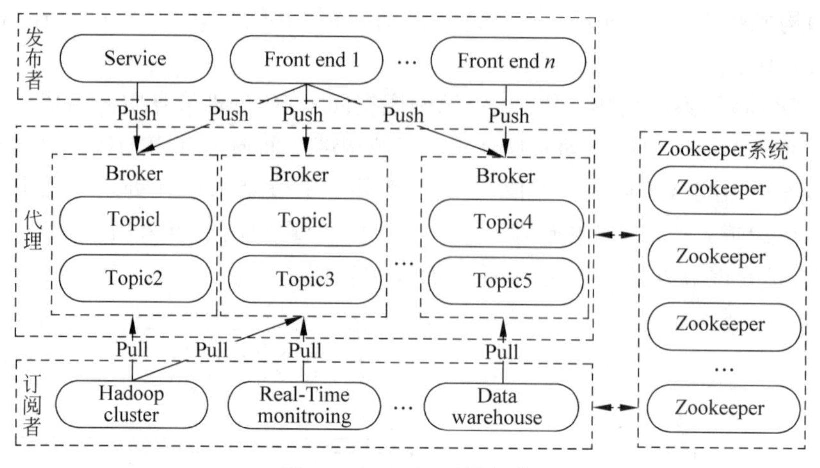

图 5-29 Kafka 系统架构

Kafka 系统具有可拓展性、低延迟性，能够快速处理大量流数据，特别适合于吞吐量高的工作负载。但是它也存在一些不足：仅支持部分容错，节点故障则会丢失其内存中的状态信息；若代理缓存故障则其保存的数据不可用，因为没有副本节点。

3. 流式计算系统对比

根据前面介绍的各系统特点，对比不同系统的性能如表 5-5 所示。通过对比可以发现，不同的系统可以满足不同的业务需求，从以下 3 个方面相比较。

表 5-5 流式计算系统对比

性能指标	Spark Streaming	Storm 系统	S4 系统	Kafka 系统
系统架构	主从式架构	主从式架构	对等式架构	主从式架构
开发语言	Java	Clojure，Java	Java	Scala
数据传输方式	拉取	拉取	推送	推送、拉取
容错机制	作业级容错	作业级容错	部分容错	部分容错
负载均衡	支持	不支持	不支持	部分支持
资源利用率	高	高	低	低
状态持久化	支持	不支持	支持	不支持
编程模型	纯编程	纯编程	编程＋XML	纯编程

(1) 容错机制。Spark Streaming 和 Storm 采用作业级容错机制，若数据处理过程发生异常，相应的组件会重新发送该数据，保证每个数据都被处理过。而 S4 系统和 Kafka 系统仅支持部分容错，若节点失效，内存中的数据丢失。

(2) 负载均衡。Spark Streaming 能够根据每个节点的状态将 task 动态分配到不同的节点，实现负载均衡，Kafka 系统则是利用 Zookeeper 集群实现负载均衡。Storm 系统增删节点后，已存在的任务拓扑不会均衡调整，而 S4 系统无法实现动态部署节点，所以不支持负载均衡。

(3) 状态持久化。Spark Streaming 和 S4 系统支持状态持久化。Spark Streaming 调用 persist 方法,系统自动将数据流中的 RDD 持久化到内存中。而 Storm 系统和 Kafka 系统不支持状态持久化,Kafka 系统支持消息持久化。

可以发现,不同系统的优劣不同,根据业务需求选择使用的系统,才能最大化发挥系统的长处,快速有效地处理流式数据。

5.4 Hadoop 大数据并行计算编程实践

5.4.1 Hadoop 环境的搭建

基础的 Hadoop 环境的搭建主要是指 HDFS 平台的搭建。HDFS 的部署模式可分为单机模式、伪分布模式以及全分布模式。其中单机模式和伪分布模式只在实验或编程测试时使用,生产环境只用全分布模式。

单机模式和伪分布模式只需要一台普通的计算机就可以完成搭建。单机模式直接下载 Hadoop 的二进制 tar. gz 包解压配置 JAVA 路径即可使用,兹不赘述。下面对于伪分布模式的搭建做详细描述,只针对 Hadoop2. 10. 0 版本,不保证后续版本可以正确部署。

1. 单机伪分布环境搭建

环境要求:Linux 操作系统 Centos7 发行版,Java 环境(1. 8 版本的 JDK)。

(1) 下载 Hadoop 压缩包并解压到任意目录,由于权限问题,建议解压到当前用户的主目录(home)。下载地址:http://mirror. bit. edu. cn/apache/hadoop/common/hadoop-2. 10. 0/hadoop-2. 10. 0. tar. gz。下载压缩包如图 5-30 所示。

```
[root@liqingyu softwares]# wget http://mirror.bit.edu.cn/apache/hadoop/common/hadoop-2.
10.0/hadoop-2.10.0.tar.gz
--2020-03-13 20:34:26--  http://mirror.bit.edu.cn/apache/hadoop/common/hadoop-2.10.0/ha
doop-2.10.0.tar.gz
Resolving mirror.bit.edu.cn (mirror.bit.edu.cn)... 202.204.80.77, 219.143.204.117, 2001
:da8:204:1205::22
Connecting to mirror.bit.edu.cn (mirror.bit.edu.cn)|202.204.80.77|:80... connected.
HTTP request sent, awaiting response... 200 OK
Length: 392115733 (374M) [application/octet-stream]
Saving to: 'hadoop-2.10.0.tar.gz.3'

 2% [>                                    ] 9,415,580    594KB/s  eta 8m 28s
```

图 5-30 下载压缩包

(2) 修改 Hadoop 的配置文件:etc/hadoop/hadoop-env. sh、etc/hadoop/hdfs-site. xml、etc/hadoop/core-site. xml。如果只是部署 HDFS 环境则只需要修改这三个文件,如需配置 MapReduce 环境请参考相关文档。

etc/hadoop/Hadoop-env. sh 中修改了 JAVA_HOME 的值为 JDK 所在路径。

例如

```
exportJAVA_HOME = /home/Hadoop/jdk
```

conf/core-site. xml 修改如下:

```
<configuration>
<property>
      <name>fs.default.name</name>
      <value>HDFS://localhost:9000</value>
  </property>
</configuration>
```

conf/HDFS-site.xml 修改如下(这里只设置了副本数为 1):

```
<configuration>
<property>
      <name>dfs.replication</name>
      <value>1</value>
</property>
</configuration>
```

(3) 配置 ssh 自动免密码登录。

运行 ssh-keygen 命令并一路回车使用默认设置,产生一对 ssh 密钥。

执行 ssh-copy-id -i ~/.ssh/id_rsa.pub localhost 把刚刚产生的公钥加入当前主机的信任密钥中,这样当前使用的用户就可以使用 ssh 无密码登录当前主机。

(4) 第一次启动 HDFS 集群时需要格式化 HDFS,在 master 主机上执行 hadoop namenode -format 进行格式化。

如果格式化成功,则在 Hadoop 所在的目录执行 sbin/start-dfs.sh 开启 HDFS 服务。查看 HDFS 是否正确运行可以执行 jps 命令,如图 5-31 所示。

```
hadoop@master:~/jdk/bin$ ./jps
3160 Jps
3076 SecondaryNameNode
2895 DataNode
2737 NameNode
```

图 5-31 执行查询

至此 HDFS 伪分布环境搭建完成。

2. 多节点全分布搭建

对于多节点搭建而言,本实例中,每个节点都需要使用固定 IP 并保持相同的 Hadoop 配置文件,每个节点 Hadoop 和 jdk 所在路径都相同、存在相同的用户且配置好免密码登录。

(1) 与单机伪分布模式相同,下载 Hadoop 的二进制包,并解压备用。

(2) 修改 Hadoop 配置文件,与伪分布有些许不同。

etc/hadoop/hadoop-env.sh 中修改变了 JAVA _HOME 的值为 JDK 所在路径,如图 5-32 所示。

etc/hadoop/core-site.xml 修改如图 5-33 所示。

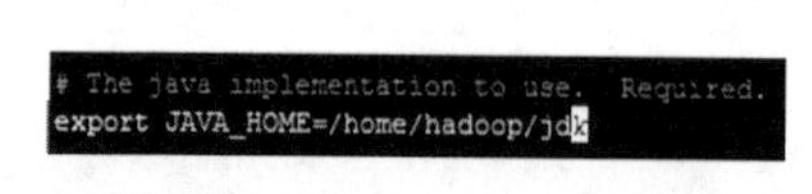

图 5-32 TAVA_HOME 的值

```
<configuration>
<property>
      <name>fs.default.name</name>
      <value>hdfs://master:9000</value>
</property>
</configuration>
```

图 5-33 配置修改

etc/hadoop/hdfs-site.xml 修改如图 5-34 所示(其中 dfs.name.dir 和 dfs.data.dir 可以任意指定,注意权限问题)。

```
<configuration>
        <property>
                <name>dfs.secondary.http.address</name>
                <value>slave1:50090</value>
        </property>
<property>
      <name>dfs.name.dir</name>
      <value>/home/hadoop/hadoop/hadoop-2.10.0/tmp/name</value>
</property>
<property>
      <name>dfs.data.dir</name>
      <value>/home/hadoop/hadoop/hadoop-2.10.0/tmp/data</value>
</property>
</configuration>
```

图 5-34 配置修改

先执行 mv mapred-site. xml. template mapred-site. xml，然后修改 mapred-site. xml 如图 5-35 所示。

```
<configuration>
    <property>
        <name>mapreduce.framework.name</name>
        <value>yarn</value>
    </property>
</configuration>
```

图 5-35 配置修改

etc/hadoop/yarn-site. xml 修改如图 5-36 所示。

```
<configuration>
    <property>
        <name>yarn.resourcemanager.hostname</name>
        <value>master</value>
    </property>

    <property>
        <name>yarn.nodemanager.aux-services</name>
        <value>mapreduce_shuffle</value>
    </property>

    <property>
         <name>yarn.nodemanager.aux-services.mapreduce.shuffle.class</name>
         <value>org.apache.hadoop.mapred.ShuffleHandler</value>
    </property>

</configuration>
```

图 5-36 配置修改

etc/hadoop /masters(需要自己新建文件)里添加 secondary namenode 主机名，比如任意 slave 的主机名。

etc/hadoop /slaves 里面添加各个 slave 的主机名，每行一个主机名。

(3) 配置 hosts 文件或做好 dns 解析。

简便起见，这里只介绍 hosts 的修改，dns 服务器的搭建与配置请读者选择性学习。在 /etc/hosts 里面添加所有主机的 IP 以及主机名。每个节点都使用相同的 hosts 文件。例如，设置内容如图 5-37 所示。

```
192.168.1.100 master
192.168.1.101 slave1
192.168.1.102 slave2
```

图 5-37 修改 hosts

(4) 配置 ssh 自动登录，确保 master 主机能够使用当前用户免密码登录到各个 slave 主机上。在 master 上执行 ssh-keygen 命令，如图 5-38 所示。

使用以下命令将 master 的公钥添加到全部节点的信任列表如图 5-39 所示。

```
hadoop@master:~$ ssh-keygen
Generating public/private rsa key pair.
Enter file in which to save the key (/home/hadoop/.ssh/id_rsa):
Created directory '/home/hadoop/.ssh'.
Enter passphrase (empty for no passphrase):
Enter same passphrase again:
Your identification has been saved in /home/hadoop/.ssh/id_rsa.
Your public key has been saved in /home/hadoop/.ssh/id_rsa.pub.
The key fingerprint is:
a8:8c:af:44:02:bc:a9:c7:1f:46:da:d7:cf:dc:45:ab hadoop@master
The key's randomart image is:
+--[ RSA 2048]----+
|                 |
|.                |
|..               |
|. o    .         |
|.o. . . S     .  |
|.+ * . .     . . |
|. * * . .     o  |
| o + o   + . o   |
|  ..o     + E    |
+-----------------+
```

图 5-38　执行 ssh 命令

```
ssh-copy-id  -i  ~/.ssh/id_rsa.pub  master
ssh-copy-id  -i  ~/.ssh/id_rsa.pub  slave1
ssh-copy-id  -i  ~/.ssh/id_rsa.pub  slave2
```

```
hadoop@master:~$ ssh-copy-id  -i  ~/.ssh/id_rsa.pub  master
The authenticity of host 'master (127.0.0.1)' can't be established.
ECDSA key fingerprint is 1e:b7:19:18:67:92:8a:80:b9:f2:03:77:25:a9:e8:85.
Are you sure you want to continue connecting (yes/no)? yes
Warning: Permanently added 'master' (ECDSA) to the list of known hosts.
hadoop@master's password:
Now try logging into the machine, with "ssh 'master'", and check in:

  ~/.ssh/authorized_keys

to make sure we haven't added extra keys that you weren't expecting.
```

图 5-39　添加 master 公钥

（5）第一次启动 HDFS 集群时需要格式化 HDFS，在 master 主机上执行 hadoop namenode -format，这一操作和伪分布相同。

启动 HDFS 集群，在 master 主机上的 Hadoop 所在目录运行 sbin/start-dfs.sh 启动 dfs。运行 sbin/start-yarn.sh 启动 yarn。

运行 jps 可检查各个节点是否顺利启动，具体显示如图 5-40 所示。

```
[hadoop@master hadoop-2.10.0]$ jps
3522 Jps
3251 ResourceManager
2954 NameNode
```

```
[hadoop@slave1 ~]$ jps
4921 DataNode
5130 NodeManager
5274 Jps
5038 SecondaryNameNode
```

```
[hadoop@slave2 ~]$ jps
4784 DataNode
5046 Jps
4911 NodeManager
```

图 5-40　运行 jps 命令

5.4.2　基于 MAPREDUCE 程序实例（HDFS）

本例基于 IntelliJ IDEA 2019.1.3 x64 和 Hadoop 2.10.0 组成的环境。

1. 配置 IntelliJ IDEA 环境与 Maven 依赖

通过 Maven 有助于导入 Hadoop 所需的依赖包使用户可以免去下载各种复杂依赖包的烦恼。

（1）在 idea 中新建 maven 工程，命名为 bigdata，如图 5-41 所示。

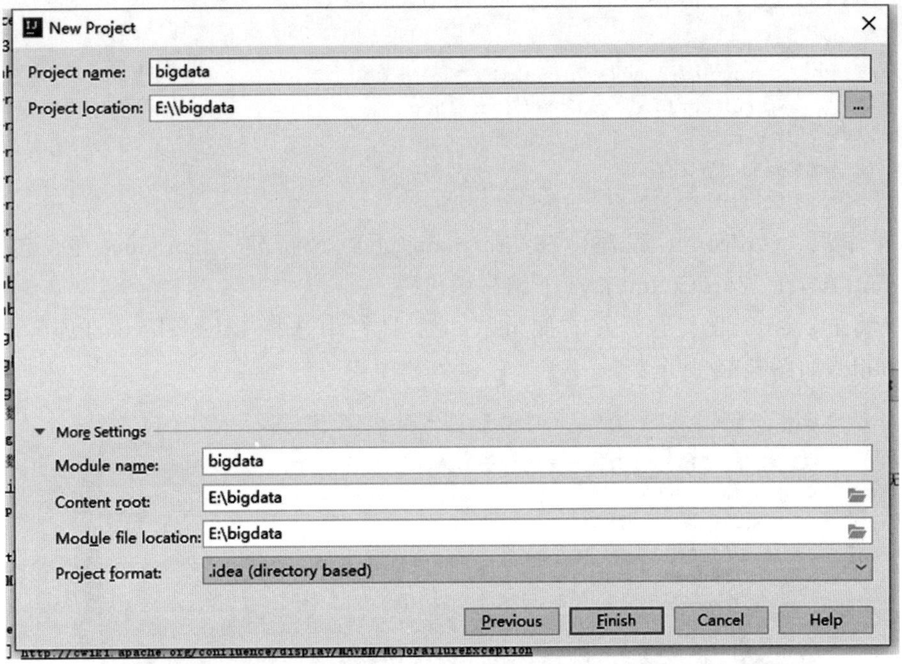

图 5-41　新建 maven 工程

（2）添加 maven 依赖，添加如下 dependency。

```
<dependency>
        <groupId>org.apache.hadoop</groupId>
        <artifactId>hadoop-common</artifactId>
        <version>2.10.0</version>
    </dependency>
    <dependency>
        <groupId>org.apache.hadoop</groupId>
        <artifactId>hadoop-client</artifactId>
        <version>2.10.0</version>
    </dependency>
    <dependency>
        <groupId>org.apache.hadoop</groupId>
        <artifactId>hadoop-hdfs</artifactId>
        <version>2.10.0</version>
    </dependency>
    <dependency>
        <groupId>org.apache.hadoop</groupId>
        <artifactId>hadoop-mapreduce-client-core</artifactId>
          <version>2.10.0</version>
    </dependency>
    <dependency>
        <groupId>org.apache.hadoop</groupId>
        <artifactId>hadoop-mapreduce-client-jobclient</artifactId>
```

```
        <version>2.10.0</version>
    </dependency>
    <dependency>
        <groupId>log4j</groupId>
        <artifactId>log4j</artifactId>
        <version>1.2.17</version>
    </dependency>
```

(3) 编写 wordcount 程序。在/src/main/java 下新建 Mapreduce 包,包内新建 WordCount 类,在 WordCount.java 下编写源代码。

(4) 将 maven 工程打包。在右侧 maven 工具栏中选择 Lifecycle/package,单击 Run maven build,如图 5-42 所示。

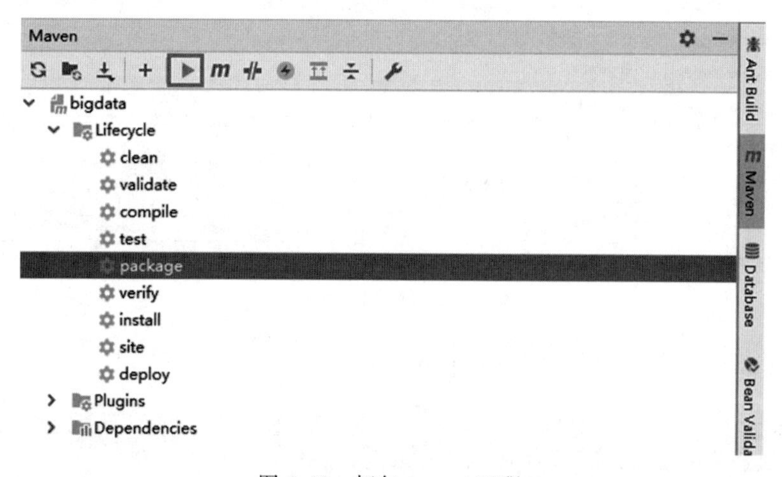

图 5-42　打包 maven 工程

打包完成后,在项目的 target 文件夹中找到打包好的 bigdata-1.0-SNAPSHOT.jar,将其重命名为 WordCount.jar。

2. 特别的数据类型介绍

Hadoop 提供了如下内容的数据类型,这些数据类型都实现了 WritableComparable 接口,以便用这些类型定义的数据可以被序列化进行网络传输和文件存储,以及进行大小比较。

- BooleanWritable:标准布尔型数值
- ByteWritable:单字节数值
- DoubleWritable:双字节数
- FloatWritable:浮点数
- IntWritable:整型数
- LongWritable:长整型数
- Text:使用 UTF8 格式存储的文本
- NullWritable:当< key,value >中的 key 或 value 为空时使用

3. 基于新 API 的 WordCount 分析

源代码程序如下：

```
public class WordCount {
    public static class TokenizerMapper
            extends Mapper<Object, Text, Text, IntWritable>{
            private final static IntWritable one = new IntWritable(1);
            private Text word = new Text();
            public void map(Object key, Text value, Context context)
            throws IOException, InterruptedException {
                StringTokenizer itr = new StringTokenizer(value.toString());
                while (itr.hasMoreTokens()) {
                this.word.set(itr.nextToken());
                context.write(this.word, one);
            }
        }
    }
    public static class IntSumReducer
            extends Reducer<Text,IntWritable,Text,IntWritable> {
            private IntWritable result = new IntWritable();
                public void reduce(Text key, Iterable<IntWritable> values,Context context)
                throws IOException, InterruptedException {
                int sum = 0;
                for (Iterator i = values.iterator(); i.hasNext(); sum += val.get()) {
                        val = (IntWritable) i.next();
                }
                This.result.set(sum);
                context.write(key, this.result);
            }
        }
        public static void main(String[] args) throws IOException, ClassNotFoundException,
InterruptedException {
            Configuration conf = new Configuration();
              String[] otherArgs = new GenericOptionsParser(conf, args).getRemainingArgs();
            if (otherArgs.length != 2) {
                System.err.println("Usage: wordcount <in> <out>");
                System.exit(2);
            }
            Job job = Job.getInstance(conf, "word count");
            job.setJarByClass(WordCount.class);
            job.setMapperClass(WordCount.TokenizerMapper.class);
job.setCombinerClass(WordCount.IntSumReducer.class);
            job.setReducerClass(WordCount.IntSumReducer.class);
            job.setOutputKeyClass(Text.class);
            job.setOutputValueClass(IntWritable.class);
            FileInputFormat.addInputPath(job, new Path(otherArgs[0]));
            FileOutputFormat.setOutputPath(job, new Path(otherArgs[1]));
            System.exit(job.waitForCompletion(true) ? 0 : 1);
    }
}
```

1）Map 过程

```
public static class TokenizerMapper
            extends Mapper<Object, Text, Text, IntWritable>{
    private final static IntWritable one = new IntWritable(1);
    private Text word = new Text();
    public void map(Object key, Text value, Context context)
        throws IOException, InterruptedException {
        StringTokenizer itr = new StringTokenizer(value.toString());
        while (itr.hasMoreTokens()) {
                this.word.set(itr.nextToken());
                context.write(this.word, one);
        }
    }
}
```

Map 过程需要继承 org. apache. Hadoop. MapReduce 包中 Mapper 类，并重写其 map 方法。通过在 map 方法中添加两句把 key 值和 value 值输出到控制台的代码，可以发现 map 方法中 value 值存储的是文本文件中的一行（以回车符为行结束标记），而 key 值为该行的首字母相对于文本文件的首地址的偏移量。然后 StringTokenizer 类将每一行拆分成为一个个的单词，并将< word，1 >作为 map 方法的结果输出，其余的工作都交由 MapReduce 框架处理。

2）Reduce 过程

```
public static class IntSumReducer
            extends Reducer<Text,IntWritable,Text,IntWritable> {
            private IntWritable result = new IntWritable();
            public void reduce(Text key, Iterable<IntWritable> values,Context context)
                throws IOException, InterruptedException {
                int sum = 0;
                for (Iterator i = values.iterator(); i.hasNext(); sum += val.get()) {
                        val = (IntWritable) i.next();
                }
            This.result.set(sum);
            context.write(key, this.result);
    }
}
```

Reduce 过程需要继承 org. apache. Hadoop. MapReduce 包中 Reducer 类，并重写其 reduce 方法。Map 过程输出< key，values >中 key 为单个单词，而 values 是对应单词的计数值所组成的列表，Map 的输出就是 Reduce 的输入，所以 reduce 方法只要遍历 values 并求和，即可得到某个单词的总次数。

3）执行 MapReduce 任务

```
public static void main(String[] args) throws Exception {
        Configuration conf = new Configuration();
        String[] otherArgs = new GenericOptionsParser(conf, args).getRemainingArgs();
```

```
        if (otherArgs.length != 2) {
            System.err.println("Usage: wordcount < in > < out >");
            System.exit(2);
        }
        Job job = new Job(conf, "word count");
        job.setJarByClass(WordCount.class);
        job.setMapperClass(WordCount.TokenizerMapper.class);
        job.setCombinerClass(WordCount.IntSumReducer.class);
        job.setReducerClass(WordCount.IntSumReduce.class);
        job.setOutputKeyClass(Text.class);
        job.setOutputValueClass(IntWritable.class);        FileInputFormat.addInputPath
(job, new Path(otherArgs[0]));
        FileOutputFormat.setOutputPath(job, new Path(otherArgs[1]));
        System.exit(job.waitForCompletion(true) ? 0 : 1);
}
```

在 MapReduce 中，由 Job 对象负责管理和运行一个计算任务，并通过 Job 的一些方法对任务的参数进行相关的设置。此处设置了使用 TokenizerMapper 完成 Map 过程中的处理和使用 IntSumReducer 完成 Combine 和 Reduce 过程中的处理。还设置了 Map 过程和 Reduce 过程的输出类型：key 的类型为 Text，value 的类型为 IntWritable。任务的输出和输入路径则由命令行参数指定，并由 FileInputFormat 和 FileOutputFormat 分别设定。完成相应任务的参数设定后，即可调用 job.waitForCompletion()方法执行任务。

4. WordCount 处理过程

本节将对 WordCount 进行更详细的讲解。详细执行步骤如下：

(1) 将文件拆分成 splits，由于测试用的文件较小，所以每个文件为一个 split，并将文件按行分割形成< key,value >对，如图 5-43 所示。这一步由 MapReduce 框架自动完成，其中偏移量(即 key 值)包括了回车所占的字符数(Windows 和 Linux 环境会不同)。

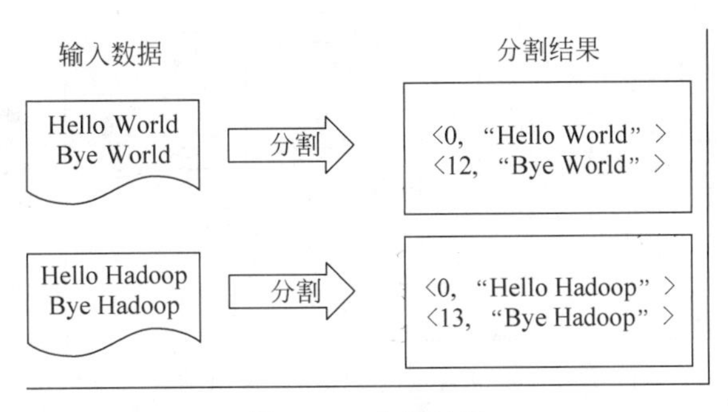

图 5-43　分割过程

(2) 将分割好的< key,value >对交给用户定义的 map 方法进行处理，生成新的< key,value >对，如图 5-44 所示。

(3) 得到 map 方法输出的< key,value >对后，Mapper 会将它们按照 key 值进行排序，并执行 Combine 过程，将 key 值相同的 value 值累加，得到 Mapper 的最终输出结果，如图 5-45 所示。

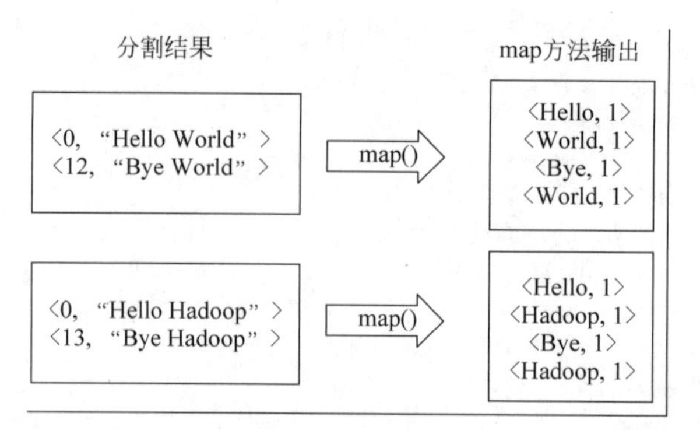

图 5-44　执行 map 方法

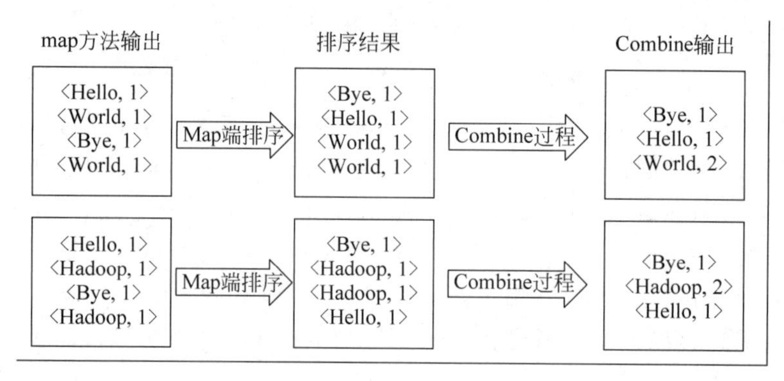

图 5-45　执行 Combine 过程

(4) Reducer 先对从 Mapper 接收的数据进行排序，再交由用户自定义的 reduce 方法进行处理，得到新的< key，value >对，并作为 WordCount 的输出结果，如图 5-46 所示。

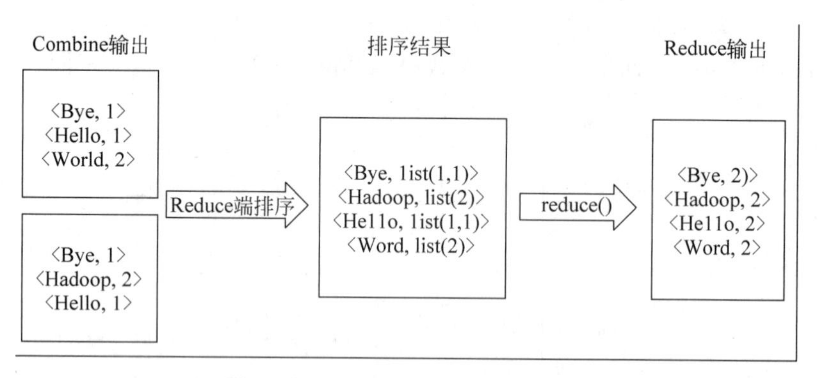

图 5-46　Reduce 端排序及输出结果

5. MapReduce 新旧改变

(1) Hadoop 从 MapReduce Release 0. 20. 0 版本开始，包括了一个全新的 Mapreduce JAVA API，有时候也称为上下文对象。

(2) 新的 API 类型上不兼容以前的 API，所以，以前的应用程序需要重写才能使新的 API 发挥其作用。

(3) 新的 API 和旧的 API 之间有下面几个明显的区别。

(4) 新的 API 倾向于使用抽象类，而不是接口，因为这更容易扩展。例如，可以添加一个方法(用默认的实现)到一个抽象类而不需修改类之前的实现方法。在新的 API 中，Mapper 和 Reducer 是抽象类。

(5) 新的 API 是在 org. apache. Hadoop. MapReduce 包(和子包)中的。之前版本的 API 则是放在 org. apache. Hadoop. mapred 中的。

(6) 新的 API 广泛使用 context object(上下文对象)，并允许用户代码与 MapReduce 系统进行通信。例如，MapContext 基本上充当着 JobConf 的 OutputCollector 和 Reporter 的角色。

(7) 新的 API 同时支持“推”和“拉”式的迭代。在这两个新老 API 中，键/值记录对被推 mapper 中，但除此之外，新的 API 允许把记录从 map() 方法中拉出，这也适用于 reducer。“拉”式的一个有用的例子是分批处理记录，而不是一个接一个。

(8) 新的 API 统一了配置。旧的 API 有一个特殊的 JobConf 对象用于作业配置，这是一个对于 Hadoop 通常的 Configuration 对象的扩展。在新的 API 中，这种区别没有了，所以作业配置通过 Configuration 来完成。作业控制的执行由 Job 类来负责，而不是 JobClient，它在新的 API 中已经荡然无存。

6. Hadoop 执行 MapReduce 程序

将编写好的 MapReduce 程序用 Eclipse 自带的打包功能构建成 jar 包，并把需要的第三方 jar 包放在 lib 目录下一并打包。

在正常运行的集群上的任意节点上的 Hadoop 根目录运行 bin/hadoop jar WordCount. jar Wordcount input output。其中第一个参数为调用 hadoop 中的 jar 命令，第二个参数为打包好的 jar 包的位置，第三个参数为 jar 包中的完整的类名，需包括类所在的 package。之后的参数作为 MapReduce 程序中 main 函数的参数传递给 main 函数。

5.4.3 基于 MapReduce 程序实例(HBase)

1. 添加 maven 依赖

在上一节搭建好的 IntelliJ IDEA 环境与 Maven 项目的基础上，继续在 pom. xml 文件中行添加 HBase 的相关依赖，build 项目，maven 自动下载相关的依赖包。在工程下创建 conf 文件夹，并在其中添加 HBase-site. xml 配置文件，配置文件可以从集群上的配置文件中获取。HBase-site. xml 文件中至少要有一个 HBase. master 配置项。

新增 dependency 如下。

```
<dependency>
    <groupId>org.apache.hbase</groupId>
    <artifactId>hbase-shaded-client</artifactId>
    <version>2.2.4</version>
</dependency>
<dependency>
    <groupId>org.apache.hbase</groupId>
```

```
        <artifactId>hbase-common</artifactId>
        <version>2.2.4</version>
    </dependency>
    <dependency>
        <groupId>org.apache.hbase</groupId>
        <artifactId>hbase-client</artifactId>
        <version>2.2.4</version>
    </dependency>
    <dependency>
        <groupId>org.apache.hbase</groupId>
        <artifactId>hbase-mapreduce</artifactId>
        <version>2.2.4</version>
    </dependency>
    <dependency>
        <groupId>org.apache.hbase</groupId>
        <artifactId>hbase-server</artifactId>
        <version>2.2.4</version>
    </dependency>
    <dependency>
        <groupId>org.apache.hbase</groupId>
        <artifactId>hbase-endpoint</artifactId>
        <version>2.2.4</version>
    </dependency>
    <dependency>
        <groupId>org.apache.hbase</groupId>
        <artifactId>hbase-metrics-api</artifactId>
        <version>2.2.4</version>
    </dependency>
    <dependency>
        <groupId>org.apache.hbase</groupId>
        <artifactId>hbase-thrift</artifactId>
        <version>2.2.4</version>
    </dependency>
    <dependency>
        <groupId>org.apache.hbase</groupId>
        <artifactId>hbase-rest</artifactId>
        <version>2.2.4</version>
    </dependency>
```

HBase的lib目录下的Hadoop-core文件版本需要与Hadoop的版本对应，不然会出现无法连接的情况。

2. 基于HBase的WordCount实例程序1

本例中是由MapReduce读取HDFS上的文件，经过WordCount程序处理后写入到HBase的表中。本来采用新的API代码，所以Mapper的代码与上一节中相同，Reducer和Main函数需要重新编写。

下面给出Reducer的代码实例：

```
public static class IntSumReducer extendsTableReducer
    <Text,IntWritable,ImmutableBytesWritable>{
    private IntWritable result = new IntWritable();
    public void reduce(Text key, Iterable<IntWritable> values,
        Context context) throws IOException, InterruptedException{
        int sum = 0;
        for (IntWritable val : values) {
          sum += val.get();
        }
        result.set(sum);
        Put put = new Put(key.getBytes());        //put 实例化,每一个词存一行
        //列族为 content,列修饰符为 count,列值为数目
         put.addColumn(Bytes.toBytes("content"), Bytes.toBytes("count"), Bytes.toBytes
(String.valueOf(sum)));
        context.write(new ImmutableBytesWritable(key.getBytes()), put);
    }
}
```

由上面可知 IntSumReducer 继承自 TableReduce，在 Hadoop 里面 TableReducer 继承 Reducer 类。它的原型为：TableReducer<KeyIn，Values，KeyOut>可以看出，HBase 里面是读出的 Key 类型是 ImmutableBytesWritable，意为不可变类型，因为 HBase 里所有数据都用字符串存储的。

```
public static void main(String[] args) throws Exception {
    TableName tablename  = TableName.valueOf("wordcount");
    //实例化 Configuration,注意不能用 new HBaseConfiguration()了.
    Configuration conf = HBaseConfiguration.create();
    Connection conn = ConnectionFactory.createConnection(conf);
    Admin admin = conn.getAdmin();
    if(admin.tableExists(tablename)){
        System.out.println("table exists! recreating ...");
        admin.disableTable(tablename);
        admin.deleteTable(tablename);
    }
    TableDescriptorBuilder tdb = TableDescriptorBuilder.newBuilder(tablename);
    HTableDescriptor htd = new HTableDescriptor(tablename);
    HColumnDescriptor hcd = new HColumnDescriptor("content");
    tdb.addFamily(hcd);                  //创建列族
    admin.createTable(tdb.build());  //创建表
    String[] otherArgs = new GenericOptionsParser(conf, args).getRemainingArgs();
    if (otherArgs.length != 1) {
      System.err.println("Usage: wordcount <in><out>" + otherArgs.length);
      System.exit(2);
    }
    Job job = Job.getInstance(conf, "word count");
    job.setJarByClass(WordCountHBase.class);
    job.setMapperClass(TokenizerMapper.class);
    //job.setCombinerClass(IntSumReducer.class);
```

```
    FileInputFormat.addInputPath(job, new Path(otherArgs[0]));
    //此处的 TableMapReduceUtil 注意要用 Hadoop.HBase.MapReduce 包中的,而不是 Hadoop.HBase.
mapred 包中的
    TableMapReduceUtil.initTableReducerJob(tablename, IntSumReducer.class, job);
    //key 和 value 到类型设定最好放在 initTableReducerJob 函数后面,否则会报错
    job.setOutputKeyClass(Text.class);
    job.setOutputValueClass(IntWritable.class);
    System.exit(job.waitForCompletion(true) ? 0 : 1);
    }
}
```

在 job 配置的时候没有设置 job.setReduceClass()；而是用 TableMapReduceUtil.initTableReducerJob(tablename,IntSumReducer.class,job)；来执行 reduce 类。

需要注意的是此处的 TableMapReduceUtil 是 Hadoop.HBase.MapReduce 包中的，而不是 Hadoop.HBase.mapred 包中的，否则会报错。

3. 基于 HBase 的 WordCount 实例程序 2

下面介绍如何读取数据。读取数据比较简单，编写 Mapper 函数，读取< key,value >值就行了，Reducer 函数可直接输出结果。

```
public static class TokenizerMapper extends TableMapper < Text, Text >{
        public void map(ImmutableBytesWritable row, Result values, Context context) throws
IOException, InterruptedException {
        StringBuffer sb = new StringBuffer("");
        for(java.util.Map.Entry < byte[], byte[]> value : values.getFamilyMap("content".
getBytes()).entrySet()){
                //将字节数组转换成 String 类型,需要 new String();
                String str = new String(value.getValue());
                if(str != null){
                    sb.append(new String(value.getKey()));
                    sb.append(":");
                    sb.append(str);
                }
        context.write(new Text(row.get()), new Text(new String(sb)));
    }
}
```

map 函数继承到 TableMapper 接口，从 result 中读取查询结果。

```
public static class IntSumReducer
        extends Reducer < Text, Text, Text, Text > {
        private Text result = new Text();
        public void reduce(Text key, Iterable < Text > values,
        Context context) throws IOException, InterruptedException {
            for (Text val : values) {
                  result.set(val);
                  context.write(key,result);
            }
        }
}
```

reduce 函数没有改变,直接输出到文件中即可。

```
public static void main(String[ ] args) throws Exception {
        String tablename    = "wordcount";
        //实例化 Configuration,注意不能用 new HBaseConfiguration()了.
        Configuration conf  = HBaseConfiguration.create();
        String[ ] otherArgs  = new GenericOptionsParser(conf,
        args).getRemainingArgs();
        if (otherArgs.length != 2) {
            System.err.println("Usage: wordcount <in> <out>" + otherArgs.length);
            System.exit(2);
          }
          Job job  = Job.getInstance(conf, "word count");
          job.setJarByClass(ReadHBase.class);
          FileOutputFormat.setOutputPath(job, new Path(otherArgs[1]));
          job.setReducerClass(IntSumReducer.class);
          //此处的 TableMapReduceUtil 注意要用 Hadoop.HBase.MapReduce 包中的,而不是 Hadoop.
HBase.mapred 包中的
          Scan scan  = new Scan(args[0].getBytes());
          TableMapReduceUtil.initTableMapperJob(tablename, scan, TokenizerMapper.class, Text.
class, Text.class, job);
          System.exit(job.waitForCompletion(true) ? 0 : 1);
        }
}
```

其中如果输入的两个参数是“aa output”则分别是开始查找的行(这里为从“aa”行开始找)和输出文件到存储路径(这里为存到 HDFS 目录到 output 文件夹下)。

要注意的是,在 JOB 的配置中需要实现 initTableMapperJob 方法。与第一个例子类似,在 job 配置的时候不用设置 job.setMapperClass();而是用 TableMapReduceUtil.initTableMapperJob(tablename, scan, TokenizerMapper.class, Text.class, Text.class, job);来执行 mapper 类。Scan 实例是查找的起始行。

4. Hadoop 执行读写 HBase 的 MapReduce 程序

运行过程与 Hadoop 运行普通程序类似。需要特别注意的是,需要把涉及的 HBase 的相关 jar 包打包到程序 jar 包的 lib 目录下。

运行控制台输出结果如图 5-47 所示。

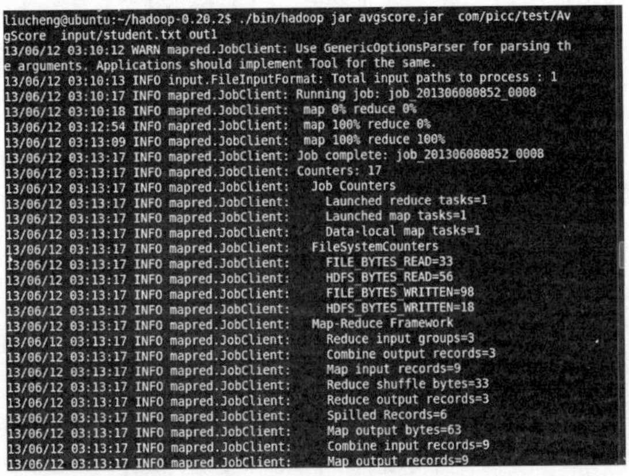

```
liucheng@ubuntu:~/hadoop-0.20.2$ ./bin/hadoop jar avgscore.jar  com/picc/test/Av
gScore  input/student.txt out1
13/06/12 03:10:12 WARN mapred.JobClient: Use GenericOptionsParser for parsing th
e arguments. Applications should implement Tool for the same.
13/06/12 03:10:13 INFO input.FileInputFormat: Total input paths to process : 1
13/06/12 03:10:17 INFO mapred.JobClient: Running job: job_201306080852_0008
13/06/12 03:10:18 INFO mapred.JobClient:  map 0% reduce 0%
13/06/12 03:12:54 INFO mapred.JobClient:  map 100% reduce 0%
13/06/12 03:13:09 INFO mapred.JobClient:  map 100% reduce 100%
13/06/12 03:13:17 INFO mapred.JobClient: Job complete: job_201306080852_0008
13/06/12 03:13:17 INFO mapred.JobClient: Counters: 17
13/06/12 03:13:17 INFO mapred.JobClient:   Job Counters
13/06/12 03:13:17 INFO mapred.JobClient:     Launched reduce tasks=1
13/06/12 03:13:17 INFO mapred.JobClient:     Launched map tasks=1
13/06/12 03:13:17 INFO mapred.JobClient:     Data-local map tasks=1
13/06/12 03:13:17 INFO mapred.JobClient:   FileSystemCounters
13/06/12 03:13:17 INFO mapred.JobClient:     FILE_BYTES_READ=33
13/06/12 03:13:17 INFO mapred.JobClient:     HDFS_BYTES_READ=56
13/06/12 03:13:17 INFO mapred.JobClient:     FILE_BYTES_WRITTEN=98
13/06/12 03:13:17 INFO mapred.JobClient:     HDFS_BYTES_WRITTEN=18
13/06/12 03:13:17 INFO mapred.JobClient:   Map-Reduce Framework
13/06/12 03:13:17 INFO mapred.JobClient:     Reduce input groups=3
13/06/12 03:13:17 INFO mapred.JobClient:     Combine output records=3
13/06/12 03:13:17 INFO mapred.JobClient:     Map input records=9
13/06/12 03:13:17 INFO mapred.JobClient:     Reduce shuffle bytes=33
13/06/12 03:13:17 INFO mapred.JobClient:     Reduce output records=3
13/06/12 03:13:17 INFO mapred.JobClient:     Spilled Records=6
13/06/12 03:13:17 INFO mapred.JobClient:     Map output bytes=63
13/06/12 03:13:17 INFO mapred.JobClient:     Combine input records=9
13/06/12 03:13:17 INFO mapred.JobClient:     Map output records=9
```

图 5-47　控制台输出结果

5.4.4 基于 Spark 的程序实例

1. 基于 Scala 的 Spark 程序开发环境搭建

步骤 1：在 IntelliJ IDEA 中，依次选择 File→Settings，在打开的卡里选择 Plugins，在 Marketplace 中搜索 Scala，选择提示为 Languages 的插件单击 Install 进行安装。

步骤 2：插件安装完后，根据提示重新启动 IntelliJ IDEA，新建一个 project，在左侧选择 Scala，右侧选择 IDEA，单击 Next 按钮，如图 5-48 所示，单击后，在 Scala SDK 选项后面单击 Create 按钮，如图 5-49 所示，然后选择相应的 SDK 版本单击 Download 按钮，下载完后即成功安装 Scala SDK，如图 5-50 所示。

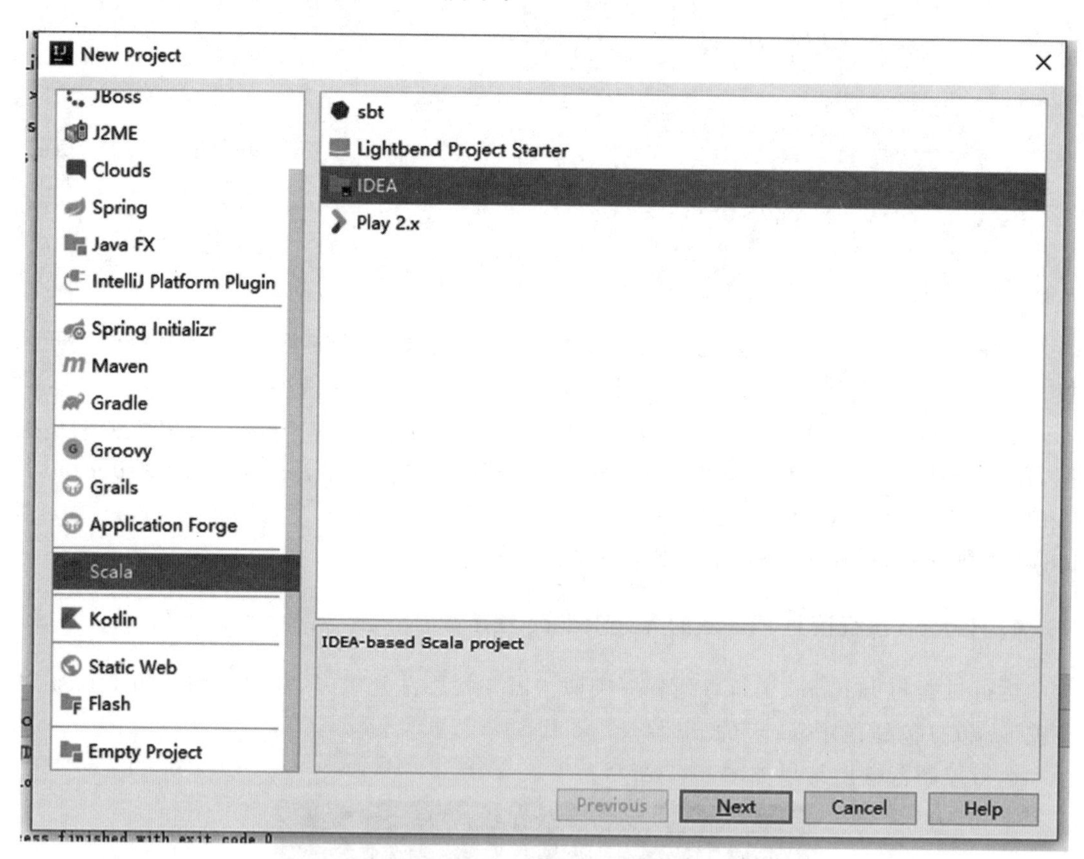

图 5-48 安装 Scala SDK(1)

2. 基于 Scala 语言开发 Spark 程序

创建一个 Maven 项目，在 main 文件夹下创建 scala 文件夹，然后右击 Scala 文件夹选择 Mark Directory as，再选择 Sources Root 设置成源码文件夹增加一个 Scala Class，命名为 WordCount，类型选择 Object 整个工程结构如图 5-51 所示。

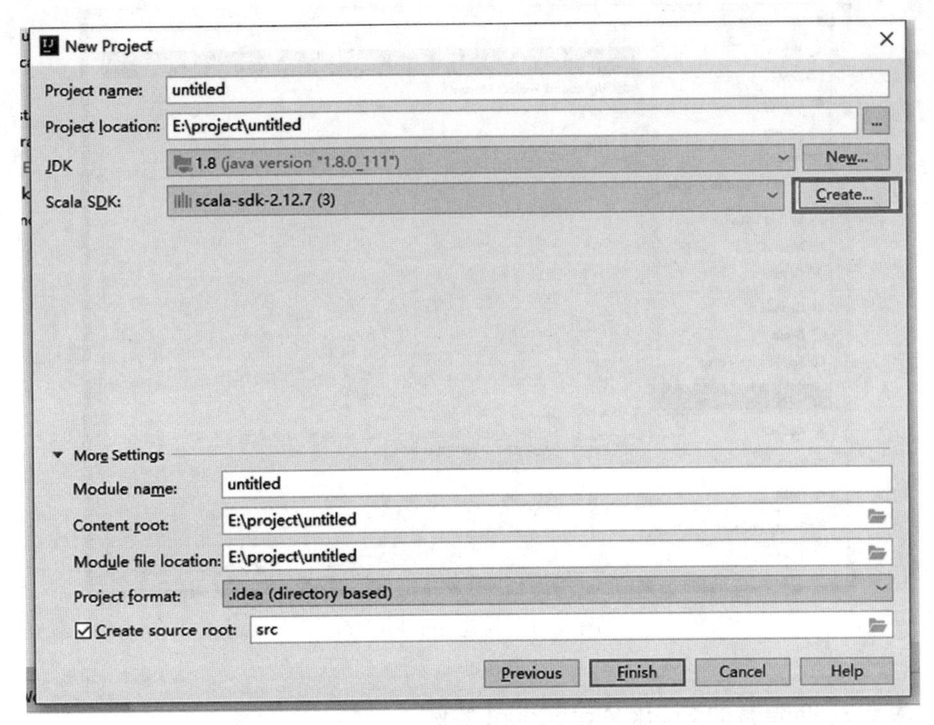

图 5-49　安装 Scala SDK(2)

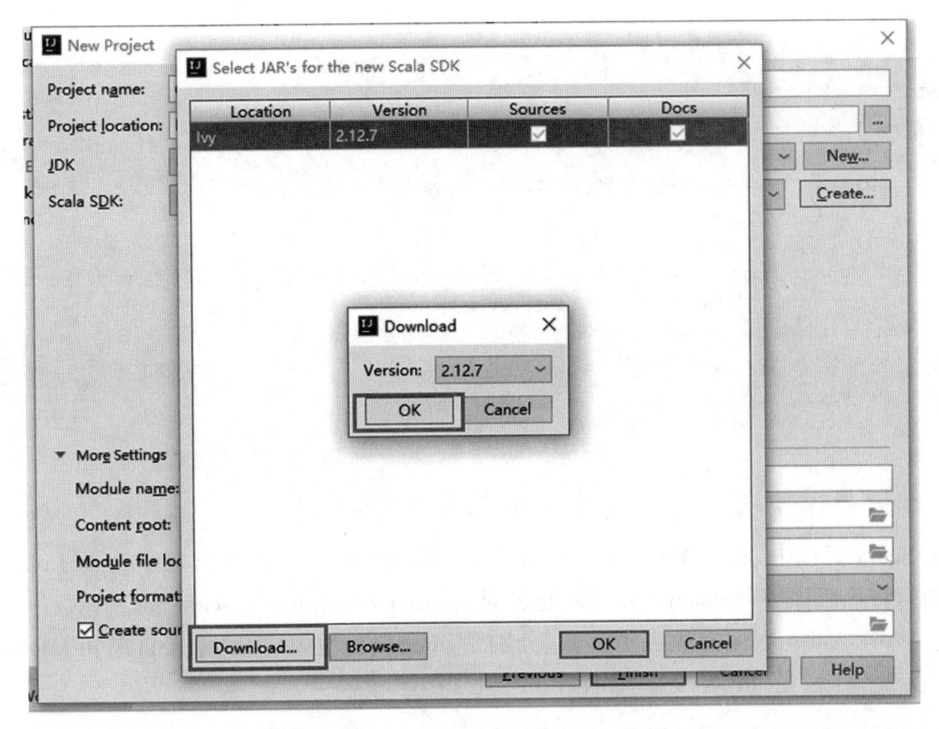

图 5-50　安装 Scala SDK(3)

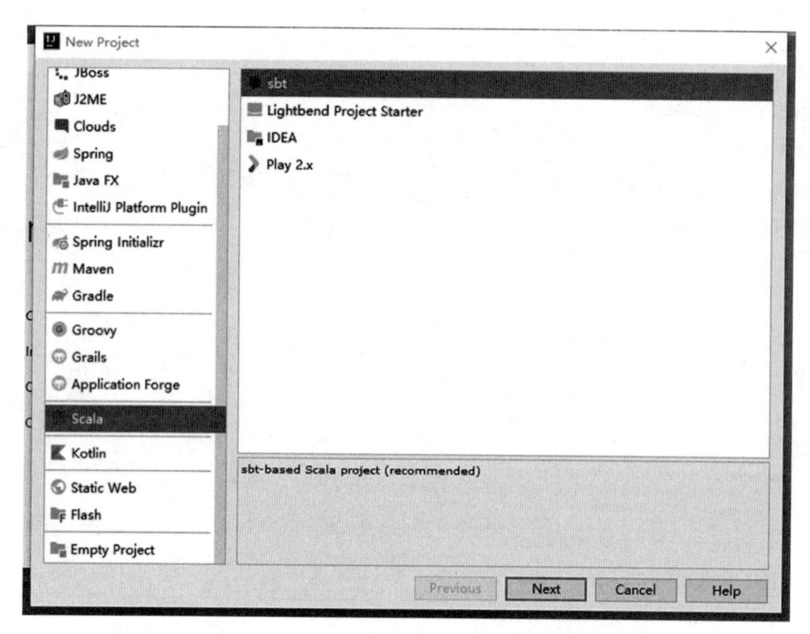

图 5-51 新建 Spark 程序

3. 基于 Scala 语言的 Spark WordCount 实例

Scala 代码如下：

```
import org.apache.spark._
import SparkContext._
object WordCount {   def main(args: Array[String]) {
    if (args.length != 3 ){
      println("usage is org.test.WordCount <master> <input> <output>")
      return
    }
    val sc = new SparkContext(args(0), "WordCount",
    System.getenv("SPARK_HOME"), Seq(System.getenv("SPARK_TEST_JAR")))
    val textFile = sc.textFile(args(1))
  val result = textFile.flatMap(line => line.split("\\s+")).map(word => (word, 1)).
reduceByKey(_ + _)
    result.saveAsTextFile(args(2))
  }
}
```

在 Scala 工程中，右击 WordCount.scala，选择 Export，并在弹出框中选择 Java→JAR File，进而将该程序编译成 jar 包，可以起名为 spark-wordcount-in-scala.jar。

该 WordCount 程序接收三个参数，分别是 master 位置，HDFS 输入目录和 HDFS 输出目录。为此，可编写 run_spark_wordcount.sh 脚本：

```
#配置 Hadoop 配置文件变量
export YARN_CONF_DIR=/opt/hadoop/yarn-client/etc/hadoop/
#配置 Spark assemble 程序包的位置,可以将该 jar 包放置在 HDFS 上,避免每次运行都上传一次.
```

```
SPARK_JAR = ./assembly/target/scala - 2.13.2/spark - assembly - 0.8.1 - incubating - hadoop2.
10.0.jar
#在 spark 的根目录下执行
./bin/spark - submit
#自己编译好的 jar 包中指定要运行的类名
-- class WordCount \
#指定 Spark 运行于 Spark on Yarn 模式下,这种模式有两种选择,yarn - client 和 yarn - cluster 分
别对应于开发测试环境和生产环境.
-- master yarn - client \
#指定刚刚编译好的 jar 包,也可以添加一些其他的依赖包
-- jars spark - wordcount - in - scala.jar \
#配置 worker 数量、内存、核心数等
- num - workers 1 \
- master - memory 2g \
- worker - memory 2g \
- worker - cores 2
#传入 WordCount 的 main 方法的参数,可为多个,空格分隔.
hdfs://hadoop - test/tmp/input\ hdfs:/hadoop - test/tmp/output
```

直接运行 run_spark_wordcount.sh 脚本即可得到运算结果。

4. 基于 Java 语言开发 Spark 程序

方法跟普通的 Java 程序开发一样，只要将 Spark 开发程序包 spark-assembly 的 jar 包作为三方依赖库即可。下面给出 Java 版本的 Spark WordCount 程序。

```
package org.apache.spark.examples;
import org.apache.spark.api.java.JavaPairRDD;
import org.apache.spark.api.java.JavaRDD;
import org.apache.spark.api.java.JavaContext;
import org.apache.spark.api.java.function.FlatMapFunction;
import org.apache.spark.api.java.function.Function2;
import org.apache.spark.api.java.function.PairFunction;
import scala.Tuple2;
import java.util.Arrays;
import java.util.List;
import java.util.regex.Pattern;
public final class JavaWordCount {
    private static final Pattern SPACE = Pattern.compile(" ");
    public static void main(String[] args) throws Exception {
        if (args.length < 2) {
            System.err.println("Usage: JavaWordCount <master> <file>");
            System.exit(1);
        }
        JavaSparkContext ctx = new JavaSparkContext(args[0],
                "JavaWordCount",
                System.getenv("SPARK_HOME"),
                JavaSparkContext.jarOfClass(JavaWordCount.class));
        JavaRDD<String> lines = ctx.textFile(args[1], 1);
```

```
        JavaRDD<String> words = lines.flatMap(
                new FlatMapFunction<String, String>() {
                    @Override
                    public Iterable<String> call(String s) {
                        return Arrays.asList(SPACE.split(s));
                    }
                });
        JavaPairRDD<String, Integer> ones = words.map(
                new PairFunction<String, String, Integer>() {
                    @Override
                    public Tuple2<String, Integer> call(String s) {
                        return new Tuple2<String, Integer>(s, 1);
                    }
                });
        JavaPairRDD<String, Integer> counts = ones.reduceByKey(
                new Function2<Integer, Integer, Integer>() {
                    @Override
                    public Integer call(Integer i1, Integer i2) {
                        return i1 + i2;
                    }
                });
        List<Tuple2<String, Integer>> output = counts.collect();
        for (Tuple2<?, ?> tuple : output) {
            System.out.println(tuple._1() + ": " + tuple._2());
        }
        System.exit(0);
    }
}
```

5. 在 Spark 集群上运行 Scala 或 Java 的程序

不管是 Scala 还是 Java 程序，都能够用 IntelliJ IDEA 打包成 jar 包。在集群上用 spark-submit 命令运行。具体的命令格式是：

```
spark-submit \
--class org.apache.spark.examples.JavaWordCount \
--master spark://spark1:7077 \
/opt/spark/lib/spark-examples-2.4.5-hadoop2.7.jar \
hdfs://spark1:9000/user/root/input
```

其中第一个参数 class 代表需要运行的类，可以是 Java 或 Scala 的类。

master 指定运行程序的集群 URI，spark 集群的协议标识符为 spark://，默认端口号 7077。

倒数第二个参数是程序所在的 jar 包。

后面跟着的一些参数是传递给所运行的类的 main 方法的参数。

当然 spark-submit 命令还可以在 jar 包位置之前添加更多的参数以优化 spark 的性能，本书在这里只做简要介绍，更多参数请参考 Apache Spark 官方文档。

5.5 百度大数据平台技术与服务

5.5.1 天算平台简介

俗语说“人有千算,天则一算,人算不如天算”,以前,由于人们获取信息的手段匮乏,处理信息的计算能力弱,因此无法对错综复杂的情况进行处理。而今天,在大数据和人工智能时代,通过云计算,我们可以获得非常强大的计算资源,进行非常复杂的运算,通过大数据技术,我们可以对千变万化的复杂情况进行非常有效的处理,分析出蕴藏在复杂信息后面的必然规律。

作为百度四大智能平台之一,天算平台整合了百度大数据和人工智能技术,提供从数据收集、存储、处理分析到应用场景的一站式服务。

5.5.2 天算平台架构与服务

如图 5-52 所示,天算平台依托于百度的多项产品,其中包括应用于数据接入的百度日志服务、物接入;应用于数据存储的对象存储 BOS、百度消息服务、关系型数据库 RDS、简单缓存服务 SCS;应用于数据分析的百度 MapReduce、百度机器学习、百度深度学习、百度数据仓库 Palo、百度 Elasticsearch、百度日志服务。

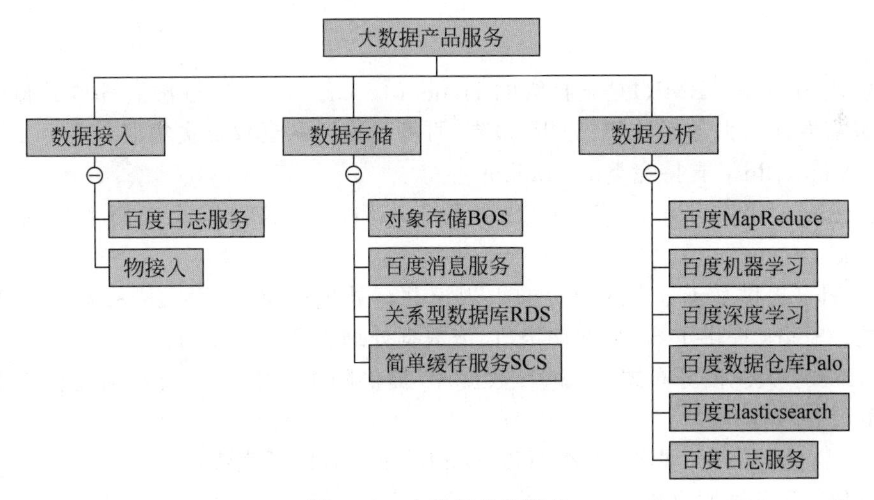

图 5-52 大数据产品服务

如图 5-53 所示,依托这些产品,天算大数据平台提供了丰富的解决方案,目前已经开放的有:

(1) 数据仓库:提供云端的数据仓储解决方案,为企业搭建现代数据仓库提供指南。

(2) 数字营销:从搜索推广到实时竞价广告,从大数据收集存储到数据分析,提供数字营销全场景解决方案。

(3) 日志分析:提供日志分析托管服务,省去开发、部署以及运维的成本,得以聚焦于如何利用日志分析结果做出更好的决策,实现商业目标。

（4）智能推荐：依托百度在多种推荐场景上的技术积累和丰富的用户画像数据，为广大企业提供有效、易用的智能推荐服务，快速提升业务目标。

（5）大数据舆情：为政府、广电媒体、舆情服务商、企业提供实时舆情数据订阅，智能语义分析，百度搜索指数及全网用户画像等功能，帮助客户实现个性化深度定制舆情系统，把握时事脉搏。

（6）生命科学：帮助生物信息领域用户存储海量的数据，并调度强大的计算资源来进行基因组、蛋白质组等大数据分析。帮助研究生命活动规律，促成医疗健康行业发展。

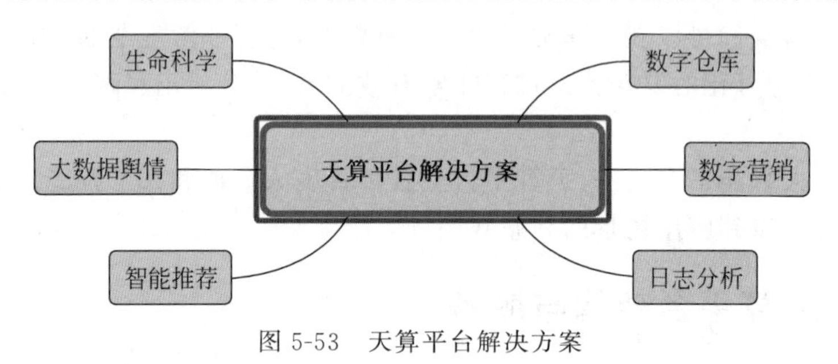

图 5-53　天算平台解决方案

5.6　百度 MapReduce BMR

5.6.1　概述

百度 MapReduce(BMR)是全托管的 Hadoop/Spark 集群，支持按需部署并弹性扩展集群，用户只需专注于大数据处理、分析、报告，百度运维团队全权负责集群运维。

百度 MapReduce 支持完整的 Hadoop 生态：

- Hadoop：提供可靠存储 HDFS 以及 MapReduce 编程范式以便大规模并行处理数据。
- Spark：提供基于分布式内存的大规模并行处理框架，从而大大提高大数据分析性能。Spark 提供了 SQL 查询接口、流数据处理以及机器学习。
- HBase：大规模分布式 NoSQL 数据库，提供随机存取大量的非结构化和半结构化的海量数据。

与自己搭建 Hadoop 集群相比，百度 MapReduce 有以下优势：

- 方便：几分钟便可创建集群，无须为节点分配、部署、优化投入时间。
- 弹性：创建任意大小的集群并动态调整集群规模，高峰期加大集群规模以提高计算能力，低峰期可对应缩减集群规模降低花费。
- 开放：完全兼容开源 Hadoop/Spark 社区，零成本业务迁移。
- 实惠：支持按需付费以及包年包月，计价简单而透明。
- 安全：专属私有网络，独占系统环境，确保数据安全。

5.6.2　技术架构与原理

图 5-54 为我们直观地展示了百度 BMR 的技术架构，其中包括数据处理方面的技术和

支持性的工具，以下是具体各技术的简介：

- MapReduce：用于大规模数据集的分布式并行计算的编程模型，极大地方便了开发者在不会分布式并行编程的情况下，将自己的程序运行在分布式系统上。
- Spark：开源的集群计算框架。Spark 通过拓展内存计算可在海量数据的迭代式计算和交互式计算中提供远快于 Hadoop 的运算速度。同时，Spark 支持 SQL 请求、流数据处理、机器学习和图表处理，提高开发者效率。
- HBase：开源的、非关系型、分布式的列式数据库，为 Hadoop 提供 NoSQL 功能。
- Hive：允许使用类似于 SQL 语法进行数据查询，适合数据仓库的分析任务。
- Pig：是一种过程语言，可加载数据、表达转换数据以及存储最终结果，使得日志等半结构化数据变得有意义。
- Hue：为了方便管理 Hadoop 集群以及执行 Hive 或者 Pig 脚本而提供的一系列网页应用。
- Sqoop：用于 Hadoop 与传统的数据库间的数据导入和导出。
- Kafka：开源的、高吞吐量的分布式消息队列系统，支持 Hadoop 并行数据加载。
- Zeppelin：Web 版的 notebook，用于数据分析和可视化，可无缝对接 Hive、SparkSQL 等。

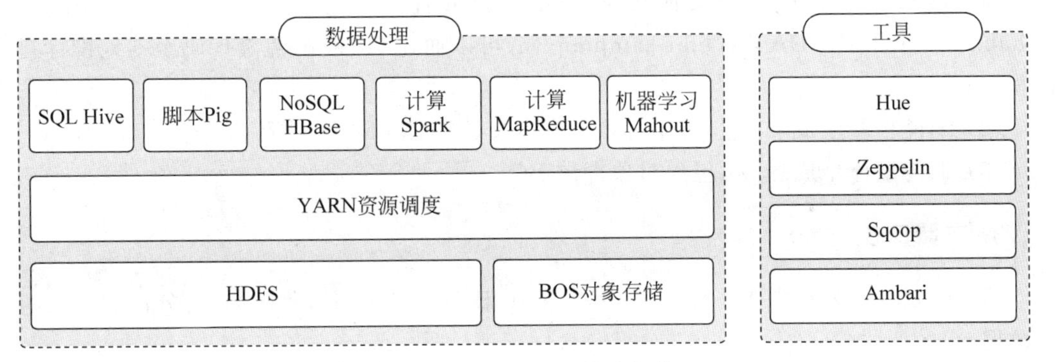

图 5-54　百度 BMR 技术架构

5.6.3　定时分析日志数据实例介绍

1. 概述

通过定时任务定时启动集群运行作业，适用于对已有数据有规律的定时分析并获取结果。优势如下：

- 省时：任务只需一次创建，一键启停。
- 省钱：集群随任务的启停而启停。
- 省力：托管式集群，无须部署和运维。

如图 5-55 所示，本节通过定时启动集群运行 MapReduce 作业分析网站日志以统计每天的访问量，介绍定时任务的实现过程。

示例日志是 Nginx 日志，存储在对象存储服务 BOS 的公共可读的路径中：

- 存储在“华北-北京”区域的样例数据仅华北区域的 BMR 集群可用，路径如下：

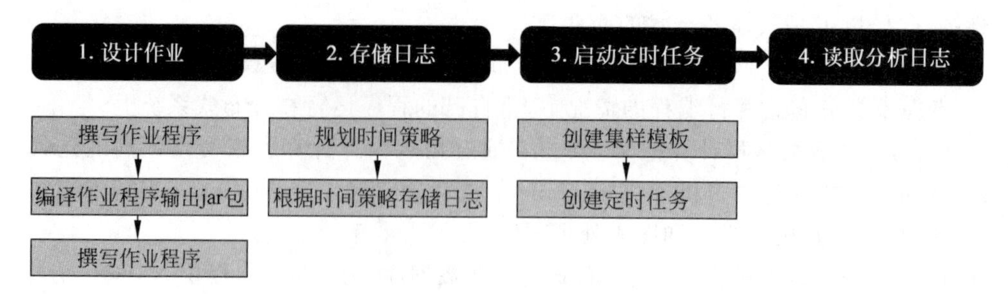

图 5-55 任务实现过程

```
- bos://datamart - bj/access - log/201701102000/access.log
- bos://datamart - bj/access - log/201701112000/access.log
- bos://datamart - bj/access - log/201701122000/access.log
- bos://datamart - bj/access - log/201701132000/access.log
- bos://datamart - bj/access - log/201701142000/access.log
```

2. 设计作业

(1) 撰写作业程序。本文使用的 MapReduce 样例程序的代码已上传至 https://github.com/BCEBIGDATA/bmr-sample-java,可以通过 GitHub 克隆代码至本地设计自己的程序。

(2) 编译程序生成 jar 包,具体可参考官方文档编译 Maven 项目。

(3) 上传编译生成的 jar 包到对象存储 BOS。

3. 存储日志

(1) 规划时间策略如下:自 2017 年 1 月 10 日至 1 月 14 日,每天 20 时分析前一天的日志数据。

(2) 准备日志数据。你可以直接使用百度云提供的示例日志,在熟悉定时任务后,可参考数据准备选择你自己的日志数据。

4. 启动定时任务

创建集群模板

(1) 登录控制台,选择“产品服务”→“百度 MapReduce BMR”,单击“集群模板”,进入模板列表页。

(2) 单击“创建模板”,在“集群基础设置”区做如下配置:

- 集群模板:输入模板名称 timedtask。
- 日志:选择集群日志的存储路径。
- 高级设置:打开“自动终止”开关。

(3) 在“集群配置”区,选择镜像版本 BMR 1.0.0(hadoop 2.7),并选择模板 hadoop。

(4) 其他设置可保持默认设置,单击“完成”即可。

(5) 单击已创建的集群模板可查看模板详情,如图 5-56 所示。

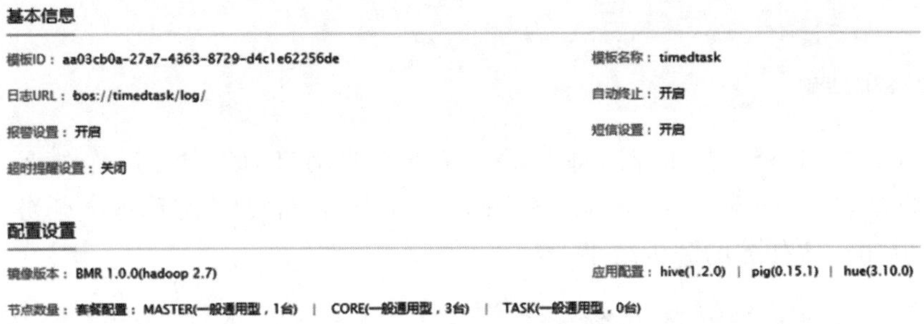

基本信息

模板ID：aa03cb0a-27a7-4363-8729-d4c1e62256de　　模板名称：timedtask

日志URL：bos://timedtask/log/　　自动终止：开启

报警设置：开启　　短信设置：开启

超时提醒设置：关闭

配置设置

镜像版本：BMR 1.0.0(hadoop 2.7)　　应用配置：hive(1.2.0) | pig(0.15.1) | hue(3.10.0)

节点数量：套餐配置：MASTER(一般通用型，1台) | CORE(一般通用型，3台) | TASK(一般通用型，0台)

图 5-56　模板详情

创建定时任务

(1) 在“产品服务”→“百度 MapReduce BMR”页，单击“定时任务”，进入定时任务列表页。

(2) 单击“创建定时任务”，在“任务参数”区输入任务名称，并选择已创建的集群模板 timedtask。

(3) 在“执行频率”区，设置执行频率为“每 1 天”，并指定开始任务时间点“2017 年 1 月 10 日 20:00:00”，任务结束时间点“2017 年 1 月 10 日 20:00:00”。

(4) 在“作业设置”区，单击“添加作业”，做如下配置：

- 作业类型：选择“java 作业”。
- 作业名称：输入 timedtaskjob。
- 应用程序位置：若使用你自行编译的程序，请上传程序 jar 包至 BOS 或者你本地的 HDFS 中，并在此输入程序路径；你也可直接使用百度云提供的样例程序，路径如下：

-华北-北京区域的 BMR 集群对应的样例程序路径：

```
bos://bmr - public - bj/sample/mapreduce - 1.0 - SNAPSHOT.jar.
```

- 失败后操作：继续。
- MainClass：输入 com.baidu.cloud.bmr.mapreduce.AccessLogAnalyzer。
- 应用程序参数：指定输入数据的路径、结果输出的路径(可选 BOS 或 HDFS)，其中输出路径必须具有写权限且该路径不能已存在。以样例日志作为输入数据，

BOS 作为输出路径为例，输入如下：

```
华北 - 北京区域的 BMR 集群对应的参数
bos://{your - bucket}/output/ %Y%m%d%H%M.请替换{your - bucket}为你自己的 bucket 名字.
系统启动集群时可根据输入/输出地址自动匹配字串" %Y%m%d%H%M"对应时间的文件.即 2017 年
11 月 28 日 20:00 启动集群时调用地址是 bos://datamart - bj/access - log/201701102000/access.
log 的数据,运行结果自动输出至地址是 bos://{yourbucket}/output/201711282000/的文件夹内.
```

(5) 单击“确定”完成定时任务的作业添加。

(6) 单击“完成”，定时任务创建完毕。

(7) 可在"产品服务"→"MapReduce"→"百度 MapReduce-定时任务"页中查看已创建的任务。

5. 读取分析结果

2017 年 1 月 10 日至 1 月 14 日,每天 20 时系统会自动启动集群并运行作业,作业运行结束后集群自动释放,可到 bos://{your-bucket}/output/路径下查看每次任务的执行结果。图 5-57 是第一次任务的分析结果。

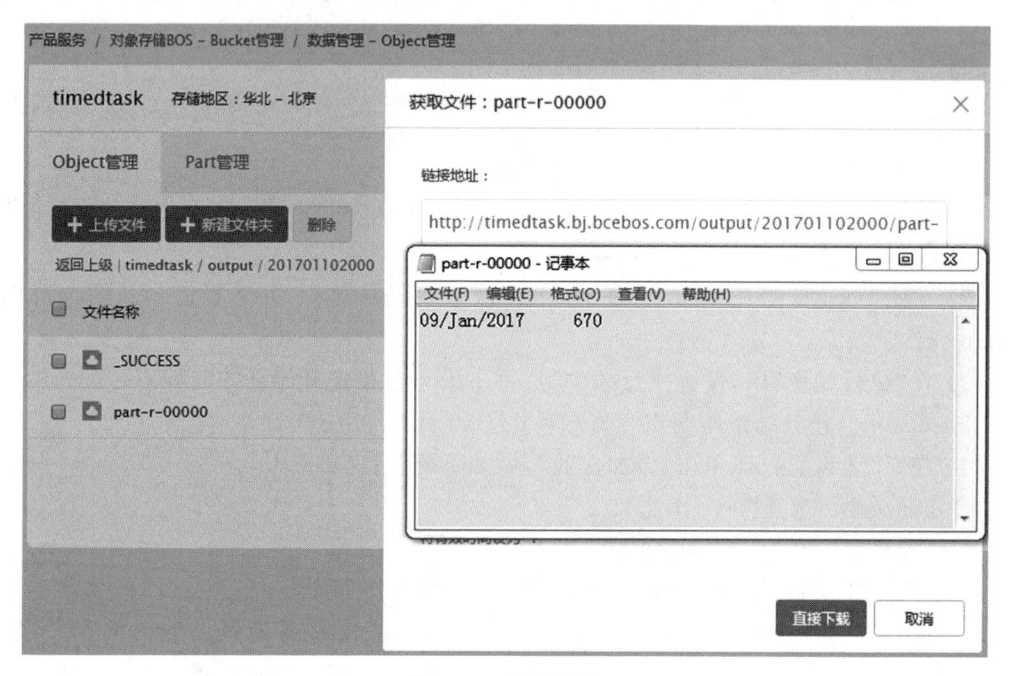

图 5-57 分析结果

5.6.4 基于机器学习进行员工离职分析

1. 概述

员工离职问题历来都是企业关注的一个焦点,员工离职会对企业和组织产生重要影响。现在越来越多企业愿意使用机器学习来分析企业员工离职倾向。

大数据时代,数据分析和机器学习是企业决策中不可缺少的重要部分,而其中决策树算法应用非常广泛。Scala 是多范式的编程语言,是一种类似 Java 的编程语言,设计初衷是实现可伸缩的语言,并集成面向对象编程和函数式编程的各种特性,对 Spark 支持非常好。在企业中 Spark 应用及其广泛,支持众多主流机器学习算法。

因此这种组合是比较合适的选择,本节将会介绍如何使用决策树算法、Scala、Spark 在百度大数据平台 BMR 上进行员工离职分析,熟悉 BMR 平台的操作和数据分析的流程。

2. 部署本地测试环境

这里我们将以 idea 作为开发工具,首先,安装好 idea 后,先基于 Scala 模板创建一个

Maven 项目，如图 5-58 所示。

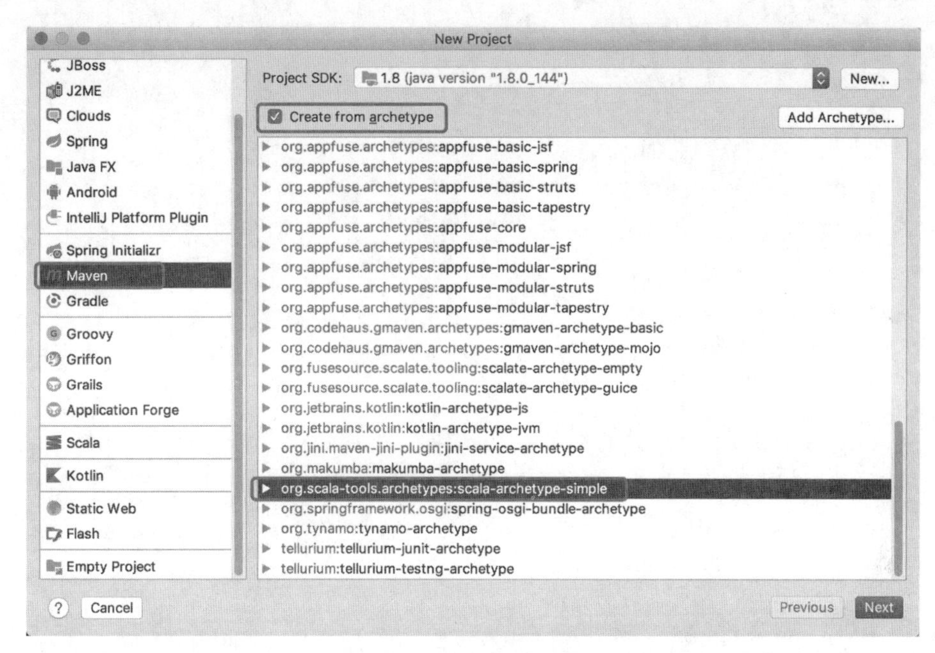

图 5-58　创建 Maven 项目

groupId、artifactId 等可以自行指定。然后将图 5-59 里代码目录的 scala 下自动生成的代码删除。

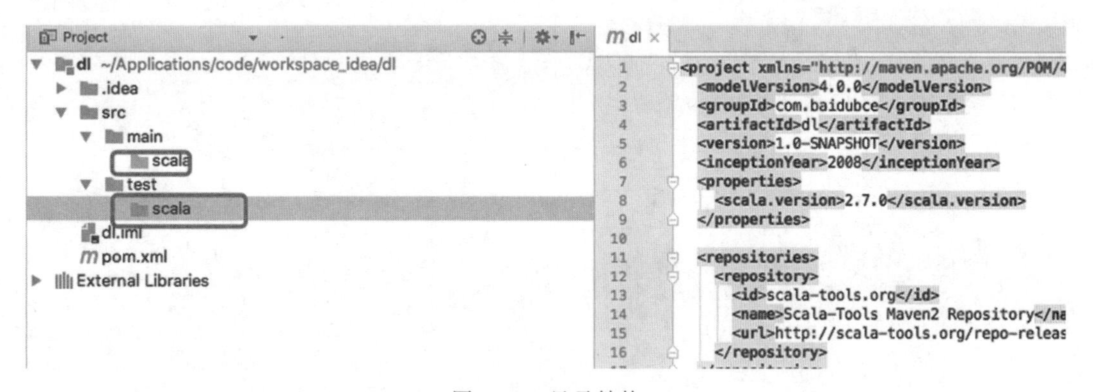

图 5-59　目录结构

Maven 的 pom.xml 文件如下，包括即将使用的各种依赖包及代码编译方式等：

```
<project xmlns="http://maven.apache.org/POM/4.0.0" xmlns:xsi="http://www.w3.org/2001/
XMLSchema-instance" xsi:schemaLocation="http://maven.apache.org/POM/4.0.0 http://maven.
apache.org/maven-v4_0_0.xsd">
  <modelVersion>4.0.0</modelVersion>
  <groupId>com.baidubce</groupId>
  <artifactId>dl</artifactId>
  <version>1.0-SNAPSHOT</version>
  <name>${project.artifactId}</name>
```

```
<description>My wonderfull scala app</description>
<inceptionYear>2015</inceptionYear>
<licenses>
  <license>
    <name>My License</name>
    <url>http://....</url>
    <distribution>repo</distribution>
  </license>
</licenses>

<properties>
  <maven.compiler.source>1.6</maven.compiler.source>
  <maven.compiler.target>1.6</maven.compiler.target>
  <encoding>UTF-8</encoding>
  <scala.version>2.11.8</scala.version>
  <scala.compat.version>2.11</scala.compat.version>
</properties>

<dependencies>
  <dependency>
    <groupId>org.scala-lang</groupId>
    <artifactId>scala-library</artifactId>
    <version>${scala.version}</version>
  </dependency>

  <dependency>
    <groupId>org.apache.spark</groupId>
    <artifactId>spark-core_2.11</artifactId>
    <version>2.1.2</version>
  </dependency>

  <dependency>
    <groupId>org.apache.spark</groupId>
    <artifactId>spark-sql_2.11</artifactId>
    <version>2.1.2</version>
  </dependency>

  <dependency>
    <groupId>org.apache.spark</groupId>
    <artifactId>spark-mllib_2.11</artifactId>
    <version>2.1.2</version>
  </dependency>
  <!-- Test -->
  <dependency>
    <groupId>junit</groupId>
    <artifactId>junit</artifactId>
    <version>4.11</version>
    <scope>test</scope>
  </dependency>
  <dependency>
```

```
      <groupId>org.specs2</groupId>
      <artifactId>specs2-core_${scala.compat.version}</artifactId>
      <version>2.4.16</version>
      <scope>test</scope>
    </dependency>
    <dependency>
      <groupId>org.scalatest</groupId>
      <artifactId>scalatest_${scala.compat.version}</artifactId>
      <version>2.2.4</version>
      <scope>test</scope>
    </dependency>
  </dependencies>

  <build>
    <sourceDirectory>src/main/scala</sourceDirectory>
    <testSourceDirectory>src/test/scala</testSourceDirectory>
    <plugins>
      <plugin>
        <!-- see http://davidb.github.com/scala-maven-plugin -->
        <groupId>net.alchim31.maven</groupId>
        <artifactId>scala-maven-plugin</artifactId>
        <version>3.2.0</version>
        <executions>
          <execution>
            <goals>
              <goal>compile</goal>
              <goal>testCompile</goal>
            </goals>
            <configuration>
              <args>
                <arg>-dependencyfile</arg>
                <arg>${project.build.directory}/.scala_dependencies</arg>
              </args>
            </configuration>
          </execution>
        </executions>
      </plugin>
      <plugin>
        <groupId>org.apache.maven.plugins</groupId>
        <artifactId>maven-surefire-plugin</artifactId>
        <version>2.18.1</version>
        <configuration>
          <useFile>false</useFile>
          <disableXmlReport>true</disableXmlReport>
          <!-- If you have classpath issue like NoDefClassError,... -->
          <!-- useManifestOnlyJar>false</useManifestOnlyJar -->
          <includes>
            <include>**/*Test.*</include>
            <include>**/*Suite.*</include>
          </includes>
```

```
            </configuration>
          </plugin>
        </plugins>
      </build>
    </project>
```

在主代码目录中创建包 com.baidubce，如图 5-60 所示，然后在包下创建 Scala Object：HRDecisionTree。

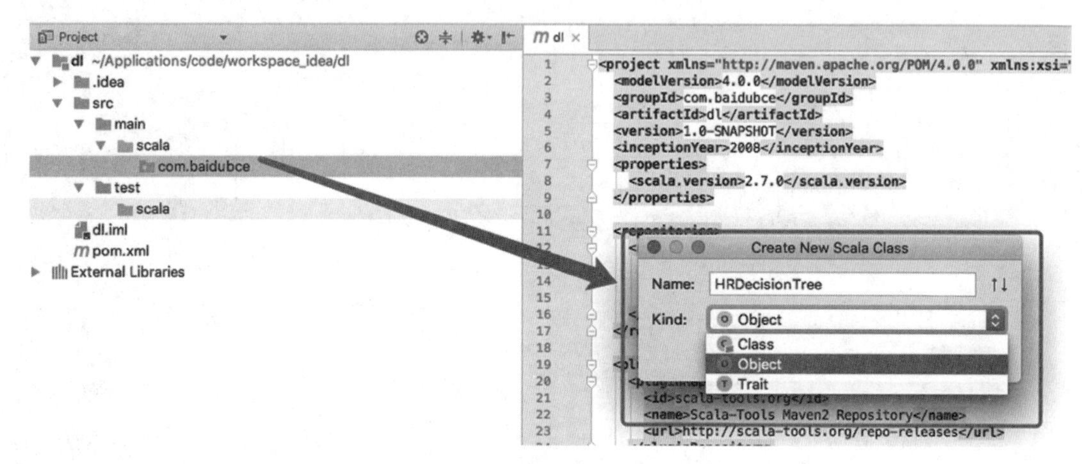

图 5-60 创建 Scala Object

如图 5-61 所示，在代码中定义 main 函数。

```
package com.baidubce

object HRDecisionTree {
  def main(args: Array[String]): Unit = {

  }
}
```

图 5-61 定义 Main 函数

提前引入需要用到的依赖：

```
import org.apache.spark.sql.{DataFrame, Row, SparkSession}
import org.apache.spark.ml.linalg.{Vector, Vectors}
import org.apache.spark.ml.Pipeline
import org.apache.spark.ml.feature.{IndexToString, StringIndexer, VectorAssembler,
VectorIndexer}
import org.apache.spark.ml.classification.DecisionTreeClassifier
import org.apache.spark.ml.evaluation.MulticlassClassificationEvaluator
```

在本地 Local 模式下部署运行程序环境，在 main 函数中写入如下代码：

```
val spark = SparkSession
    .builder()
    .config("spark.master", "local")
    .appName("Clouder Decision Tree")
    .getOrCreate()
```

3. 数据导入

查看一下数据集 HR_comma. txt，数据字段依次是 satisfaction_level，left，last_evaluation，number_project，average_montly_hours，time_spend_company，Work_accident，promotion_last_5years，salary，department，其中 left 是标签。

```
0.38,1,0.53,2,157,3,0,0,low,sales
0.8,1,0.86,5,262,6,0,0,medium,sales
0.11,1,0.88,7,272,4,0,0,medium,sales
0.72,1,0.87,5,223,5,0,0,low,sales
0.37,1,0.52,2,159,3,0,0,low,sales
0.41,1,0.5,2,153,3,0,0,low,sales
0.1,1,0.77,6,247,4,0,0,low,sales
0.92,1,0.85,5,259,5,0,0,low,sales
0.89,1,1,5,224,5,0,0,low,sales
0.42,1,0.53,2,142,3,0,0,low,sales
```

case class 定义一个 Hrcomma 就是数据的结构，放在 object HRDecisionTree 的外部：

```
case class Hrcomma(features: Vector, categorySalary: String, categoryDep: String, label:
String)
```

将 HR_comma. txt 数据集加载到 Spark 环境中，每行数据按照“,”分开，第二列就是我们的分类目标。

```
import spark.implicits._

//填写实际数据集的路径
val datapath = "path"
val data = spark.sparkContext.textFile(datapath)
          .map(_.split(","))
          .map(p => Hrcomma(Vectors.dense(
              p(0).toFloat,
            p(2).toFloat,
            p(3).toInt,
            p(4).toInt,
            p(5).toInt,
            p(6).toInt,
            p(7).toInt),
            p(8),
            p(9),
            p(1))).toDF()
data.createOrReplaceTempView("Hrcomma")
val df = spark.sql("select * from Hrcomma")
```

简要查看一下数据：

```
df.show(10)
```

执行上面的 main 函数代码，输出结果如图 5-62 所示。

```
+--------------------+--------------+-----------+-----+
|            features|categorySalary|categoryDep|label|
+--------------------+--------------+-----------+-----+
|[0.37999999523162...|           low|      sales|    1|
|[0.80000001192092...|        medium|      sales|    1|
|[0.10999999940395...|        medium|      sales|    1|
|[0.72000002861022...|           low|      sales|    1|
|[0.37000000476837...|           low|      sales|    1|
|[0.40999999642372...|           low|      sales|    1|
|[0.10000000149011...|           low|      sales|    1|
|[0.92000001668930...|           low|      sales|    1|
|[0.88999998569488...|           low|      sales|    1|
|[0.41999998688697...|           low|      sales|    1|
+--------------------+--------------+-----------+-----+
only showing top 10 rows
```

图 5-62　输出结果

4. 数据处理

使用 StringIndexer 把源数据里的 salary 和 department 按照出现的频次对其进行序列编码，以便 Spark 更好地处理：

```
val salaryIndexer = new StringIndexer().setInputCol("categorySalary").setOutputCol("indexedSalary")
val depIndexer = new StringIndexer().setInputCol("categoryDep").setOutputCol("indexedDep")
```

使用 VectorAssembler 将原始特征和一系列转换过的特征合并为单一的特征向量：

```
val vecAssembler = new VectorAssembler()
    .setInputCols(Array("features", "indexedSalary", "indexedDep"))
    .setOutputCol("indexedFeatures")

val vecDF: DataFrame = vecAssembler
    .transform(depIndexer.fit(salaryIndexer.fit(df).transform(df))
    .transform(salaryIndexer.fit(df).transform(df)))
```

查看最终特征和标签数据，显示如下：

```
vecDF.select("indexedFeatures", "label").show(10, false)
```

执行代码结果如图 5-63 所示。

对标签 label 进行序列编码：

```
val labelIndexer = new StringIndexer()
   .setInputCol("label")
    .setOutputCol("indexedLabel")
    .fit(vecDF)
```

```
+--------------------------------------------------------------------------+-----+
|indexedFeatures                                                           |label|
+--------------------------------------------------------------------------+-----+
|[0.3799999952316284,0.5299999713897705,2.0,157.0,3.0,0.0,0.0,0.0,0.0]    |1    |
|[0.800000011920929,0.8600000143051147,5.0,262.0,6.0,0.0,0.0,1.0,0.0]     |1    |
|[0.1099999994039535,0.8799999952316284,7.0,272.0,4.0,0.0,0.0,1.0,0.0]    |1    |
|[0.7200000286102295,0.8700000047683716,5.0,223.0,5.0,0.0,0.0,0.0,0.0]    |1    |
|[0.3700000047683716,0.5199999809265137,2.0,159.0,3.0,0.0,0.0,0.0,0.0]    |1    |
|[0.4099999964237213,0.5,2.0,153.0,3.0,0.0,0.0,0.0,0.0]                   |1    |
|[0.10000000149011612,0.7699999809265137,6.0,247.0,4.0,0.0,0.0,0.0,0.0]   |1    |
|[0.9200000166893005,0.8500000238418579,5.0,259.0,5.0,0.0,0.0,0.0,0.0]    |1    |
|[0.8899999856948853,1.0,5.0,224.0,5.0,0.0,0.0,0.0,0.0]                   |1    |
|[0.41999998688697815,0.5299999713897705,2.0,142.0,3.0,0.0,0.0,0.0,0.0]   |1    |
+--------------------------------------------------------------------------+-----+
only showing top 10 rows
```

图 5-63 执行结果

设置一个 labelConverter，目的是把预测的类别重新转化成字符型：

```
val labelConverter = new IndexToString()
      .setInputCol("prediction")
      .setOutputCol("predictedLabel")
      .setLabels(labelIndexer.labels)
```

接下来，我们把数据集随机分成训练集和测试集，其中训练集占 70%：

```
val Array(trainingData, testData) = vecDF.randomSplit(Array(0.7, 0.3))
```

5. 构建决策树分类模型

训练决策树模型，这里我们可以通过 setter 的方法来设置决策树的参数，用 gini 指数来进行特征选择，树的最大深度为 3。

```
val dt = new DecisionTreeClassifier()
      .setLabelCol("indexedLabel")
      .setFeaturesCol("indexedFeatures")
      .setImpurity("gini")
      .setMaxDepth(3)
```

6. 构建 Pipeline

设置 pipeline：

```
val pipeline = new Pipeline()
     .setStages(Array(labelIndexer, dt, labelConverter))
```

训练决策树模型：

```
val model = pipeline.fit(trainingData)
```

进行预测：

```
val predictions = model.transform(testData)
```

7. 评估决策树模型

计算准确性：

```
val evaluatorClassifier = new MulticlassClassificationEvaluator()
      .setLabelCol("indexedLabel")
      .setPredictionCol("prediction").setMetricName("accuracy")
val accuracy = evaluatorClassifier.evaluate(predictions)

println("Test Accuracy = " + (accuracy))
```

再次执行代码，如图 5-64 所示，可看到输出结果显示准确率为 0.948。

```
Test Accuracy = 0.9480343425214641
```

图 5-64 准确率

在输出结果中可以找到 Test Accuracy=字样。

8. 部署百度大数据平台 BMR 运行集群环境

修改集群运行环境参数：

```
val spark = SparkSession
    .builder()
    .appName("Clouder Decision Tree")
    .getOrCreate()
// 1. 加载数据集
  val datapath = args(0)
  val saveResultPath = args(1)
```

在 main 函数尾部，增加写入结果输入到目录：

```
// transform to RDD
val accRdd = spark.sparkContext.parallelize(Seq(accuracy))
// save result to BOS
accRdd.saveAsTextFile(saveResultPath)

spark.stop()
```

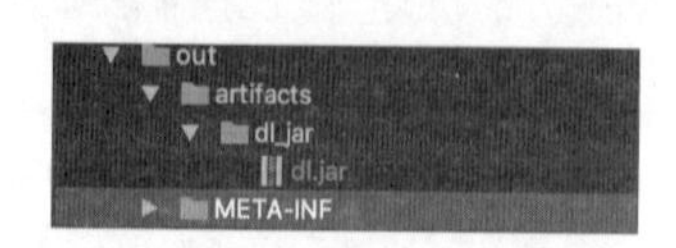

图 5-65 jar 包的位置

打包程序 jar 包。可以使用开发工具自带打包，也可以使用 Maven 打 jar 包。图 5-65 展示了 jar 包的位置。

9. 部署百度大数据平台 BMR 运行集群环境

数据准备，将分析数据 HR_comma.txt 和程序打包的 dl.jar 包上传至百度对象存储 BOS 中创建 BMR 集群，填写集群镜像配置，图 5-66 展示了应该勾选的选项。

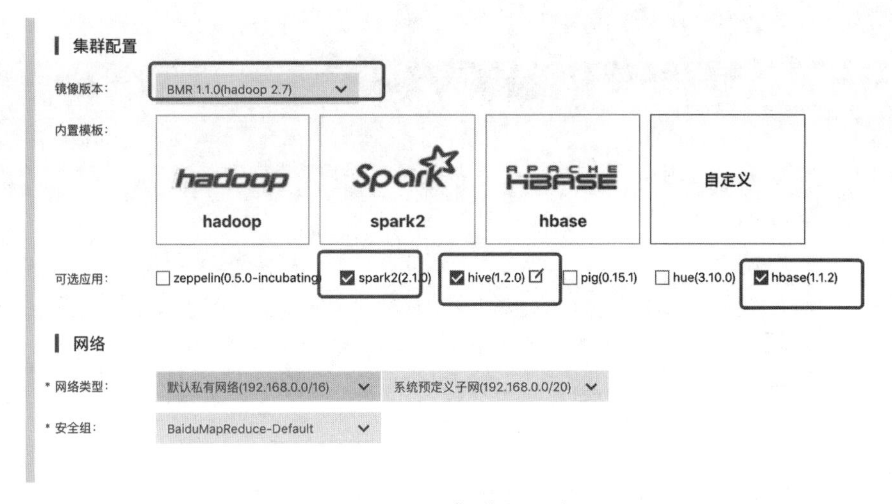

图 5-66　集群配置页面

网络配置使用默认,按图 5-67 填写"节点配置"信息。

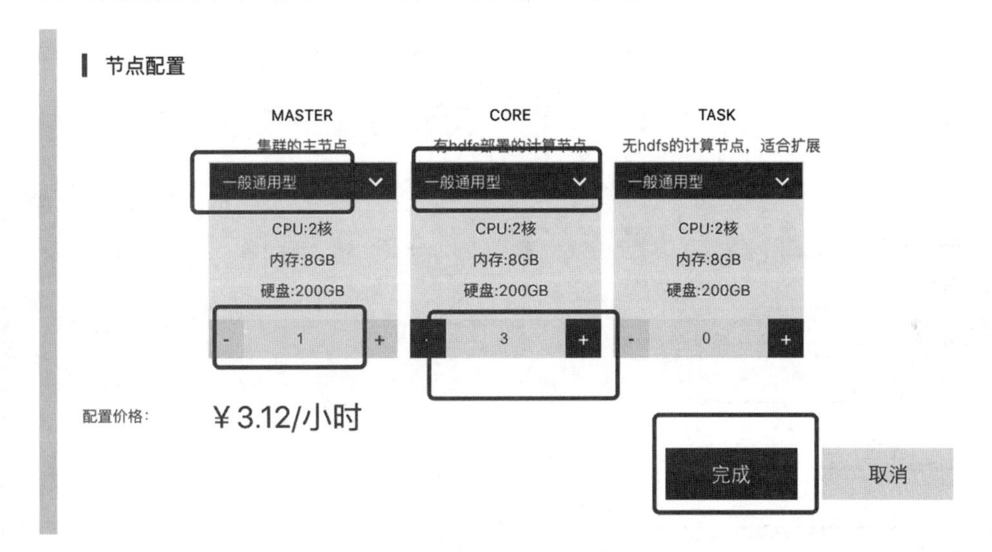

图 5-67　节点配置信息

最后单击"完成"按钮,等待集群创建。

10. 配置运行 Spark 分析作业

进入作业列表页,根据图 5-68 单击"创建作业"按钮。
根据图 5-69 在创建作业页面配置 Spark 作业信息,最后单击"完成"按钮。

11. 查看 Spark 作业结果

当作业显示"已完成"时,表示作业已经成功执行完成,到 BOS 存放输出文件路径,查看结果,单击 output 进入文件夹,单击"文件的获取地址",单击"获取链接"按钮,获取链接在新浏览器界面输入"链接",可以看到我们程序的结果,如图 5-70 所示,分类准确率是 94.7%,分类效果不错。

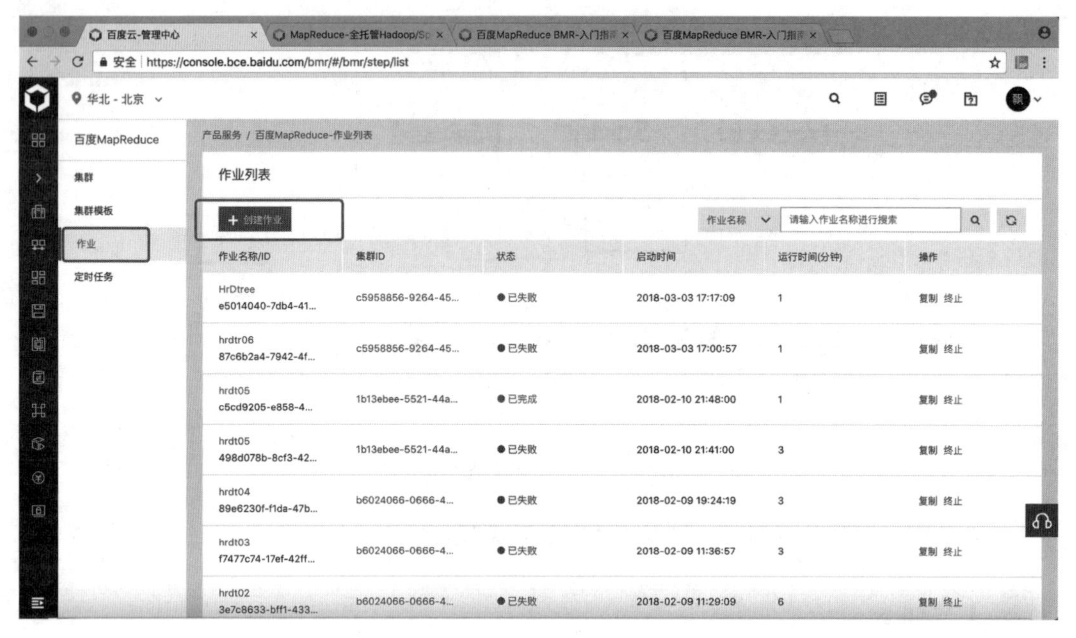

图 5-68 作业创建页面

图 5-69 配置 Spark 信息页面

图 5-70 分类准确率

5.7　百度 OLAP 引擎 Palo

5.7.1　概述

百度数据仓库 Palo 是百度智能云上提供的 PB 级别的 MPP 数据仓库服务，以较低的成本提供在大数据集上的高性能分析和报表查询功能。

百度数据仓库 Palo 不是面向 OLTP 的数据库产品，而是一款面向 OLAP 的数据库产品，和百度数据仓库 Palo 功能定位比较相似的产品包括 Greenplum、Vertica、Exadata 等商业数据仓库系统和 Amazon RedShift、Google BigQuery 等云服务，大家可以参考以上产品来理解百度数据仓库 Palo。

5.7.2　系统架构

如图 5-71 所示，百度数据仓库 Palo 对外产品由云端和前端两部分组成。前端为用户提供了和云端交互的工具，可以实现数据上传到 BOS、Palo 集群管理以及提交 SQL 语句等操作。云端由 BOS 和 Palo Core 组成。

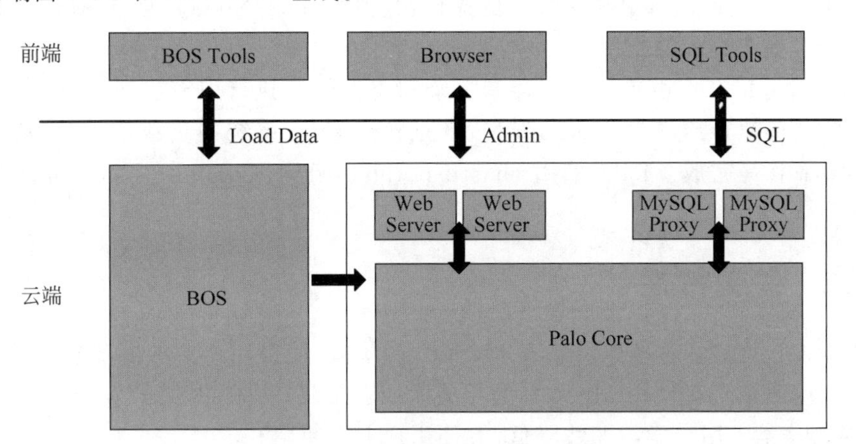

图 5-71　百度数据仓库 Palo 架构

(1) 数据导入：百度数据仓库 Palo 云端产品目前只支持从百度的 BOS 系统导入数据，用户需要使用 BOS 相关工具，将自己的数据上传到 BOS 系统再导入 Palo。对于非云端的专有 Palo 集群，还可以选择从 HDFS 导入或使用 bulk load 命令从本地文件导入，详见官方文档 SQL 手册。

(2) 集群管理：百度数据仓库 Palo 当前提供一个 Web 管理界面，通过这个界面，用户可以完成集群申请、增删节点、查看集群信息以及重置密码等操作。

(3) SQL 交互：用户可以使用任何连接 MySQL 的工具或者库连接到 Palo。比如，可以通过 MySQL 客户端、JDBC、ODBC 以及其他 BI 工具等连接 Palo 提交 SQL，包括 DDL、DML、DQL、DCL 等语句。JDBC 和 ODBC 的连接 URL 可以在集群管理页面中查看，详见官方文档快速入门。

(4) Palo Core：是 Palo 的核心引擎，其实现如图 5-72 所示。

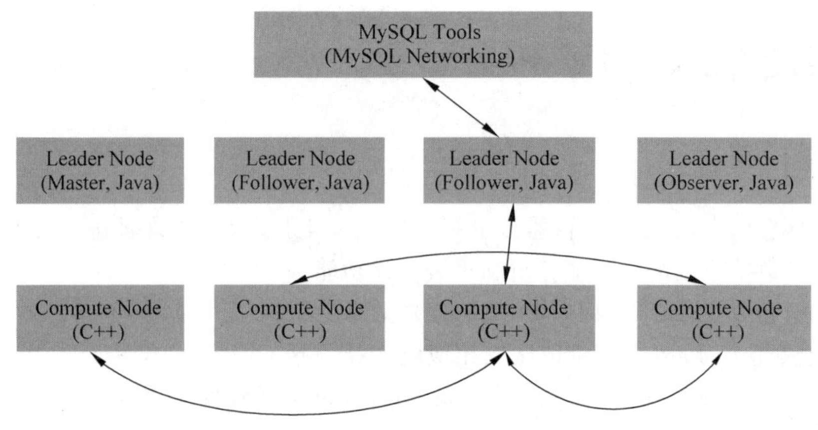

图 5-72 Palo Core 实现架构

Palo Core 主要分为 Leader Node 和 Compute Node 两种角色，每种角色都可以部署在多台机器上。

Leader Node 节点负责维护系统的元数据，以及接收用户所有的 SQL 请求，解析 SQL，形成物理执行规划，然后将任务分发给 Compute 节点进行分布式执行。所有 Leader Node 中有一个 Master，负责执行更改元数据的操作，其他 Leader Node 定期与 Master 同步元数据，起到容错和提高性能的作用。

Compute Node 节点由单机数据存储引擎和查询任务执行引擎组成，接收来自 Leader Node 节点的任务执行请求。Compute Node 是整个 Core 系统中负载最重的，所有的存储和计算负载都由其完成。Palo 采用 shared nothing 架构，Compute Node 可以做到线性扩展。

5.7.3 关键特性

(1) MySQL 接口：通过提供兼容 MySQL 的接口，使得用户不必再单独部署新的客户端库或者工具，可以直接使用 MySQL 的相关库或者工具；由于提供了 MySQL 接口，也容易与上层应用兼容；用户学习曲线降低，方便用户上手使用。

(2) 高并发小查询：不同于 Hive、Impala 等开源数据分析工具，Palo 支持高并发小查询，100 台集群可达 10wQPS。

(3) 大查询高吞吐：通过使用 Partition Pruning、预聚合、谓词下推、向量化执行等技术，提高了大查询的吞吐能力。

(4) 容错和稳定性：Leader Node 节点和 Compute Node 节点都提供了容错，保证了系统的稳定性。多个 LeaderNode 为元数据提供了高可靠保证；数据在 Compute Node 的多副本提供了数据的高可靠。

(5) 高效的列式存储引擎：具有 Min/Max，前缀索引等智能索引，采用了 RLE 编码的高效列式存储引擎。

(6) 高效的物化索引 Rollup Index：提供创建 Rollup Index 的功能。一个 Rollup Index 包含一个 Table 中的部分常用列，在物理上独立存储。对于查询模式固定的报表类查询，可以大大提高查询的速度。

(7) 方便的表结构修改：支持在已导入数据的情况下修改表结构，包括增加列、删除列、修改列类型和改变列顺序等操作。

(8) 成本低：在性价比方面是商业产品的10倍到100倍。

5.8 百度机器学习BML

5.8.1 概述

百度机器学习BML(Baidu Machine Learning)是百度自主研发的新一代机器学习平台，基于百度内部应用多年的机器学习算法库，提供实用的行业大数据解决方案。BML打通机器学习全流程，只需简单的界面操作即可完成复杂的机器学习任务，打通百度用户画像数据，帮助企业全面洞悉客户特征。同时，BML也提供API供用户使用。

1. 优势

(1) 连接百度用户画像数据：连接基于海量互联网数据的百度用户画像数据，可帮助企业更加深入地了解自己的用户，洞察用户的兴趣爱好和需求，实现内容的个性化推荐，提升服务效果。

(2) 完善的解决方案：提供数字广告营销、推荐系统、文本分析、故障预测等多个完善的解决方案，提供量身打造的企业级应用模型，帮助用户快速把机器学习技术应用到业务系统中。

(3) 性能强悍：算法经过多年持续优化，性能极致，分布式、全内存集群提供强大的计算能力。支持高并发的在线预测和大批量的离线预测，满足用户的不同使用场景。

(4) 算法丰富：基于行业的大数据多维分析算法，包含了分类、聚类、回归、主题模型、推荐算法，同时支持前沿的深度学习、在线学习、贝叶斯推荐等算法。支持以下多种模型训练：逻辑回归LR、深度神经网络DNN、聚类Kmeans、主题模型LDA、协同过滤CF、贝叶斯深度学习推荐Alaya、梯度提升决策树GBDT、因子分解模型FM。

(5) 操作简单：打通特征工程、模型训练、模型评估和预测服务全流程。直观易用的拖拽式操作。只需简单配置即可完成模型训练和评估，同时支持对参数的自定义修改满足定制化需求。

(6) 高效的数据预处理：并行化分布式的数据处理组件，可以快速完成复杂的数据预处理过程。支持对数据的清理、替换、转换、组合、采样、去重、拆分等预处理操作。

(7) 专业的咨询服务：由百度强大的机器学习专家团队提供使用指导和端到端的解决方案。

5.8.2 基于BML的应用开发案例——电影推荐

1. 简介

根据某在线影片租赁商会的用户们对影片的历史评分数据，可通过BML平台的训练与预测，可为这些用户推荐其感兴趣的影片。本案例将介绍使用协同过滤算法CF做推荐电影的实现过程。如图 5-73 所示，我们依次按照数据准备、创建数据集、训练模型和应用模型的顺序，演示使用 BML 平台完成电影推荐的过程。

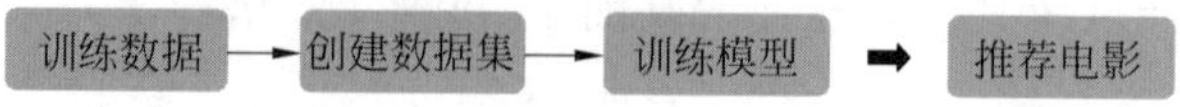

训练数据 → 创建数据集 → 训练模型 ➡ 推荐电影

图 5-73 实验流程

2. 样例数据

本案例会直接使用百度云准备好的样例数据：

一份训练数据，用来训练模型和离线预测数据路径：bos://bml-sample-data/movierecommendation/train_data。

3. 数据准备

可以跳过此步骤直接使用样例数据中提供的数据。也可按照如下说明准备自己的输入数据：

原始数据格式如下：

```
1309617,user_1309617,9756 4,14718 4
1530887,user_1530887,8467 3,12317 4,3756 4,4829 4,11837 3,2712 4,9856 3,8552 3,15394 3,
10627 3,14718 4,15237 2,14646 3,8982 3,4389 4,985 4
1283020,user_1283020,13102 3
877131,user_877131,16703 4,9756 3
664824,user_664824,15205 3,12966 4,9756 4,11658 3
```

格式说明：

- 每一行代表一条样本，即每个用户所对应的所有影片评分（评分范围为 0～5 分）。用英文逗号隔开。
- 第 1 列：代表用户 ID。
- 第 2 列：代表用户名，可以为空但要保留逗号分隔符。
- 第 3 列（含）以后：代表用户给影片（空格前的 ID）的评分（空格后的数值）。

4. 创建数据集

数据集是百度机器学习 BML 数据管理的基本单位，各种算法的模型训练、离线预测过程只接收数据集作为算法的输入。添加数据集是以存储在 BOS 上的原始数据为数据输入，生成的数据集在 BML 系统中可同时且多次进行模型训练，离线预测。

本示例中创建数据集：基于训练数据生成数据集 RecommendMovie_trainData，用于得到训练模型和离线预测。

具体操作如下：

(1) 打开“产品服务”→“百度机器学习 BML-实验列表”，单击“创建实验”，进入创建实验页面。

(2) 系统自动生成了实验名称 experiment_20160623，可在右侧配置区修改。

(3) 单击左侧导航的“数据输入输出”,拖曳“输入数据源”至中间空白处,在右侧参数配置区配置如下参数:

- 数据源路径:输入 BOS Bucket 路径地址:bos://bml-sample-data/movie_recommen dation/train_data/netflix_data。BML 数据集只获得该路径下的非目录的文件作为输入,不会递归处理子目录下的文件。路径支持匹配符格式,如果需要递归地获得目录下子目录输入数据,请在 Input 参数中添加匹配符表达式(和标准的 linux 的 ls 的匹配符一致)。如需要获得所有两层子目录下的 part00-part03 开头的所有文件,则路径格式为:bos://bucketName/object/\/\/part0[0-3]*。目前支持.gz 格式的压缩文件。
- 数据格式:选择“BML 专属”。
- 数据类型:选择“稀疏带权”。协同过滤 CF 算法只支持稀疏带权的数据格式,样例数据符合稀疏带权的格式。
- 描述:根据图 5-74 输入描述信息。

图 5-74 输入数据源信息

(4) 拖拽左侧导航的“输出数据集”至中间空白处,在右侧参数配置区定义数据集名称 RecommendMovie_trainData。

(5) 连接“输入数据源”与“输出数据集”。

(6) 保存当前的数据集为实验,以便后期复用,请单击页面上方的保存图标,则该数据集保存至实验列表。

(7) 页面自动跳转至“产品服务>百度机器学习 BML-实验列表”,单击实验 experiment_20160623 对应的运行按钮开始创建数据集,运行过程界面如图 5-75 所示。

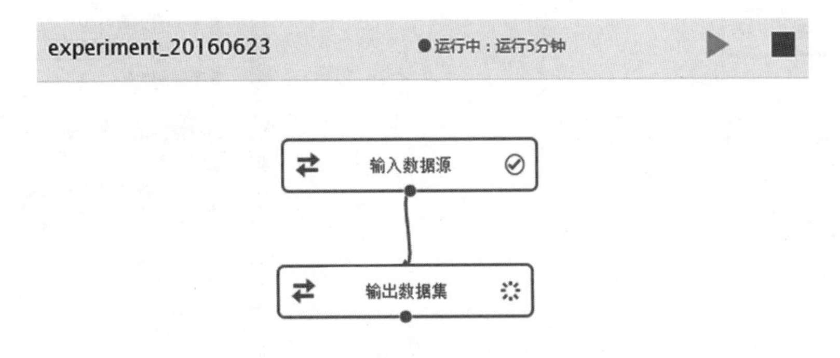

图 5-75 实验操作界面

(8) 可在“产品服务>百度机器学习 BML-数据集列表”页查看到数据集 RecommendMovie_trainData。数据集的创建过程是一个异步的持续过程,根据输入数据量的大小和 BML 系统的繁忙程度将耗费不同的时间(完成后会有站内信通知),可以根据数据集的状态判断数据集是否创建成功,只有状态为完成的数据集才可以作为后续机器学习流程的输入单位，对于状态为创建中的数据集可以进行停止操作。

（9）单击 RecommendMovie_trainData，可查看该数据集的详情，如图 5-76 所示。

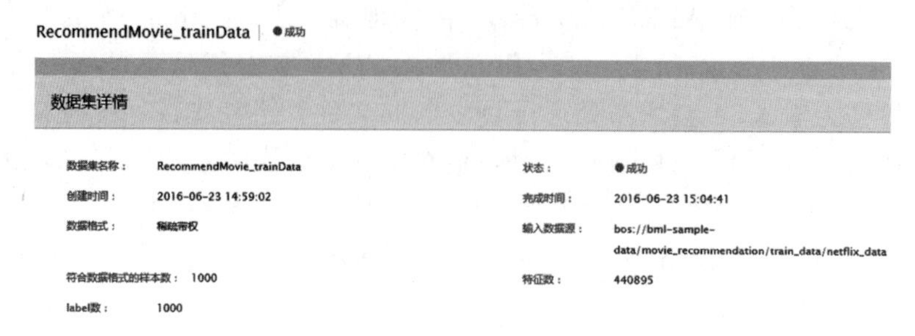

图 5-76 数据集详情

5. 训练模型

使用协同过滤 CF 算法作为推荐电影模型的训练算法，训练模型具体操作如下：

（1）在“产品服务＞百度机器学习 BML-实验列表”页面，单击已创建的实验 experiment_20160623，进入该实验页面。

（2）单击左侧“模型训练”，拖拽“协同过滤 CF”至中间空白处，系统自动生成了模型名称 my_cf_model，可在右侧参数配置区修改。请保持其余参数的默认值不变，还需要设定与该影片相似度的 topN 影片，在模型训练中，保持默认值不变。相似度计算方式参数设定影片之间相似度的计算方式，保留默认的方式不变。

（3）如图 5-77 所示，连接“输出数据集”与“协同过滤 CF”。

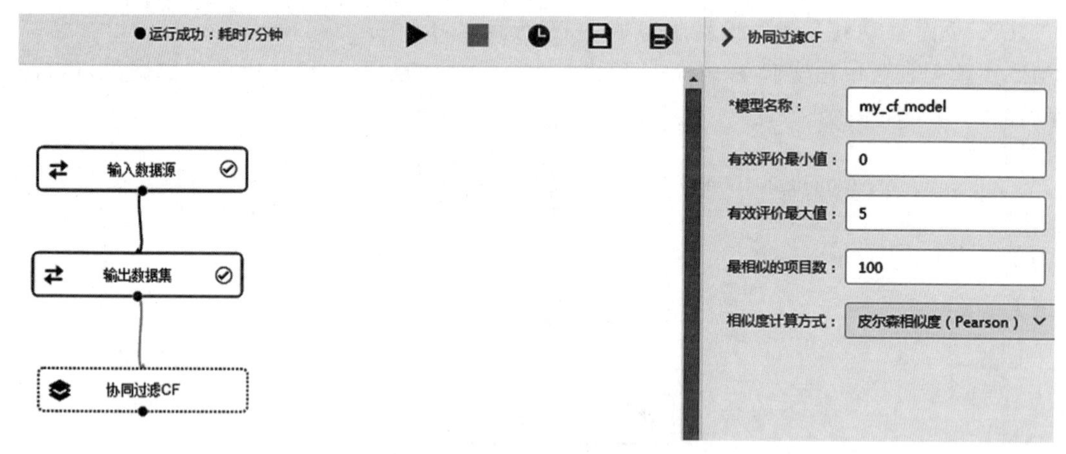

图 5-77 协同过滤 CF 设置界面

（4）单击上方的运行按钮后开始训练模型。

（5）如图 5-78，在“产品服务＞百度机器学习 BML-模型列表”页面可查看已创建的模型 my_cf_model。模型的训练过程同样是一个异步的持续过程，根据输入数据量的大小和 BML 系统的繁忙程度完成时间也不同（完成后会有站内信通知）。

（6）单击 my_cf_model 可查看到模型训练的配置及状态信息，可以根据模型的状态判断模型是否成功训练完成，对于状态为创建中的模型可以进行停止操作。若由于数据问题

模型列表

删除

模型名称/ID	创建时间	状态	算法
my_cf_model model-576b904ad1a71	2016-06-23 15:31:22	● 成功	协同过滤CF

图 5-78　模型列表

或高阶参数设置的不合理导致的模型训练失败情况，也会给出相应的错误提示。同样只有成功训练完成的模型才能进行后续的评估和应用，图 5-79 是已完成的模型 my_cf_model 的模型详情页。

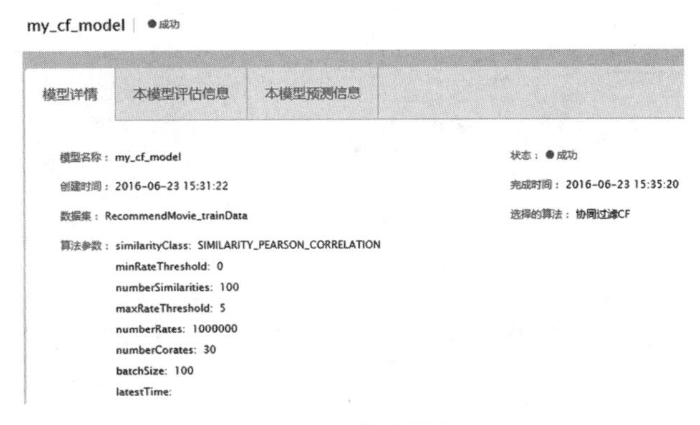

图 5-79　模型详情

6. 应用模型推荐电影

下面将介绍如何运用这个模型为用户推荐可能感兴趣的影片。本例中应用模型采用离线预测的方式，百度机器学习 BML 的离线预测以数据集为输入单位，因此需要将离线预测的原始数据先添加数据集。用于预测的数据集须与训练数据集的数据格式保持一致。

在本例中使用已创建的数据集 RecommendMovie_userData 和已评估过的 CF 模型 my_cf_model 做离线预测。具体操作如下：

(1) 在"产品服务>百度机器学习 BML-实验列表"页面，单击已创建的实验 experiment_20160623，进入实验页面。

(2) 单击左侧导航的"离线预测"，并拖拽离线预测至中间空白处，在右侧参数配置区选择本次预测结果在 BOS 上的存储路径，请确保对输出路径有写权限，如果路径不存在则创建路径，如果已经存在该路径，则系统将根据用户填写的路径构造输出路径。

(3) 根据图 5-80 连接"输出数据集"与"离线预测"，连接"my_cf_model"与"离线预测"。

(4) 单击上方的运行按钮开始模型的离线预测。同样的，模型离线预测也是一个异步的持续过程，根据数据量的大小和 BML 系统的繁忙程度，完成时间会不同(完成后会有站内信通知)。

(5) 如图 5-81 所示，在"产品服务>百度机器学习 BML-模型列表"页面单击模型 my_cf_model，可在"本模型预测信息"页查看预测信息，包含本次预测所用的数据集、结果输出

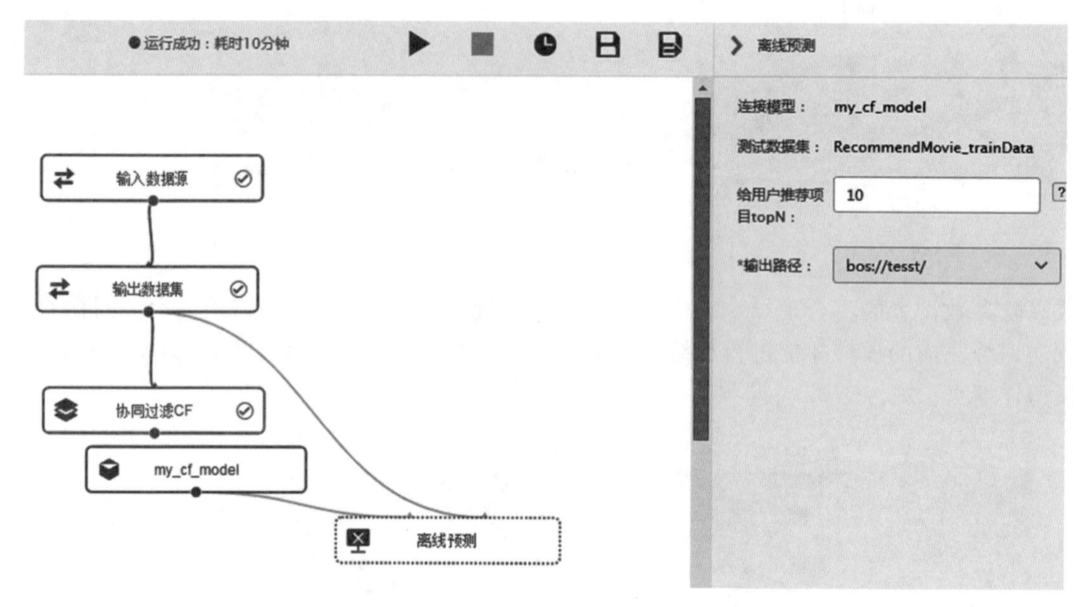

图 5-80　离线预测设置界面

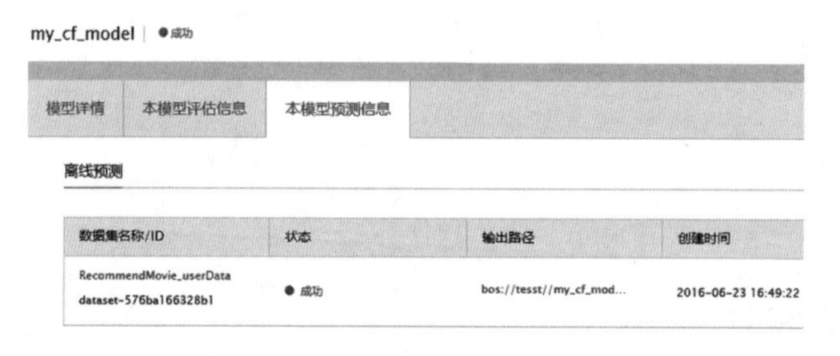

图 5-81　预测信息

及状态信息。若由于数据问题或高阶参数设置的不合理导致的预测失败，也会给出相应的错误提示。

(6) 成功完成的离线预测，会将该次离线预测的预测结果输出到设置的 BOS 路径中，可自行查看和后续使用。离线预测的预测结果格式为：

- 每一行是针对一个用户的推荐，第一列为用户 ID。
- 第二列及第二列以后为推荐的 Top N 个项目。
- 预测结果是以半角逗号分隔的，每个推荐项目以空格分隔，空格前为项目 ID，空格后为推荐分值。最终生成的预测结果内容如下：

```
0,8238 5,7795 5,16030 5,4930 5,6514 5,12912 5,...,6963 5;
1,7455 5,1906 5,6659 5,13456 5,12390 5,925 5,...,8396 5;
```

结果的含义是“用户 id，推荐的项目 id1 推荐分数，推荐的项目 id2 推荐分数，…，推荐的项目 idN 推荐分数 N”。

5.9 习题

（1）简述大数据的定义和其他的特征。

（2）名词解释：PRAM、BSP、LogP 与 MapReduce。

（3）简述当今流行的大数据处理模型 MapReduce 的数据处理过程及其优劣势。

（4）与 MapReduce 相比，Impala 的优势在哪里？为什么有效率方面的优势？

（5）HadoopDB 是都是对 Hadoop 和 Hive 的修改？如果是，它大体上修改了哪些地方？

（6）HadoopDB 的优点是什么？

（7）Spark 与 Hadoop 对比，有哪些优势？可以分别从处理模型、数据格式内存布局、执行策任务调度的开销这几个角度来回答。

5.10 参考文献

[1] 百度智能云. 百度 MapReduce BMR [EB/OL]. https://cloud.baidu.com/doc/BMR/index.html.
[2] 林伟伟，刘波. 分布式计算、云计算与大数据[M]. 北京：机械工业出版社，2015.11.
[3] 林伟伟，彭绍亮. 云计算与大数据技术理论及应用[M]. 北京：清华大学出版社. 2019.07.
[4] 中国工控网. 大数据采集[EB/OL]. http://www.gongkong.com/article/201705/73391.html.
[5] 百度智能云. 百度 MapReduce BMR [EB/OL]. https://cloud.baidu.com/doc/BMR/index.html.
[6] 中国信息通信研究院安全研究所. 大数据安全白皮书[R]. 2018.

第 6 章

基于云计算的AI应用技术

云计算是一种基础设施，人工智能技术的进步离不开云计算的计算能力的不断增长，同时，云计算也让人工智能服务更加无处不在、触手可及，它们的关系相辅相成、密不可分。本章将会介绍基于云计算的 AI 应用技术，首先讨论 AI 技术的发展概述，包括其发展历程、发展流派、趋势展望以及当下热门的深度学习应用，接着介绍那些经典的机器学习算法和部分算法实现实例。最后结合百度天智 AI 平台，介绍该智能云平台的技术架构和 AI 产品，并重点给出该平台下的 AI 应用案例介绍。

6.1 AI 技术发展概述

6.1.1 人工智能技术流派发展简析

"人工智能"一词，是 1956 年由约翰·麦卡锡(John McCarthy)提出的，在此之前这类研究被称为"计算模拟"。人工智能的提出要从 1956 年的达特茅斯会议说起，那年约翰·麦卡锡作为达特茅斯大学的助理教授组织了一次研讨会(图 6-1)。这次会议上他们讨论了该方面相关研究，并提出人工智能的概念。

让机器实现人的智能，一直是人工智能学者不断追求的目标，不同学科背景或应用领域的学者，从不同角度，用不同的方法，沿着不同的途径对智能进行了探索。其中，符号主义(逻辑派或规则派)、连接主义(仿生学派或统计派)和行为主义(控制论学派)是人工智能发展历史上的三大技术流派。

符号主义又称为逻辑主义，在人工智能早期一直占据主导地位，其发展历史如图 6-2 所示。该学派认为人工智能源于数学逻辑，其实质是模拟人的抽象逻辑思维，用符号描述人类的认知过程。早期的研究思路是通过基本的推断步骤寻求完全解，出现了逻辑理论家和几何定理证明器等。20 世纪 70 年代出现了大量的专家系统，结合了领域知识和逻辑推断，使得人工智能进入了工程应用。PC 机的出现以及专家系统高昂的成本，使符号学派在人工

2006年，会议50年后，当事人重聚达特茅斯（左起：摩尔、麦卡锡、明斯基、塞弗里奇、所罗门诺夫）

图 6-1 达特茅斯会议参与人重聚

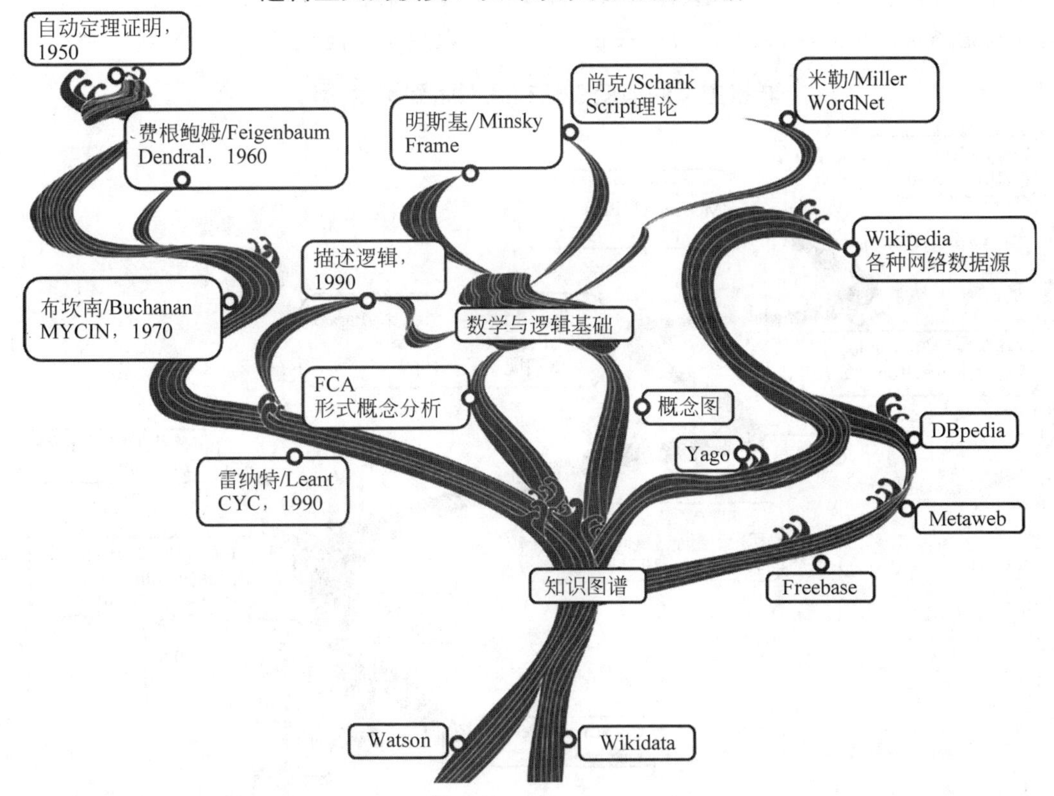

图 6-2 符号主义(逻辑主义)发展历史

智能领域的主导地位逐渐被连接主义取代。

连接主义又称为联结主义、仿生学派或统计派，当前占据主导地位。如果说逻辑派或规则派更像是哲学上的理性主义者，那么统计派则都更像经验主义者。规则派更像以第三人称和上帝视角叙述，从而更具可解释性；而统计派则更像是第一人称写作，深度学习的不可解释性令人困扰。该学派认为人工智能源于仿生学,应以工程技术手段模拟人脑神经系统的结构和功能。如图6-3所示,连接主义最早可追溯到1943年麦卡洛克和皮茨创立的脑模型,由于受理论模型、生物原型和技术条件的限制,在20世纪70年代陷入低潮。直到1982年霍普菲尔特提出的Hopfield神经网络模型和1986年鲁梅尔哈特等人提出的反向传播算法,使得神经网络的理论研究取得了突破。2006年,连接主义的领军者Hinton提出了深度学习算法,使神经网络的能力大大提高。2012年,使用深度学习技术的AlexNet模型在ImageNet竞赛中获得冠军。

行为主义又称为进化主义、自然主义或控制论学派,近年来随着AlphaGo取得的突破而受到广泛关注。该学派认为人工智能源于控制论,智能行为的基础是"感知—行动"的反应机制,所以智能无须知识表示,无须推断。智能只是在与环境交互作用中表现出来,需要具有不同的行为模块与环境交互,以此来产生复杂的行为。如图6-4所示,行为主义最早来源于20世纪初的一个心理学流派,认为行为是有机体用以适应环境变化的各种身体反应的组合,它的理论目标在于预见和控制行为。维纳和麦洛克等人提出的控制论和自组织系统以及钱学森等人提出的工程控制论和生物控制论,影响了许多领域。控制论把神经系统的工作原理与信息理论、控制理论、逻辑以及计算机联系起来。到20世纪60、70年代,上述这些控制论系统的研究取得一定进展,并在1980年代诞生了智能控制和智能机器人系统。

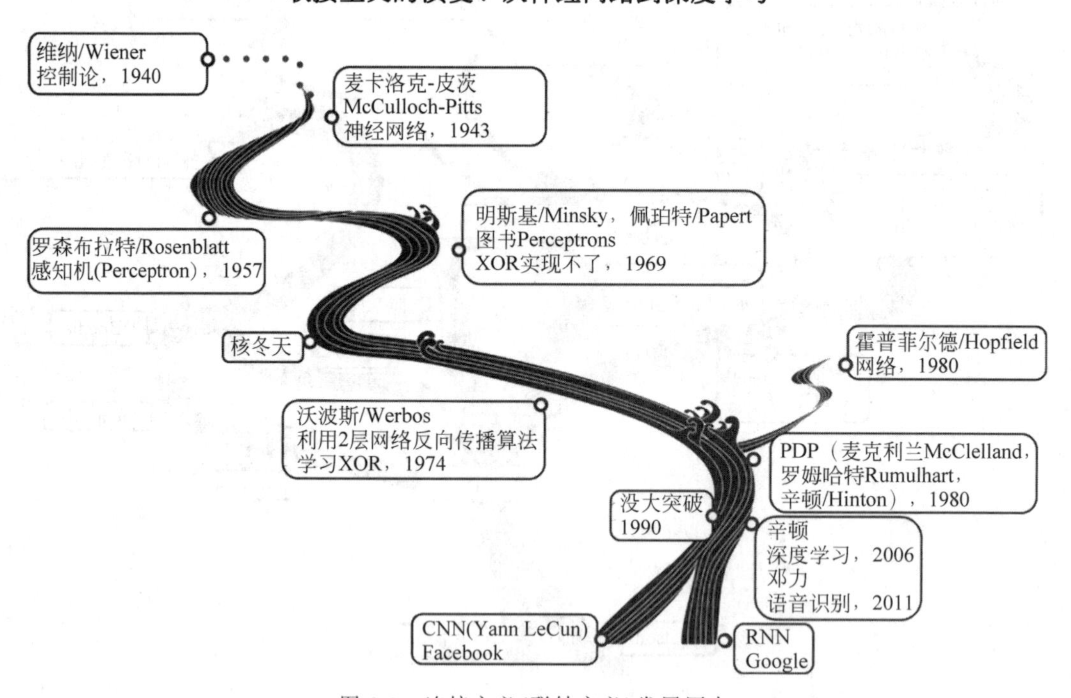

图6-3 连接主义(联结主义)发展历史

人工智能研究进程中的这三种假设和研究范式推动了人工智能的发展。就人工智能三大学派的历史发展来看,符号主义认为认知过程在本体上就是一种符号处理过程,人类思维过程总可以用某种符号来进行描述,其研究是以静态、顺序、串行的数字计算模型来处理智能,寻求知识的符号表征和计算,它的特点是自上而下。而联结主义则是模拟发生在人类神

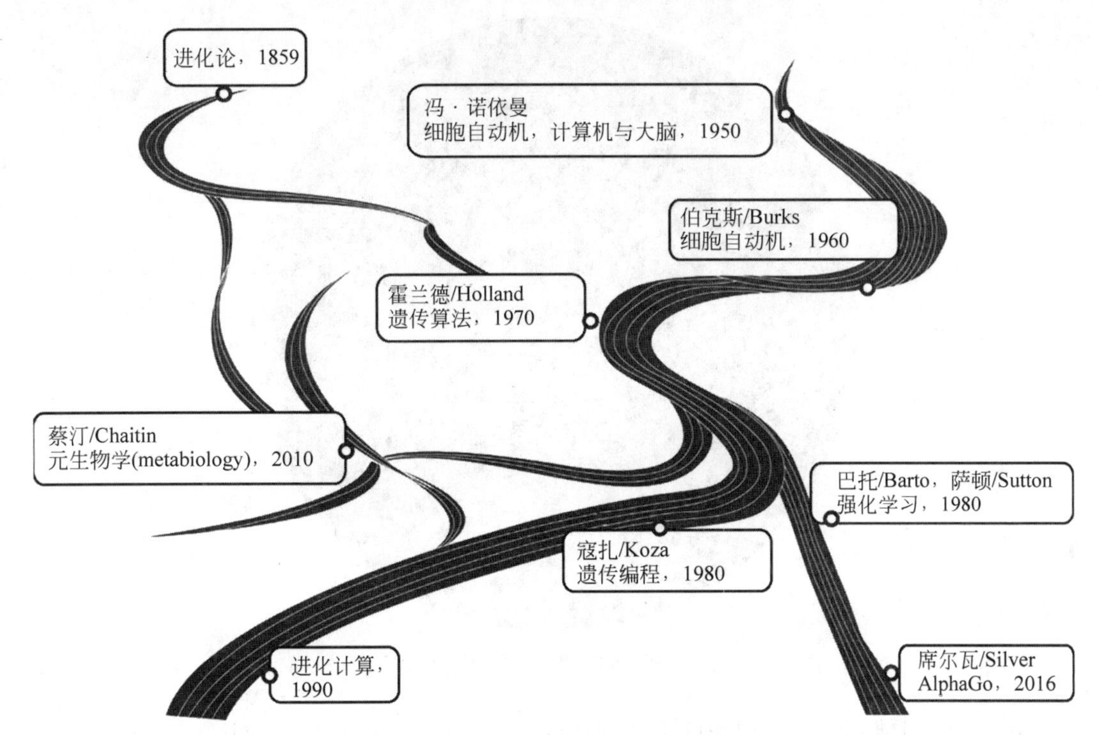

图 6-4　行为主义(自然主义)发展历史

经系统中的认知过程，提供一种完全不同于符号处理模型的认知神经研究范式。主张认知是相互连接的神经元的相互作用。行为主义与前两者均不相同。认为智能是系统与环境的交互行为，是对外界复杂环境的一种适应。这些理论与范式在实践之中都形成了自己特有的问题解决方法体系，并在不同时期都有成功的实践。在人工智能的发展过程中，符号主义、连接主义和行为主义等流派不仅先后在各自领域取得了成果，而且，各学派也逐渐走向了相互借鉴和融合发展的道路。特别是在行为主义思想中引入连接主义的技术，从而诞生了深度强化学习技术，成为 AlphaGo 战胜李世石背后最重要的技术手段。

6.1.2　深度学习带动当前人工智能发展

2006 年，加拿大多伦多大学教授、机器学习领域的泰斗 Geoffrey Hinton 和他的学生 Ruslan Salakhutdinov 在《科学》上发表了一篇文章，开启了深度学习在学术界和工业界的浪潮。这篇文章有两个主要观点：①多隐层的人工神经网络具有优异的特征学习能力，学习得到的特征对数据有更本质的刻画，从而有利于可视化或分类；②深度神经网络在训练上的难度，可以通过逐层初始化(layer-wise pre-training)来有效克服，在这篇文章中，逐层初始化是通过无监督学习实现的。当前多数分类、回归等学习方法为浅层结构算法，其局限性在于有限样本和计算单元情况下对复杂函数的表示能力有限，针对复杂分类问题其泛化能力受到一定制约。深度学习(Deep Learning，DL)是机器学习的技术和研究领域之一，通过建立具有阶层结构的人工神经网络(Artifitial Neural Networks，ANNs)，在计算系统中实现人工智能,人工智能、机器学习、深度学习三者之间关系如图 6-5 所示。

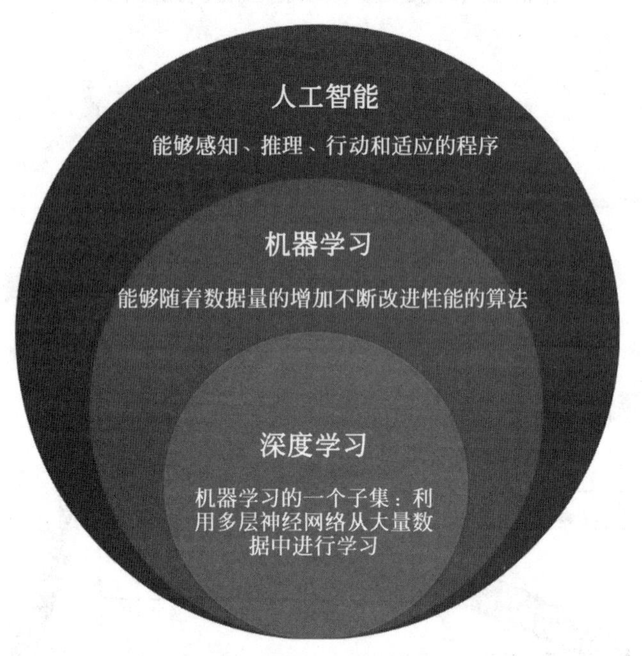

图 6-5　人工智能、机器学习、深度学习三者之间关系

深度学习当前主要是指用深度神经网络(Deep Neural Networks,DNN)实现特征学习,深度神经网络即多层神经网络,一般是指隐含层 3 层以上,如图 6-6 所示。更准确地说,深度学习的实质是通过构建具有很多隐层的机器学习模型和海量的训练数据,来学习更有用的特征,从而最终提升分类或预测的准确性。因此,"深度模型"是手段,"特征学习"是目的。深度学习已经开始在计算机视觉、语音识别、自然语言理解等领域取得了突破。在语音识别领域,2010 年,使用深度神经网络模型的语音识别相对传统混合高斯模型识别错误率降低超过 20%,目前所有的商用语音识别算法都基于深度学习。在图像分类领域,目前针对

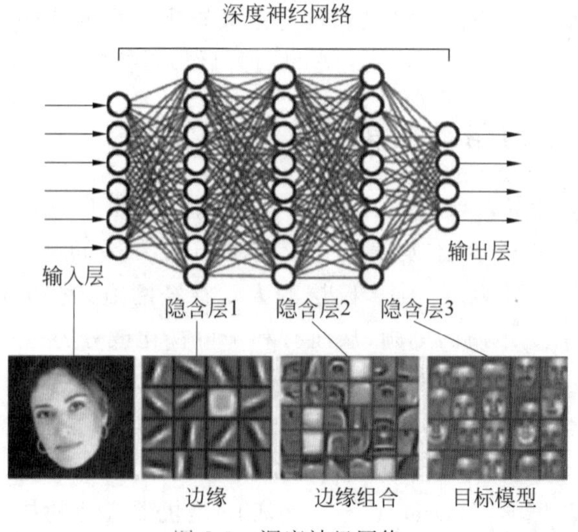

图 6-6　深度神经网络

ImageNet 数据集的算法分类精度已经达到了 95%以上，可以与人的分辨能力相当。深度学习在人脸识别、通用物体检测、图像语义分割、自然语言理解等领域也取得了突破性的进展。

海量的数据和高效的算力支撑是深度学习算法实现的基础。深度学习分为训练(training)和推断(inference)两个环节。训练需要海量数据输入，训练出一个复杂的深度神经网络模型。推断指利用训练好的模型，使用待判断的数据去"推断"得出各种结论。大数据时代的到来，图形处理器(Graphics Processing Unit，GPU)等各种更加强大的计算设备的发展，使得深度学习可以充分利用海量数据(标注数据、弱标注数据或无标注数据)，自动地学习到抽象的知识表达，即把原始数据浓缩成某种知识。当前基于深度学习的人工智能技术架构如图 6-7 所示。

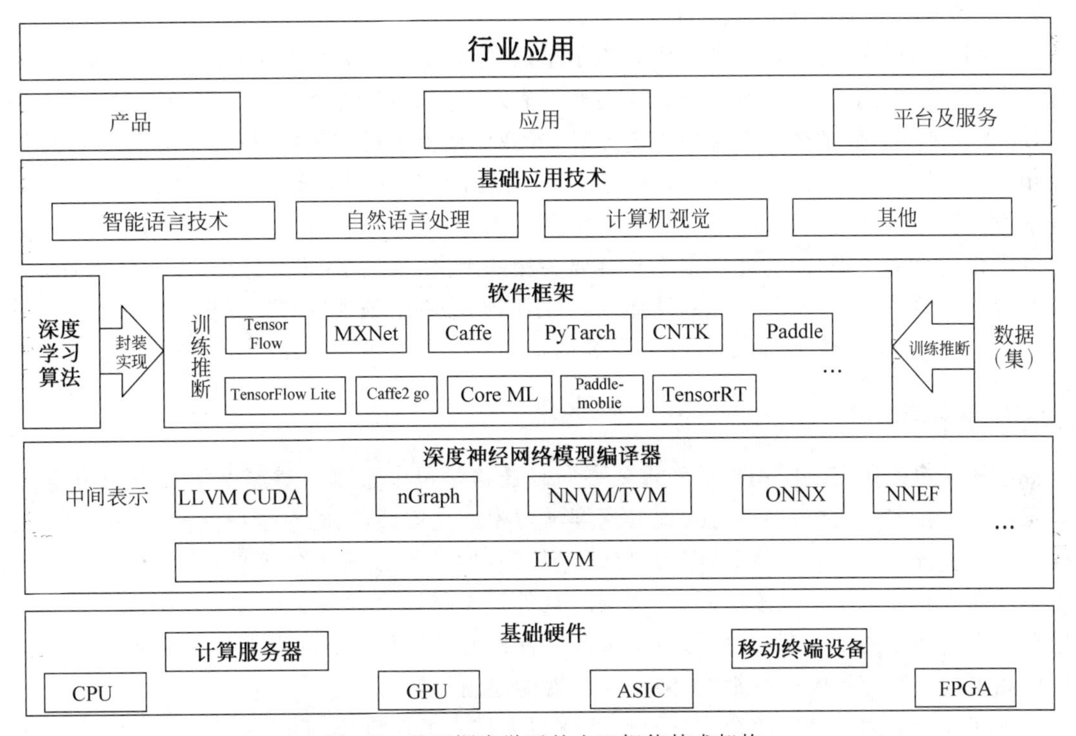

图 6-7　基于深度学习的人工智能技术架构

6.1.3　问题和趋势展望

1. 主要问题

在算法层面，深度学习算法模型存在可靠性及不可解释性问题。首先是可靠性问题，深度学习模型离开训练使用的场景数据，其实际效果就会降低。由于训练数据和实际应用数据存在区别，训练出的模型被用于处理未学习过的数据时，表现就会降低。其次是不可解释性问题，深度学习计算过程为黑盒操作，模型计算及调试的执行规则及特征选取由机器自行操作，目前尚无完备理论能够对模型选取及模型本身做出合理解释，随着相关算法在实际生产生活中的融合应用，存在产生不可控结果的隐患。

在数据层面，主要存在流通不畅、数据质量良莠不齐和关键数据集缺失等问题。具体来看，一是数据流通不畅。目前人工智能数据集主要集中在政府和大公司手里，受制于监管、商业门槛等问题，数据无法有效流动；部分有价值数据，如监控、电话客服等数据目前没有合法渠道获得；二是数据质量良莠不齐。数据标注主要通过外包形式，劳动力水平决定了产出的标注数据质量。三是关键领域和学术数据集不足。计算机视觉、自然语言处理等领域的数据资源严重不足，同时目前我国产业数据主要供给产业界，学术界数据集数量较少，可能影响科研及前瞻性的技术研究。在软件框架层面，实现深度学习应用落地的推断软件框架质量参差不齐，制约了业务开展。由于深度学习应用场景众多，相关应用呈现碎片化特点，用于实现最后应用落地的开源推断软件框架无论在功能还是性能层面距离实际需求还存在相当距离，与训练软件框架趋同趋势不同，产业界所使用的推断软件框架需要聚力研发，尚未形成具有实际标准意义的优秀实例。

在编译器层面，各硬件厂商的中间表示层之争成为技术和产业发展的阻碍。目前业界并没有统一的中间表示层标准，并且模型底层表示、存储及计算优化等方面尚未形成事实标准，导致各硬件厂商解决方案存在一定差异，导致应用模型迁移不畅，提高了应用部署难度。在 AI 计算芯片层面，云侧和终端侧对计算芯片提出了不同的要求。对于云侧芯片，随着深度学习计算需求的逐渐增加，业界希望在提升云侧芯片运算效能的前提下，针对不同网络实现更优化的性能表现，而功耗比则不是首要关注的因素；对于终端侧芯片，在功耗为首要要求的情况下，更加注重推断运算的性能，并且不同终端应用场景对芯片提出了更多个性化需求，如在人脸识别摄像头、自动驾驶汽车等场景。

2. 趋势展望

迁移学习的研究及应用将成为重要方向。迁移学习由于侧重对深度学习中知识迁移、参数迁移等技术的研究，能够有效提升深度学习模型复用性，同时对于深度学习模型解释也提供了一种方法，能够针对深度学习算法模型可靠性及不可解释性问题提供理论工具。深度学习训练软件框架将逐渐趋同，开源推断软件框架将迎来发展黄金期。随着人工智能应用在生产生活中的不断深入融合，对于推断软件框架功能及性能的需求将逐渐爆发，催生大量相关工具及开源推断软件框架，降低人工智能应用部署门槛。

中间表示层之争将愈演愈烈。以计算模型为核心的深度学习应用，由于跨软件框架体系开发及部署需要投入大量资源，因此模型底层表示的统一将是业界的亟需，未来中间表示层将成为相关企业的重点。

AI 计算芯片朝云侧和终端侧方向发展。从云侧计算芯片来看，目前 GPU 占据主导市场，以 TPU 为代表的 ASIC 只用在巨头的闭环生态，未来 GPU、TPU 等计算芯片将成为支撑人工智能运算的主力器件，既存在竞争又长期共存，一定程度可相互配合；FPGA 有望在数据中心中以 CPU＋FPGA 形式作为有效补充。从终端侧计算芯片来看，这类芯片将面向功耗、延时、算力、特定模型、使用场景等特定需求，朝着不同方向发展。

行业巨头以服务平台为核心打造生态链。对于国内外的云服务和人工智能巨头，如亚马逊、微软，阿里云、腾讯云、科大讯飞、旷视科技、云从科技等企业，将围绕各自应用，与设备商、系统集成商、独立软件开发商等联合，为政府、企业等垂直领域提供一站式服务，共同打造基于服务平台的生态系统[1]。

6.2 基于深度学习的AI技术

随着深度学习算法工程化实现效率的提升和成本的逐渐降低，一些基础应用技术，如智能语音、自然语言处理和计算机视觉等逐渐成熟，并形成相应的产业化能力和各种成熟的商业化落地。同时，业界也开始探索深度学习在艺术创作、路径优化、生物信息学相关技术中的实现与应用，并已经取得了瞩目的成果。以下主要分析目前商业较为成熟的智能语音、自然语言处理和计算机视觉技术的情况。

1. 智能语音技术改变人机交互模式

智能语音语义技术主要研究人机之间语音信息的处理问题。简单来说，就是让计算机、智能设备、家用电器等通过对语音进行分析、理解和合成，实现“能听会说”、具备自然语言交流的能力。

1）智能语音技术概述

按机器在其中所发挥作用的不同，分为语音合成技术、语音识别技术、语音评测技术等。语音合成技术即让机器开口说话，通过机器自动将文字信息转化为语音，相当于机器的嘴巴；语音识别技术即让机器听懂人说话，通过机器自动将语音信号转化为文本及相关信息，相当于机器的耳朵；语音评测技术通过机器自动对发音进行评分、检错并给出矫正指导。此外，还有根据人的声音特征进行身份识别的声纹识别技术，可实现变声和声音模仿的语音转换技术，以及语音消噪和增强技术等。

2）智能语音产品和服务形态多样

智能语音技术会成为未来人机交互的新方式，将从多个应用形态成为未来人机交互的主要方式。

智能音箱类产品提升家庭交互的便利性。智能音箱是从被动播放音乐，过渡到主动获取信息、音乐和控制流量的入口。当前智能音箱以语音交互技术为核心，作为智能家庭设备的入口，不但能够连接和控制各类智能家居终端产品，而且加入了个性化服务，如订票、查询天气、播放音频等能力。

个人智能语音助手重塑了人机交互模式。个人语音助手，特别是嵌入到手机、智能手表、个人电脑等终端中的语音助手，将显著提升这类产品的易用性。如苹果虚拟语音助手Siri与苹果智能家居平台Homekit深度融合，用户可通过语音控制智能家居。GoogleNow为用户提供关心的内容，如新闻、体育比赛、交通、天气等。微软的Cortana主要优势在于提升个人计算机的易用性。以API形式提供的智能语音服务成为行业用户的重要入口。智能语音API主要提供语音语义相关的在线服务，可包括语音识别、语音合成、声纹识别、语音听转写等服务类型，并且可以嵌入到各类产品、服务或App中。在商业端，智能客服、教育（口语评测）、医疗（电子病历）、金融（业务办理）、安防、法律等领域需求强烈；在个人用户领域，智能手机、自动驾驶及辅助驾驶、传统家电、智能家居等领域需求强烈。

2. 计算机视觉技术已在多个领域实现商业化落地

计算机视觉识别这一人工智能基础应用技术部分已达商业化应用水平，被用于身份识别、医学辅助诊断、自动驾驶等场景。

1）计算机视觉概述

一般来讲，计算机视觉主要分为图像分类、目标检测、目标跟踪和图像分割四大基本任务。

图像分类是指为输入图像分配类别标签。自2012年采用深度卷积网络方法设计的AlexNet夺得ImageNet竞赛冠军后，图像分类开始全面采用深度卷积网络。2015年，微软提出的ResNet采用残差思想，将输入中的一部分数据不经过神经网络而直接进入到输出中，解决了反向传播时的梯度弥散问题，从而使得网络深度达到152层，将错误率降低到3.57%，远低于5.1%的人眼识别错误率，夺得了ImageNet大赛的冠军。2017年提出的DenseNet采用密集连接的卷积神经网络，降低了模型的大小，提高了计算效率，且具有非常好的抗过拟合性能。

目标检测指用框标出物体的位置并给出物体的类别。2013年加州大学伯克利分校的RossB. Girshick提出RCNN算法之后，基于卷积神经网络的目标检测成为主流。之后的检测算法主要分为两类，一是基于区域建议的目标检测算法，通过提取候选区域，对相应区域进行以深度学习方法为主的分类，如RCNN、Fast-RCNN、Faster-RCNN、SPP-net和MaskR-CNN等系列方法。二是基于回归的目标检测算法，如YOLO、SSD和DenseBox等。

目标跟踪指在视频中对某一物体进行连续标识。基于深度学习的跟踪方法，初期是通过把神经网络学习到的特征直接应用到相关滤波或Struck的跟踪框架中，从而得到更好的跟踪结果，但同时也带来了计算量的增加。最近提出了端到端的跟踪框架，虽然与相关滤波等传统方法相比在性能上还较慢，但是这种端到端输出可以与其他的任务一起训练，特别是和检测分类网络相结合，在实际应用中有着广泛的前景。

图像分割指将图像细分为多个图像子区域。2015年开始，以全卷积神经网络(FCN)为代表的一系列基于卷积神经网络的语义分割方法相继提出，不断提高图像语义分割精度，成为目前主流的图像语义分割方法。

2）计算机视觉技术应用领域广阔

在政策引导、技术创新、资本追逐以及消费需求的驱动下，基于深度学习的计算机视觉应用不断落地成熟，并出现了三大热点应用方向。

(1) 人脸识别抢先落地，开启“刷脸”新时代。目前，人脸识别已大规模应用到教育、交通、医疗、安防等行业领域及楼宇门禁、交通过检、公共区域监控、服务身份认证、个人终端设备解锁等特定场景。从2017年春运，火车站开启了“刷脸”进站，通过摄像头采集旅客的人脸信息，与身份证人脸信息进行验证；2017年9月苹果公司发布的iPhone X第一次将3D人脸识别引入公众视线，迅速引发了“移动终端＋人脸解锁”的布局风潮。

(2) 视频结构化崭露头角，拥有广阔应用前景。视频结构化就是将视频这种非结构化的数据中的目标贴上相对应的标签，变为可通过某种条件进行搜索的结构化数据。视频结构化技术的目标是实现以机器自动处理为主的视频信息处理和分析。从应用前景看，视频监控技术所面临的巨大市场潜力为视频结构化描述提供了广阔的应用前景，很多行业需要实现机器自动处理和分析视频信息，提取实时监控视频或监控录像中的视频信息，并存储于中心数据库中。用户通过结构化视频合成回放，可以快捷预览视频覆盖时间内的可疑事件和事件发生时间。

(3) 姿态识别让机器"察言观色",带来全新人机交互体验。在视觉人机交互方面,姿态识别实际上是人类形体语言交流的一种延伸。它的主要方式是通过对成像设备中获取的人体图像进行检测、识别和跟踪,并对人体行为进行理解和描述。从用户体验的角度来说,融合姿态识别的人机交互产品能够大幅度提升人机交流的自然性,削弱人们对鼠标和键盘的依赖,降低操控的复杂程度。从市场需求的角度来说,姿态识别在计算机游戏、机器人控制和家用电器控制等方面具有广阔的应用前景,市场空间十分可观。

3. 自然语言处理成为语言交互技术的核心

自然语言处理(Natural Language Processing,NLP)是研究计算机处理人类语言的一门技术,是机器理解并解释人类写作与说话方式的能力,也是人工智能最初发展的切入点和目前大家关注的焦点。

1) 自然语言处理技术现状

自然语言处理主要步骤包括分词、词法分析、语法分析、语义分析等。其中,分词是指将文章或句子按含义,以词组的形式分开,其中英文因其语言格式天然进行了词汇分隔,而中文等语言则需要对词组进行拆分。词法分析是指对各类语言的词头、词根、词尾进行拆分,各类语言中名词、动词、形容词、副词、介词进行分类,并对多种词义进行选择。语法分析是指通过语法树或其他算法,分析主语、谓语、宾语、定语、状语、补语等句子元素。语义分析是指通过选择词的正确含义,在正确句法的指导下,将句子的正确含义表达出来。

2) 自然语言处理技术的应用方向

自然语言处理的应用方向主要有文本分类和聚类、信息检索和过滤、信息抽取、问答系统、机器翻译等方向。其中,文本分类和聚类主要是将文本按照关键字词做出统计,建造一个索引库,这样当有关键字词查询时,可以根据索引库快速地找到需要的内容。此方向是搜索引擎的基础。信息检索和过滤是网络瞬时检查的应用范畴,在大流量的信息中寻找关键词,找到后对关键词做相应处理。信息抽取是为人们提供更有力的信息获取工具,直接从自然语言文本中抽取事实信息。机器翻译是当前最热门的应用方向,目前微软、谷歌的新技术是翻译和记忆相结合,通过机器学习,将大量以往正确的翻译存储下来。谷歌使用深度学习技术,显著提升了翻译的性能与质量。

6.3 经典AI算法

6.3.1 AI算法分类

在深入理解算法之前,我们先来区分在各个场合经常被提起但却容易混淆的两个概念——模型和算法。

算法是指一系列解决问题的清晰指令,它代表着用系统的方法解决问题的策略机制。模型是一种相对抽象的概念,在机器学习领域特指通过各种算法对数据训练后得到的中间件,当有新的数据后会有相应的结果输出,这个中间件就是模型。模型会因算法和训练数据的不同而产生变化。

人工智能算法按照不同的角度,有不同的分类方式,如图 6-8 所示,若按学习方式来分类的话,可以分为监督学习、无监督学习、半监督学习、强化学习和深度学习;如果按照适用场景来分类的话,可以分为二分类算法、多分类算法、回归算法、聚类算法和异常算法。

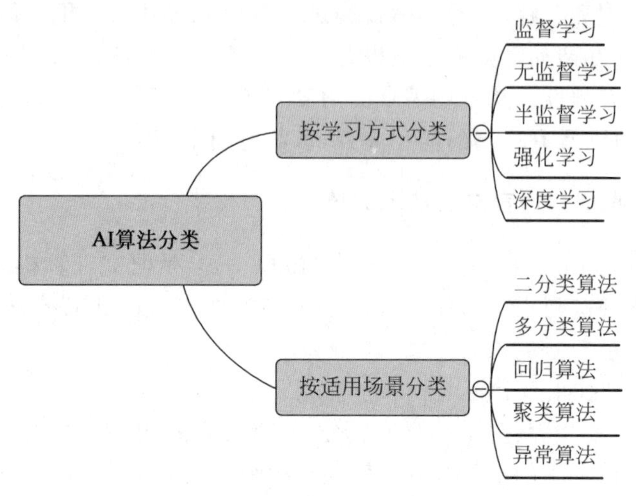

图 6-8　AI 算法分类

1. 按学习方式分类

图 6-9 展示了若将 AI 算法按学习方式分类,可分为监督学习、无监督学习、半监督学习、强化学习和深度学习,以及其所对应的经典算法。

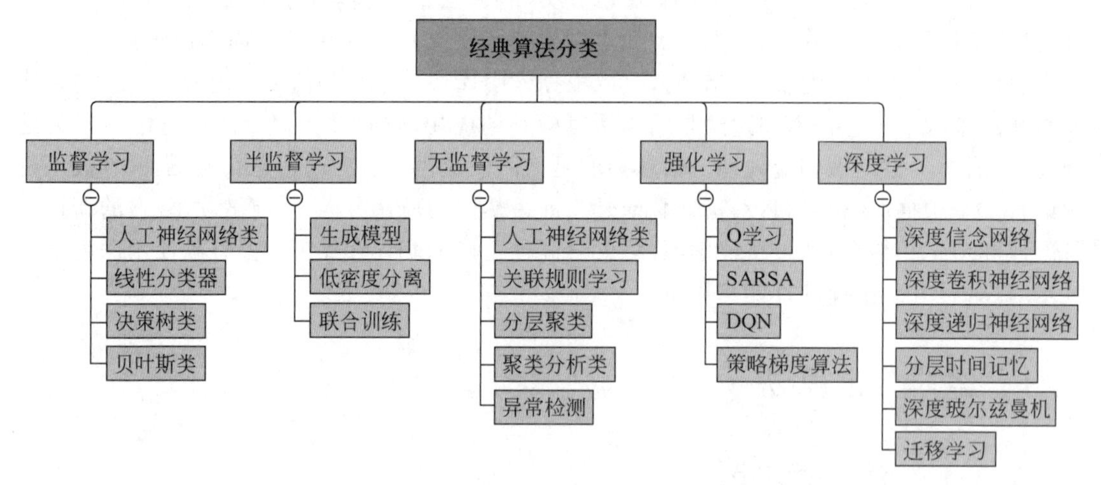

图 6-9　按学习方式分类的算法分类

1）监督学习

监督学习(Supervised learning)是一个机器学习中的方法,可以由训练资料中学到或建立一个模式(函数 / learning model),并依此模式推测新的实例。训练资料由输入对象(通常是向量)和预期输出所组成。函数的输出可以是一个连续的值(称为回归分析),或是预测一个分类标签(称作分类)。

有监督学习的主要目标是从有标签的训练数据中学习模型，以便对未知或未来的数据做出预测。“监督”一词指的是已经知道样本所需要的输出信号或标签。以垃圾邮件过滤为例，可以采用有监督的机器学习算法，基于打过标签的电子邮件语料库来训练模型，然后用模型来预测新邮件是否属于垃圾邮件。带有离散分类标签的有监督学习也被称为分类任务，例如上述的垃圾邮件过滤。有监督学习的另一个子类被称为回归，其结果信号是连续的数值。

2）无监督学习

无监督学习(unsupervised learning)是机器学习的一种方法，没有给定事先标记过的训练示例，自动对输入的数据进行分类或分群。无监督学习的主要运用包含：聚类分析(cluster analysis)、关系规则(association rule)、维度缩减(dimensionality reduce)。它是监督式学习和强化学习等策略之外的一种选择。

在有监督学习中训练模型时，事先知道正确的答案；在强化学习过程中，定义了代理对特定动作的奖励。然而，无监督学习处理的是无标签或结构未知的数据。使用无监督学习技术，可以在没有已知结果变量或奖励函数的指导下，探索数据结构以提取有意义的信息。

3）强化学习

强化学习(Reinforcement learning，RL)是机器学习中的一个领域，强调如何基于环境而行动，以取得最大化的预期利益。

强化学习的目标是开发系统或代理，通过它们与环境的交互来提高其预测性能。当前环境状态的信息通常包含所谓的奖励信号，可以把强化学习看作是与有监督学习相关的领域。然而强化学习的反馈并非标定过的正确标签或数值，而是奖励函数对行动的度量。代理可以与环境交互完成强化学习，通过探索性的试错或深思熟虑的规划来最大化这种奖励。强化学习的常见例子是国际象棋。代理根据棋盘的状态或环境来决定一系列的行动，奖励为比赛结果的输赢。

4）半监督学习

半监督学习(Semi-Supervised Learning)是使用标记和未标记的数据来执行有监督的学习或无监督的学习任务。介于无监督学习(没有任何标记的训练数据)和监督学习(完全标记的训练数据)之间。半监督学习可进一步划分为纯(pure)半监督学习和直推学习(transductive learning)。前者假定训练数据中的未标记样本并非待预测的数据，而后者则假定学习过程中所考虑的未标记样本恰是待预测数据。纯半监督学习是基于“开放世界”假设，希望学得模型能适用于训练过程中未观察到的数据，而直推学习是基于“封闭世界”假设，仅试图对学习过程中观察到的未标记数据进行预测。图6-10直观地表现出主动学习、纯半监督学习、直推学习的区别。

5）深度学习

深度学习本来并不是一种独立的学习方法，其本身也会用到有监督和无监督的学习方法来训练深度神经网络。但由于近几年该领域发展迅猛，一些特有的学习手段相继被提出(如残差网络)，因此越来越多的人将其单独看作一种学习的方法。

深度学习是机器学习中一种基于对数据进行表征学习的算法。观测值(例如一幅图像)可以使用多种方式来表示，如每个像素强度值的向量，或者更抽象地表示成一系列边、特定形状的区域等。而使用某些特定的表示方法更容易从实例中学习任务(例如，人脸识别或面

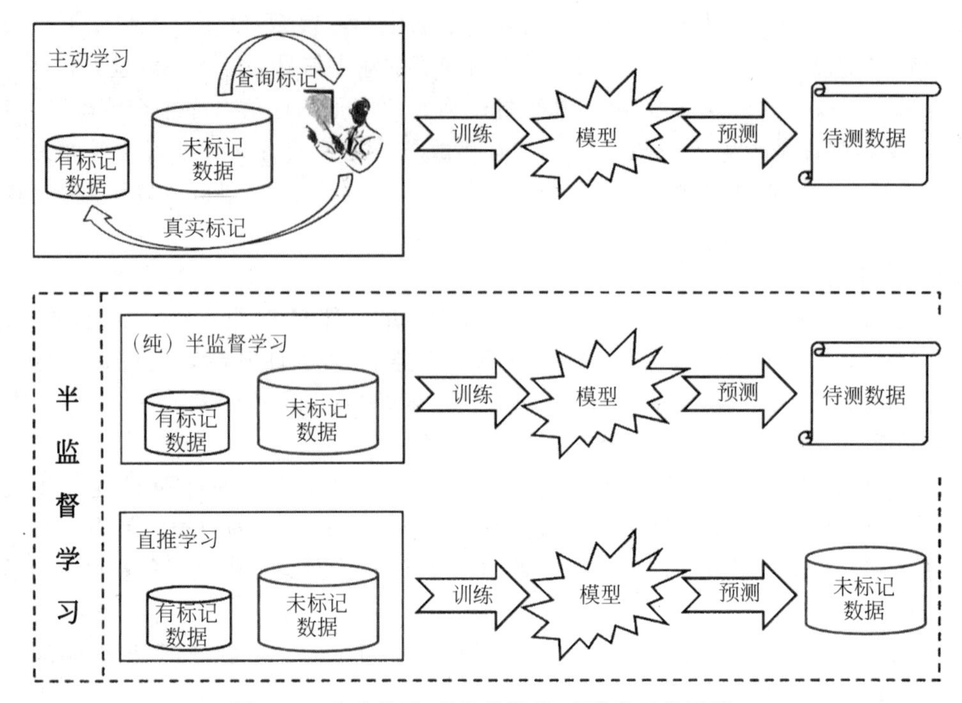

图 6-10　主动学习、半监督学习、直推学习的区别

部表情识别）。深度学习的好处是用非监督式或半监督式的特征学习和分层特征提取高效算法来替代手工获取特征。

2. 按应用场景分类

图 6-11 展示了若 AI 算法按应用场景分类，可分为二分类算法、多分类算法、回归算法、聚类算法和异常算法，以及其所对应的经典算法。

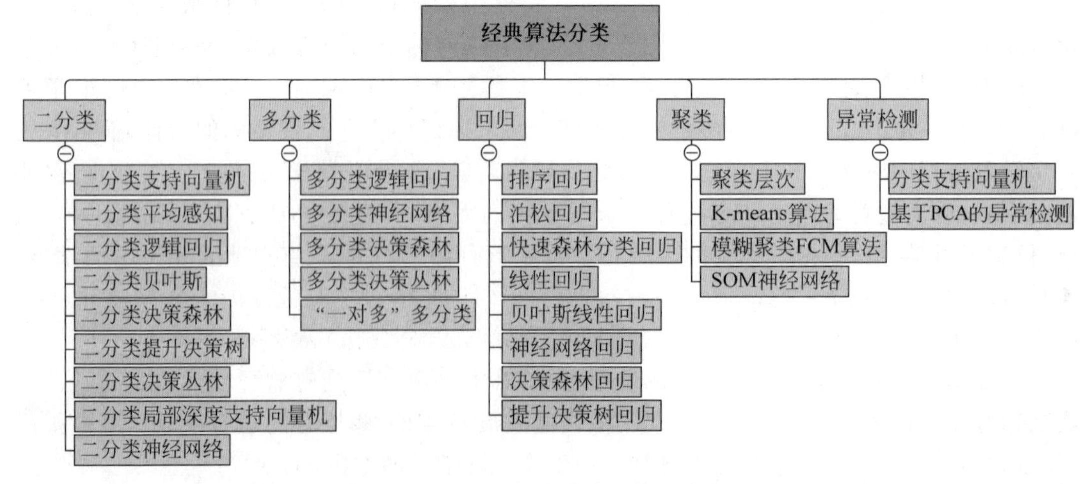

图 6-11　按应用场景分类的算法分类图

1）二分类

二分类问题表示分类任务中有两个类别，比如我们想识别一幅图片是不是猫。也就是说，训练一个分类器，输入一幅图片，用特征向量 x 表示，输出是不是猫，用 y=0 或 1 表示。二类分类是假设每个样本都被设置了一个且仅有一个标签 0 或者 1。

两类问题是分类问题中最简单的一种。其次，很多多类问题可以被分解为多个两类问题进行求解。

2）多分类

多类分类(Multiclass classification)：表示分类任务中有多个类别，比如对一堆水果图片分类，它们可能是橘子、苹果、梨等。多类分类是假设每个样本都被设置了一个且仅有一个标签：一个水果可以是苹果或者梨，但不可能同时是两者。

3）回归

回归分析(Regression Analysis)是一种统计学上分析数据的方法，目的在于了解两个或多个变量间是否相关、相关方向与强度，并建立数学模型以便观察特定变量来预测研究者感兴趣的变量。更具体来说，回归分析可以帮助人们了解在只有一个自变量变化时应变量的变化量。一般来说，通过回归分析可以由给出的自变量估计应变量的条件期望。其特点是标注的数据集具有数值型的目标变量。也就是说，每一个观察样本都有一个数值型的标注真值以监督算法。

4）聚类

聚类(Cluster)是把相似的对象通过静态分类的方法分成不同的组别或者更多的子集，这样让在同一个子集中的成员对象都有相似的一些属性，常见的包括在坐标系中更加短的空间距离，相似程度更大(如皮尔逊相关系数)等。一般把数据聚类归纳为一种非监督式学习。

5）异常检测

异常检测(anomaly detection)是对不匹配预期模式或数据集中其他项目的项目、事件或观测值的识别。通常异常项目会转变成银行欺诈、结构缺陷、医疗问题、文本错误等类型的问题。异常也被称为离群值、新奇、噪声、偏差和例外。

6.3.2　经典 AI 算法介绍

在机器学习中，有个定理被称为“没有免费的午餐”。简而言之，就是说没有一个算法可以完美解决所有问题，而且这对于监督学习(即对预测的建模)而言尤其如此。举个例子，你不能说神经网络就一定任何时候都比决策树优秀，反过来也是。这其中存在很多影响因素，比如数据集的规模和结构。所以，当你使用一个固定的数据测试集来评估性能，挑选最适合算法时，你应该针对你的问题尝试多种不同的算法。当然，你所使用的算法必须要适合于你试图解决的问题，这也就有了如何选择正确的机器学习任务这一问题。做个类比，如果你需要打扫你的房子，你可能会用吸尘器、扫帚或者是拖把，但是你绝不会掏出一把铲子然后开始挖地。

现在的算法很多，新的算法也层出不穷，再加上篇幅有限，故本节将会介绍一些经典的AI算法，旨在为读者展现具有代表性的算法概览和优缺点剖析，并选取线性回归、逻辑回归、感知机、支持向量机、朴素贝叶斯、决策树、关联规则学习、聚类分析、强化学习、迁移学习算法进行介绍。

1. 线性回归

线性回归是处理回归任务最常用的算法之一。该算法的形式十分简单，如图 6-12，当数据集中的变量存在线性关系，它期望使用一个超平面拟合数据集（只有两个变量的时候就是一条直线），就能拟合得非常好[2]。

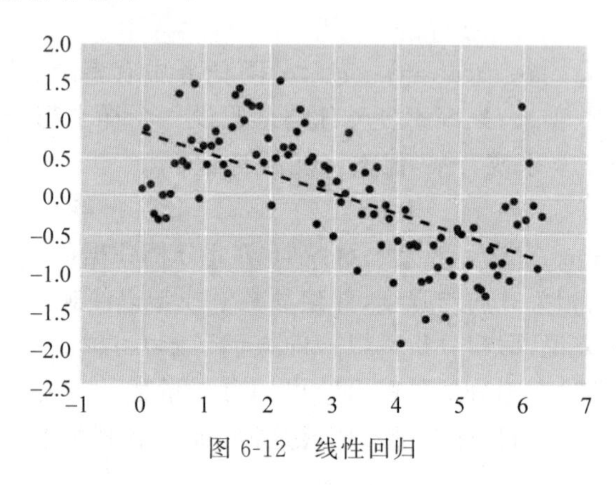

图 6-12 线性回归

在实践中，简单的线性回归通常被使用正则化的回归方法（LASSO、Ridge 和 Elastic-Net）所代替。正则化其实就是一种对过多回归系数采取惩罚以减少过拟合风险的技术。当然，我们还得确定惩罚强度以让模型在欠拟合和过拟合之间达到平衡。

- 优点：线性回归的理解与解释都十分直观，并且还能通过正则化来降低过拟合的风险。另外，线性模型很容易使用随机梯度下降和新数据更新模型权重。
- 缺点：线性回归在变量是非线性关系的时候表现很差。并且其也不够灵活以捕捉更复杂的模式，添加正确的交互项或使用多项式很困难并需要大量时间。

2. 逻辑回归

逻辑回归（Logistic Regression）是与线性回归相对应的一种分类方法，且该算法的基本概念由线性回归推导而出。如图 6-13 所示，Logistic 回归通过 Logistic 函数（即 Sigmoid 函数）将预测映射到 0 到 1 中间，因此预测值就可以看成某个类别的概率。

该模型仍然还是「线性」的，所以只有在数据是线性可分（即数据可被一个超平面完全分离）时，算法才能有优秀的表现。同样 Logistic 模型能惩罚模型系数而进行正则化。

- 优点：输出有很好的概率解释，并且算法也能正则化而避免过拟合。Logistic 模型很容易使用随机梯度下降和新数据更新模型权重。
- 缺点：Logistic 回归在多条或非线性决策边界时性能比较差。

3. 感知机

感知机（Perceptron）是二类分类的线性分类模型，其输入为实例的特征向量，输出为实例的类别，类别值取值范围＝{＋1，－1}，即 Perceptron(x)＝－1 或者＋1。

感知机对应于输入空间中将实例划分为正负两类的分离超平面，即平面一侧的实例为

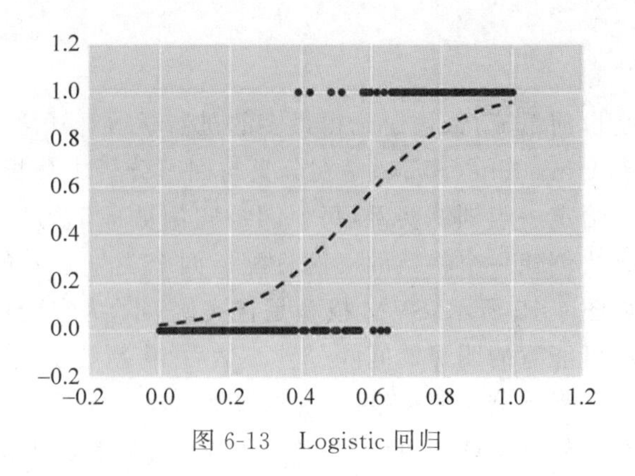

图 6-13 Logistic 回归

正实例,平面另一侧的实例就是负实例。可以知道,感知机是判别模型,即给感知机一个实例,它返回的结果会告诉你,这个实例是正实例,还是负实例,是正实例感知机就返回数值+1,如果是负实例感知机就返回−1,就这么简单。

如图 6-14 所示,PLA 的基本原理就是逐点修正,首先在超平面上随意取一条分类面,统计分类错误的点;然后随机对某个错误点进行修正,即变换直线的位置,使该错误点得以修正;接着再随机选择一个错误点进行纠正,分类面不断变化,直到所有的点都完全分类正确了,就得到了最佳的分类面。

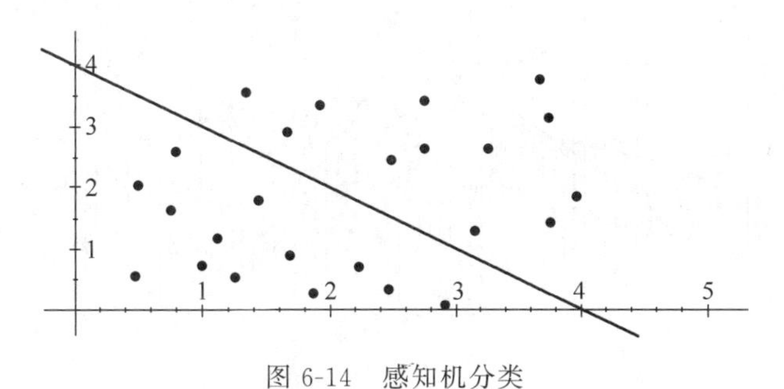

图 6-14 感知机分类

感知机使用基于误分类的损失函数,即损失函数返回值就是你输入实例集被判别后判别错误的个数,利用梯度下降法对损失函数进行极小化。其为神经网络和支持向量机的基础。

优点:①感知机学习算法是基于随机梯度下降法的对损失函数的最优化算法,有原始形式和对偶形式。算法简单且易于实现;②它提出了自组织自学习的思想。对能够解决的问题有一个收敛的算法,并从数学上给出了严格的证明;③当样本线性可分情况下,学习率合适时,算法具有收敛性。

缺点:①即感知机无法找到一个线性模型对异或问题进行划分;②其实不光感知机无法处理异或问题,所有的线性分类模型都无法处理异或分类问题;③收敛速度慢;当样本线性不可分情况下,算法不收敛,且无法判断样本是否线性可分。

感知机的改进思路:单个感知器虽然无法解决异或问题,但却可以通过将多个感知器组合,实现复杂空间的分割。

4. 支持向量机

支持向量机可能是目前最流行、被讨论得最多的机器学习算法之一。在机器学习中，支持向量机(support vector machine，SVM)是在分类与回归分析中分析数据的监督式学习模型与相关的学习算法。给定一组训练实例，每个训练实例被标记为属于两个类别中的一个或另一个，SVM 训练算法创建一个将新的实例分配给两个类别之一的模型，使其成为非概率二元线性分类器。如图 6-15 所示，SVM 模型是将实例表示为空间中的点，这样映射就使得单独类别的实例被尽可能宽的明显的间隔分开。然后，将新的实例映射到同一空间，并基于它们落在间隔的哪一侧来预测所属类别。

除了进行线性分类之外，SVM 还可以使用所谓的核技巧有效地进行非线性分类，将其输入隐式映射到高维特征空间中。

超平面是一条对输入变量空间进行划分的直线。支持向量机会选出一个将输入变量空间中的点按类(类 0 或类 1)进行最佳分割的超平面。在二维空间中，你可以把它想象成一条直线，假设所有输入点都可以被这条直线完全地划分开来。SVM 学习算法旨在寻找最终通过超平面得到最佳类别分割的系数[3]。

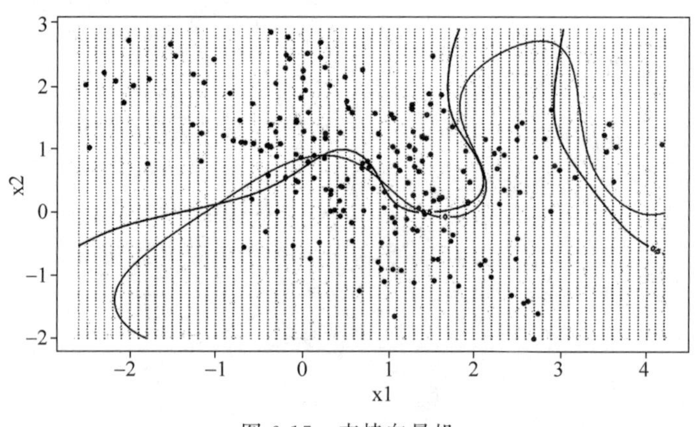

图 6-15　支持向量机

超平面与最近数据点之间的距离叫作间隔(margin)。能够将两个类分开的最佳超平面是具有最大间隔的直线。只有这些点与超平面的定义和分类器的构建有关，这些点叫作支持向量，它们支持或定义超平面。在实际应用中，人们采用一种优化算法来寻找使间隔最大化的系数值。

优点：SVM 能对非线性决策边界建模，并且有许多可选的核函数形式。SVM 同样面对过拟合有相当大的鲁棒性，这一点在高维空间中尤其突出。

缺点：SVM 是内存密集型算法，由于选择正确的核函数是很重要的，所以其很难调参，也不能扩展到较大的数据集中。目前在工业界中，随机森林通常优于支持向量机算法。

5. 朴素贝叶斯算法

首先介绍一下贝叶斯分类的基础——贝叶斯定理，这个定理解决了现实生活里经常遇到的问题：已知某条件概率，如何得到两个事件交换后的概率，也就是在已知 $P(A|B)$ 的情

况下如何求得 P(B|A)。这里解释什么是条件概率：

P(A|B)表示事件 B 已经发生的前提下，事件 A 发生的概率，叫做事件 B 发生下事件 A 的条件概率。其基本求解公式为：

$$P(A \mid B)=\frac{P(A \cap B)}{P(B)}$$

贝叶斯定理之所以有用，是因为我们在生活中经常遇到这种情况：我们可以很容易直接得出 P(A|B)，P(B|A)则很难直接得出，但我们更关心 P(B|A)，贝叶斯定理就为我们打通从 P(A|B)获得 P(B|A)的道路。

下面不加证明地直接给出贝叶斯定理：

$$P(B \mid A)=\frac{P(A \mid B)P(B)}{P(A)}$$

朴素贝叶斯分类的原理与流程：

朴素贝叶斯(分类器)是一种生成模型，它会基于训练样本对每个可能的类别建模。之所以叫朴素贝叶斯，是因为采用了属性条件独立性假设，就是假设每个属性独立地对分类结果产生影响。即有下面的公式：

$$P(c \mid x)=\frac{P(c)P(x \mid c)}{P(x)}=\frac{P(c)}{P(x)}\prod_{i=1}^{d}P(x_i \mid c)$$

后面连乘的地方要注意的是，如果有一项概率值为 0 会影响后面估计，所以我们对未出现的属性概率设置一个很小的值，并不为 0，这就是拉普拉斯修正(Laplacian correction)[4]。

$$P(c)=\frac{|D_c|+1}{|D|+N}$$

拉普拉斯修正实际上假设了属性值和类别的均匀分布，在学习过程中额外引入了先验知识。整个朴素贝叶斯分类分为三个阶段：

- Stage1：准备工作阶段，这个阶段的任务是为朴素贝叶斯分类做必要的准备，主要工作是根据具体情况确定特征属性，并对每个特征属性进行适当划分，然后由人工对一部分待分类项进行分类，形成训练样本集合。这一阶段的输入是所有待分类数据，输出是特征属性和训练样本。这一阶段是整个朴素贝叶斯分类中唯一需要人工完成的阶段，其质量对整个过程将有重要影响，分类器的质量很大程度上由特征属性、特征属性划分及训练样本质量决定。
- Stage2：分类器训练阶段，这个阶段的任务就是生成分类器，主要工作是计算每个类别在训练样本中的出现频率及每个特征属性划分对每个类别的条件概率估计，并将结果记录。其输入是特征属性和训练样本，输出是分类器。这一阶段是机械性阶段，根据前面讨论的公式可以由程序自动计算完成。
- Stage3：应用阶段，这个阶段的任务是使用分类器对待分类项进行分类，其输入是分类器和待分类项，输出是待分类项与类别的映射关系。这一阶段也是机械性阶段，由程序完成。

优点：①朴素贝叶斯算法是基于贝叶斯理论，有着坚实的数学基础，以及稳定的分类效率；②算法进行分类时，时间快，在内存上的需要也不大；③算法鲁棒性高，健壮性好。

缺点：①朴素贝叶斯算法要求样本各属性直接是独立的，而真实的数据符合这个条件很少；②当样本数据少时，分类器可能会无法正确分类。

6. 决策树

决策树是一种常用的数据挖掘方法，是一个类似流程图的树型结构。决策树包含三个元素：根节点、内部节点和叶子节点。若要对未知的数据对象进行分类，可以按照决策树的数据结构对数据集中的属性(取值)进行测试，从决策树的根节点到叶节点的一条路径就代表了对相应数据对象的类别预测。决策树是一种分而治之(divide-and-conquer)的决策过程，形成决策树的决策规则有许多，如信息增益、信息增益比、基尼指数等。下面介绍三种典型的决策树分类算法：ID3 算法、C4.5 算法和 CART 算法。

1) ID3 算法

决策树分类方法的核心算法是由 Ross Quinlan 在 1986 年提出的 ID3 算法。ID3 算法的思想是：首先在决策树的各级节点上，选择信息增益最大的属性作为分类节点，根据该属性的不同取值分裂出各个子节点，随后采用递归的方法建立决策树的分支，直到样本集中只含有一种类别时停止，得到最终的决策树。

优点：

(1) 不存在无解的现象。

(2) 它可以实现训练数据的完全使用，因而抵抗噪声。

(3) 算法理论是清楚的，学习能力是较强的，生成的分类规则容易理解。

缺点：

(1) 在进行最佳属性选择时，往往偏向与实际不符的多值属性。

(2) 对于变化的数据集，不具备很好的学习能力，易致分类错误。

(3) 只能处理离散属性，不是离散型数据要进行离散化处理。

2) C4.5 算法

C4.5 算法是对 ID3 算法的改进算法，具有 ID3 算法所有的优点，如分类规则易于理解、算法复杂度较低等。C4.5 算法用信息增益比来选择特征，通过递归地对变量进行特征选择，然后用最优特征分割数据集，这个过程持续到所有实例中的子集都落在同一个类中。

优点：

(1) 在数据预测分类中准确度高并且鲁棒性强。

(2) 产生规则易于理解，分类精度高。

(3) 不仅可以直接处理连续型属性，还可以允许训练样本集中出现属性空缺的样本，生成的决策树的分支也较少。

缺点：

(1) 在选择测试属性，分割样本集上所采用的技术仍然没有脱离信息熵原理，因此生成的决策树仍然是多叉树。

(2) 在生成决策树的过程中，必须先对数据集进行多次扫描和排序，因此算法略显低效。

(3) C4.5 算法没有考虑属性之间的联系，仍然是一个单变量的决策树系统。

3) CART 算法

CART(Classification And Regression Tree)是一种二分分类回归树。若目标变量是离

散的，则是分类树，否则是回归树。CART 是在给定输入随机变量 X 条件下输出随机变量 Y 的条件概率分布的学习方法，构造过程和 ID3、C4.5 的构造上大致相同，只是在属性选择的过程中不是使用信息增益或信息增益率，而是使用基尼指数(Gini index)最小化准则进行特征选择。

优点：

(1) 自动处理缺失值，无须进行缺失值替换，能够处理孤立点。

(2) 可使用自动的成本复杂性剪枝来得到归纳性更强的树。

(3) 变量数多时，可判断属性变量的重要性，自动忽略对目标变量没有贡献的属性。

缺点：

(1) CART 算法本身是一种大样本的统计分析方法，样本量较小时模型不稳定。

(2) CART 算法的要求是，被选择的属性是连续且有序的，并且只能产生两个子节点。

7. 关联规则学习

作为数据挖掘的重要研究方向之一，关联规则挖掘的目的是从事务数据集中分析数据项之间潜在的关联关系，揭示其中蕴含的对于用户有价值的模式。一般认为，关联规则挖掘主要由两个步骤组成：

(1) 从事务数据集中挖掘所有支持度不小于最小支持度阈值的频繁项集。

(2) 从上一步结果中生成满足最小置信度阈值要求的关联规则。

其中，由于具有指数级别的时间复杂度，频繁项集挖掘所消耗的时间往往超过用户可以接受的程度。在过去的十多年中，国内外的研究者们提出了许多算法来不断改进相关算法的性能。这里的性能主要指的是执行时间。

1) Apriori 算法

Apriori 算法被用来在交易数据库中进行挖掘频繁的子集，然后生成关联规则。常用于市场篮子分析，分析数据库中最常同时出现的交易。通常而言，如果一个顾客购买了商品 X 之后又购买了商品 Y，那么这个关联规则就可以写为：X→Y。

例如：如果一位顾客购买了牛奶和甜糖，那他很有可能还会购买咖啡粉。这个可以写成这样的关联规则：{牛奶，甜糖}→咖啡粉。关联规则是交叉了支持度(Support)和置信度(Confidence)的阈值之后产生的。

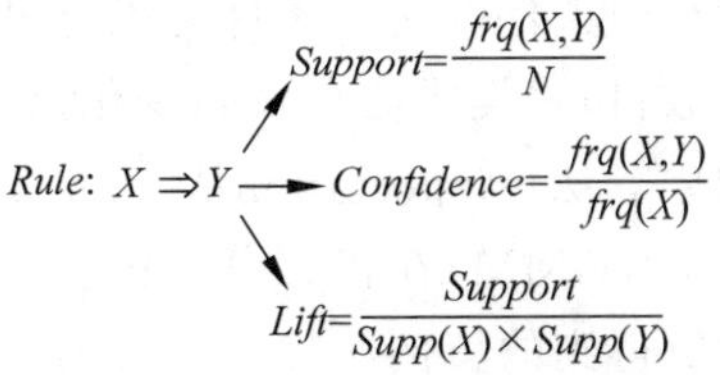

$$Rule:\ X \Rightarrow Y \rightarrow \begin{cases} Support=\dfrac{frq(X,Y)}{N} \\ Confidence=\dfrac{frq(X,Y)}{frq(X)} \\ Lift=\dfrac{Support}{Supp(X)\times Supp(Y)} \end{cases}$$

此公式为关联规则 X→Y 支持度、置信度和提升度的公式表示，支持度的程度帮助修改在频繁的项目集中用来作为候选项目集的数量。这种支持度的衡量是由 Apriori 原则来指导的。Apriori 原则说明：如果一个项目集是频繁的，那么它的所有子集都是频繁的。

优点：Apriori(先验的，推测的)算法应用广泛，可用于消费市场价格分析，猜测顾客的消费习惯；网络安全领域中的入侵检测技术；可用在高校管理中，根据挖掘规则可以有效地辅助学校管理部门有针对性地开展贫困助学工作；也可用在移动通信领域中，指导运营商的业务运营和辅助业务提供商的决策制定。

缺点：此算法的的应用非常广泛，但是在运算的过程中会产生大量的侯选集，而且在匹配的时候要进行整个数据库的扫描（重复扫描），因为要做支持度计数的统计操作，在小规模的数据上操作还不会有大问题，如果是大型的数据库，则其效率还有待提高。

2）FP-tree

FP-tree 在不生成候选项的情况下，完成 Apriori 算法的功能。通过合并一些重复路径，实现了数据的压缩，从而使得将频繁项集加载到内存中成为可能。之后以树遍历的操作，替代了 Apriori 算法中最耗费时间的事务记录遍历，从而大大提高了运算效率。

优点：

（1）算法结构拥有完整性，没有破坏事务的长模式，能保留频繁模式挖掘的完整信息。

（2）算法结构拥有紧凑性，不相关的项会被删除，事务项按照频率降序排列，因此更频繁的项更可能被找到，如果不计算链接和节点数目，存储空间小于原始数据库。

（3）FP 算法的效率比 Apriori 算法快一个数量级，效率快的原因有以下 4 个：

① 没有候选集，没有候选测试；

② 有紧凑的数据结构；

③ 消除重复的数据库遍历；

④ 基础操作是计数和 FP-Tree 的建立。

缺点：

（1）FP-Tree 要递归生成条件数据库和条件 FP-tree，所以内存开销大。

（2）一次迭代结束后只能得到几个频繁模式，因此算法的效率有待进一步提高。

（3）只能用于挖掘单纯的布尔关联规则。

8. 聚类分析算法

1）K-均值聚类算法

K 均值聚类算法（K-Means）是一种迭代求解的聚类分析算法，如图 6-16 所示，其步骤是随机选取 K 个对象作为初始的聚类中心，然后计算每个对象与各个种子聚类中心之间的距离，把每个对象分配给距离它最近的聚类中心。聚类中心以及分配给它们的对象就代表一个聚类。每分配一个样本，聚类的聚类中心会根据聚类中现有的对象被重新计算。这个过程将不断重复直到满足某个终止条件。终止条件可以是没有（或最小数目）对象被重新分配给不同的聚类，没有（或最小数目）聚类中心再发生变化，误差平方和局部最小。

K 均值聚类是使用最大期望算法（Expectation-Maximization algorithm）求解的高斯混合模型（Gaussian Mixture Model，GMM）在正态分布的协方差为单位矩阵，且隐变量的后验分布为一组狄拉克 δ 函数时所得到的特例。

优点：K 均值聚类是最流行的聚类算法，因为该算法足够快速、简单，并且如果你的预处理数据和特征工程十分有效，那么该聚类算法将拥有令人惊叹的灵活性。

缺点：该算法需要指定集群的数量，而 K 值的选择通常都不是那么容易确定的。另外，如果训练数据中的真实集群并不是类球状的，那么 K 均值聚类会得出一些比较差的集群。

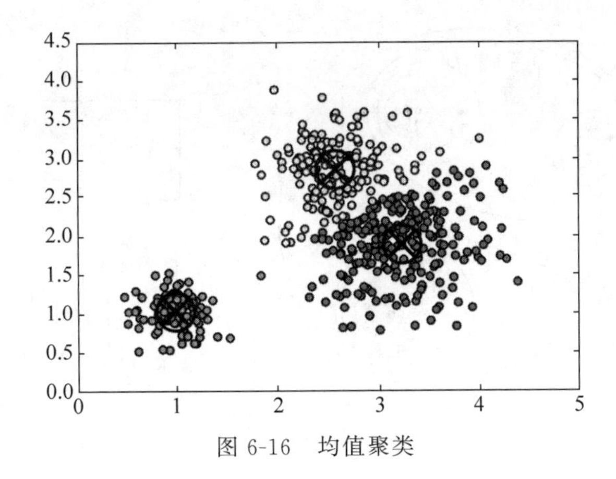

图 6-16 均值聚类

2）DBSCAN

DBSCAN 是一个基于密度的算法，它将样本点的密集区域组成一个集群。最近还有一项被称为 HDBSCAN 的新进展，它允许改变密度集群。

优点：DBSCAN 不需要假设集群为球状，并且它的性能是可扩展的。此外，它不需要每个点都被分配到一个集群中，这降低了集群的异常数据。

缺点：用户必须要调整 epsilon 和 min_sample 这两个定义了集群密度的超参数。DBSCAN 对这些超参数非常敏感。

3）近邻传播(Affinity Propagation)聚类

AP 聚类算法是一种相对较新的聚类算法，该聚类算法基于两个样本点之间的图形距离(graph distances)确定集群。采用该聚类方法的集群拥有更小和不相等的大小。

优点：该算法不需要指出明确的集群数量(但是需要指定 sample preference 和 damping 等超参数)。

缺点：AP 聚类算法主要的缺点就是训练速度比较慢，并需要大量内存，因此也就很难扩展到大数据集中。另外，该算法同样假定潜在的集群是类球状的。

4）层次聚类(Hierarchical / Agglomerative)

如图 6-17 所示，层次聚类是一系列基于以下概念的聚类算法：

(1) 最开始由一个数据点作为一个集群。

(2) 对于每个集群，基于相同的标准合并集群。

(3) 重复这一过程直到只留下一个集群，因此就得到了集群的层次结构。

优点：层次聚类最主要的优点是集群不再需要假设为类球形。另外它也可以扩展到大数据集。

缺点：有点像 K 均值聚类，该算法需要设定集群的数量(即在算法完成后需要保留的层次)。

9. KNN 算法

KNN(K-Nearest Neighbor)算法，即 K 最邻近分类算法，是数据挖掘分类技术中最简单的算法之一，其指导思想是"近朱者赤，近墨者黑"，即由你的邻居来推断出你的类别。KNN 算法的核心思想是：如果一个样本在特征空间中的 k 个最相似(即特征空间中最邻

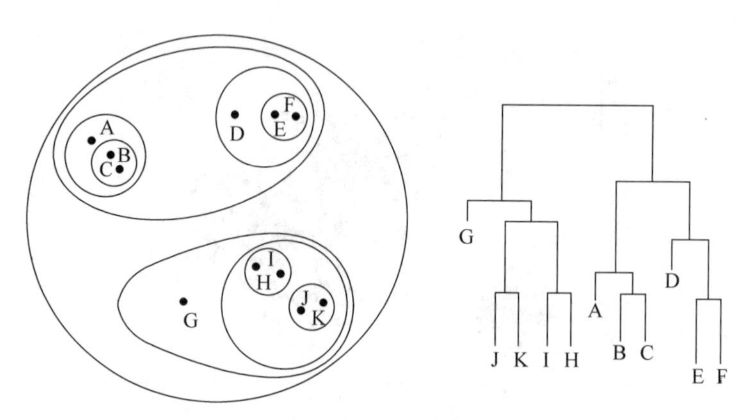

图 6-17 层次聚类

近)的样本中的大多数属于某一个类别,则该样本也属于这个类别。该方法在分类决策上只依据最邻近的一个或者几个样本的类别来决定待分样本所属的类别。

如图 6-18 所示,为了让读者直观了解 KNN 算法的执行过程,假设我们要确定绿点属于哪个颜色(红色或者蓝色),要做的就是选出距离目标点距离最近的 k 个点,看这 k 个点的大多数颜色是什么颜色。KNN 的算法过程为:①从图 6-18 中我们可以看到,图中的数据集是良好的数据,即都打好了 label,一类是蓝色的正方形,一类是红色的三角形,那个绿色的圆形是我们待分类的数据;②如果 K=3,那么离绿色点最近的有 2 个红色三角形和 1 个蓝色的正方形,这 3 个点投票,于是绿色的这个待分类点属于红色的三角形;③如果 K=5,那么离绿色点最近的有 2 个红色三角形和 3 个蓝色的正方形,这 5 个点投票,于是绿色的这个待分类点属于蓝色的正方形。

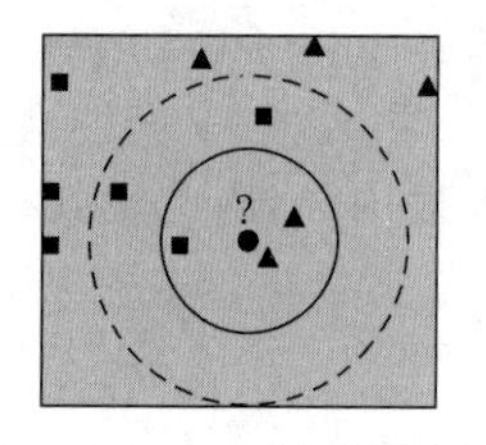

图 6-18 KNN 算法示意图

KNN 算法的几个关键之处:

(1) KNN 本质是基于一种数据统计的方法,其实很多机器学习算法也是基于数据统计的。

(2) 确定 K 的值。K 值选得太大易引起欠拟合,太小容易过拟合,需交叉验证确定 K 值。有些算法中默认值是 5。

(3) 样本的所有特征都要做可比较的量化。若是样本特征中存在非数值的类型,必须采取手段将其量化为数值。例如样本特征中包含颜色,可通过将颜色转换为灰度值来实现距离计算。

(4) 样本特征要做归一化处理。样本有多个参数,每一个参数都有自己的定义域和取值范围,它们对距离计算的影响不一样,如取值较大的影响力会盖过取值较小的参数。所以样本参数必须做一些 scale 处理,最简单的方式就是所有特征的数值都采取归一化处置。

(5) 需要一个距离函数以计算两个样本之间的距离。通常使用的距离函数有:欧氏距离、余弦距离、汉明距离、曼哈顿距离等,一般选欧氏距离作为距离度量。

KNN 算法的优点包括:①简单,易于理解,易于实现,无须估计参数,无须训练;②适合对稀有事件进行分类;③特别适合于多分类问题(multi-modal,对象具有多个类别标签),KNN 比 SVM 的表现一般更好。

KNN 与 K-Means 虽然是两种不同类型的算法,但它们往往容易让初学者混淆,为了区分两种算法,表 6-1 给出了两种算法的异同点。

表 6-1　KNN 与 K-Means 异同点

KNN	K-Means
目的是为了确定一个点的分类	目的是为了将一系列点集分成 k 类
分类算法	聚类算法
监督学习，分类目标事先已知	非监督学习，将相似数据归到一起从而得到分类，没有外部分类
训练数据集有 label，已经是完全正确的数据	训练数据集无 label，是杂乱无章的，经过聚类后才变得有点顺序，先无序，后有序
没有明显的前期训练过程，属于 memory-based learning	有明显的前期训练过程
K 的含义：k 是用来计算的相邻数据数。来了一个样本 x，要给它分类，即求出它的 y，就从数据集中，在 x 附近找离它最近的 K 个数据点，这 K 个数据点，类别 c 占的个数最多，就把 x 的 label 设为 c	K 的含义：k 是用来计算的相邻数据数。来了一个样本 x，要给它分类，即求出它的 y，就从数据集中，在 x 附近找离它最近的 K 个数据点，这 K 个数据点，类别 c 占的个数最多，就把 x 的 label 设为 c
K 值确定后每次结果固定	K 值确定后每次结果可能不同，从 n 个数据对象任意选择 k 个对象作为初始聚类中心，随机性对结果影响较大
时间复杂度：O(n)	时间复杂度：O(n * k * t)，t 为迭代次数
相似点：都包含这样的过程，给定一个点，在数据集中找离它最近的点。即二者都用到了 NN(Nears Neighbor)算法，一般用 KD 树来实现 NN	

10. 集成学习

集成学习(ensemble learning)本身不是一个单独的机器学习算法，而是通过构建并结合多个机器学习器来完成学习任务。即通过一定的结合策略，融合多个单独的学习器最终形成一个强学习器，以达到博采众长的目的。集成学习算法一般能在机器学习算法中拥有较高的准确率，不足之处就是模型的训练过程可能比较复杂，效率不是很高。集成学习可以用于分类问题集成、回归问题集成、特征选取集成、异常点检测集成等。

根据结合策略的不同，目前常见的集成学习算法可以分成两种：第一种是个体学习器之间存在强依赖关系，一系列个体学习器基本都需要串行生成，代表算法是 boosting 系列算法，如 Adaboost、GBDT、XGBOOST 等；第二种是个体学习器之间不存在强依赖关系，一系列个体学习器可以并行生成，代表算法是 bagging 系列算法，如随机森林(Random Forest)。

随机森林是 2001 年由 LeoBreiman 将 Bagging 集成学习理论与随机子空间方法相结合，提出的一种机器学习算法。随机森林以决策树为基分类器的一个集成学习模型，它包含多个由 Bagging 集成学习技术训练得到的决策树，当输入待分类的样本时，最终的分类结果由单个决策树的输出结果投票决定。随机森林解决了决策树性能瓶颈的问题，对噪声和异常值有较好的容忍性，对高维数据分类问题具有良好的可扩展性和并行性。此外，随机森林是由数据驱动的一种非参数分类方法，只需通过对给定样本的学习训练分类规则，不需要先验知识。

如图 6-19 所示，随机森林是一个包含多个决策树的分类器，其输出的类别是由各个子树数据类别的众数(majority voting)决定的。当你不知道该用什么算法来处理分类的时候,随机森林都是一个作为尝试的不错的选择。

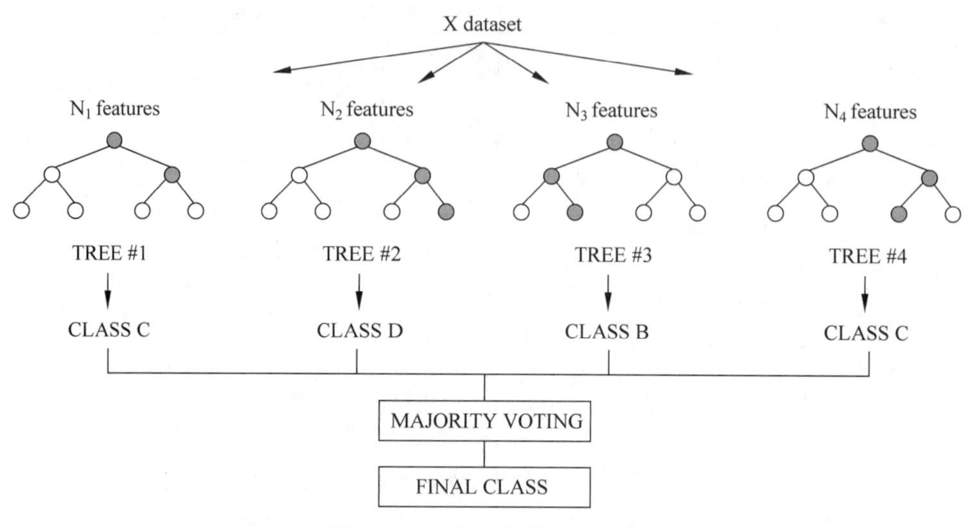

图 6-19 随机森林算法示意图

11. 强化学习

强化学习是一类算法,是让计算机实现从一开始完全随机的进行操作,通过不断地尝试,从错误中学习,最后找到规律,学会了达到目的的方法。即让计算机在不断的尝试中更新自己的行为,从而一步步学习如何得到高分的行为。强化学习是一个大家族,包含了很多种算法,比如使用表格学习的 Q_learning、Sarsa,使用神经网络学习的 Deep Q Network 等。

1) Q_LEARNING 算法

Q_LEARNING 是强化学习的一种方法。Q_LEARNING 就是要记录下学习过的政策,因而告诉智能体什么情况下采取什么行动会有最大的奖励值。Q_LEARNING 不需要对环境进行建模,即使是对带有随机因素的转移函数或者奖励函数也不需要进行特别的改动就可以进行。对于任何有限的马可夫决策过程(FMDP),Q_LEARNING 可以找到一个可以最大化所有步骤的奖励期望的策略[1]。在给定一个部分随机的策略和无限的探索时间,Q_LEARNING 可以给出一个最佳的动作选择策略。Q 这个字母在强化学习中表示一个动作的品质(quality)。

该算法的优点是:评价策略比较容易,使用数据量相对较少特别是用 experience replay 的时候。

该算法的缺点:①Q-learning 需要一个 Q table,在状态很多的情况下,Q table 会很大,查找和存储都需要消耗大量的时间和空间;②Q-learning 存在过高估计的问题。因为 Q-learning 在更新 Q 函数的时候使用的是下一时刻最优值对应的 action,这样就会导致"过高"地估计采样过的 action,而对于没有采样到的 action,便不会被选择为最优的 action。

2）SARSA 算法

SARSA 很像 Q-learning，它们之间的关键区别是，SARSA 是一种在策略算法。这意味着 SARSA 将根据当前策略执行的动作而不是贪心策略来学习 Q 值。

SARSA(State-Action-Reward-State-Action)是一个学习马尔可夫决策过程策略的算法，通常应用于机器学习和强化学习学习领域中。Rummery 和 Niranjan 在技术论文 Modified Connectionist Q-Learning(MCQL)中介绍了这个算法，并且由 Rich Sutton 在注脚处提到了 SARSA 这个别名。

State-Action-Reward-State-Action 这个名称清楚地反应了其学习更新函数依赖的 5 个值，分别是当前状态 S1，当前状态选中的动作 A1，获得的奖励 Reward，S1 状态下执行 A1 后取得的状态 S2 及 S2 状态下将会执行的动作 A2。我们取这 5 个值的首字母串起来可以得出一个词 SARSA。该算法的核心思想可以简化为：

$$Q(s_t, a_t) \leftarrow Q(s_t, a_t) + \alpha[r_t + \gamma Q(s_{t+1}, a_{t+1}) - Q(s_t, a_t)]$$

它包含了三个参数：

(1) 学习率(Alpha)。学习率决定了新获取的信息覆盖旧信息的程度。Alpha 为 0 时，表示让代理不学习任何东西，Alpha 为 1 时，表示让代理只考虑最新的信息。

(2) 折扣系数(Gamma)。折扣因素决定了未来奖励的重要性。Gamma 为 0 时，会让代理变得“机会主义”，只会考虑目前的奖励，而当 Gamma 接近 1 时，会让代理争取长期高回报。如果折扣系数达到或超过 1，则 Q 的值可能会发散。

(3) 初始条件(Q(s0,a0))。由于 SARSA 是一个迭代算法，所以在第一次更新发生之前，它隐式地假定初始条件。一个低（无限）初始值，也被称为“乐观初始条件”，可以鼓励探索。无论发生什么行动，更新规则导致它具有比其他替代方案更高的价值，从而增加它们的选择概率。

用伪代码可以表示为：

```
Initialize Q(s, a) arbitrarily
Repeat (for each episode):
  Initialize s
  Choose a from s using policy derived from Q (eg., ε - greedy)
  Repeat (for each step of episode):
    Take action a, observe r, s'
    Choose a' from s' using policy derived from Q (e.g.. ε - greedy)
    Q(s,a)←Q(s,a) +α[r + γQ(s',a')- Q(s,a)]
    s←s'; a←a';
  until s is terminal
```

从伪代码中可以直观地看出，SARSA 算法通过一直不断更新 Q 的值，然后再根据新的 Q 值来判断要在某个状态(state)应该采取怎样的行动(action)。

SARSA 算法经常与 Q-learning 算法作比较，以便探索出两种算法分别适用的情况。它们互有利弊。与 SARSA 相比，Q-learning 具有以下优点和缺点：

(1) Q-learning 直接学习最优策略，而 SARSA 在探索时学会了近乎最优的策略。

(2) Q-learning 具有比 SARSA 更高的每样本方差，并且可能因此产生收敛问题。当通过 Q-learning 训练神经网络时，这会成为一个问题。

(3) SARSA 在接近收敛时，允许对探索性的行动进行可能的惩罚，而 Q-learning 会直接忽略，这使得 SARSA 算法更加保守。如果存在接近最佳路径的大量负面报酬的风险，Q-learning 将倾向于在探索时触发奖励，而 SARSA 将倾向于避免危险的最佳路径并且仅在探索参数减少时慢慢学会使用它。

如果是在模拟中或在低成本和快速迭代的环境中训练代理，那么由于第一点(直接学习最优策略)，Q-learning 是一个不错的选择。如果代理是在线学习，并且注重学习期间获得的奖励，那么 SARSA 算法更加适用。

SARSA 目前用于机器学习的强化学习方向。因为 Sarsa 的整个循环都将是在一个路径上，也就是 on-policy，下一个 state_，和下一个 action_ 将会变成它真正采取的 action 和 state，所以可以用于 On-policy TD control。

12. 迁移学习

作为一种新的分类方法，深度学习最近受到研究人员越来越多的关注，并已成功应用到诸多领域。在某些类似生物信息和机器人的领域，由于数据采集和标注费用高昂，构建大规模的标注良好的数据集非常困难，这限制了这些领域的发展。迁移学习放宽了训练数据必须与测试数据独立同分布(i. i. d.)的假设，这启发我们使用迁移学习来解决训练数据不足的问题。

迁移学习是一种机器学习的方法，指的是一个预训练的模型被重新用在另一个任务中，其与多任务学习以及概念飘移这些问题相关，它不是一个专门的机器学习领域。然而，迁移学习在某些深度学习问题中是非常受欢迎的，例如在具有大量训练深度模型所需的资源或者具有大量的用来预训练模型的数据集的情况。仅在第一个任务中的深度模型特征是泛化特征的时候，迁移学习才会起作用。

在迁移学习中，我们首先在一个基础数据集和基础任务上训练一个基础网络，然后再微调一下学到的特征，或者说将它们迁移到第二个目标网络中，用目标数据集和目标任务训练网络。如果特征是泛化的，那么这个过程会奏效，也就是说，这些特征对基础任务和目标任务都是适用的，而不是特定的适用于某个基础任务。如图 6-20 所示，Lisa Torrey 和 Jude Shavlik 在他们关于迁移学习的文章中描述了使用迁移学习的时候可能带来的三种益处：

(1) 更高的起点。在微调之前，源模型的初始性能要比不使用迁移学习来得高。

(2) 更高的斜率。在训练的过程中，源模型提升的速率要比不使用迁移学习来得快。

(3) 更高的渐进。训练得到的模型的收敛性能要比不使用迁移学习更好[8]。

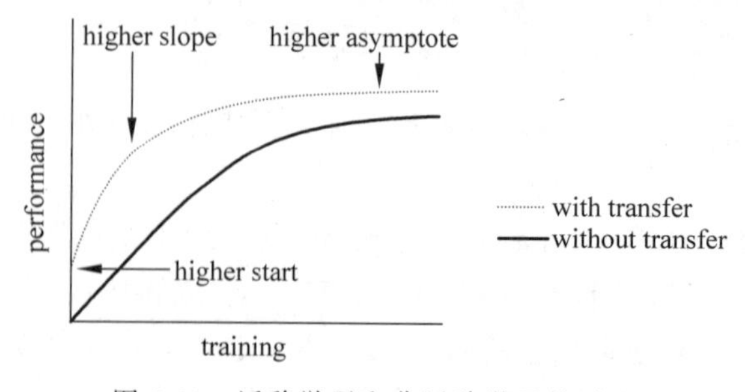

图 6-20 迁移学习和非迁移学习的对比

TrAdaBoost 算法是基于样本迁移的开山之作，由戴文渊提出。算法的基本思想是从源 Domain 数据中筛选有效数据，过滤掉与目标 Domain 不匹配的数据，通过 Boosting 方法建立一种权重调整机制，增加有效数据权重，降低无效数据权重，图 6-21 是 TrAdaBoost 算法的示意图。

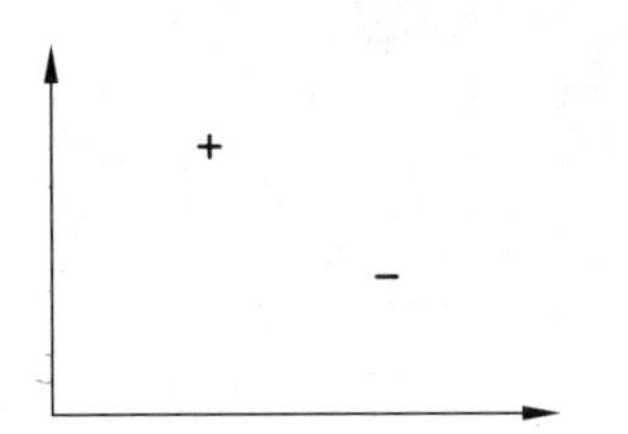

(a) 当有标注的训练样本很少时，分类学习是非常困难的。

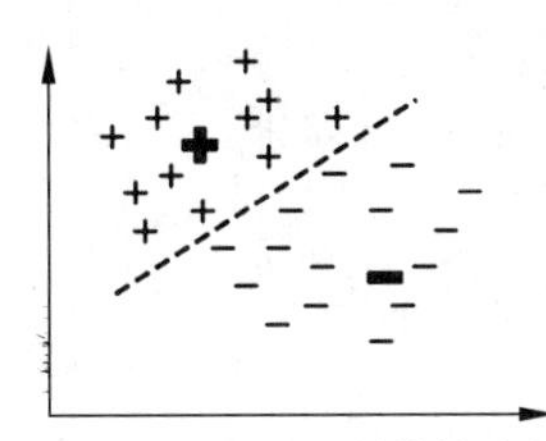

(b) 如果我们能有大量的辅助训练数据，（图中“+”和“−”）我们可能可以由此估计出分类面。

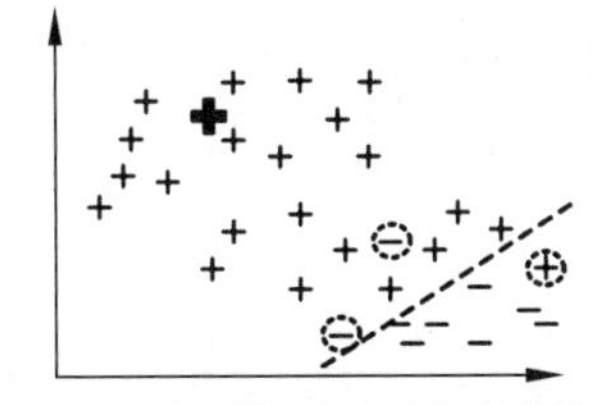

(c) 有时辅助数据也可能会误导分类结果，例如图中用虚线圆圈标出的数据就分错了。

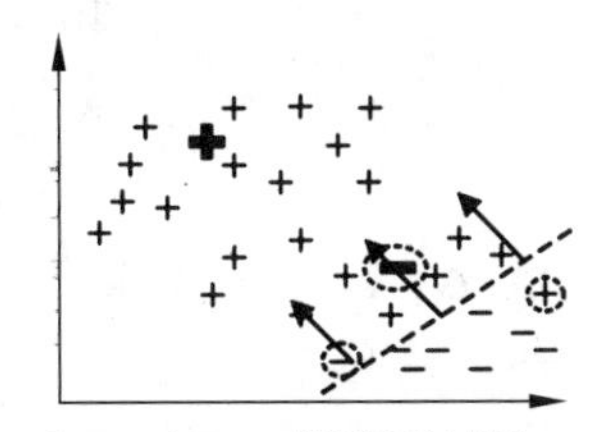

(d) TrAdaBoost算法通过增加误分类的源数据的权重，减小误分类的目标数据权重，来使得分类面向正确方向移动。

图 6-21 TrAdaBoost 算法示意图

以下是 TrAdaBoost 算法描述。

算法 TrAdaBoost 算法描述

输入 两个训练数据集 T_a 和 T_b（合并的训练数据集 $T=T_a \cup T_b$），一个未标注的测试数据集 S，一个基本分类算法 Learner 和迭代次数 N。

初始化

(1) 初始权重向量 $W^1=(w_1^1,\cdots\cdots,w_{n+m}^1)^a$，其中，

$$w_1^1=\begin{cases}1/n & \text{当 } i=1,\cdots,n \\ 1/n & \text{当 } i=n+1,\cdots,n+m\end{cases}$$

(2) 设置 $\beta=1/(1+\sqrt{2\ln n/N})$.

For $t=1,\cdots,N$

(1) 设置 $\mathbf{p}^t$ 满足

$$\mathbf{p}^t=\frac{\mathbf{w}^t}{\sum_{i=1}^{n+m} w_i^t}$$

(2) 调用 Learner，根据合并后的训练数据 T 以及 T 上的权重分布 $\mathbf{p}^t$ 和未标注数据 S，得到一个在 S 的分类器 $h_t: X \mapsto Y$。

(3) 计算 h_t 在 T_b 上的错误率:

$$\varepsilon_t = \sum_{i=n+1}^{n+m} \frac{w_i^t \mid h_t(x_i) - c(x_i) \mid}{\sum_{i=n+1}^{n+m} w_i^t}$$

(4) 设置 $\beta_t = \varepsilon_t / (1-\varepsilon_t)^b$。

(5) 设置新的权重向量如下

$$w_i^{t+1} = \begin{cases} w_i^t \beta^{|h_t(x_i)-c(x_i)|}, & \text{当 } i = 1,\cdots,n \\ w_i^t \beta_t^{-|h_t(x_i)-c|x_i)|}, & \text{当 } i = n+1,\cdots,n+m \end{cases}$$

输出 最终分类器

$$h_f(x) = \begin{cases} 1, & \sum_{t=[N/2]}^{N} \ln(1/\beta_t) h_t(x) \geqslant \frac{1}{2} \sum_{t=[N/2]}^{N} \ln(1/\beta_t) \\ 0, & \text{其他} \end{cases}$$

6.3.3 经典 AI 算法实践

1. 线性回归

本节介绍如何用 TensorFlow 实现线性回归算法,这里我们选取 Python 机器学习包 scikit-learn 直接导入 iris 数据集(鸢尾属植物数据集),对数据集中的花萼长度和花瓣宽度做线性回归分析,实现已知花瓣宽度对花萼长度进行预测。其中 x = Petal Width(花瓣宽度)、y = Sepal Length(花萼长度),则公式为 y = Ax + b。大概的操作步骤如下:①创建线性回归方程的输入 x 和输出 y;②创建 L2 损失函数,用梯度下降的方法,根据学习率减少 loss。

以下是带有部分中文注释的算法实现代码:

```
#首先要导入必要的库
import matplotlib.pyplot as plt
import numpy as np
import tensorflow as tf
from sklearn import datasets
from tensorflow.python.framework import ops
ops.reset_default_graph()
#创建 graph session 和从 Scikit - Learn 机器学习库中导入数据
sess = tf.Session()
# 载入数据
# iris.data = [(Sepal Length, Sepal Width, Petal Length, Petal Width)]
iris = datasets.load_iris()
x_vals = np.array([x[3] for x in iris.data])
y_vals = np.array([y[0] for y in iris.data])
#对于大部分机器学习算法来说,我们需要为 placeholder 和 operations 声明 batch size.这里
#我们将其设置为 25,事实上,这个变量可以被设置在 1 到数据集大小之间
batch_size = 25
```

```
#现在初始化模型里的 placeholders 和 variables
x_data = tf.placeholder(shape=[None, 1], dtype=tf.float32)
y_target = tf.placeholder(shape=[None, 1], dtype=tf.float32)
A = tf.Variable(tf.random_normal(shape=[1,1]))
b = tf.Variable(tf.random_normal(shape=[1,1]))
#然后给模型添加 operations(线性模型输出)和 L2 损失函数
# Declare model operations
model_output = tf.add(tf.matmul(x_data, A), b)
loss = tf.reduce_mean(tf.square(y_target - model_output))
#我们需要告诉 TensorFlow 怎样优化和反向传播梯度,因此调用梯度下降(tf.train.
GradientDescentOptimizer)并且将学习率设置为 0.05,然后初始化 model variables
my_opt = tf.train.GradientDescentOptimizer(0.05)
train_step = my_opt.minimize(loss)
init = tf.global_variables_initializer()
sess.run(init)
#开始循环训练模型,并且将循环次数设置为 100
# Training loop
loss_vec = []
for i in range(100):
    rand_index = np.random.choice(len(x_vals), size=batch_size)
    rand_x = np.transpose([x_vals[rand_index]])
    rand_y = np.transpose([y_vals[rand_index]])
    sess.run(train_step, feed_dict={x_data: rand_x, y_target: rand_y})
    temp_loss = sess.run(loss, feed_dict={x_data: rand_x, y_target: rand_y})
    loss_vec.append(temp_loss)
    if (i+1)%25==0:
        print('Step #' + str(i+1) + 'A = ' + str(sess.run(A)) + 'b = ' + str(sess.run
(b)))
        print('Loss = ' + str(temp_loss))
#此时可以在输出中看到 A 和 b 正在不断被调整,Loss 正在不断下降
#Step #25 A = [[2.603232]] b = [[2.1924005]]
#Loss = 1.9421344
#Step #50 A = [[1.9330357]] b = [[3.2180264]]
#Loss = 0.81023157
#Step #75 A = [[1.5262333]] b = [[3.8126156]]
#Loss = 0.51520616
#Step #100 A = [[1.2772702]] b = [[4.1850147]]
#Loss = 0.17318392
#记录下优化后的系数和最佳适应的直线
[slope] = sess.run(A)
[y_intercept] = sess.run(b)
best_fit = []
for i in x_vals:
  best_fit.append(slope*i+y_intercept)
#然后用 Matplotlib 将结果直观显示出来
plt.plot(x_vals, y_vals, 'o', label='Data Points')
plt.plot(x_vals, best_fit, 'r-', label='Best fit line', linewidth=3)
plt.legend(loc='upper left')
plt.title('Sepal Length vs Petal Width')
plt.xlabel('Petal Width')
```

```
plt.ylabel('Sepal Length')
plt.show()
# Plot loss over time
plt.plot(loss_vec, 'k-')
plt.title('L2 Loss per Generation')
plt.xlabel('Generation')
plt.ylabel('L2 Loss')
plt.show()
```

将代码运行在已安装好 Python3、TensorFlow 以及对应库的环境下，可以返回以下两张图，图 6-22 展示了训练过程中随着迭代次数的增加，Loss 逐渐下降，梯度逐渐为 0，而由图 6-23 可以看到训练之后的模型得到最佳线性拟合效果。

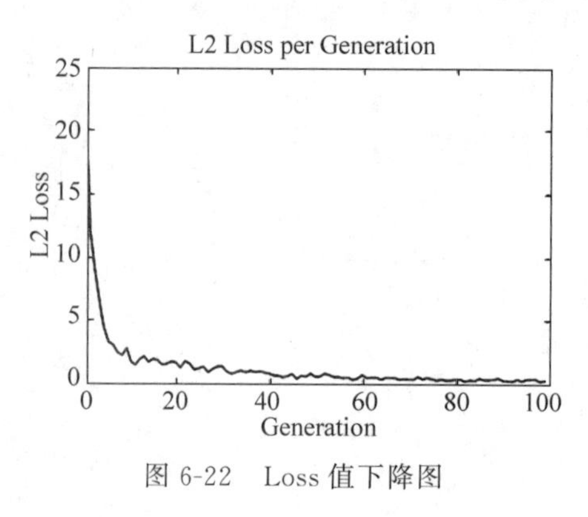

图 6-22　Loss 值下降图

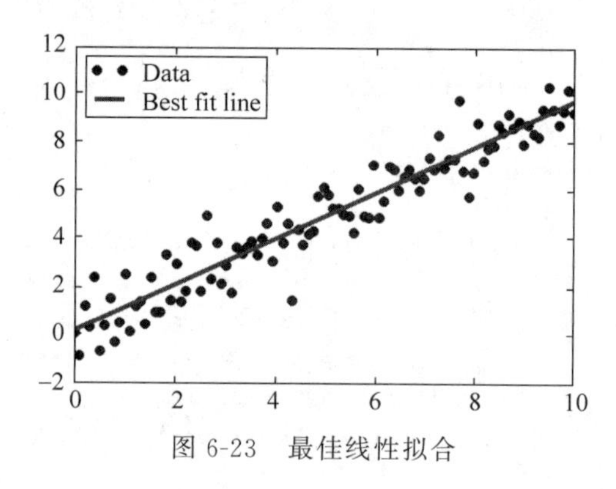

图 6-23　最佳线性拟合

2. 逻辑回归

本小节将会介绍如何使用逻辑回归来预测出生儿童是否会出现体重过轻现象，我们选用的数据集为 UMASS low birth weight data，数据集里已有的数据项包括妈妈们最近一次生小孩时的年龄、种族、体重、怀孕时是否吸烟等相关信息以及对应小孩出生时的体重，下载地址：https://github.com/nfmcclure/tensorflow_cookbook/blob/master/01_Introduction/07_Working_with_Data_Sources/birthweight_data/birthweight.dat。

$$\mathbf{y}=\mathrm{sigmoid}(\mathbf{A}\times\mathbf{x}+\mathbf{b})$$

这个方程向我们展示了应该如何用 TensorFlow 解决问题，其中 y=0 或者 y=1 意味着是否为体重过轻的儿童，而 x 表示妈妈的相关数据。接下来我们将介绍具体算法的实现过程：

```
#首先还是导入必要的库和创建 graph session
import matplotlib.pyplot as plt
import numpy as np
import tensorflow as tf
import requests
from tensorflow.python.framework import ops
import os.path
import csv
```

```
ops.reset_default_graph()
sess = tf.Session()
#然后是为 model 获取和准备数据,可以直接在 GitHub 上面下载下来并且对数据进行预处
#理,分割数据集为 20% 测试集和 80% 训练集
birth_weight_file = 'birth_weight.csv'
if not os.path.exists(birth_weight_file):
    birthdata_url = 'https://github.com/nfmcclure/tensorflow_cookbook/' + 'raw/master/01_
Introduction/07_Working_with_Data_Sources/birthweight_data/birthweight.dat'

    birth_file = requests.get(birthdata_url)
    birth_data = birth_file.text.split('\r\n')
    birth_header = birth_data[0].split('\t')
    birth_data = [[float(x) for x in y.split('\t') if len(x)>=1] for y in birth_data[1:] if
len(y)>=1]
    with open(birth_weight_file, 'w', newline='') as f:
        writer = csv.writer(f)
        writer.writerow(birth_header)
        writer.writerows(birth_data)
        f.close()

#将婴儿出生体重的数据读入内存
birth_data = []
with open(birth_weight_file, newline='') as csvfile:
     csv_reader = csv.reader(csvfile)
     birth_header = next(csv_reader)
     for row in csv_reader:
         birth_data.append(row)

birth_data = [[float(x) for x in row] for row in birth_data]

# Pull out target variable
y_vals = np.array([x[0] for x in birth_data])
# Pull out predictor variables (not id, not target, and not birthweight)
x_vals = np.array([x[1:8] for x in birth_data])

# set for reproducible results
seed = 99
np.random.seed(seed)
tf.set_random_seed(seed)

# Split data into train/test = 80%/20%
train_indices = np.random.choice(len(x_vals), round(len(x_vals) * 0.8), replace=False)
test_indices = np.array(list(set(range(len(x_vals))) - set(train_indices)))
x_vals_train = x_vals[train_indices]
x_vals_test = x_vals[test_indices]
y_vals_train = y_vals[train_indices]
y_vals_test = y_vals[test_indices]
#将所有特征缩放到 0 和 1 区间(min-max 缩放),逻辑回归收敛的效果更好
def normalize_cols(m, col_min=np.array([None]), col_max=np.array([None])):
    if not col_min[0]:
        col_min = m.min(axis=0)
```

```
    if not col_max[0]:
        col_max = m.max(axis=0)
    return (m - col_min) / (col_max - col_min), col_min, col_max

x_vals_train, train_min, train_max = np.nan_to_num(normalize_cols(x_vals_train))
x_vals_test, _, _ = np.nan_to_num(normalize_cols(x_vals_test, train_min, train_max))
#定义 TensorFlow 数据流图,包括设置 batch size、初始化 placeholders、创建 variables
#声明 operations、loss function 和 optimizer
# Declare batch size
batch_size = 25
x_data = tf.placeholder(shape=[None, 7], dtype=tf.float32)
y_target = tf.placeholder(shape=[None, 1], dtype=tf.float32)
# Create variables for linear regression
A = tf.Variable(tf.random_normal(shape=[7,1]))
b = tf.Variable(tf.random_normal(shape=[1,1]))
# Declare model operations
model_output = tf.add(tf.matmul(x_data, A), b)
# Declare loss function (Cross Entropy loss)
loss = tf.reduce_mean(tf.nn.sigmoid_cross_entropy_with_logits(logits=model_output, labels
=y_target))
# Declare optimizer
my_opt = tf.train.GradientDescentOptimizer(0.01)
train_step = my_opt.minimize(loss)
#接下来即可进行模型训练,我们先初始化 variables,设置循环迭代 1500 次,每 300 次输出#loss
下降情况
# Initialize variables
init = tf.global_variables_initializer()
sess.run(init)
# Actual Prediction
prediction = tf.round(tf.sigmoid(model_output))
predictions_correct = tf.cast(tf.equal(prediction, y_target), tf.float32)
accuracy = tf.reduce_mean(predictions_correct)
#训练步骤
loss_vec = []
train_acc = []
test_acc = []
for i in range(1500):
    rand_index = np.random.choice(len(x_vals_train), size=batch_size)
    rand_x = x_vals_train[rand_index]
    rand_y = np.transpose([y_vals_train[rand_index]])
    sess.run(train_step, feed_dict={x_data: rand_x, y_target: rand_y})

    temp_loss = sess.run(loss, feed_dict={x_data: rand_x, y_target: rand_y})
    loss_vec.append(temp_loss)
    temp_acc_train = sess.run(accuracy, feed_dict={x_data: x_vals_train, y_target: np.
transpose([y_vals_train])})
    train_acc.append(temp_acc_train)
    temp_acc_test = sess.run(accuracy, feed_dict={x_data: x_vals_test, y_target: np.
transpose([y_vals_test])})
    test_acc.append(temp_acc_test)
```

```
    if (i+1) % 300 == 0:
        print('Loss = ' + str(temp_loss))
#最后将模型的训练情况可视化,包括 loss 的下降趋势以及训练集和测试集的预测准确率
% matplotlib inline
# Plot loss over time
plt.plot(loss_vec, 'k-')
plt.title('Cross Entropy Loss per Generation')
plt.xlabel('Generation')
plt.ylabel('Cross Entropy Loss')
plt.show()

# Plot train and test accuracy
plt.plot(train_acc, 'k-', label = 'Train Set Accuracy')
plt.plot(test_acc, 'r--', label = 'Test Set Accuracy')
plt.title('Train and Test Accuracy')
plt.xlabel('Generation')
plt.ylabel('Accuracy')
plt.legend(loc = 'lower right')
plt.show()
```

在已配置好的环境下运行上述代码,返回展示训练和预测情况两张图,由图 6-24 可以看到随着迭代次数增长,交叉熵损失函数的下降情况,图 6-25 直观地展示了训练或者测试过程中的准确率变化情况,最后,模型对于训练集的准确率已达 70%多,而测试集也达到 60%多。

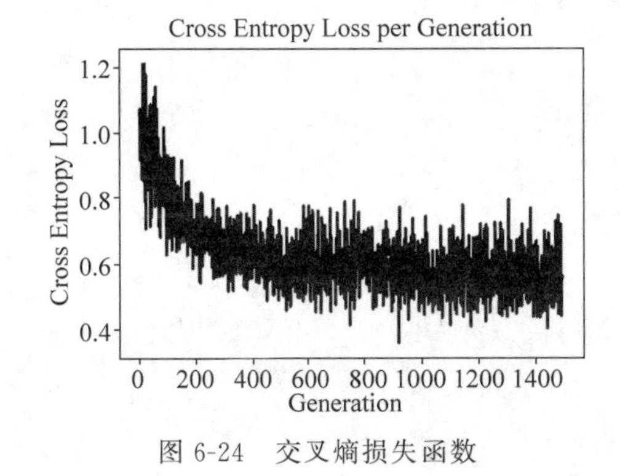

图 6-24 交叉熵损失函数

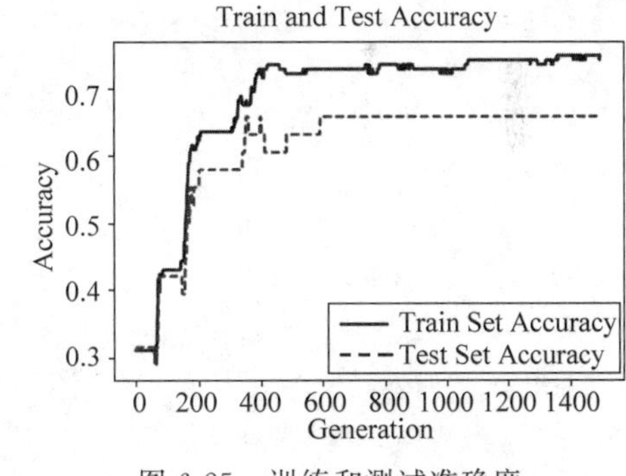

图 6-25 训练和测试准确度

3. 支持向量机

本小节将要介绍 Soft-Margin SVM 的实现,因为 hard-margin 的 SVM 利用高斯 kernel 可以将低维空间转换到无穷维,将所有样本分开,但是如果数据中存在一定的噪声数据,SVM 也会将噪声数据拟合,存在过拟合的风险。Soft-Margin SVM 应运而生,其原理就是让 SVM 能够容忍一定的噪声数据,以减少过拟合的风险。

同线性回归示例一样,我们将会继续使用 iris data,根据花萼长度和花瓣宽度对花朵进行种类分类,X1= 花萼长度(Sepal Length),X2=花瓣宽度(Petal Width),类别 1 为 setosa,类别 2 为非 setosa。则实现代码过程如下:

```
import matplotlib.pyplot as plt
import numpy as np
import tensorflow as tf
from sklearn import datasets
from tensorflow.python.framework import ops
ops.reset_default_graph()
#导入必要的库之后,设置随机数种子,然后创建 Sessionnp.random.seed(41)
tf.set_random_seed(41)
sess = tf.Session()
#从 Scikit-Learn 机器学习库中导入数据
# iris.data = [(Sepal Length, Sepal Width, Petal Length, Petal Width)]
iris = datasets.load_iris()
x_vals = np.array([[x[0], x[3]] for x in iris.data])
y_vals = np.array([1 if y == 0 else -1 for y in iris.target])
#对数据进行预处理,分割成训练集和测试集
train_indices = np.random.choice(len(x_vals),round(len(x_vals) * 0.8),replace = False)
test_indices = np.array(list(set(range(len(x_vals))) - set(train_indices)))
x_vals_train = x_vals[train_indices]
x_vals_test = x_vals[test_indices]
y_vals_train = y_vals[train_indices]
y_vals_test = y_vals[test_indices]
#设置模型参数、系数和 placeholders
# Declare batch size
batch_size = 110
# Initialize placeholders
x_data = tf.placeholder(shape = [None, 2], dtype = tf.float32)
y_target = tf.placeholder(shape = [None, 1], dtype = tf.float32)
# Create variables for SVM
A = tf.Variable(tf.random_normal(shape = [2, 1]))
b = tf.Variable(tf.random_normal(shape = [1, 1]))
#声明模型和加了正则化项的 L2 损失函数,公式如下
```

$$\# \left[\frac{1}{n}\sum_{i=1}^{n}\max(0,1-y_i(A\cdot x-b))+\alpha\cdot\|A\|^2\right]$$

```
#我们会让 TensorFlow 使得 loss 不断下降,其中 n 是指一个 batch 包含的数量,A 是超平面
#系数,b 是偏差值,α 是软边界范围
# Declare model operations
model_output = tf.subtract(tf.matmul(x_data, A), b)
# Declare vector L2 'norm' function squared
l2_norm = tf.reduce_sum(tf.square(A))
#这里我们会让损失函数建立在每一个点的分类(根据它们在线的哪一边),并且 α 作为软边
#界项,是可以根据噪点的增加而增加的,当其为 0 时,就变成硬边界问题了
# Declare loss function
# Loss = max(0, 1 - pred * actual) + alpha * L2_norm(A)^2
# L2 regularization parameter, alpha
alpha = tf.constant([0.01])
# Margin term in loss
classification_term = tf.reduce_mean(tf.maximum(0., tf.subtract(1., tf.multiply(model_
output, y_target))))
# Put terms together
loss = tf.add(classification_term, tf.multiply(alpha, l2_norm))
```

```
#创建预测函数,自适应算法,并且初始化 variables.
# Declare prediction function
prediction = tf.sign(model_output)
accuracy = tf.reduce_mean(tf.cast(tf.equal(prediction, y_target), tf.float32))
# Declare optimizer
my_opt = tf.train.AdamOptimizer(0.005)
train_step = my_opt.minimize(loss)
# Initialize variables
init = tf.global_variables_initializer()
sess.run(init)
#现在我们可以开始训练模型了
# Training loop
loss_vec = []
train_accuracy = []
test_accuracy = []
for i in range(1500):
    rand_index = np.random.choice(len(x_vals_train), size = batch_size)
    rand_x = x_vals_train[rand_index]
    rand_y = np.transpose([y_vals_train[rand_index]])
    sess.run(train_step, feed_dict = {x_data: rand_x, y_target: rand_y})

    temp_loss = sess.run(loss, feed_dict = {x_data: rand_x, y_target: rand_y})
    loss_vec.append(temp_loss)

    train_acc_temp = sess.run(accuracy, feed_dict = {
        x_data: x_vals_train,
        y_target: np.transpose([y_vals_train])})
    train_accuracy.append(train_acc_temp)

    test_acc_temp = sess.run(accuracy, feed_dict = {
        x_data: x_vals_test,
        y_target: np.transpose([y_vals_test])})
    test_accuracy.append(test_acc_temp)

    if (i + 1) % 75 == 0:
        print('Step #{} A = {}, b = {}'.format(
            str(i+1),
            str(sess.run(A)),
            str(sess.run(b))
        ))
        print('Loss = ' + str(temp_loss))
#提取训练后的相关系数,得到 svm 的边界线.
# Extract coefficients
[[a1], [a2]] = sess.run(A)
[[b]] = sess.run(b)
slope = - a2/a1
y_intercept = b/a1
# Extract x1 and x2 vals
x1_vals = [d[1] for d in x_vals]
# Get best fit line
```

```
best_fit = []
for i in x1_vals:
    best_fit.append(slope * i + y_intercept)
# Separate I. setosa
setosa_x = [d[1] for i, d in enumerate(x_vals) if y_vals[i] == 1]
setosa_y = [d[0] for i, d in enumerate(x_vals) if y_vals[i] == 1]
not_setosa_x = [d[1] for i, d in enumerate(x_vals) if y_vals[i] == -1]
not_setosa_y = [d[0] for i, d in enumerate(x_vals) if y_vals[i] == -1]
#使用 Matplotlib 库来做可视化处理
%matplotlib inline
# Plot data and line
plt.plot(setosa_x, setosa_y, 'o', label = 'I. setosa')
plt.plot(not_setosa_x, not_setosa_y, 'x', label = 'Non-setosa')
plt.plot(x1_vals, best_fit, 'r-', label = 'Linear Separator', linewidth = 3)
plt.ylim([0, 10])
plt.legend(loc = 'lower right')
plt.title('Sepal Length vs Petal Width')
plt.xlabel('Petal Width')
plt.ylabel('Sepal Length')
plt.show()

# Plot train/test accuracies
plt.plot(train_accuracy, 'k-', label = 'Training Accuracy')
plt.plot(test_accuracy, 'r--', label = 'Test Accuracy')
plt.title('Train and Test Set Accuracies')
plt.xlabel('Generation')
plt.ylabel('Accuracy')
plt.legend(loc = 'lower right')
plt.show()

# Plot loss over time
plt.plot(loss_vec, 'k-')
plt.title('Loss per Generation')
plt.xlabel('Generation')
plt.ylabel('Loss')
plt.show()
```

在已配置好的环境下运行上述代码，由以下三张图我们可以观察运行结果，图 6-26 显示迭代了 1600 次后最佳拟合的线性划分图，而图 6-27 展示了 Loss 下降过程，图 6-28 则展示了训练和测试过程中准确率的变化情况。可以看到最终的准确率几乎达到 100%。

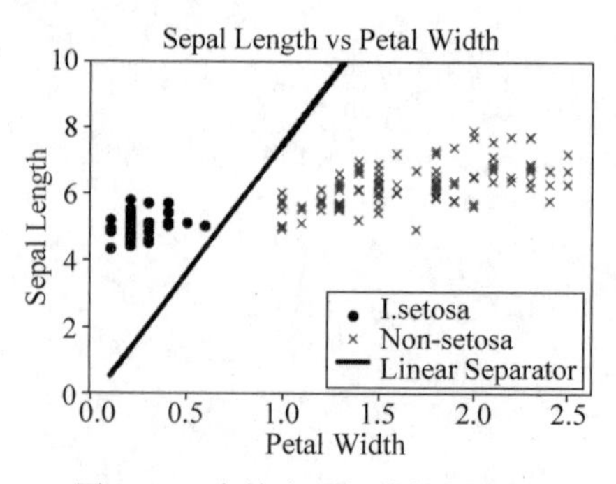

图 6-26　支持向量机线性划分图

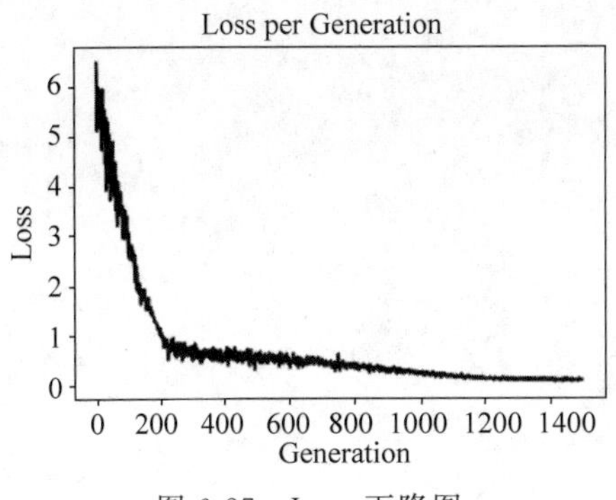

图 6-27　Loss 下降图

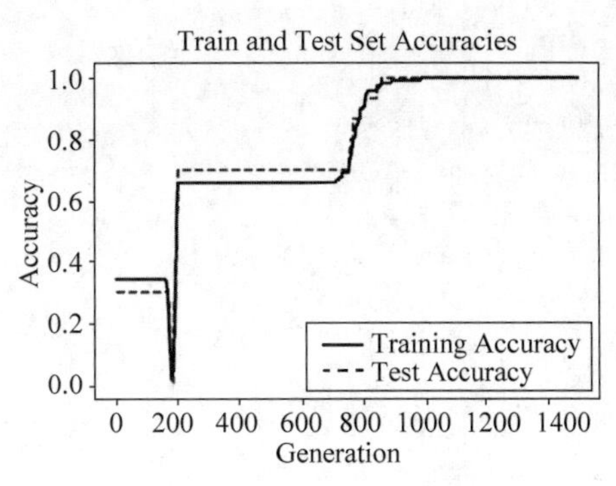

图 6-28　训练和测试准确率

4. 卷积神经网络

本小节将会介绍用 TensorFlow 实现卷积神经网络(CNN)的过程，采用的数据集是 CIFAR-10，其由 Hinton 的两个大弟子 Alex Krizhevsky、Ilya Sutskever 收集，总共包含 60000 张 32 * 32 的 RGB 彩色图片构成，共 10 个分类。50000 张用于训练，10000 张用于测试(交叉验证)。这个数据集最大的特点在于将识别迁移到了普适物体，而且应用于多分类，因此我们将用该数据集训练 CNN 模型，实现图像多分类[7]。

其下载地址为：http://www.cs.toronto.edu/~kriz/cifar-10-binary.tar.gz。

```
#先导入必要的库
import os
import sys
import tarfile
import matplotlib.pyplot as plt
import numpy as np
import tensorflow as tf
from six.moves import urllib
from tensorflow.python.framework import ops
ops.reset_default_graph()
#新建一个 session,设置好一些待会需要用到的参数:
• batch_size: 指一个 batch 中要包含多少样本
• data_dir: 数据地址(检查数据是否已经存在于本地,就不用每次都重新下载)
• output_every: 输出当前训练准确度和 Loss 数值在每多少次的迭代过程中
• eval_every: 输出当前测试准确度和 Loss 数值在每多少次的迭代过程中
• image_height: 统一化后图片的高度
• image_width: 统一化后图片的宽度
• crop_height: 训练之前图片内部随机裁剪后的高度
• crop_width: 训练之前图片内部随机裁剪后的宽度
• num_channels: 图片中颜色通道的数量
• num_targets: 所有图片的分类数量
• extract_folder: 存放图片所在的文件夹名称
# Start a graph session
sess = tf.Session()
# Set model parameters
```

```
batch_size = 128
data_dir = 'temp'
output_every = 50
generations = 20000
eval_every = 500
image_height = 32
image_width = 32
crop_height = 24
crop_width = 24
num_channels = 3
num_targets = 10
extract_folder = 'cifar-10-batches-bin'
#接着设置一下学习率和学习率衰减参数,并且获得一些图像模型的参数
learning_rate = 0.1
lr_decay = 0.1
num_gens_to_wait = 250.
image_vec_length = image_height * image_width * num_channels
record_length = 1 + image_vec_length # ( + 1 for the 0-9 label)
#导入 CIFAR-10 数据
data_dir = 'temp'
if not os.path.exists(data_dir):
    os.makedirs(data_dir)
cifar10_url = 'http://www.cs.toronto.edu/~kriz/cifar-10-binary.tar.gz'
# Check if file exists, otherwise download it
data_file = os.path.join(data_dir, 'cifar-10-binary.tar.gz')
if os.path.isfile(data_file):
    pass
else:
    # Download file
    def progress(block_num, block_size, total_size):
        progress_info = [cifar10_url, float(block_num * block_size) / float(total_size) *
100.0]
        print('\r Downloading {} - {:.2f}%'.format(*progress_info), end="")
    filepath, _ = urllib.request.urlretrieve(cifar10_url, data_file, progress)
    # Extract file
    tarfile.open(filepath, 'r:gz').extractall(data_dir)
#接着,我们定义一个读取函数,训练时有选择性地无序读取图片.
def read_cifar_files(filename_queue, distort_images = True):
    reader = tf.FixedLengthRecordReader(record_bytes=record_length)
    key, record_string = reader.read(filename_queue)
    record_bytes = tf.decode_raw(record_string, tf.uint8)
    image_label = tf.cast(tf.slice(record_bytes, [0], [1]), tf.int32)

    # Extract image
    image_extracted = tf.reshape(tf.slice(record_bytes, [1], [image_vec_length]),
                                 [num_channels, image_height, image_width])

    # Reshape image
    image_uint8image = tf.transpose(image_extracted, [1, 2, 0])
    reshaped_image = tf.cast(image_uint8image, tf.float32)
```

```
    # Randomly Crop image
    final_image = tf.image.resize_image_with_crop_or_pad(reshaped_image, crop_width, crop_
height)
    if distort_images:
        # Randomly flip the image horizontally, change the brightness and contrast
        final_image = tf.image.random_flip_left_right(final_image)
        final_image = tf.image.random_brightness(final_image,max_delta=63)
        final_image = tf.image.random_contrast(final_image,lower=0.2, upper=1.8)
    # Normalize whitening
    final_image = tf.image.per_image_standardization(final_image)
return final_image, image_label
#在我们的照片管道运输函数中使用以上的读取导入函数,其中 min_after_dequeue 定义了
#缓冲区有多大,capacity 必须要比 min_after_dequeue 大
# Create a CIFAR image pipeline from reader
def input_pipeline(batch_size, train_logical=True):
    if train_logical:
        files = [os.path.join(data_dir, extract_folder, 'data_batch_{}.bin'.format(i)) for
i in range(1,6)]
    else:
        files = [os.path.join(data_dir, extract_folder, 'test_batch.bin')]
    filename_queue = tf.train.string_input_producer(files)
    image, label = read_cifar_files(filename_queue)
    #   min_after_dequeue + (num_threads + a small safety margin) * batch_size
    min_after_dequeue = 5000
    capacity = min_after_dequeue + 3 * batch_size
example_batch, label_batch = tf.train.shuffle_batch([image, label],batch_size=batch_size,
                            capacity=capacity, min_after_dequeue=min_after_dequeue)
    return example_batch, label_batch
#定义一个函数来返回模型的结构,所以可以用它来训练或者测试
def cifar_cnn_model(input_images, batch_size, train_logical=True):
    def truncated_normal_var(name, shape, dtype):
        return(tf.get_variable(name=name, shape=shape, dtype=dtype, initializer=tf.
truncated_normal_initializer(stddev=0.05)))
    def zero_var(name, shape, dtype):
        return(tf.get_variable(name=name, shape=shape, dtype=dtype, initializer=tf.
constant_initializer(0.0)))

    # First Convolutional Layer
    with tf.variable_scope('conv1') as scope:
        # Conv_kernel is 5x5 for all 3 colors and we will create 64 features
        conv1_kernel = truncated_normal_var(name='conv_kernel1', shape=[5, 5, 3, 64],
dtype=tf.float32)
        # We convolve across the image with a stride size of 1
        conv1 = tf.nn.conv2d(input_images, conv1_kernel, [1, 1, 1, 1], padding='SAME')
        # Initialize and add the bias term
        conv1_bias = zero_var(name='conv_bias1', shape=[64], dtype=tf.float32)
        conv1_add_bias = tf.nn.bias_add(conv1, conv1_bias)
        # ReLU element wise
        relu_conv1 = tf.nn.relu(conv1_add_bias)
```

```
    # Max Pooling
    pool1 = tf.nn.max_pool(relu_conv1, ksize=[1, 3, 3, 1], strides=[1, 2, 2, 1],padding=
'SAME', name='pool_layer1')

    # Local Response Normalization (parameters from paper)
    # paper: http://papers.nips.cc/paper/4824-imagenet-classification-with-deep-
convolutional-neural-networks
    norm1 = tf.nn.lrn(pool1, depth_radius=5, bias=2.0, alpha=1e-3, beta=0.75, name=
'norm1')

    # Second Convolutional Layer
    with tf.variable_scope('conv2') as scope:
        # Conv kernel is 5x5, across all prior 64 features and we create 64 more features
        conv2_kernel = truncated_normal_var(name='conv_kernel2', shape=[5, 5, 64, 64],
dtype=tf.float32)
        # Convolve filter across prior output with stride size of 1
        conv2 = tf.nn.conv2d(norm1, conv2_kernel, [1, 1, 1, 1], padding='SAME')
        # Initialize and add the bias
        conv2_bias = zero_var(name='conv_bias2', shape=[64], dtype=tf.float32)
        conv2_add_bias = tf.nn.bias_add(conv2, conv2_bias)
        # ReLU element wise
        relu_conv2 = tf.nn.relu(conv2_add_bias)

    # Max Pooling
    pool2 = tf.nn.max_pool(relu_conv2, ksize=[1, 3, 3, 1], strides=[1, 2, 2, 1], padding=
'SAME', name='pool_layer2')

     # Local Response Normalization (parameters from paper)
    norm2 = tf.nn.lrn(pool2, depth_radius=5, bias=2.0, alpha=1e-3, beta=0.75, name=
'norm2')

    # Reshape output into a single matrix for multiplication for the fully connected layers
    reshaped_output = tf.reshape(norm2, [batch_size, -1])
    reshaped_dim = reshaped_output.get_shape()[1].value

    # First Fully Connected Layer
    with tf.variable_scope('full1') as scope:
        # Fully connected layer will have 384 outputs.
        full_weight1 = truncated_normal_var(name='full_mult1', shape=[reshaped_dim,
384], dtype=tf.float32)
        full_bias1 = zero_var(name='full_bias1', shape=[384], dtype=tf.float32)
        full_layer1 = tf.nn.relu(tf.add(tf.matmul(reshaped_output, full_weight1), full_
bias1))

    # Second Fully Connected Layer
    with tf.variable_scope('full2') as scope:
        # Second fully connected layer has 192 outputs.
        full_weight2 = truncated_normal_var(name='full_mult2', shape=[384, 192], dtype=
tf.float32)
        full_bias2 = zero_var(name='full_bias2', shape=[192], dtype=tf.float32)
```

```
        full_layer2 = tf.nn.relu(tf.add(tf.matmul(full_layer1, full_weight2), full_
bias2))

    # Final Fully Connected Layer -> 10 categories for output (num_targets)
    with tf.variable_scope('full3') as scope:
        # Final fully connected layer has 10 (num_targets) outputs.
        full_weight3 = truncated_normal_var(name='full_mult3', shape=[192, num_targets],
dtype=tf.float32)
        full_bias3 =  zero_var(name='full_bias3', shape=[num_targets], dtype=tf.
float32)
        final_output = tf.add(tf.matmul(full_layer2, full_weight3), full_bias3)

    return final_output
#定义损失函数,这里我们使用的是分类交叉熵损失函数.
# Loss function
def cifar_loss(logits, targets):
    # Get rid of extra dimensions and cast targets into integers
    targets = tf.squeeze(tf.cast(targets, tf.int32))
    # Calculate cross entropy from logits and targets
cross_entropy = tf.nn.sparse_softmax_cross_entropy_with_logits(logits=logits,
                                                    labels=targets)
    # Take the average loss across batch size
    cross_entropy_mean = tf.reduce_mean(cross_entropy, name='cross_entropy')
    return cross_entropy_mean
#定义训练步骤,这里我们使用指数衰减的学习率,并且声明了优化器和训练步骤来最小化 loss.
def train_step(loss_value, generation_num):
    # Our learning rate is an exponential decay after we wait a fair number of generations
    model_learning_rate = tf.train.exponential_decay(learning_rate, generation_num,
                                                    num_gens_to_wait, lr_decay,
staircase=True)
    # Create optimizer
    my_optimizer = tf.train.GradientDescentOptimizer(model_learning_rate)
    # Initialize train step
    train_step = my_optimizer.minimize(loss_value)
    return train_step
#创建得出准确率的函数,对当前的训练或者测试集进行预测,返回准确率.
# Accuracy function
def accuracy_of_batch(logits, targets):
    # Make sure targets are integers and drop extra dimensions
    targets = tf.squeeze(tf.cast(targets, tf.int32))
    # Get predicted values by finding which logit is the greatest
    batch_predictions = tf.cast(tf.argmax(logits, 1), tf.int32)
    # Check if they are equal across the batch
    predicted_correctly = tf.equal(batch_predictions, targets)
    # Average the 1's and 0's (True's and False's) across the batch size
    accuracy = tf.reduce_mean(tf.cast(predicted_correctly, tf.float32))
    return accuracy
#现在有了所有函数,可以用它们来先后创建数据通道、模型和模型训练
# Get data
```

```
print('Getting/Transforming Data.')
# Initialize the data pipeline
images, targets = input_pipeline(batch_size, train_logical = True)
# Get batch test images and targets from pipline
test_images, test_targets = input_pipeline(batch_size, train_logical = False)
#注意:在没有重置 computational graph 不要运行两次模型创建的代码,不然会出现错误,
#需要重新运行所有代码
print('Creating the CIFAR10 Model.')
with tf.variable_scope('model_definition') as scope:
    # Declare the training network model
    model_output = cifar_cnn_model(images, batch_size)
    scope.reuse_variables()
    test_output = cifar_cnn_model(test_images, batch_size)
print('Done.')
# Declare loss function
print('Declare Loss Function.')
loss = cifar_loss(model_output, targets)
# Create accuracy function
accuracy = accuracy_of_batch(test_output, test_targets)
# Create training operations
print('Creating the Training Operation.')
generation_num = tf.Variable(0, trainable = False)
train_op = train_step(loss, generation_num)
# Initialize Variables
print('Initializing the Variables.')
init = tf.global_variables_initializer()
sess.run(init)
#现在初始化数据队列,这意味着开始将数据馈送入模型
# Initialize queue (This queue will feed into the model, so no placeholders necessary)
tf.train.start_queue_runners(sess = sess)
# Train CIFAR Model
print('Starting Training')
train_loss = []
test_accuracy = []
for i in range(generations):
    _, loss_value = sess.run([train_op, loss])

    if (i + 1) % output_every == 0:
        train_loss.append(loss_value)
        output = 'Generation {}: Loss = {:.5f}'.format((i + 1), loss_value)
        print(output)

    if (i + 1) % eval_every == 0:
        [temp_accuracy] = sess.run([accuracy])
        test_accuracy.append(temp_accuracy)
```

```
        acc_output = ' --- Test Accuracy = {:.2f}%.'.format(100. * temp_accuracy)
        print(acc_output)
#最后可以借助 Matlotlib 库让 loss 下降的趋势和准确率提升的趋势可视化
# Print loss and accuracy
# Matlotlib code to plot the loss and accuracies
eval_indices = range(0, generations, eval_every)
output_indices = range(0, generations, output_every)
# Plot loss over time
plt.plot(output_indices, train_loss, 'k-')
plt.title('Softmax Loss per Generation')
plt.xlabel('Generation')
plt.ylabel('Softmax Loss')
plt.show()
# Plot accuracy over time
plt.plot(eval_indices, test_accuracy, 'k-')
plt.title('Test Accuracy')
plt.xlabel('Generation')
plt.ylabel('Accuracy')
plt.show()
```

在已配置好的环境下运行上述代码，借助生成的两张图片，由图 6-29 可以看到分类交叉熵损失函数的下降过程，已经基本拟合，由图 6-30 可以看到测试准确率最终达到 80%左右。

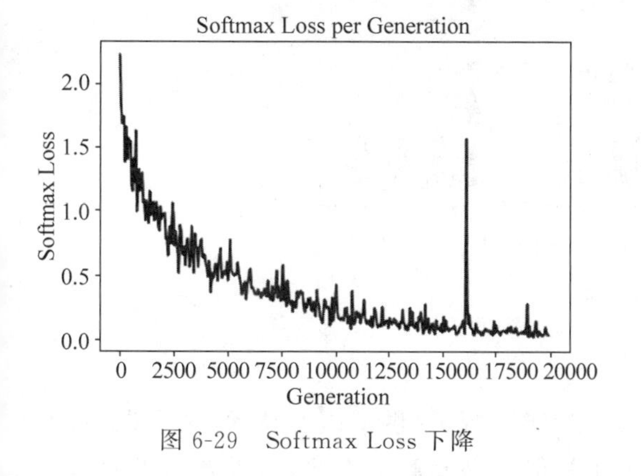

图 6-29 Softmax Loss 下降

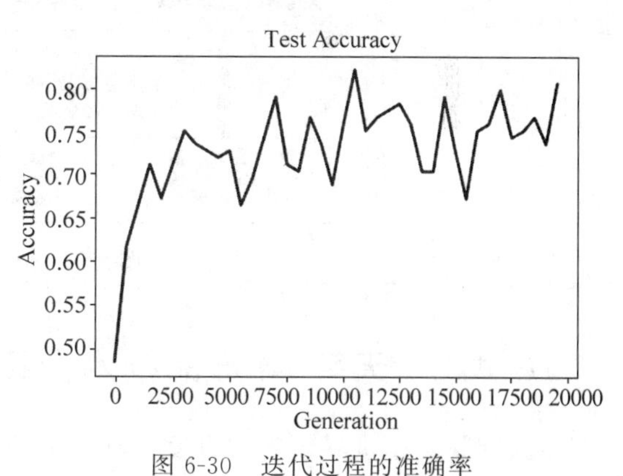

图 6-30 迭代过程的准确率

6.4 百度 AI 技术体系与产品

6.4.1 天智 AI 平台技术架构

如图 6-31 所示，天智 AI 平台架构分为三层：底层为运算资源和数据采集及加工服务；中间层为深度学习平台，聚焦于特征工程、统计、训练、评估、预测和模型发布等功能；上层将 AI 技术与各领域结合，提供 AI 应用方案，助力各行各业快速接入顶尖的人工智能技术。

各层架构细化展示如图 6-32 所示。

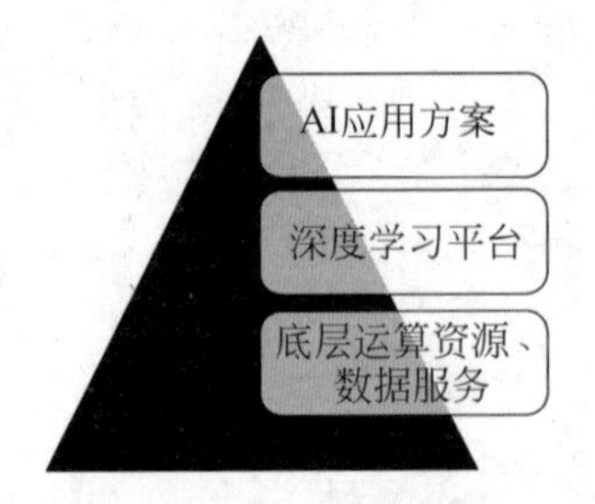

图 6-31 AI 平台架构简单展示

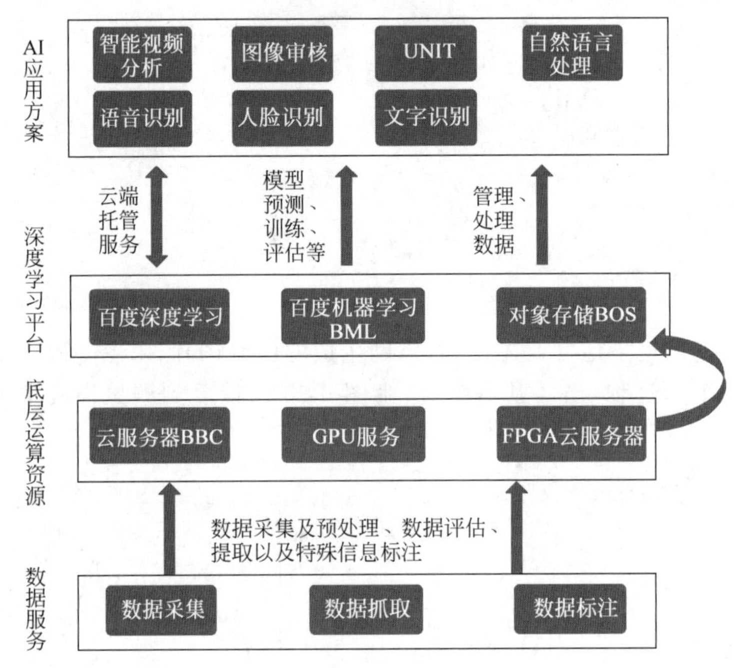

图 6-32 AI 平台详细架构

6.4.2 天智 AI 产品技术介绍

天智是基于世界领先的百度大脑打造的人工智能平台，提供了语音技术、文字识别、人脸识别、深度学习和自然语言 NLP 等一系列人工智能产品及解决方案，帮助各行各业的用户打造智能化业务系统。

目前已经开放的应用方案和产品包括如表 6-2 所示。

表 6-2 AI 应用方案与对应产品

AI 应用方案	包含产品
图像技术	文字识别、人脸识别、图像识别、图像搜索、人体分析
内容审核	图像审核、文本审核、视频内容审核
自然语言	语言处理基础技术、理解与交互 UNIT
语音技术	语音识别、语音合成、语音唤醒

续表

AI 应用方案	包含产品
视频技术	视频内容分析、视频封面选图
知识图谱	知识图谱 Schema、知识理解
增强现实	百度 AR 开放平台
智能客服	云秘智能客服

6.4.3　百度开源深度学习平台 PaddlePaddle

1. PaddlePaddle 概述

作为最早研究深度学习技术的公司之一，百度早在 2013 年即设立全球首个深度学习研究院。经过沉淀与积累，2016 年百度 PaddlePaddle 正式开源，其 Logo 见图 6-33，成为中国首个、也是目前国内唯一开源开放、功能完备的端到端深度学习平台。2017 年，由国家发改委批复，百度牵头筹建了国内唯一的深度学习技术及应用国家工程实验室，其在深度学习领域的实力可见一斑。

与 Google 开发的 TensorFlow 相似，百度提供的不仅是深度学习框架，而是一整套紧密关联、灵活组合的完整工具组件和服务平台，全面覆盖初学者、零算法基础工程师、算法工程师、研究者，相比国内其他竞品，平台功能覆盖更加完备，覆盖的用户更全面，各部分的打通更加顺畅。

图 6-33　PaddlePaddle 平台 Logo

以下将会介绍 PaddlePaddle 平台的特性：

(1) 工业级中文 NLP 算法和模型库。从能力范围看，PaddleNLP 提供了全面丰富的中文处理任务，涵盖文本分类、序列标注、语义表示、语义匹配等多种 NLP 任务，可根据业务需求或实验需求快速选择合适的预训练模型进行使用。

从网络灵活性看，基于 PaddlePaddle 深度学习框架构建的基础 NLP 网络和 NLP 应用任务可实现灵活解耦，因为网络可灵活调整、灵活插拔，所以场景迁移很高效。

从应用效果看，PaddleNLP 拥有当前业内效果最好的中文语义表示模型和基于用户大数据训练的应用任务模型，因其模型效果调整机制源于丰富的产业实践，效果更突出。

(2) 同时支持稠密参数和稀疏参数超大规模分布式训练。基于百度海量规模的业务场景实践，同时支持稠密参数和稀疏参数场景的超大规模深度学习并行训练，支持千亿规模参数、数百个节点的高效并行训练。

(3) 端到端的全流程部署方案。覆盖多硬件、多引擎、多语言，预测速度超过其他主流实现。同时，还提供了模型压缩、加密等工具。

(4) 丰富的配套工具组件。AutoDL Design：开源的网络结构自动化设计技术。AutoDL Design 设计的图像分类网络在 CIFA10 数据集正确率达到 98%，效果全面超过人类专家，居于业内领先位置。

PaddleHub：基于 PaddlePaddle 开发的预训练模型管理工具。通过命令行，无须编写代码，一键使用预训练模型进行预测，通过 hub download 命令，快速地获取 PaddlePaddle

生态下的所有预训练模型，借助 PaddleHub Finetune API，使用少量代码即可完成迁移学习。

PARL：一个高性能、灵活的强化学习框架。具有高灵活性和可扩展性，支持可定制的并行扩展，覆盖 DQN、DDPG、PPO、IMPALA、A2C、GA3C 等主流强化学习算法。

VisualDL：是一款开源的、支持多个深度学习框架的数据可视化工具库。可以将神经网络的各种训练结果以及网络的结构以可视化的形式呈现。

EDL：弹性深度学习计算。资源空闲时一个训练作业多用一些资源，忙碌的时候少用一些，但是资源的变化并不会导致作业失败。也能弹性调度其他作业（比如 Nginx、MySQL 等），从而极大地提升了集群总体利用率。

（5）全面准确的中文使用文档。PaddlePaddle 是首家完整支持中文文档的深度学习平台，文档覆盖安装、上手和 API 等，为国内开发者建立了友好的生态环境。

2. 框架迁移小工具——X2Paddle

百度推出飞桨（PaddlePaddle）后，不少开发者开始转向国内的深度学习框架。但是代码的转移并且易事，成千上万行代码的手工转换等于是在做一次二次开发。在框架的迁移过程中，我们会不得不思考这几个问题：

- API 差异：模型的实现方式如何迁移，不同框架之间的 API 有没有差异？如何避免这些差异带来的模型效果的差异？
- 模型文件差异：训练好的模型文件如何迁移？转换框架后如何保证精度的损失在可接受的范围内？
- 预测方式差异：转换后的模型如何预测？预测的效果与转换前的模型差异如何？

为此，百度的飞桨平台开发了一个新的功能模块，叫 X2Paddle，可以支持主流深度学习框架模型转换至飞桨，包括 Caffe、TensorFlow、ONNX 等模型直接转换为 Paddle Fluid 可加载的预测模型，并且还提供了这三大主流框架间的 API 差异比较，图 6-34 展示了 X2Paddle 提供的 TensorFlow-Fluid 的接口对应表，这方便我们在自己直接复现模型时对比 API 之间的差异，深入理解 API 的实现方式从而降低模型迁移带来的损失。

TensorFlow-Fluid接口对应表

本文档基于TensorFlow v1.13梳理了常用API与PaddlePaddle API对应关系和差异分析。根据文档对应关系，有TensorFlow使用经验的用户，可根据对应关系，快速熟悉PaddlePaddle的接口使用。

序号	TensorFlow接口	PaddlePaddle接口	备注
1	tf.abs	fluid.layers.abs	功能一致
2	tf.add	fluid.layers.elementwise_add	功能一致
3	tf.argmax	fluid.layers.argmax	功能一致
4	tf.argmin	fluid.layers.argmin	功能一致
5	tf.assign	fluid.layers.assign	功能一致
6	tf.assign_add	fluid.layers.increment	功能一致
7	tf.case	fluid.layers.Switch	差异对比
8	tf.cast	fluid.layers.cast	功能一致
9	tf.clip_by_global_norm	fluid.clip.GradientClipByGlobalNorm	差异对比
10	tf.clip_by_norm	fluid.layers.clip_by_norm	差异对比

图 6-34　Tensorflow-Fluid 接口对应表

X2Paddle 提供了一个非常方便的转换方式，让大家可以直接将训练好的模型转换成 Paddle Fluid 版本。转换模型原先需要直接通过 API 对照表来重新实现代码。但是在实际生产过程中这么操作是很麻烦的，甚至还要进行二次开发。如果有新的框架能轻松转换模型，迅速运行调试，迭代出结果，何乐而不为呢？虽然飞桨相比其他 AI 平台上线较晚，但是凭借 X2Paddle 小工具，能快速将 AI 开发者吸引到自己的平台上来，后续的优势将愈加明显。

6.5 百度 AI 应用案例

6.5.1 百度 AI 应用开发方法

百度为 AI 应用开发者提供了 API(应用程序编程接口)和 SDK(软件开发工具包)这两种方式，本书主要介绍 SDK 的应用开发方法。

1. 环境准备

操作系统：Windows10、macOS、Linux 等均可。

编译器：任何支持 Python 的编译器。

编程语言：Python2.7 及以上(已安装 Python 包管理工具：Pip 或 setuptools)

2. 在控制台创建应用

如图 6-35 所示，在控制台创建应用，创建成功之后即可查看应用的 AppID、APIKey、SecretKey(见图 6-36，接下来会需要用到)。同时也可以查看各个 API 的请求地址和调用量限制。绝大多数 API 百度都提供无调用量限制或者一天多次免费调用。

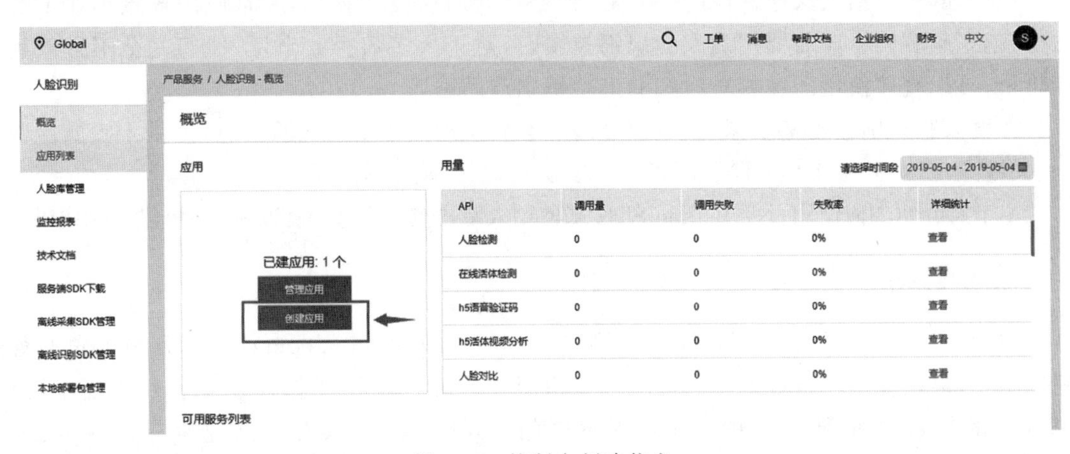

图 6-35 控制台创建信息

3. 安装 PythonSDK

如果已安装 pip，执行 pip install baidu-aip 即可。

如果已安装 setuotools，下载相应 SDK，执行 python setup. py install 即可。

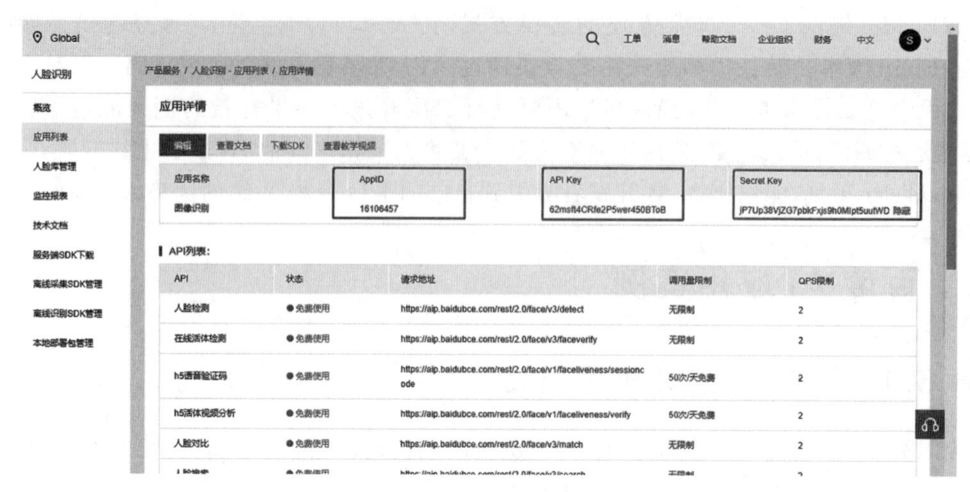

图 6-36 应用信息

4. 编写代码调用接口功能

百度为开发者提供了详细的中文文档,该部分需要在阅读官方文档熟悉对应编程语言的基础上进行编写,有问题也可以随时提交工单向技术人员反馈。

6.5.2 百度人脸识别应用案例

计算机视觉是当下非常热门的研究领域,在学术界和工业界的共同推动下,已经有了许多落地的应用,比如人脸识别算一个。相比其他人工智能技术的应用,人脸识别的应用范围其实很广,其中包括大家通常说的安防、门禁、考勤、刑侦、ATM 等,并且应用场景仍在不断增多,越来越多的企业需要用到人脸识别技术,但对于大多数企业来说,他们完全不必重复造轮子,可以直接使用已经相对成熟的人脸识别产品。

百度人脸识别应用基于深度学习开发,能准确识别图片中的人脸信息,提供人脸属性识别、关键点定位、人脸 1∶1 比对、人脸 1∶N 识别、活体检测等能力。

本节将介绍如何使用百度 Python SDK 来使用人脸检测和人脸对比功能,并提供示例代码。

1. 创建应用

如图 6-37 所示,登录百度智能云官网(https://cloud.baidu.com)后,打开右上角的管理控制台,再在管理控制台里找到百度人脸识别的入口。单击创建应用,如无特殊需求,使用默认的接口选择配置就好。进入创建好的应用页面,可以看到已经生成的 AppID、APIKey 和 SecretKey,接下来会需要用到。

2. 下载安装 PythonSDK

如果已经安装 pip,在命令行中执行 pip install baidu-aip 即可,或者在 http://ai.baidu.com/sdk 里下载图像识别的 PythonSDK 包,解压缩包,在命令行中进入 SDK 所在目录,输入 pip setup.py install(如果已安装 setuptool,则输入 python setup.py install)。

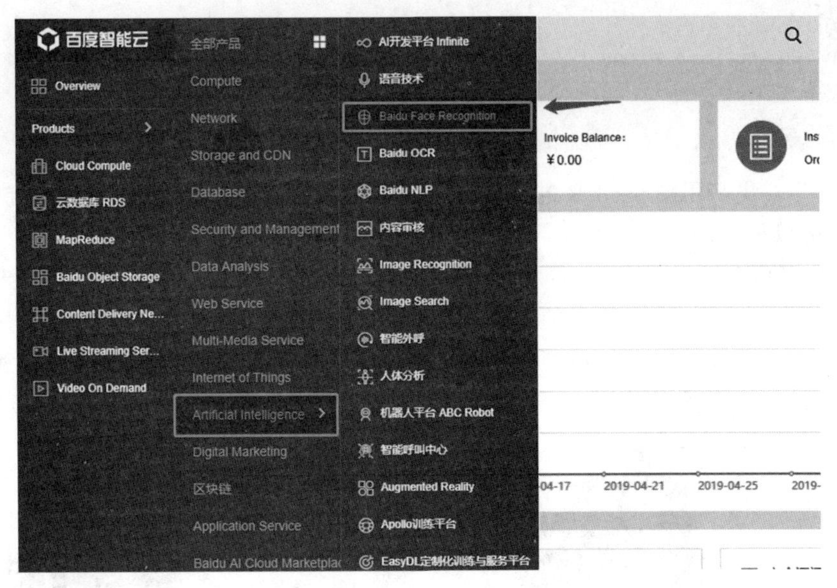

图 6-37　人脸识别应用入口

3. 实现代码部分

1）人脸检测

该功能在于检测图片中的人脸，会返回人脸位置、72 个关键点坐标（比如眼睛、鼻子，嘴、下巴等）及人脸相关属性信息（比如年龄预测、表情、脸型、性别甚至颜值打分）。典型应用场景包括：人脸属性分析、基于人脸关键点的加工分析、人脸营销活动等。

实例代码：

```
# 引入人脸识别 SDK
from aip import AipFace
from skimage import draw,data,io
import base64
# 定义常量
APP_ID = '您的 AppID'
API_KEY = '您的 APIKey'
SECRET_KEY = '您的 SecretKey'
imageType = "BASE64"
# 初始化 AipFace 对象
client = AipFace(APP_ID, API_KEY, SECRET_KEY)
# 读取图片
def get_file_content(filePath):
    with open(filePath, 'rb') as fp:
        return base64.b64encode(fp.read()).decode()
# 定义参数变量
options = {
    'max_face_num': 5,
    'face_field': "age,beauty,expression,expression_probability,faceshape,gender,glasses,
landmark,race,qualities",}
```

```
# 调用人脸属性检测接口
content = client.detect(get_file_content('/home/ray/Desktop/face.jpg'), imageType, options)
if (content):
    print content
```

运行效果：我们用图 6-38 来进行图片检测，通过返回的结果，进行图像关键点及特征点绘制后，可以得到图 6-39。

2）人脸对比

该功能用于比对多张图片中的人脸相似度并返回两两比对的得分，可用于判断两张脸是否是同一人的可能性大小。典型应用场景包括：人证合一验证、用户认证等，并且可与现有的人脸库进行比对验证。

图 6-38　识别素材

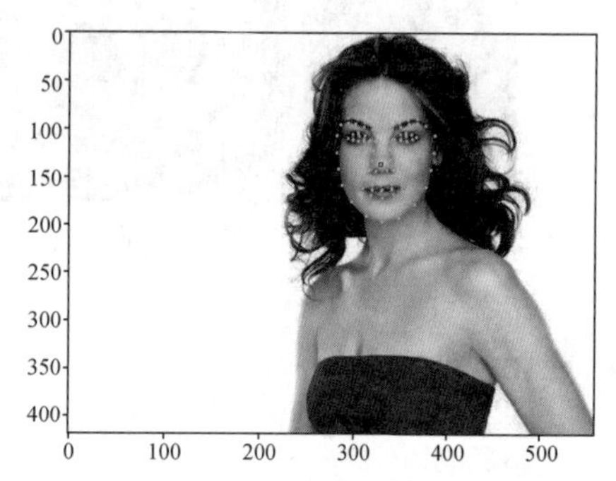

图 6-39　绘制识别关键点及特征点后

实例代码

```
#引入人脸识别 SDK
From aip import AipFace
import base64
#定义常量
APP_ID = '您的 AppID'
API_KEY = '您的 APIKey'
SECRET_KEY = '您的 SecretKey'

#初始化 AipFace 对象
client = AipFace(APP_ID,API_KEY,SECRET_KEY)

#调用匹配接口
result = client.match([
{'image':base64.b64encode(open('c.jpg','rb').read()),'image_type':'BASE64',},{'image':base64.
b64encode(open('d.jpg','rb').read()),'image_type':'BASE64',}])
#打印结果
If result:
    print 'score:' + str(result['result']['score'])
```

最后我们使用两张人脸图片（见图 6-40 和图 6-41）来进行人脸匹配，匹配率可以达到 96.818367%。

图 6-40 图片 a

图 6-41 图片 b

6.5.3 百度语音应用案例

语言交流是人与人之间最直接有效的交流沟通方式，语音识别技术就是让人与机器之间也能达到简单高效的信息传递。目前，语音识别技术已经深入我们生活的方方面面，比如我们手机上使用的语音输入法、语音助手、语音检索等应用；在智能家居场景中也有大量通过语音识别实现控制功能的智能电视、空调、照明系统等；智能可穿戴设备、智能车载设备也越来越多地出现一些语音交互的功能，这里面的核心技术就是语音识别；而一些传统的行业应用也正在被语音识别技术颠覆，比如医院里使用语音进行电子病历录入，法庭的庭审现场通过语音识别分担书记员的工作，此外还有影视字幕制作、呼叫中心录音质检、听录速记等行业需求都可以用语音识别技术来实现。

百度语音识别可以为用户提供高精度的语音识别服务，融合百度领先的自然语言处理技术，支持多场景智能语音交互，其提供的产品功能包括：普通语音识别、远程语音识别、急速语音识别、长语音识别、呼叫中心实时语音识别、呼叫中心音频文件转写。

本节介绍基于百度 PythonSDK 来使用语音识别和语音合成功能，并提供示例代码。具体开发步骤包括：①创建应用；②下载安装 SDK；③编写执行代码。以下提供调用不同功能的示例代码：

1. 语音识别本地

```
# -*- coding: utf-8 -*-
from aip import AipSpeech

APP_ID = '您的 AppID'
API_KEY = '您的 APIKey'
SECRET_KEY = '您的 SecretKey'
aipSpeech = AipSpeech(APP_ID, API_KEY, SECRET_KEY)

def get_file_content(filepath):
    with open(filepath,'rb') as fp:
        return fp.read()

result = aipSpeech.asr(get_file_content('8k.amr'),'amr',8000,{
    'lan':'zh',
    })
```

2. 语音识别 url

```
# - * - coding: utf - 8 - * -

from aip import AipSpeech

APP_ID = '您的 AppID '
API_KEY = '您的 APIKey '
SECRET_KEY = '您的 SecretKey '
aipSpeech = AipSpeech(APP_ID, API_KEY, SECRET_KEY)
aipSpeech.asr('','pam',8000,{'url':'http://nkiip.oss - cn - hangzhou.aliyuncs.com/8k.amr',
'callback':'http://47.93.115.141:8080/bidu/speech.jsp',})
```

6.5.4 百度自然语言处理应用案例

我们每天都在使用的搜索引擎看似简单，却需要用到 NLP 技术中的文本分词、信息抽取、文本分类等功能；我们能够通过淘宝的“猜你喜欢”、今日头条新闻平台的“推荐阅读”板块不断阅读到感兴趣的内容，是因为文本挖掘和推荐系统在发挥作用；除此以外，自然语言处理技术还被应用于智能对话机器人、词典翻译、舆情监控、情感分析等领域，虽然不像前面提到的人脸识别、语音识别那样显而易见，但自然语言处理技术也正在影响着我们生活的方方面面。

百度的自然语言处理技术国际领先，目前提供词法分析、依存句法分析、词向量表示、DNN 语言模型、词义相似度、短文本相似度、评论观点抽取、情感倾向分析、文章标签、文章分类、对话情绪识别、文本纠错和新闻摘要。

本节介绍如何基于百度 PythonSDK 来使用百度自然语言处理下词法分析、中文词向量表示、短文本相似度，评论观点抽取和中文 DNN 语言模型等功能，并提供相关示例代码。具体开发步骤包括：①创建应用；②下载安装 SDK；③编写执行代码。以下提供调用不同功能的示例代码：

1. 词法分析

```
# - * - coding:utf - 8 - * -
From aip import AipNlp

APP_ID = '您的 AppID'
API_KEY = '您的 APIKey'
SECRET_KEY = '您的 SecretKey'

aipnlp = AipNlp(APP_ID,API_KEY,SECRET_KEY)
result = aipnlp.lexer("百度是个搜索公司")
print(result)
```

运行结果如下。

```
{'log_id':873734646649714373,'text':'百度是个搜索公司','items':[{'loc_details':[],
'byte_offset':0,'uri':'','pos':'','ne':'ORG','item':'百度','basic_words':['百度'],
'byte_length':4,'formal':''},
{'loc_details':[],'byte_offset':4,'uri':'','pos':'v','ne':'','item':'是','basic_words':['是'],
'byte_length':2,'formal':''},
{'loc_details':[],'byte_offset':6,'uri':'','pos':'q','ne':'','item':'个','basic_words':['个'],
'byte_length':2,'formal':''},
{'loc_details':[],'byte_offset':8,'uri':'','pos':'vn','ne':'','item':'搜索','basic_words':['搜
索'],
'byte_length':4,'formal':''},
{'loc_details':[],'byte_offset':12,'uri':'','pos':'n','ne':'','item':'公司','basic_words':['公
司'],
'byte_length':4,'formal':''}]}
```

2. 中文词向量表示

```
# - * - coding:utf - 8 - * -
From aip import AipNlp

APP_ID = '您的 AppID'
API_KEY = '您的 APIKey'
SECRET_KEY = '您的 SecretKey'

aipnlp = AipNlp(APP_ID,API_KEY,SECRET_KEY)
result = aipnlp.wordEmbedding("百度")
print(result)
```

运行结果如下。

```
{'log_id':2440909141366546533,'word':'百度','vec':[ - 0.955515,0.974328,
1.22261,2.23655,0.129852,0.540176,0.927219,0.403767,0.633817,0.177839, - 0.142663,
- 0.563889, - 0.23869, - 0.81823,0.830972,1.31041, - 0.190718,1.14783,
```

（注：运行结果太长只贴部分）

3. 中文 DNN 语言模型

```
# - * - coding:utf - 8 - * -
from aip impor tAipNlp

APP_ID = '您的 AppID'
API_KEY = '您的 APIKey'
SECRET_KEY = '您的 SecretKey'

aipnlp = AipNlp(APP_ID,API_KEY,SECRET_KEY)
result = aipnlp.dnnlm("百度是个搜索公司")
print(result)
```

运行结果如下。

```
{'log_id':8542825963342814373,'text':'百度是个搜索公司','items':[{'word':'百度','prob':
0.00059
052},{'word':'是','prob':0.00373688},{'word':'个','prob':0.0372463},{'word':'搜索','prob':
0.001370
15},{'word':'公司','prob':0.000118814}],'ppl':595.261}
```

4. 短文本相似度

```
# - * - coding:utf - 8 - * -
From aip import AipNlp

APP_ID = '您的 AppID'
API_KEY = '您的 APIKey'
SECRET_KEY = '您的 SecretKey'

aipnlp = AipNlp(APP_ID,API_KEY,SECRET_KEY)
result = aipnlp.simnet("百度是个搜索公司","谷歌是个搜索公司")
print(result)
```

运行结果如下。

```
{'log_id':2955030257435859301,'texts':{'text_2':'谷歌是个搜索公司','text_1':'百度是个搜索公
司'},'score':0.842617}
```

5. 评论观点抽取

评论观点抽取没有定义评论行业类型时(默认行业类型为美食)。

```
# - * - coding:utf - 8 - * -
From aip import AipNlp

APP_ID = '您的 AppID'
API_KEY = '您的 APIKey'
SECRET_KEY = '您的 SecretKey'

aipnlp = AipNlp(APP_ID,API_KEY,SECRET_KEY)
result = aipnlp.commentTag('汽车空间大')
print(result)
```

运行结果如下。

```
{'log_id':4523389277706739749,'items':[{'sentiment':2,'abstract':'汽车<span>空间大</span>',
'prop':'店面','begin_pos':4,'end_pos':10,'adj':'好'}]}
```

评论观点抽取自定义评论行业类型时。

```
# - * - coding:utf - 8 - * -
fromaipimportAipNlp

APP_ID = '您的 AppID'
API_KEY = '您的 APIKey'
SECRET_KEY = '您的 SecretKey'

aipnlp = AipNlp(APP_ID,API_KEY,SECRET_KEY)
option = {'type':10}
result = aipnlp.commentTag('汽车空间大',option)
print(result)
```

运行结果如下。

```
{'log_id':679348795428354597,'items':[{'sentiment':2,'abstract':'汽车<span>空间大</span>',
'prop':'空间','begin_pos':4,'end_pos':10,'adj':'大'}]}
```

6.6 习题

(1) 深度学习与机器学习有什么区别?

(2) 什么是深度学习? 为什么它会如此受欢迎?

(3) 深度学习模型如何学习?

(4) 深度学习模型有哪些局限性?

(5) 什么是激活特征函数?

(6) 什么是 CNN,它有什么用途?

(7) 什么是池化? 简述其工作原理。

(8) 什么是 dropout 层,为什么要用 dropout 层?

(9) 什么是消失梯度问题,如何克服?

(10) 什么是优化函数? 说出几个常见的优化函数。

(11) 在 k-means 或 kNN 算法中,我们是用欧氏距离来计算最近邻居之间的距离。为什么不用曼哈顿距离?

(12) 为什么朴素贝叶斯如此“朴素”?

6.7 参考文献

[1] 中国信息通信研究院,中国人工智能产业发展联盟.人工智能发展白皮书技术架构篇[R].2018.

[2] Modern Machine Learning Algorithms: Strengths and Weaknesses [EB/OL]. https://elitedatascience.com/machine-learning-algorithms#regression.

[3] 周志华,机器学习[M].北京:清华大学出版社.2016.1.

[4] 李航,统计学习方法[M].北京:清华大学出版社.2012.3.

[5] Ian Goodfellow, Yoshua Bengio, Aaron C. Courville, Deep Learning [M]. Cambrige, MA: The MIT

Press,2016. 11.

[6] Jason Yosinski, Jeff Clune, Yoshua Bengio, et al. How transferable are features in deep neural networks? [C]. NIPS2014.

[7] Nick McClure. TensorFlow Machine Learning Cookbook - Second Edition [M]. Birmigham: Packt Publishing - ebooks Account. 2018.

[8] Emilio Soria Olivas, José David Martín Guerrero, Marcelino Martinez-Sober, et al. Handbook of Research on Machine Learning Applications and Trends: Algorithms, Methods, and Techniques (2 Volumes)[J]. Information Science Reference-Imprint of: IGI Publishing Hershey,2009.

[9] 尼克.人工智能简史[M].北京：人民邮电出版社,2017. 11.

上云迁移技术与案例

随着云计算应用的快速发展,上云迁移已经成为传统企业的迫切需求,但这个过程中带来的挑战却又是多维的,本章我们将会首先介绍上云业务的背景、云迁移技术的概述以及上云的整体流程,并且结合百度智能云平台,详细介绍该平台所提供的相关迁移方案,并给出了具体的迁移案例。

7.1 上云业务的背景

在云计算发展的浪潮之下,传统IT架构许多的问题和痛点逐渐暴露出来:

(1) 信息孤岛:不同的业务系统是完全异构的的基础设施,无法共享计算、存储和带宽。

(2) 资源浪费:专机专用、高配低用,导致基础设施浪费巨大。

(3) 整合困难:如果业务系统2下线,它的资源无法为1或3使用,只能一起退休。

(4) 成本高昂:要维护如此之多厂商的软硬件,运维人员的数量及素质要求高、成本高。

与此同时,企业还不得不面临许多挑战,比如不得不为峰值需求买单,严重浪费了资源,企业投资的90%硬件在一天中的大部分时间都在睡觉;如果是电商企业,也无法预估流量峰值,需要具备弹性资源池;如果遇到业务快速增长的情形,传统企业系统可扩展性和可迁移能力极弱,无法持续弹性动态扩展。

云计算就具有解决传统企业困境的优势,可以帮助传统企业减少初期硬件投资、大幅缩短业务上线时间、业务零中断、弹性扩容降低固定资产支出,让客户只需专注于自己的业务,大幅降低了运维支出。

在中国企业数字化转型的大背景下,现如今已经没有人再讨论什么是云计算,企业该不该上云端这样的话题。相反,云计算如今逐渐成为很多企业的首选。云计算给企业带来的不仅仅是计算,准确地讲应该是在云计算技术支持下的一种服务,本质是为用户带来使用价值,改变各类企业的IT架构体系,推动企业核心业务发展。云计算可以为组织提供高质量和先进的IT服务,同时还能够大幅降低成本。作为某种意义上的基础设施,云计算对于企业数字化的转型和将来的发展有着积极的作用。

云环境优势的推动促进了企业从传统的内部部署软件转向云端的迁移。云迁移是将组织资源和应用程序部分或全部部署到云中以在任何云部署类型中进行管理的过程。云计算服务的行业在逐渐扩大其应用范围,从最开始的电商这类互联网行业再到金融、传统制造业,如今都开始接触云平台。同时,各大云计算服务商在云计算市场的竞争促进了云计算技术的成熟,逐渐降低了云计算服务的成本。对于很多企业来说,将应用部署进云会逐步成为一个必然选择[1]。

7.2 云迁移技术概述

下面对云迁移类型进行详细的概括,以便区分目前经常用到的几种云迁移技术。

(1) 使用云服务替换组件。这类是迁移率最低,使用最少的迁移类型,其中一个或多个组件(架构)被云服务所取代。这种迁移可能会触发一些重新配置活动和适应活动来应对可能的兼容性问题。

(2) 应用程序功能部分迁移到云。此类型需要将一个或多个应用程序层或一套架构组件从实施特定功能的一个或多个层迁移到云中。

(3) 将整个应用程序软件迁移到云。这种类型迁移需要企业内部维护硬件组件,然后享受云中的软件交互。大多数应用程序都会选择这种迁移类型。

(4) "云化"应用程序。需要完整迁移整个应用程序活动和组件。对于大部分的传统企业来讲,仍有许多应用程序运行在传统架构中,其业务逻辑复杂度通常很高,又要面对业务上云,这就需要将数据和业务逻辑迁移到云,对传统企业IT架构进行必要的升级。应用程序功能的实施也作为在云上运行的服务组成。

关于各种云计算服务模型的迁移分类,按照云服务模型展开的分类,可以将云迁移策略分为3类,而其中迁移到SaaS策略又细分为3种子策略。

(1) 迁移到IaaS: IaaS是服务供应商为企业提供硬件设施的基础服务,云用户通过互联网获得存储、计算资源,此策略仅通过将旧系统移植到云端来实现迁移。并且目前是企业最常采用的迁移策略。云端的服务器与存储设备全部放在云供应商的机房内进行统一化管理,使得迁移策略相对简单的同时,也节约了云用户服务器的占地资源和维护成本,使IaaS更具成本优势。

(2) 迁移到PaaS: 平台即服务是一种应用程序开发和部署平台,属于应用开发环境,传统的软件开发需要在本地配置的开发环境中,而在PaaS中软件开发者不用在本地配置环境,不用购买硬件设备,开发者在平台上就能开发出新的应用,还可以给原有的应用扩展新的功能。PaaS能够帮助传统企业根据其自身特点将企业业务与IT架构紧密结合,能够更好地帮助传统企业基于企业特色进行相应的数字化转型。

(3) 迁移到SaaS: SaaS指云供应商通过互联网提供特定的软件产品和服务。此策略又可分为三个子策略,细分为三个子策略的基本思路为服务商对SaaS进行修改并重新设计SaaS的程度。

第一个子策略中，商业云交付软件完全取代了传统系统。一般云用户迁移至通用型的SaaS多为此类子迁移策略，此类迁移策略不受客户所在行业的约束并为其提供通用的服务，常见产品种类包括企业资源计划（EnterpriseResourcePlanning，ERP）、办公自动化（Office Automation，OA）等。

第二个子策略中，只有部分遗留系统的功能将被云服务所取代。

第三个子策略中，遗留系统被重新配置并重新设计到云服务中。此类子迁移策略多为针对特定行业提供定制化专业化的软件即服务。

SaaS从应用程序切入用户，使企业不用进行开发和维护，享受即买即用的程序服务。应用程序迁移是将遗留系统从一个操作环境移动到另一个操作环境的过程。云迁移的最优策略取决于每个组织的个性化需求和遗留系统的状况，因此组织需要在迁移之前选择适合自身的最合理的迁移策略[2]。

7.3 上云整体流程

在图7-1中，我们可以直观地看到上云的整个流程和每个阶段所负责的主体，以下我们将对每个阶段进行详细介绍。

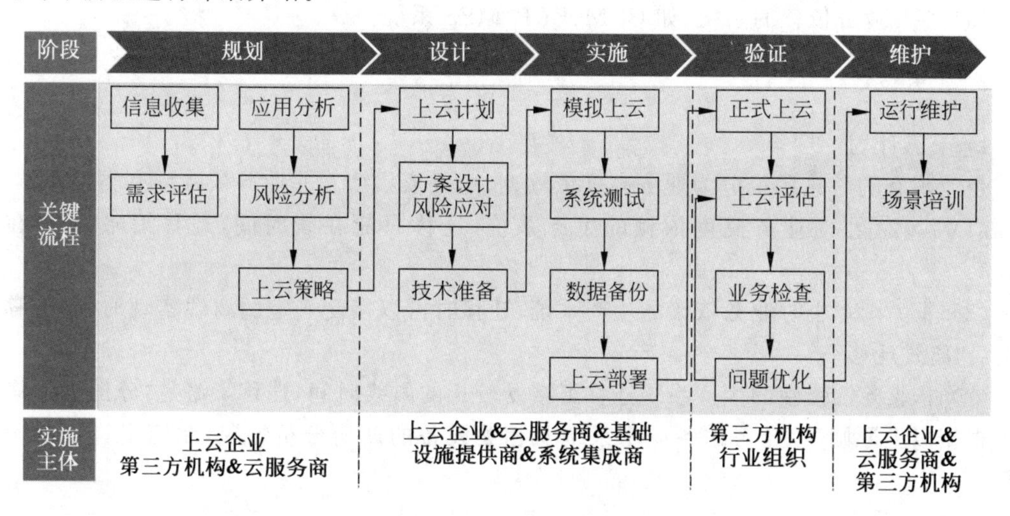

图7-1　上云流程

1. 上云规划

1）信息收集

“企业上云”需要进行严谨细致的调研工作，需要收集硬件及网络环境信息、现有及将来可能增加的业务各类需求、系统配置信息、应用系统信息、数据风险等。

2）需求评估

（1）从业务需求的角度分析各业务的目前现状、存在的问题、是否可以云化、业务未来的发展需求，定制对各个业务系统迁移的目标。

（2）从系统的角度分析各系统的目前现状，包括了主机、存储、网络及安全，分析系统存在的问题，根据评估结果进行规划。

(3) 从企业自身信息化水平的角度进行分析。对于有信息化基础并拥有信息系统硬件环境、维护开发队伍的企业，可根据企业发展规划，逐步进行新、老系统迁移。对于无信息化基础企业，以企业迫切需解决问题为导向，加快相关应用上线。

3) 应用分析

应用分析是成功上云，降低业务停滞时间的关键。根据业务的负载、特性、复杂性、关联性分析确定并量化业务上云风险可能对业务造成的影响及损失，以确定业务上云的优先分批范围及上云策略。

4) 风险分析

根据收集到的相关信息对目前系统进行业务上云的风险分析，分析各种潜在危险并针对可能发生的危险事件，采取相应措施。

5) 上云策略

"企业上云"策略可遵循：统筹规划、分步实施、由易而难、由简单到复杂。一般顺序如下：

(1) 独立应用的系统，如邮件系统、合同系统；

(2) 应用堆叠的应用系统，如办公 OA；

(3) 存在业务依赖的系统，如 CRM、ERP、MES 系统。

2. 上云设计

1) 上云计划

企业现有的信息系统分为业务高度依赖型、业务依赖型和非业务依赖型三类：

(1) 7×24 小时业务高度依赖的生产系统，迁移只能在线时间，迁移策略为："在线迁移"；

(2) 非 7×24 小时业务依赖的生产系统，迁移时可以接受一定的离线实现时间，迁移策略为："离线迁移"；

(3) 非业务依赖性的生产系统迁移可接受较长的离线时间，迁移策略是"分批次迁移"。

根据以上原则，综合考虑各应用系统及相关设备的调研分析情况，制定出详细的上云计划。

2) 方案设计

方案包括：上云实施方案、应用上云方案、数据同步方案、上云回退方案等。

3. 上云实施

1) 模拟上云

正式上云前模拟一个批次的业务迁移(非正式迁移，业务不割接)。验证业务迁移的及时有效和正确率；针对模拟过程发现各类问题进行修正；改进业务迁移的流程和工作手册，以满足业务的实际需要。

2) 系统测试

模拟上云完成后对模拟上云的业务进行一次系统测试，以确定业务迁移到云环境中后能够满足业务需求。

(1) 性能测试,包括：上云后系统的应用性能测试；上云后系统的网络性能测试；上云后系统软件版本性能测试等。

(2) 压力测试,包括：对上云后系统进行压力测试,并取得关键性能指标达到设计目标；从分支机构发起执行版本验证测试及必要的压力测试等。

(3) 业务功能,包括：上云后系统与老系统的连接测试；对上云后系统运行批处理测试；完成数据同步后,执行批处理测试；完成数据同步后,从分支机构发起执行高风险业务功能的测试等。

(4) 系统连接性测试,包括：上云后对外围系统,进行全面的连接测试；发现问题,提出整改目标；上云后系统与网络的连接测试等。

3) 数据备份

正式上云前,为确保业务数据的完整性、降低上云风险,需要将业务系统及数据进行备份,为提高抗风险能力,建议采用多种备份方式、多分备份数据的方式对业务系统及数据进行备份。

4) 上云部署

根据确定的业务上云方案,实施业务上云；根据业务上云方案测试迁移效果,并对业务上云后的系统参数和性能进行调整,使之满足业务系统的需要,并投入实际使用。

4. 上云验证

1) 上云评估

根据确定的业务上云方案,正式实施业务上云；根据业务上云方案测试业务上云效果,并对业务上云后的系统参数和性能进行调整,使之满足业务系统的需要,并投入实际使用。

2) 业务检查

业务正式上云后,进行一定时间的试运行,检测业务上云后是否对业务造成影响,对出现的问题进行及时的解决。

3) 问题优化

根据云上系统监控数据和业务系统发展规划,优化业务系统架构,消除性能瓶颈和风险,保障客户业务平稳运行。

5. 云上维护

1) 运行维护

为上云企业提供全面专业的运维/运营服务,进行资源开通、辅助上云、平台监控、故障排查、容量管理、升级重保、健康检查、性能报告等服务科目,可提供驻场服务、巡场服务和远程服务三种服务类型。

2) 场景培训

针对企业客户使用场景,帮助企业熟悉和掌握云上业务操作和云服务技术,培养企业使用习惯,解答企业用户使用过程中遇到的各类问题[3]。

7.4 基于百度云的站点平滑上云迁移方案

本节主要介绍了如何将用户站点迁移至百度云。百度云提供了端到端的解决方案和工具，可以在不影响线上业务的情况下，实现站点的平滑迁移。

7.4.1 迁移的前提条件

(1) 梳理当前站点已有的系统以及各系统间的依赖关系，包括前端主站和后端数据库的对应关系。

(2) 根据依赖关系确定迁移顺序，优先迁移关联性大的数据库。

(3) 准备待迁移数据库的账号、密码。

(4) 用户数据库需要有公网出口，可以通过公网与百度云对接。

(5) 梳理待测试业务功能点，用于后续对迁移结果进行验证。

(6) 完成百度云账号注册，并根据业务需求购买相关服务。

7.4.2 数据迁移方式

数据迁移方式有两种：①结构化数据：可以使用 DTS 在线数据库迁移服务 mysqldump 等原生备份工具迁移第三方工具迁移；②非结构化数据：如果是数据量较小且上传时间短，可以使用 BOSCLIsync 方案，如果是 TB 级数据且上传时间超过一周，可以使用数据导入服务+BOSCLIsync 方案。

7.4.3 迁移方案

1. 方案一：先迁移前端应用，再迁移数据库

(1) 如图 7-2 所示，可以在百度云 BCC 环境上搭建前端业务平台，与用户自有数据库对接。

图 7-2 迁移流程

(2) 对前端业务进行测试，确保业务可以正常运行。

(3) 测试通过后，将访问流量分批切至百度云，例如：可先将 10%的流量切换至百度云，观察业务运行状况，确定业务稳定运行后逐渐增加迁移流量直至所有流量全部迁移至百度云。

(4) 使用百度云自研工具 DTS 将用户数据库迁移至百度云，并保持增量数据同步。

(5) 在百度云上新建前端业务与迁移后的数据库对接，对前端业务进行测试，确保业务可以正常运行。

注意：此时线上业务仍对接用户自有数据库，并将增量数据同步至百度云。

（6）测试通过后，配置百度云前端应用与迁移后的数据库对接。

2. 方案二：先迁移数据库，再迁移前端应用

（1）使用百度云自研工具将用户数据库迁移至百度云，并保持增量数据同步。

（2）在用户侧新建前端业务与迁移后的数据库对接，对前端业务进行测试，确保业务可以正常运行。

注意：此时线上业务仍由用户自有环境提供并保持增量数据同步。

（3）测试通过后，将用户侧数据库全部切至百度云。

（4）在百度云 BCC 环境上搭建前端业务平台，与百度云数据库对接。

（5）对前端业务进行测试，确保业务可以正常运行。

（6）将访问流量分批切至百度云，例如：可先将 10%的流量切换至百度云，观察业务运行状况，确定业务稳定运行后，逐渐增加迁移流量直至所有流量全部迁移至百度云。

用户可以选择先迁移前端应用（方案 1）或者先迁移数据库（方案 2）两种操作顺序。不过推荐使用方案 1，若在迁移过程中出现异常，方案 1 便于系统整体回滚。

7.4.4　迁移后续工作

1. 域名转入

将站点域名转入百度云，并设置 DNS 解析信息，其中的流程如下。

（1）填写域名转入信息

如果您的域名在使用中，请提交转入后尽快设置解析记录。转移密码可从原注册商处提交转出申请获取。

（2）提交订单完成支付

域名转入服务本身不收费，但须按注册局要求完成对域名的一年续费。部分域名转入续费的价格会有适当优惠。

（3）设置 DNS 解析

如果你的域名未投入使用，此步骤可忽略。您需要先在百度云设置好您当前使用中的 DNS 解析信息，以确保域名转入到百度云盾，线上业务可平稳过渡。

（4）验证所有者邮箱

转入 .cn 域名，系统将发送邮件到【域名所有者】邮箱，请在 5 日内完成单击确认。

转入 .com 等国际顶级域名，系统将发送邮件到【域名管理联系人】邮箱，请在 5 日内完成单击确认。

（5）验证转移密码，转入成功

转移密码验证通过后，将进入域名转入处理中，预计需要 5～7 天。

转入成功后，可以直接进入域名管理中管理。

2. 新增接入——新增域名备案接入

新增接入即转入备案，是指用户在其他服务商处已经取得过对应网站域名备案号，目前

使用百度云产品，需要将网站备案信息转入百度，添加百度的接入商信息。以下情形适用于操作：

- 之前网站域名已经在其他服务商处备案成功，现需要将该网站域名转入百度，使用百度云主机、负载均衡、CDN 等产品，则需要转入备案（添加百度接入）。
- 之前网站域名已经在其他服务商处备案成功，现需要在百度云使用该域名的二级域名。这种情况也需在百度转入备案（添加百度接入），备案流程如图 7-3 所示。

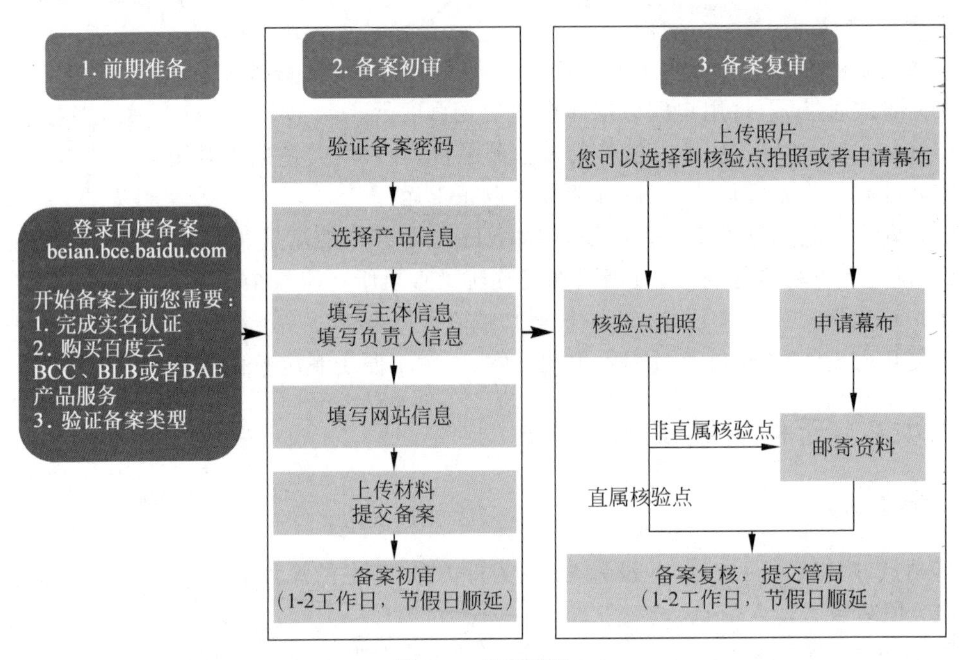

图 7-3 备案流程

7.5 基于百度云的站点离线迁移方案

离线迁移是指，在业务暂停的情况下，对站点的应用、结构及非结构数据进行完全备份迁移的过程。针对某些特殊场景，用户数据库无法提供公网接口，此时只能使用整库导入/导出的方案。

7.5.1 迁移的前提条件

(1) 梳理待测试业务功能点，用于后续对迁移结果进行验证。

(2) 梳理当前站点已有的系统，以及各系统间的依赖关系，包括前端主站和后端数据库的对应关系。

(3) 根据依赖关系确定迁移顺序，优先迁移关联性大的数据库。

(4) 准备待迁移数据库的账号、密码。

(5) 完成百度云账号注册并根据业务需求购买相关服务。

7.5.2　迁移操作

(1) 将用户机房各个系统数据库服务器进行整库导出操作，记录该操作执行的时间点(用于后续对增量信息进行同步)。使用 navicat 连接源数据库，如图 7-4 所示。

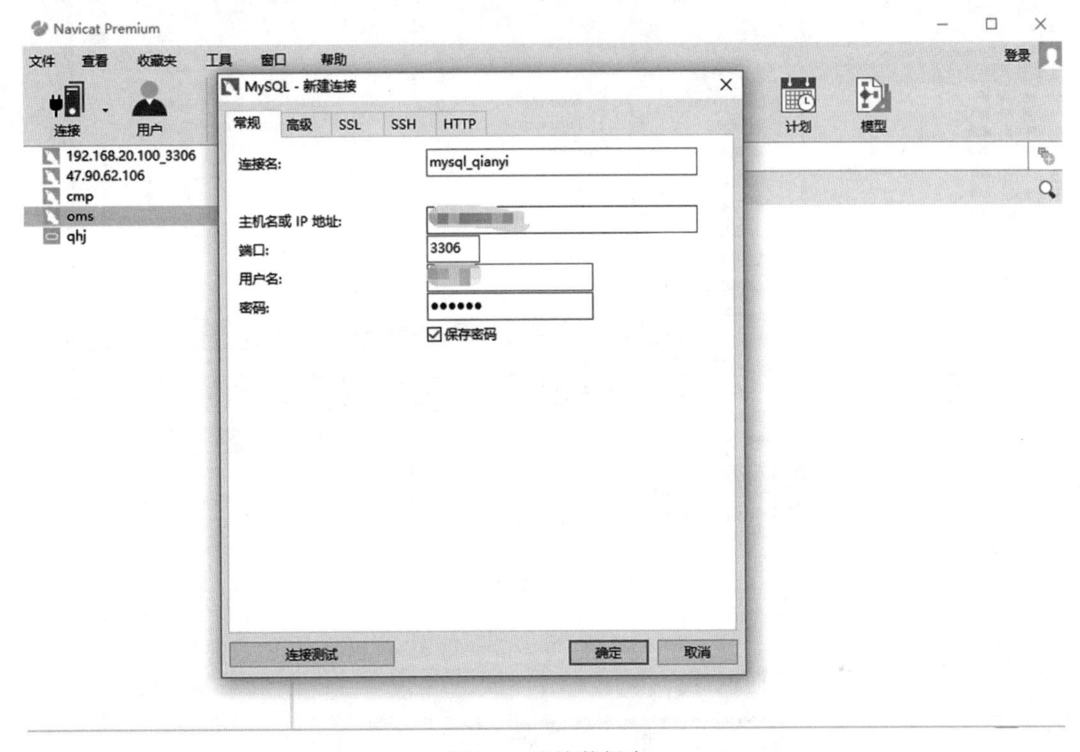

图 7-4　连接数据库

如图 7-5 所示，选择我们要迁移的数据库然后右击选择转储 SQL 文件，再选择数据和结构，然后选择转储后的 SQL 文件存储路径，完成数据库导出。

(2) 将导出的数据库分批导入百度云数据库。

① 首先登录百度云控制台，创建 RDS 实例，配置信息如图 7-6 所示，再开通公网访问权限；

注：如果 RDS 首次开通公网访问，公网的 IP 地址会很快分配给 RDS 实例，但是更新 DNS 的信息需要 10 分钟左右。在 DNS 信息未刷新前，用户无法通过 nslookup 等命令获取公网 IP 地址，所以暂时还无法从公网访问此 RDS。

② 设置账号权限；

③ 创建数据库；

④ 用 Navicat 登录 RDS；

⑤ 将转存的 SQL 文件导入 RDS 对应的数据库中，单击运行 SQL 文件，选择 SQL 文件的路径，单击开始；

⑥ 完成数据库导入。

(3) 将用户前端业务迁移至百度云，修改业务配置，与百度云数据库对接。

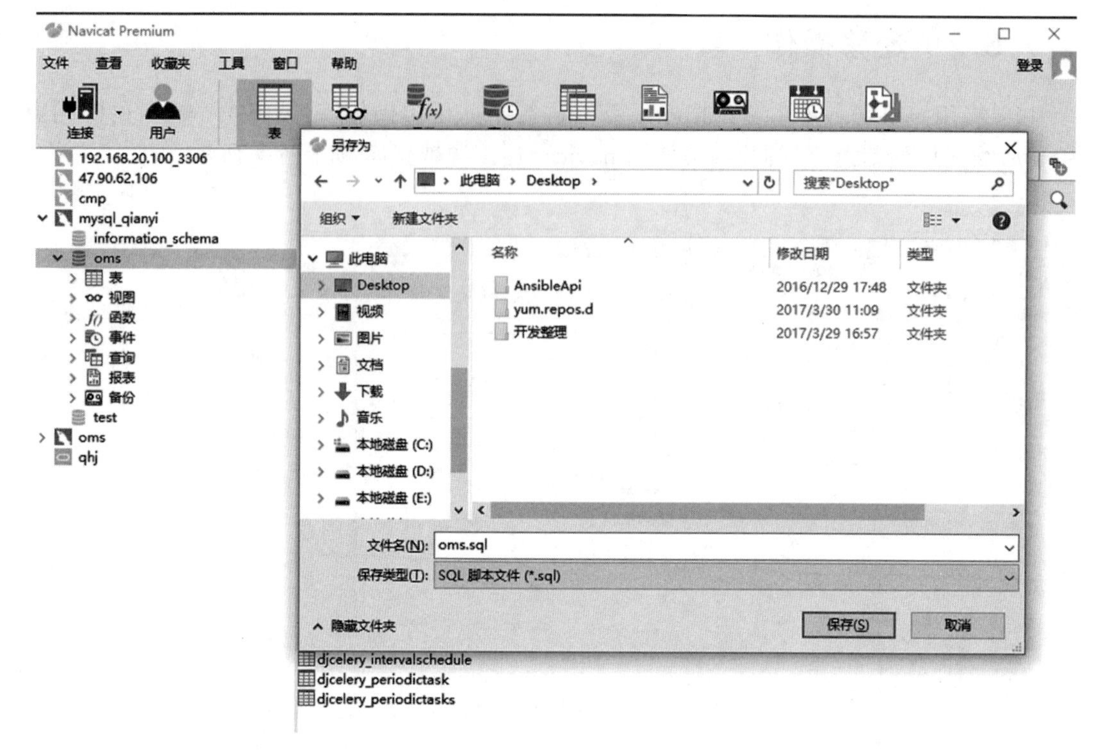

图 7-5 数据库导出

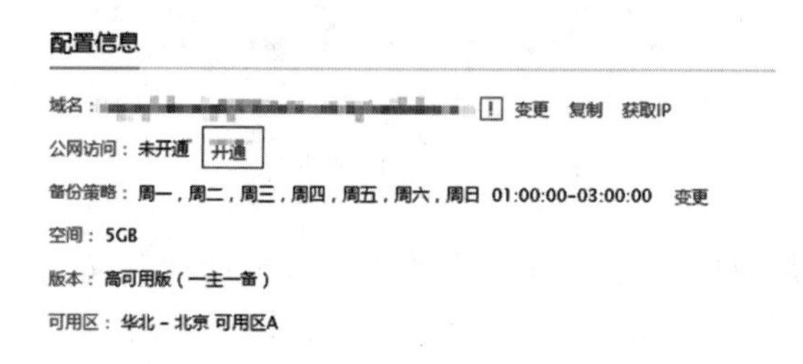

图 7-6 配置信息

（4）调试各个业务功能，并根据前期梳理的测试点，对业务进行测试，保障所有业务功能模块及页面展示与原网站一致。

（5）同步数据库变更，可选择以下两种方案。

- 重新将用户机房各个系统数据库服务器进行整库导出，然后导入百度云。如果用户的数据库不大，重新导出导入所需时间较少，推荐采用本方案。
- 使用工具对上一次整库导出操作后出现的增量数据进行导出操作，并同步到百度云。

（6）将用户域名指向百度云前端，将所有访问流量切至百度云。

（7）将站点域名转入百度云，并设置 DNS 解析信息。在域名原注册商处将 DNS 服务器信息变更为百度云的 DNS 服务器。

（8）对迁入站点进行备案。

7.6 基于百度云 BCC、RDS 的 Wordpress 上云迁移案例

7.6.1 背景介绍

WordPress 作为全球最流行的博客系统，使用简单，功能丰富，用它来建站的用户非常多。对于站长们来说，网站搬家也是少不了的，有时候因为服务器到期，或者当前的服务器配置不满足日后的需求，我们需要更换主机空间，把网站从一个服务器迁移到另一个服务器上。

百度云提供的 BCC 和 RDS 产品服务不仅为站长们建站提供支持，同时百度云也提供了方便的站点迁移上云解决方案和技术支持。因此本小节将介绍如何将已有的 Wordpress 站点，在创建 BCC 及 RDS 后，通过 Xftp 工具及 DTS 服务平滑迁移至百度云上。

大概的步骤如下：

(1) 通过控制台创建一台 Centos6.8 的 BCC 主机，并开通一台 RDS 数据库。

(2) 使用 ssh 工具，上传 LNMP 一键安装脚本，安装 PHP 运行环境。

(3) 将源站 Wordpress 程序打包，上传至 BCC。

(4) 使用 DTS 服务迁移 Wordpress 数据库，以完成迁移 Wordpress 站点的目标。

本次案例中源站的环境为：

- Centos6.8 64 位
- Nginx1.8
- MySQL5.6
- PHP5.6
- 系统登录用户名：baidu　密码：baidu
- 站点路径/home/baidu/www
- 数据库名：Wordpress
- 用户名：baidu
- 密码：baidu

本次案例中百度云上环境为：

BCC：

- CPU：1 核
- 内存：1G
- 操作系统：Centos6.8 64 位
- 带宽：1Mbps
- 磁盘：40GB

RDS：

- 内存：1024MB
- 版本：MySQL5.6

7.6.2 实验内容

1. 实验准备

- 登录百度云控制台，创建需要的 BCC 实例。
- 选择关系型数据库 RDS，创建 RDS 实例。

2. 工具准备

首先准备好连接 Linux 服务器的工具，推荐用 Xshell，Xshell 是一个强大的安全终端模拟软件，它支持 SSH1、SSH2 以及 Microsoft Windows 平台的 Telnet 协议。

3. 配置 BCC 运行环境

- 通过 Xshell 连接购买的 BCC 服务器，如图 7-7 所示，输入用户名和密码即可登录成功。

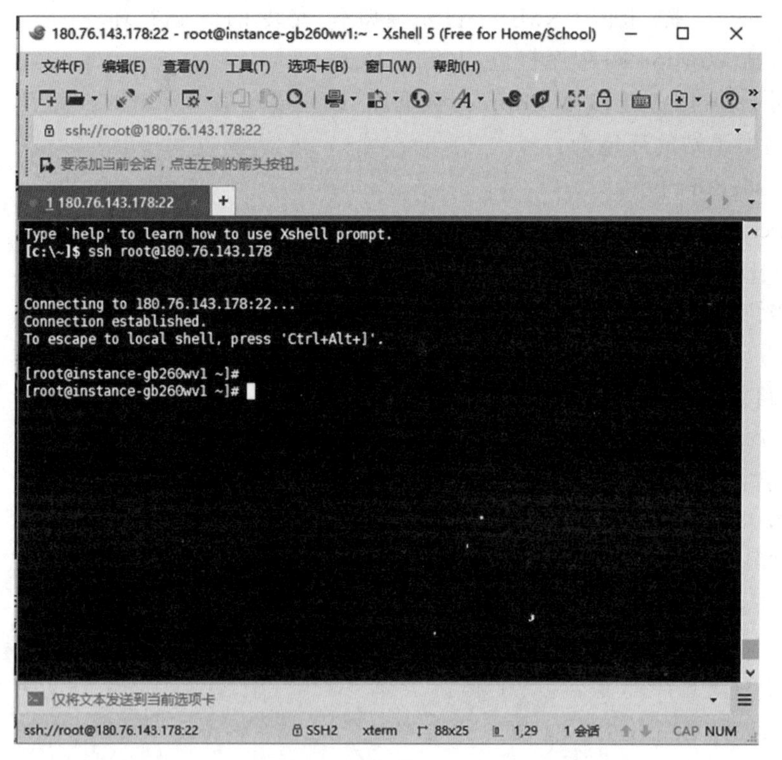

图 7-7 Xshell 登录页面

- 使用 Xftp 工具将一键脚本上传。
- 为脚本 lnmp_or_java.sh 赋予执行权限并运行脚本，会进入一个选择 MySQL 版本的界面，如图 7-8 所示，按照提示，我们选择版本为 5.5/5.6 的 MySQL 数据库，输入 5.6，如果输错会再次提示，直至输入正确为止。
- 如图 7-9 所示，选择运行 php 或 java 程序，我们选择输入 php。

```
[root@iZuf64f4148n4lr39hsv6fZ ~]# chmod a+x lnmp_or_java.sh
[root@iZuf64f4148n4lr39hsv6fZ ~]# ./lnmp_or_java.sh
```

```
++++++++++++++++++++++++++++++running as root+++++++++++++++++++++++++
++++++++++++++++++++++++++choose mysql version+++++++++++++++++++++++
please choose mysql version(5.5/5.6)
```

图 7-8　选择 MySQL 版本

```
+++++++++++++++++++++++++++choose php or java+++++++++++++++++++++++++++
please choose php/java:php
++++++++++++++++++++++++++choose php version+++++++++++++++++++++++++
please choose php version(5.4/5.5/5.6)
```

图 7-9　选择 php 版本

• 如图 7-10 所示，选择 php 版本，输入 5.6，继续选择 nginx 版本。

```
++++++++++++++++++++++++++choose php version+++++++++++++++++++++++++
please choose php version(5.4/5.5/5.6) 5.6
++++++++++++++++++++++++++choose nginx version+++++++++++++++++++++++
please choose nginx version(1.6/1.8)
```

图 7-10　选择 nginx 版本

• 如图 7-11 所示选择 nginx 版本，输入 1.8，开始安装 lnmp 环境，安装日志会在 root/lnmp.log 中，请静心等待 30～40 分钟即可完成安装。

```
++++++++++++++++++++++++++choose nginx version+++++++++++++++++++++++
please choose nginx version(1.6/1.8) 1.8
++++++++++++++++++++++++++++close selinux ++++++++++++++++++++++++++
disable selinux ok
++++++++++++++++++++++++++clean iptables rule++++++++++++++++++++++++
iptables: Saving firewall rules to /etc/sysconfig/iptables:[  OK  ]
iptables: Setting chains to policy ACCEPT: filter          [  OK  ]
iptables: Flushing firewall rules:                         [  OK  ]
iptables: Unloading modules:                               [  OK  ]
```

```
++++++++++++++++++++++++++phpmyadmin install ok++++++++++++++++++++++
+++++++++++++++++++++++++LNMP Install successful+++++++++++++++++++++
++++++++++++++++++++++please read /root/lnmp.log+++++++++++++++++++++
```

图 7-11　安装完成

4. WordPress 程序迁移到 BCC

• 如图 7-12 所示，使用 Xshell 工具来登录到我们的源站，用户名密码均为 baidu。

```
Type `help' to learn how to use Xshell prompt.
[c:\~]$ ssh baidu@106.14.7.116


Connecting to 106.14.7.116:22...
Connection established.
To escape to local shell, press 'Ctrl+Alt+]'.

Last login: Mon Jun 26 11:26:17 2017 from 117.14.169.236

Welcome to Alibaba Cloud Elastic Compute Service !

[baidu@iZuf6c8snbryz92jxhz327Z ~]$
```

图 7-12　登录源站

- 将 WordPress 站点进行打包,在源站中 wordpress. tar. gz 为打包后的文件,www 为要打包的目录,打包压缩命令为 tar-zcvfwordpress. tar. gzwww/。
- 使用 Xftp 工具将 wordpress. tar. gz 下载到我们桌面上,当 Xftp 打开后,选择我们要传输的文件,右键传输即可。
- 使用 Xftp 将 wordpres. tar. gz 上传到我们要迁移的目标 BCC 服务器上,路径选择/data,使用 Xftp 工具打开之后,我们在路径栏输入/data,按回车键,然后将桌面的 wordpress. tar. gz 上传到 data 目录下。
- 将上传的 WordPress 解压缩即可,命令: tar-zxvfwordpress. tar. gz,解压过程如图 7-13 所示。

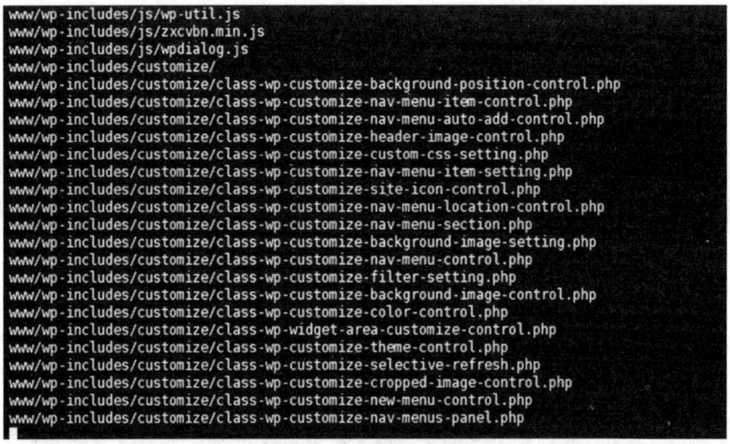

```
www/wp-includes/js/wp-util.js
www/wp-includes/js/zxcvbn.min.js
www/wp-includes/js/wpdialog.js
www/wp-includes/customize/
www/wp-includes/customize/class-wp-customize-background-position-control.php
www/wp-includes/customize/class-wp-customize-nav-menu-item-control.php
www/wp-includes/customize/class-wp-customize-nav-menu-auto-add-control.php
www/wp-includes/customize/class-wp-customize-header-image-control.php
www/wp-includes/customize/class-wp-customize-custom-css-setting.php
www/wp-includes/customize/class-wp-customize-nav-menu-item-setting.php
www/wp-includes/customize/class-wp-customize-site-icon-control.php
www/wp-includes/customize/class-wp-customize-nav-menu-location-control.php
www/wp-includes/customize/class-wp-customize-nav-menu-section.php
www/wp-includes/customize/class-wp-customize-background-image-setting.php
www/wp-includes/customize/class-wp-customize-nav-menu-control.php
www/wp-includes/customize/class-wp-customize-filter-setting.php
www/wp-includes/customize/class-wp-customize-background-image-control.php
www/wp-includes/customize/class-wp-customize-color-control.php
www/wp-includes/customize/class-wp-widget-area-customize-control.php
www/wp-includes/customize/class-wp-customize-theme-control.php
www/wp-includes/customize/class-wp-customize-selective-refresh.php
www/wp-includes/customize/class-wp-customize-cropped-image-control.php
www/wp-includes/customize/class-wp-customize-new-menu-control.php
www/wp-includes/customize/class-wp-customize-nav-menus-panel.php
```

图 7-13 解压过程

5. DTS 迁移数据库至 RDS

- 登录百度云控制台,选择数据传输服务 DTS,单击新建迁移任务,在新建迁移任务中设置我们的源库信息和目标库信息,在源库信息中选择公网自建数据库,然后如图 7-14 所示,输入对应的端口号、用户名和密码,目标库信息选择刚才创建的 RDS 实例即可。
- 选择要迁移的源库对象,即要迁移走的数据库,如图 7-15 所示,在迁移类型中我们选择结构迁移、全量数据迁移,增量数据迁移,然后选择要迁移的数据库,单击添加所选,然后单击“保存并预检查”。
- 回到任务列表,选择刚才的任务,单击“启动”即可。
- 如图 7-16 所示,当结构迁移和全量数据迁移显示 100%后即迁移完成,这时若有新的数据产生,会使用增量数据迁移继续同步,若迁移过程中出现迁移异常,请继续单击启动即可。
- 在控制台选择 RDS 实例,在基本信息中开通公网访问,在基本信息页面,找到公网访问,单击开通,等待 5～10 分钟后即可访问。
- 如图 7-17 所示,在账号管理页面,单击新建账号,创建数据库账号,并对迁移完成的数据库 WordPress 进行授权。

图 7-14　新建迁移任务

图 7-15　迁移选项

图 7-16　启动迁移任务

图 7-17 创建数据库账号

- 如图 7-18 所示，在源站新增一篇文章，稍后可以查看是否可以同步到迁移后的站点中。

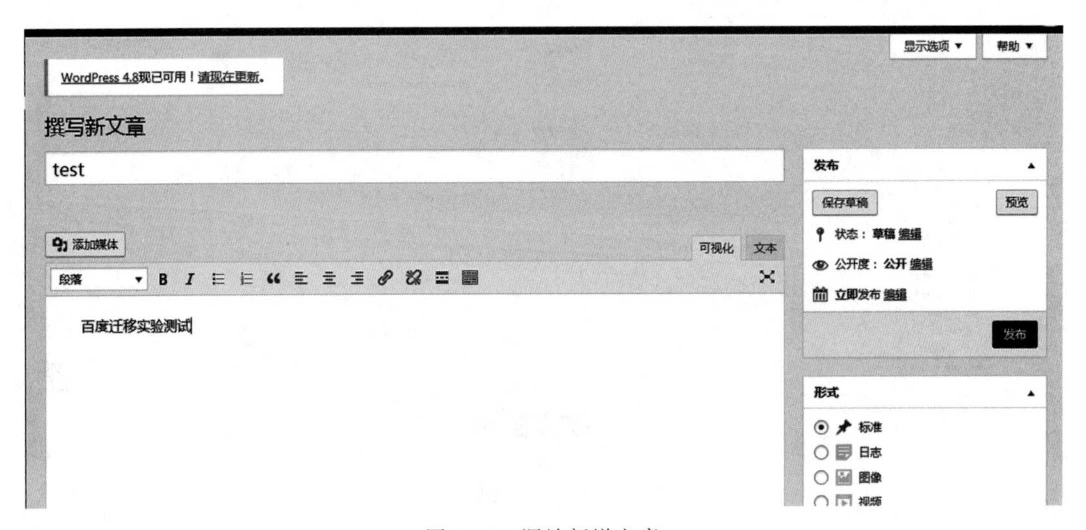

图 7-18 源站新增文章

6. 配置 BCC 网站访问

- 在/usr/local/nginx/conf/nginx.conf 中修改 server 信息，如图 7-19 所示。
- 如图 7-20 所示，完成 nginx 配置文件的修改后修改 WordPress 的数据库配置文件/data/www/wp-config.php，将对应的数据库信息换成 RDS 实例的信息
- 如图 7-21 所示，重启 nginx 服务，命令如下：service nginx restart。
- 通过 http://BCCIP/即可访问迁移后的站点了，如图 7-22 所示，BCCIP 是我们服务器的公网 IP 地址。
- 由图 7-23 可以看到，新增的文章在迁移后的站点已经显示出来了，说明增量迁移没有问题。

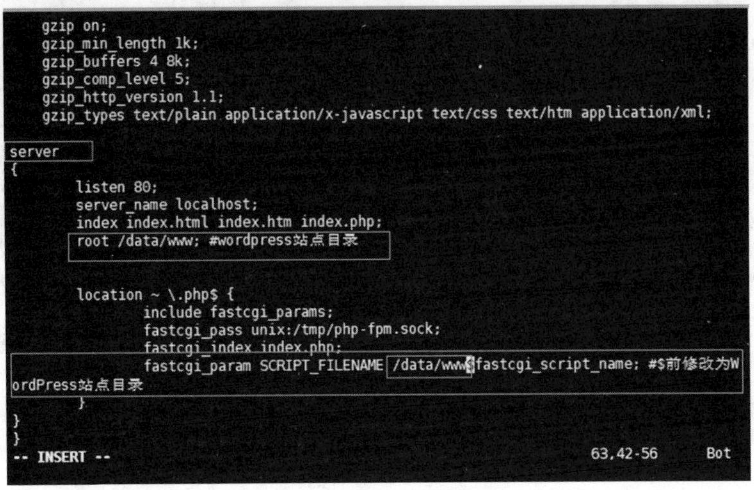

```
    gzip on;
    gzip_min_length 1k;
    gzip_buffers 4 8k;
    gzip_comp_level 5;
    gzip_http_version 1.1;
    gzip_types text/plain application/x-javascript text/css text/htm application/xml;

server
{
        listen 80;
        server_name localhost;
        index index.html index.htm index.php;
        root /data/www; #wordpress站点目录

        location ~ \.php$ {
                include fastcgi_params;
                fastcgi_pass unix:/tmp/php-fpm.sock;
                fastcgi_index index.php;
                fastcgi_param SCRIPT_FILENAME /data/www$fastcgi_script_name; #$前修改为W
ordPress站点目录
        }
}
}
-- INSERT --                                                  63,42-56      Bot
```

图 7-19 修改 server 信息

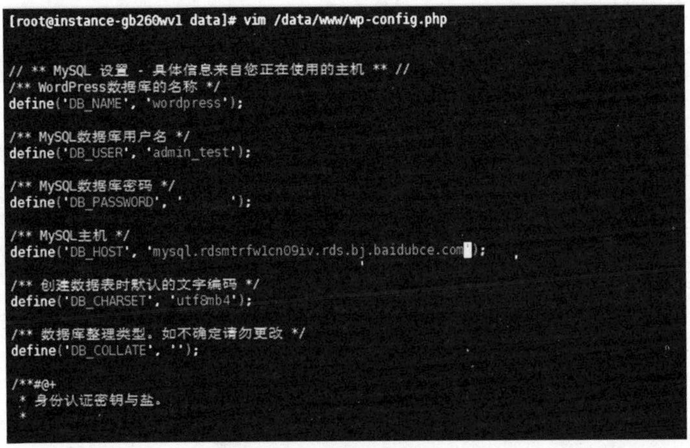

```
[root@instance-gb260wvl data]# vim /data/www/wp-config.php


// ** MySQL 设置 - 具体信息来自您正在使用的主机 ** //
/** WordPress数据库的名称 */
define('DB_NAME', 'wordpress');

/** MySQL数据库用户名 */
define('DB_USER', 'admin_test');

/** MySQL数据库密码 */
define('DB_PASSWORD', '        ');

/** MySQL主机 */
define('DB_HOST', 'mysql.rdsmtrfw1cn09iv.rds.bj.baidubce.com');

/** 创建数据表时默认的文字编码 */
define('DB_CHARSET', 'utf8mb4');

/** 数据库整理类型。如不确定请勿更改 */
define('DB_COLLATE', '');

/**#@+
 * 身份认证密钥与盐。
 *
```

图 7-20 修改数据库文件

```
[root@instance-gb260wvl data]# service nginx restart
Restarting nginx (via systemctl):                          [  OK  ]
[root@instance-gb260wvl data]#
[root@instance-gb260wvl data]#
```

图 7-21 重启 nginx 服务

图 7-22　迁移后的站点

百度迁移实验－又一个W

文章

2017年6月29日

test

百度迁移实验测试

2017年6月29日

世界，您好！

欢迎使用WordPress。这是您的第一篇文章。编辑或删除它，然后开始写作吧！

搜索...

近期文章

test

世界，您好！

近期评论

一位WordPress评论者发表在《世界，您好！》

文章归档

2017年六月

分类目录

未分类

图 7-23　增量迁移成功

7.7　基于百度云 BOS 的非结构化数据迁移案例

7.7.1　背景介绍

百度的对象存储 BOS 产品提供稳定、安全、高效、高可扩展的云存储服务。可以将任意数量和形式的非结构化数据存入 BOS，通过控制台界面对数据进行管理和处理。并且，为了方便用户使用百度的对象存储，百度开放云提供了一款可以通过命令行工具调用 BOS 服务的小工具，让你在命令行环境下，完成 bucket 的创建和删除，object 的上传、下载以及删除副本的功能。

本小节将介绍在创建 BOS 及一台 BCC 的情况下，如何通过 BOSCLIsync 工具将 BCC 已有的非结构数据迁移至 BOS 上。

7.7.2　案例内容

案例开发的具体步骤如下。

1）创建 BCC 实例

2）创建对象存储 BOS

3）创建 AK

如图 7-24 所示，登录到百度云控制台，选择用户-安全认证。

图 7-24　安全认证入口

如图 7-25 所示，选择创建 AccessKey，就可以得到新的 AK。

图 7-25　新建 AccessKey

4）工具准备

首先准备好连接 Linux 服务器的工具，推荐用 Xshell，Xshell 是一个强大的安全终端模拟软件，它支持 SSH1、SSH2 以及 Microsoft Windows 平台的 Telnet 协议。

5）BCC 安装配置 BOSCLI

（1）准备 Python 环境：＃ yum install python python-devpython-setuptools python-pip。

说明：如图 7-26 所示，安装完 Python 后请先执行 python-V 查看 Python 版本信息，确保 Python 版本为 2.7 或之后的版本。对于使用百度云 BCCCentos6.5 系统的用户可以使用 BCCCentos6.5 镜像专用版 CLI。

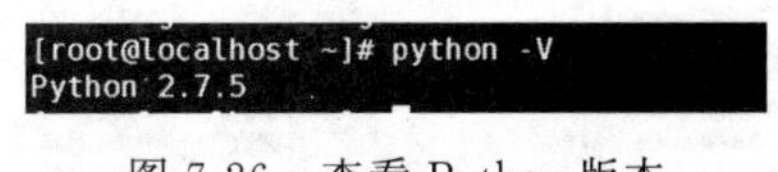

图 7-26　查看 Python 版本

（2）如图 7-27 所示，下载安装 BOSCLI 工具。下载地址：http://sdk.bce.baidu.com/console-sdk/bce-cli-0.10.5.zip。

```
[root@localhost ~]# wget http://sdk.bce.baidu.com/console-sdk/bce-cli-0.10.5.zip
--2017-08-29 12:09:41--  http://sdk.bce.baidu.com/console-sdk/bce-cli-0.10.5.zip
Resolving sdk.bce.baidu.com (sdk.bce.baidu.com)... 111.206.38.20, 111.206.38.19
Connecting to sdk.bce.baidu.com (sdk.bce.baidu.com)|111.206.38.20|:80... connected.
HTTP request sent, awaiting response... 200 OK
Length: 107893 (105K) [application/zip]
Saving to: 'bce-cli-0.10.5.zip'

100%[===========================================================================>] 107,893     --.-K/s   in 0.03s

2017-08-29 12:09:41 (3.84 MB/s) - 'bce-cli-0.10.5.zip' saved [107893/107893]

[root@localhost ~]# ls
anaconda-ks.cfg  bce-cli-0.10.5.zip
```

图 7-27 下载 BOSCLI 工具

（3）解压 CLI 工具包：# unzip bce-cli-0.8.3.zip。

（4）如图 7-28，将 bcecli 的库安装到系统的 Python 目录下：# python setup.py install。

```
[root@localhost ~]# cd bce-cli-0.10.5
[root@localhost bce-cli-0.10.5]# ls
bce  bcecli  BCECLI_UserGuide.md  progress  Readme.txt  setup.py
[root@localhost bce-cli-0.10.5]# python setup.py install
```

图 7-28 安装工具包

（5）配置 AK/SK、Region、Host 信息。

使用 BOSCLI 工具之前，按如图 7-29 所示设置信息，推荐先设置 AccessKey、SecureKey、Region 和 Host。可以通过-c/--configure 来设置 AK、SK、Region 和 Host 信息。设置断点续传有效期。设置 HTTPS 协议上传。设置分块并行上传线程数。

```
[root@localhost bce-cli-0.10.5]# bce -c
BOS Access Key ID [None]:
BOS Secret Access Key [None]:
Default region name [bj]: bj
Default domain [bj.bcebos.com]:
Default breakpoint_file_expiration [7] days:
Default use https protocol [no]:
Default multi upload thread num [10]:
```

图 7-29 设置信息

6）通过 BOSCLI 上传非结构化数据

（1）如图 7-30 所示，使用 Xftp 上传。

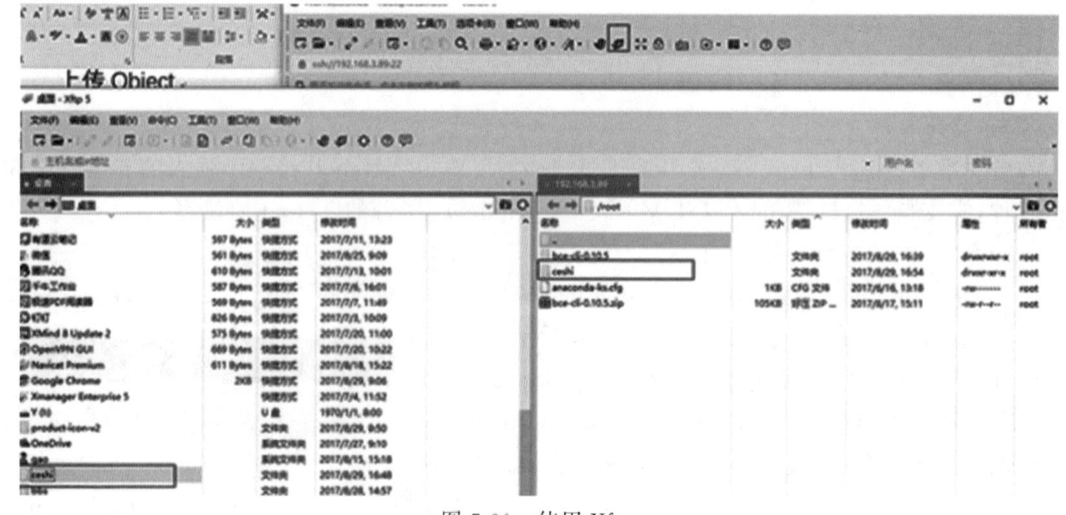

图 7-30 使用 Xftp

（2）如图 7-31 所示，使用 BOSCLIsync：＃bceboscp. /ceshi/bos:/bce-test01-r。

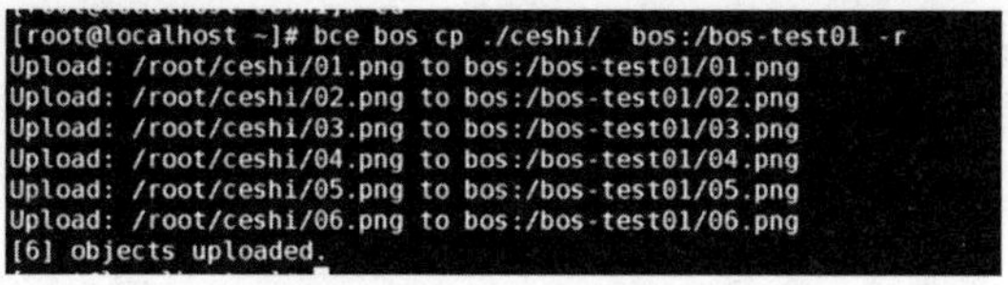

```
[root@localhost ~]# bce bos cp ./ceshi/  bos:/bos-test01 -r
Upload: /root/ceshi/01.png to bos:/bos-test01/01.png
Upload: /root/ceshi/02.png to bos:/bos-test01/02.png
Upload: /root/ceshi/03.png to bos:/bos-test01/03.png
Upload: /root/ceshi/04.png to bos:/bos-test01/04.png
Upload: /root/ceshi/05.png to bos:/bos-test01/05.png
Upload: /root/ceshi/06.png to bos:/bos-test01/06.png
[6] objects uploaded.
```

图 7-31　使用 BOSCLIsync

（3）如图 7-32 所示，可以登录百度云 BOS 控制台查看上传数据。

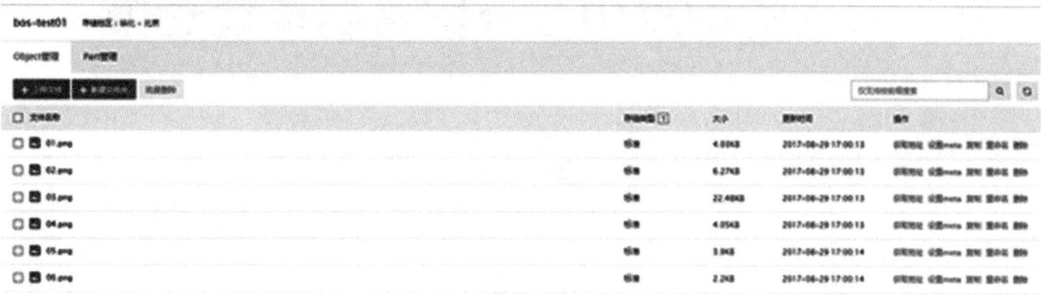

图 7-32　数据上传成功

7.8　习题

（1）企业上云有什么好处？企业上云会遇到什么样的挑战？

（2）企业上云的流程是怎么样的？

（3）简单说明云迁移技术是什么？云迁移技术有哪些分类？

7.9　参考文献

[1]　邓晓蕾.企业“上云”顺势而为[J].中国计算机报，2017.8.14(8).

[2]　李世勇，苑凯博，汪校，等. 企业应用云迁移与部署：现状、挑战与展望[J].营销与服务，2019.2.19(2)：75-78.

[3]　龚思兰，吴雯，张燕.关于《推动企业上云实施指南(2018—2020 年)》的分析与思考[J].通信企业管理，2018.10：29-31.

第 8 章

基于ANN的数据中心云服务器能耗建模

8.1 案例背景与需求概述

8.1.1 背景介绍

随着云计算产业的快速发展，作为信息的重要载体——数据中心，迎来了一波新的建设浪潮。与此同时，数据中心的高速扩张带来的运营成本，能源消耗和环境保护问题也逐渐引起人们的重视。在节能大趋势下，在数据中心内建立完善的能耗监控机制是实现能源规划和能耗管理的前提。基于软件的能耗监控机制则能够以低成本的方式实现多粒度、高可扩展性的监控系统，十分适用于云数据中心内复杂、异构且频繁扩展的设备环境，它一般依赖于预先建立好的能耗模型[1]。能耗模型是指将系统状态相关的变量映射到系统能耗或功耗的函数模型。

目前大部分研究和工程中使用的能耗模型主要是基于回归分析的方法，最典型如线性回归模型，其优点主要是模型的可解释性好和训练代价小[2]。但是，这一类模型也有其局限性。它没有考虑系统状态变化时间上具有一定的连续性，从而反映到系统能耗上的影响以及如今云服务器上运行的负载类型复杂且多变，很难通过定义明确的数学公式来建立能够适应不同负载环境的能耗预测模型。如今有不少研究开始尝试利用人工神经网络(Artificial Neural Network，ANN)进行建模[3][4][5]。

ANN 可以分成前馈网络、反馈网络和随机网络等不同类型。基于不同类型的 ANN 建立的模型的优势主要有三点：

(1) 一定的自适应性，ANN 在学习训练的过程，网络中的权值会根据输入数据和训练方式的不同改变以适应不同的环境，得到不同的目标模型。

(2) 泛化能力较强，针对一些没有训练过的样本，特别是存在噪声的样本，模型具有较好的预测能力。

(3) 较强的非线性映射能力,在利用数值分析等数学方法建立预测模型的过程中,通常需要研究设计人员对建模的目标有全面深刻的理解,当建模的目标十分复杂或者一致的信息量较少时,要建立精确的预测模型显得尤为困难,基于 ANN 的功耗预测模型不需要对建模目标进行透彻的了解,也能建立输入与输出的映射关系,这大大简化了建模的难度。

本案例分别基于 BP 神经网络(BPNN)、Elman 神经网络(ENN)和长短期记忆神经网络方法(LSTM)进行相应的服务器能耗建模,并进行实验分析。

8.1.2　基本需求

在本实例中,以采集到的处理器的性能计数器数据为实验数据集[6]。利用一组性能计数器收集的数据作为模型输入的优点是,相较于系统利用率,性能计数器能从多个方面(如:CPU 的内在活动)对系统中各个耗能部件的性能变化更加细致具体地表现出来。将基于 Windows 系列操作系统中提供的一系列性能计数器作为模型的输入特征(共 16 个特征),其中具体的特征参数如表 8-1 所示,输出数据功率(Watts)用电表测出。

数据集根据运行在服务器的上的工作负载分成了四种类型,分别是:CPU 密集型负载、内存密集型负载、I/O 密集型负载和混合负载。基于上面的分类,用不同类型的基准测试程序模拟真实生产环境中应用负载,从而获取对应场景下系统的性能特征参数形成实验数据集。数据集部分截图如图 8-1 所示。

表 8-1　特征参数表

特征参数	描　　述
Processor Time	处理器用来执行非闲置线程时间的百分比
User Time	处理器处于用户模式的时间百分比
Privileged Time	处理器处于特权模式下执行代码的时间百分比
Processor Utility	处理器正在完成的工作量
Priority Time	处理器执行非低优先级线程的所用时间的百分比
Processor Performance	处理器执行指令时的平均性能
Commit Bytesin Use	内存利用率
Available MBytes	未用的内存空间
Page/sec	解决硬页错误从磁盘读取或写入的速率
Page Faults/sec	每秒中断的平均缺页数
Disk Time	磁盘忙于读或写入请求提供服务所用的时间百分比
Current Disk Queue Length	磁盘上当前的请求数量
Disk Bytes/sec	进行读写操作时磁盘上传送字节的速率
Disk Transfer/sec	磁盘上的读写操作速率
IO Data Bytes/sec	I/O 操作读取写入字节的速率
IO Data Operation/sec	进行读写 I/O 操作的速率

将上述四种数据集分为训练集、验证集、测试集。在经过训练、测试后,得到这 3 种 ANN 各自的预测值,并计算出平均相对误差(MRE)和平均绝对误差(MAE),并对比这几种模型的开销。此外,还将这三种网络和传统的多元线性回归模型(线性模型)和支持向量回归(非线性模型)做对比。

A	B	C	D	E	F	G	H	I	J
Time	Watts	timestam	PDH-Time	ocessor	User Ti	ivileged	essor U	iority	ssor Per
########	12.9	1.53E+09	########	3.106802	2.253333	0.81267	4.2077	3.292248	108.7153
########	13.1	1.53E+09	########	3.088019	1.769182	1.965755	6.013383	2.694862	114.2436
########	13.3	1.53E+09	########	5.012236	2.931723	1.954486	6.900888	4.621345	117.1656
########	13.4	1.53E+09	########	1.694944	0.387786	0.581679	2.000459	1.694944	112.0924
########	13.1	1.53E+09	########	1.273715	0.9853	0.788234	2.504791	1.076659	115.4217
########	13.1	1.53E+09	########	1.025133	0.979947	0.195997	3.170811	0.829135	113.1041
########	12.9	1.53E+09	########	1.983769	1.155393	0.962829	2.012664	1.213504	108.2251
########	12.7	1.53E+09	########	2.382021	1.383253	0.395209	2.934485	2.184417	112.7257
########	12.9	1.53E+09	########	3.35397	1.760755	1.760765	6.497329	3.35397	117.5579
########	12.9	1.53E+09	########	0	0.389726	0	1.342213	0	101.6098
########	12.6	1.53E+09	########	2.855446	1.351915	0.772521	2.965342	2.855446	117.7742
########	12.7	1.53E+09	########	1.98378	1.38608	0.39602	3.655832	1.983791	119.0439
########	12.6	1.53E+09	########	0.422435	0.390505	0.390505	1.40343	0.422425	107.4134
########	12.4	1.53E+09	########	1.888379	1.554244	0.388556	3.281536	1.888379	118.1836
########	12.5	1.53E+09	########	1.50066	0.969479	0.387798	3.16464	1.50066	113.9352
########	12.4	1.53E+09	########	0	0.198052	0.396103	1.296943	0	100.4947
########	12.2	1.53E+09	########	2.103104	0.586211	0.390811	2.525025	2.103104	113.0571
########	12.2	1.53E+09	########	1.694407	1.163385	0.581682	3.106027	1.694407	115.5663
########	12.1	1.53E+09	########	0.905678	0.392448	0	1.236699	0.905678	102.3599
########	12	1.53E+09	########	0.91886	0.193894	0.96949	2.127699	0.91886	112.9364
########	12	1.53E+09	########	1.19552	0.788858	0.591636	3.215581	1.19552	113.6537
########	11.9	1.53E+09	########	0.923315	0.193139	0.193139	1.319445	0.923325	104.9021
########	11.8	1.53E+09	########	0.40623	0.591639	0.197213	2.062408	0.40622	115.6174
########	11.8	1.53E+09	########	2.083022	0.772521	1.158776	2.997244	2.083032	114.1359
########	11.8	1.53E+09	########	0.309377	0.591054	0.197025	1.53078	0.112352	102.7919
########	11.7	1.53E+09	########	2.2764	0.777126	1.165684	3.42658	1.887842	116.5647
########	12.2	1.53E+09	########	1.886886	0.784905	1.177362	3.496171	1.886886	115.3789
########	12.2	1.53E+09	########	0.319304	0.391678	0.195834	1.254694	0.319294	103.8437
########	12.2	1.53E+09	########	1.50109	0.193893	0.969475	2.229475	1.50109	116.706

图 8-1　部分源数据

8.2　设计方案

8.2.1　建模的一般流程

本文中，能耗建模的基本流程如图 8-2 所示，主要包括以下四个步骤：数据采样、数据预处理、模型的建立和训练以及模型验证。

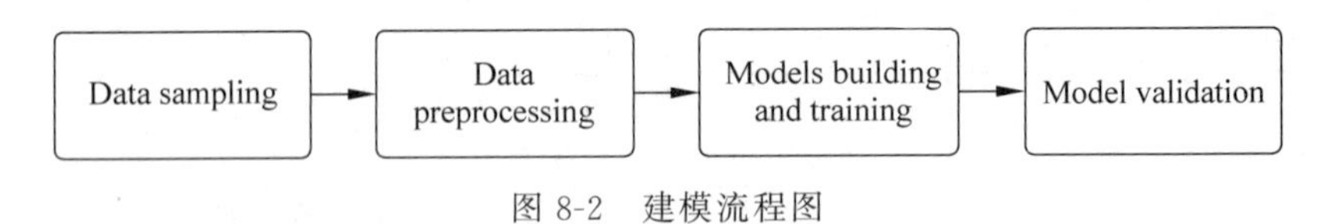

图 8-2　建模流程图

8.2.2　数据预处理

数据预处理过程中，首先需要对采集好的两部分数据集（系统性能参数和功耗值序列）进行数据清洗，对数据中存在的空值、异常值等情况的记录进行处理。接着，对这两部分的数据集根据时间戳进行集成得到一个初始的数据集。最后，基于原始的数据进行特征的筛选与分析，得到对系统功耗影响较大的一组输入特征。在大多数机器学习（深度学习）算法中，对特征数据进行归一化处理是关键的一步。原因主要是归一化能加快梯度下降求最优解的速度[7]和有可能提高模型的预测精度[8]。

本案例采用最小最大化归一法(如下所示)对数据进行归一化处理,其中,min 和 max 代表数据集中对应特征的最小值和最大值,z_d 代表数据集中的某个原始特征,$\tilde{z}_d$ 代表归一化后的特征。

$$\tilde{z}_d = \frac{z_d - \min(z_d)}{\max(z_d) - \min(z_d)}, \quad d = 1,2\cdots n$$

8.2.3　模型的建立及训练

为了探究不同的 ANN 结构在进行系统能耗预测的效果,本案例分别基于 BPNN、ENN、LSTM 建立了对应的功耗模型,并且利用不同类型的基准测试程序模拟生产环境下不同类型的工作负载,采集相关数据进行模型的训练。

1. 基于时间窗口和 BP 神经网络的功耗模型

本案例提出并建立基于时间窗口和前馈神经网络的功耗预测模型,简称 TW_BP_PM。模型的构造如图 8-3 所示。服务器上工作负载的运行过程是动态变化并且具有时间相关性的,这也会反映在服务器的性能以及功耗变化上。因此,本案例针对模型的输入提出“时间窗口”的概念。时间窗口(TW)是一种用于构造模型输入的数据的方法。首先,为时间窗口(TW)设置一个大小为 n 的值,代表时间窗口的大小,这是一个经验常数。其次,定义 t 时刻收集到的系统状态特征的集合为 P_t,那么 t 时刻对应的时间窗口,即 TW_t,定义为 $[P_{t-n+1}, P_{t-n+2}, \cdots, P_t]$,是一个大小 $n\times16$ 的行向量,然后,将 TW_t 作为模型的输入,用以预测 t 时刻的系统功耗。此外,搭建了一个三层的全连接神经网络,包括:输入层,隐含层和输出层。输入层的维度 d_{input} 等于 TW_t 的维度,隐含层中共有 25 个神经元,输入层与隐含层之间的连接权重为 W_1,即:W_1 是个 $d_{input}\times25$ 的矩阵;输出层仅有一个输出单元,

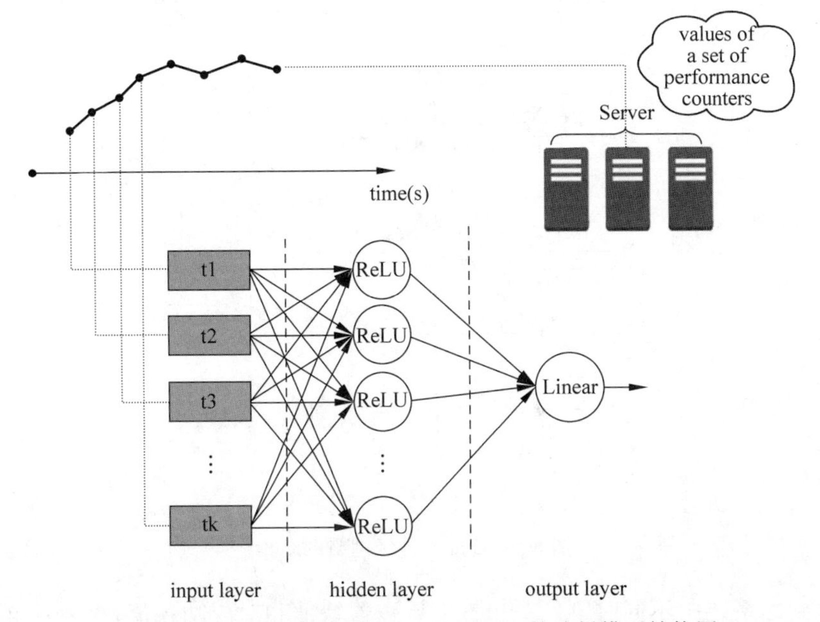

图 8-3　基于 BP 神经网络(TW_BP_PM)的功耗模型结构图

为预测的功耗值；隐含层与输出层之间的连接权重为 W_2，W_2 是一个 25×1 的矩阵。所以，我们给出以下前馈网络的运算过程，如式 8-1、式 8-2、式 8-3 所示，其中 TW_t^T 是 TW 的转置列向量，B_1、B_2 分别为偏置项，f 为激活函数，Out_2 代表网络的最终输出：

$$L_1 = TW_t^T \times W_1 + B_1 \tag{8-1}$$

$$Out_1 = f(L_1) \tag{8-2}$$

$$Out_2 = Out_1 \times W_2 + B_2 \tag{8-3}$$

Krizhevsky[9] 等人发现使用 ReLU 时，随机梯度下降算法(SGD)的收敛速度相较于使用 sigmoid、tanh 时的收敛速度更快，同时 ReLU 的计算复杂度也比 sigmoid、tanh 低。鉴于以上两点，本案例选择使用 ReLU 作为隐藏层的激活函数，而输出层则线性输出。我们采用反向传输传播算法(back propagation)来训练网络，利用均方误差(Mean Square Error)作为损失函数，并且为了防止模型过拟合采用 L2 正则化和提早结束训练过程(Early Stopping)方法。

2. 基于 Elman 神经网络的功耗模型

循环神经网络(Recurrent Neural Network，RNN)是一类用于处理时序数据的神经网络。时序数据是指在不同时间点上收集到的数据，这类数据反映了某一事物或者现象随着时间变化的状态或程度。Elman 神经网络是一种结构上较为简单的循环神经网络，早期被应用于语音处理中。如图 8-4 所示，Elman 神经网络不同上一节中提及的 BP 神经网络，为了学习输入序列在时间上的相关性，网络的状态层的输出会作为下一次预测输入的一部分。因此，输入在正向传播的过程中会循环利用前一个时刻状态层的信息。如图 8-5 所示，当输入的样本规模足够大时，整个网络在时间的维度上铺展开来就相当于一个深度神经网络。

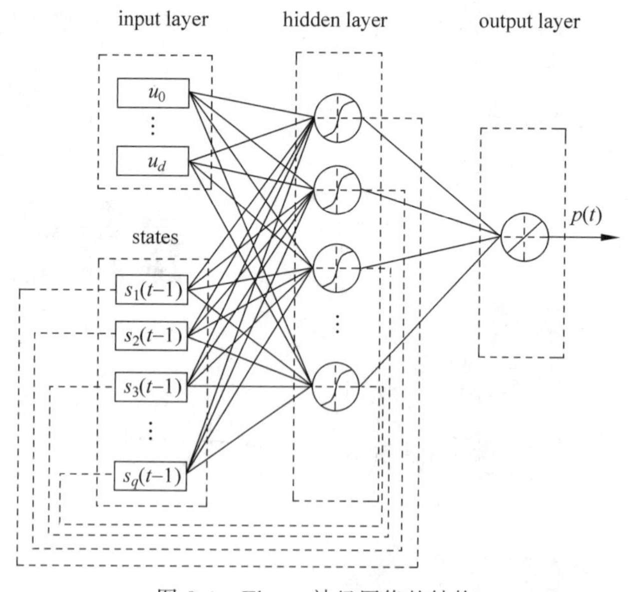

图 8-4　Elman 神经网络的结构

将收集到的系统中不同时刻的一组性能计数器特征和对应功耗值，视为一组时间序列，输入到建立好的 Elman 网络模型(简称 ENN_PM)中来进行功耗预测。如图 8-4 所示，我们

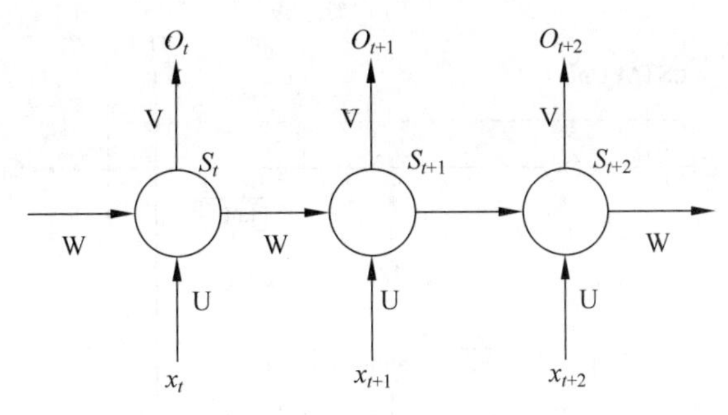

图 8-5　Elman 神经网络在时间维度的展开

将 t 时刻系统收集到的性能计数器数据记为 U_t；类似上节中提及的时间窗口的概念，将 d 个时刻收集到的性能计数器数据 $U_t, U_{t+1} \cdots U_{t+d-1}$ 作为输入的一部分，此处统一记为 X_t；将 t 时刻状态层的输出记为 S_t；将 t 时刻输出层的输出记为 P_t；如图 8-4 所示，记外部输入的权值为 U，状态层输入的权值为 W，输出层的权值为 V，那么整个基于 Elman 神经网络的功耗模型的前馈计算过程则如下所示，其中，B_1, B_2 为偏置项，可以看到网络的输出不仅与输入的特征有关，还和上一步的状态层输出有关：

$$O_t = UX_t + WS_{t-1} + B_1$$
$$S_t = f(O_t)$$
$$P_t = VS_t + B_2$$

作为一种循环神经网络，Elman 神经网络一般采用 BPTT（Back Propagation Through Time）算法进行训练。BPTT 的中心思想和 BP 算法相同，沿着需要优化的参数的负梯度方向不断寻找更优的点直至收敛。在 RNN 中需要对时间序列进行处理，所以需要在时间的维度展开网络，基于时间进行反向传播。同时，为了避免输入的样本数据规模过大，使得网络在时间维度上过长地延伸，从而造成梯度消失或者爆炸的情况，我们使用截断式时间反向传播算法（Truncated Back Propagation Through Time）来优化整个训练过程，大致的思想是设置一个步长值来限制反向传播过程中梯度移动的距离。为了防止模型的过拟合，我们同样使用了 L2 正则化、提早结束训练过程（Early Stopping）等方法。

3. 基于多层 LSTM 网络的功耗模型

长短期记忆神经网络[10]（Long Short Term Memory Neural Network，LSTM）是 RNN 的一种变体，可以有效地记忆输入数据中的长期依赖信息，而长期依赖问题是一般的 RNN 方法普遍面临的难题[11]。如图 8-6 所示，一个 LSTM 单元的内部结构包含了三个门结构 $\sigma_1, \sigma_2, \sigma_3$，两个激活函数（tanh）。此外，$H_t$ 代表 t 时刻 LSTM 的状态输出，C_t 代表 t 时刻 LSTM 的最终输出，X_t 代表 t 时刻 LSTM 的外部输入。

一个 LSTM 单元的内部运算过程如下列公式所示，其中符号 W、b 是 LSTM 单元中的待训练参数。每个 LSTM 单元中保存运算过后的状态值，通过门结构来控制输入、输出的状态，选择是否遗忘旧的状态信息、添加新的状态信息：

$$f_t = \sigma_1(W_f[H_{t-1}, X_t] + b_f)$$
$$i_t = \sigma_2(W_i[H_{t-1}, X_t] + b_i)$$

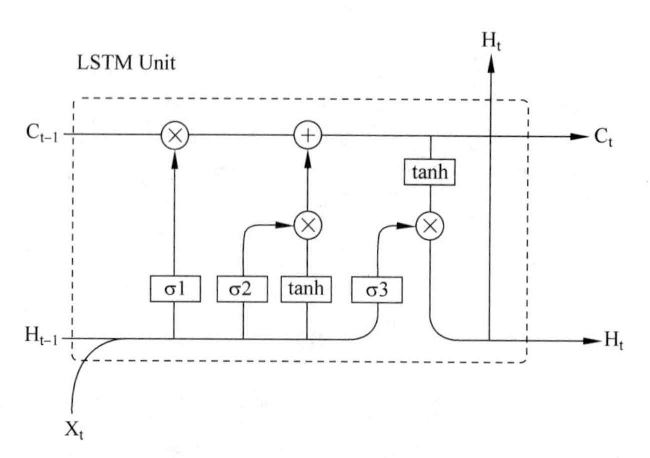

图 8-6　LSTM 单元的内部结构

$$\widetilde{C}_t = \tanh(W_c[H_{t-1}, X_t] + b_C)$$

$$o_t = \sigma_3(W_o[H_{t-1}, X_t] + b_o)$$

$$C_t = f_t * C_{t-1} + i_t * \widetilde{C}_t$$

$$H_t = o_t * \tanh(C_t)$$

我们建立基于多层的 LSTM 网络的功耗预测模型，简称 MLSTM_PM，基于时间维度展开后，整个模型的结构和流程如图 8-7 所示，首先我们会初始化每个 LSTM 层各个单元的状态值，然后将收集到的性能计数器数据按照时间顺序排列作为网络的输入，预测得到每个时刻对应的系统功耗值。其中，我们将整个 LSTM 网络的层数设置为 2 层，每层的 LSTM 单元数为 10 个。模型的训练步骤中，我们利用上文提及的截断式 BPTT 算法进行训练，同时一样采用 Early Stopping 和 L2 正则式的方法来防止过拟合。

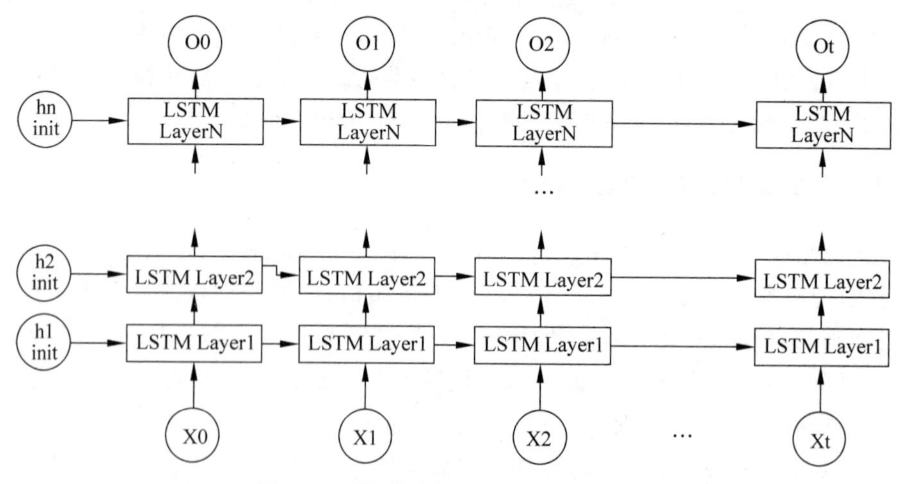

图 8-7　时间维度展开后的模型结构图

4. 模型验证及功耗预测

模型的实验验证过程中将在第 4 节中具体地提及。将从模型在不同类型的工作负载下的预测表现、模型的训练及运行开销、目标功耗模型与功耗模型的对比等角度进行充分的实验分析，以验证基于ANN能耗建模的可行性。

8.3 环境准备

实验的硬件环境为Dell Precision 3520工作站，其中CPU的型号是Intel i7700H、内存参数为DDR4 8G、磁盘容量为1T，转速是7200rpm。通过外置电表连接测试设备来获取系统的实时功耗。实验在Windows 10操作系统上进行，数据集由基于表81所示的一组性能计数器和对应不同负载类型的基准测试程序进行采集，本案例中默认数据集是已经采集好的，不需要自行采集。其中原始数据集中对应CPU密集型负载2247条，内存密集型负载1907条，I/O密集型负载2847条，混合型负载数据4053条。TensorFlow是一个开源的、基于Python的机器学习框架，它由Google开发，并在图形分类、音频处理、推荐系统和自然语言处理等场景下有着丰富的应用，是目前最热门的机器学习框架。我们采用Python并基于TensorFlow来进行模型的训练、验证和测试。训练集、验证集和测试集的比例分别大致为75%、5%、20%。

在开始案例之前，首先介绍一下整体开发环境的搭建(如表8-2所示)，安装并配置好Python和TensorFlow环境后，将代码导入PyCharm。此时可能会提示缺少一些包，单击自动安装即可，也可使用pip install安装，一些关键包的版本如表8-3所示。

表8-2　环境准备

操作系统/软件名称	版本号
Windows	10
pyCharm	2019.2.2
TensorFlow	1.14.0
Python	3.7.3

表8-3　数据包版本

包　　名	版本号
numpy	1.16.4
pandas	0.24.2
scipy	1.2.1
matplotlib	3.1.0
sklearn	0.21.2

NumPy提供了许多高级的数值编程工具，如：矩阵数据类型、矢量处理，以及精密的运算库。专为进行严格的数字处理而产生。pandas是基于NumPy的一种工具，该工具是为了解决数据分析任务而创建的，它纳入了大量库和一些标准的数据模型，提供了高效地操作大型数据集所需的工具。scikit-learn已经成为Python重要的机器学习库了，scikit-learn简称sklearn，支持包括分类、回归、降维和聚类四大机器学习算法。还包括了特征提取、数据处理和模型评估者三大模块，它是Scipy的扩展，建立在Numpy和Matplolib库的基础上。在数据归一化和对比实验中的多元线性分析模型和SVR模型中需要用到它。

Matplotlib 是一个 Python 的 2D 绘图库，通过 Matplotlib，开发者仅需要几行代码，便可以生成绘图、直方图、功率谱、条形图、错误图、散点图等，我们使用它来绘制模型预测误差的图形，数值为预测值-真实值的绝对值，代码如图 8-8 所示。

```
def show_plot(model_name,predictions,labels):
    plt.figure()
    plt.plot(predictions,label='predict power')
    plt.plot(labels,label='real power')
    # plt.savefig('a.jpg')
    plt.xlabel(r'Time(s)')
    plt.ylabel(r'Power(watts)')
    plt.title(model_name)
    plt.legend()
    plt.show()
```

图 8-8 绘制折线图

8.4 实现方法

整个案例的实现分为针对三种 ANN 网络的单个模型的实验以及对比实验。

8.4.1 单个模型实验和分析

1. TW_BP_PM

在 TW_BP_PM 中，将网络的层数设置为 3 层，其中状态层的神经元个数设置为 25 个，时间窗口的大小设置为 2，最大训练轮次设置为 300 轮，最小设置为 50 轮，L2 正则化系数设置为 0.001，对模型进行训练，最后分别预测在 CPU 密集型负载、内存密集型负载、I/O 密集型负载和混合负载下的系统实时功耗，代码中的参数设置如图 8-9 所示。

```
'''运行参数初始化'''
param = {
    'tw_interval': 2,                    # 1=>不使用时间窗口 tw=>2、7效果较好
    'max_epochs': 300,                   # 训练轮次
    'batch_size': 8,                     # 批大小
    'y_dim': 1,                          # 输出维度
    'hidden_size': 25,                   # 隐层单元数
    'learning_rate': 0.001,              # 学习率
    'lambda1': 0.01,                     # l2正则化
    'is_l2': True,                       # 是否使用正则化
    'split_ratio': 0.8,                  # 数据集分割比例
    'batch_interval': 17,                # 每个训练批起始点增加的步长
    'verbose': True,                     # 是否打印训练过程
    'isSave': False,                     # 是否保存模型
}

param['x_dim'] = len(columns_2)*param['tw_interval']    # 输入维度
```

图 8-9 TW_BP_PM 中的超参数设置

将变量改为要输入的数据集路径：

```
data_path = r * E:\实验代码及结果\实验代码及结果\实验数据集\total-mem.xlsx'
```

通过如图 8-10 所示的方法即可实现上文所说的时间窗口。

```
def reshapeData(interval, x_set, y_set):
    x_set = x_set.tolist()
    y_set = y_set.tolist()
    x_result = []
    for i in range(len(x_set)-interval+1):
        l = []
        for j in range(i, i+interval):
            l=l+x_set[j]
        x_result.append(l)
    y_result = [y_set[col] for col in range(interval-1, len(y_set))]
    return np.array(x_result), np.array(y_result)
```

图 8-10 代码中定义的时间窗口

加载数据、数据预处理如图 8-11 所示。首先读出数据，raw_x_set 是系统计数器特征参数，raw_y_set 是采样测出的真实功率值(Watts)，这些数据首先进行归一化，再使用时间窗口重新组织数据，之后设置训练集、测试集大小，然后训练集、测试集各自的大小除以每批次的大小分别得到训练批数量和测试批数量。之后把预处理后的数据分别分割给训练集变量 reshape_train_x、reshape_train_y 和测试集变量 reshape_test_x 和 reshape_test_y。

```
# 加载数据、数据预处理
raw_x_set,raw_y_set = mu.load_data_from_excel(data_path,sheet='Sheet1',columns=columns_2)
pre_x_set,_ = mu.preprocessData(raw_x_set)                                    # 归一化
pre_y_set,y_scaler = mu.preprocessData(raw_y_set)
pre_x_set,pre_y_set=reshapeData(param['tw_interval'],pre_x_set,pre_y_set)    # 使用时间窗口组织数据

total_data_size = len(pre_x_set)                                              # 数据总量
train_set_size = int(total_data_size*param['split_ratio'])                    # 训练集大小
test_set_size = total_data_size-train_set_size                                # 测试集大小
num_train_batch = train_set_size//param['batch_size']                         # 每轮训练批数量
num_test_batch = test_set_size//param['batch_size']                           # 测试批数量

'''训练集'''
reshape_train_x = pre_x_set[:train_set_size]
reshape_train_y = pre_y_set[:train_set_size]
'''测试集'''
reshape_test_x = pre_x_set[train_set_size:train_set_size+test_set_size]
reshape_test_y = pre_y_set[train_set_size:train_set_size+test_set_size]
```

图 8-11 加载数据、数据预处理

定义神经网络的参数的代码见图 8-12，w_hidden 和 w_output 分别是隐藏层的权重和输出层的权重矩阵，大小分别为 param[x_dim] * param[hidden_size]和 param[hidden_size] * param[y_dim]，b_hidden 和 b_output 分别是隐藏层和输出层的偏置。

图 8-13 展示的是 BP 神经网络的核心部分，分为前向传播和反向传播。前向传播得到预测值 y_Pred。反向传播修正变量，定义损失函数 reg_loss，损失函数是用来反应预测值和真实值的差距，使用 Adam 优化以计算每个参数的步长变化，以便计算出新的参数值。

```
'''隐藏层的参数'''
w_hidden = tf.Variable(
    tf.random_normal([param['x_dim'],param['hidden_size']],stddev=1,seed=1,dtype=tf.double))
# L2 regularizer
if param['is_l2']:
    tf.add_to_collection('losses',tf.contrib.layers.l2_regularizer(param['lambda1'])(w_hidden))
b_hidden = tf.Variable(tf.zeros([1,param['hidden_size']],dtype=tf.double)+0.1)

'''输出层参数'''
w_ouput = tf.Variable(
    tf.random_normal([param['hidden_size'],param['y_dim']],stddev=1,seed=1,dtype=tf.double))
# L2 regualrizer
if param['is_l2']:
    tf.add_to_collection('losses',
                    tf.contrib.layers.l2_regularizer(param['lambda1'])(w_ouput))
b_output = tf.Variable(tf.zeros([1,param['y_dim']],dtype=tf.double)+0.1)
```

图 8-12 神经网络的参数设置

```
'''前向传播'''
h = tf.nn.relu(tf.matmul(x,w_hidden)+b_hidden)
y_pred = tf.matmul(h,w_ouput)+b_output

'''反向传播'''
MSE = tf.reduce_mean(tf.square(y_pred-y))
# MAPE = tf.reduce_mean(tf.abs(y_pred-y)/y)
tf.add_to_collection('losses',MSE)
reg_loss = tf.add_n(tf.get_collection('losses'))
train_step = tf.train.AdamOptimizer(param['learning_rate']).minimize(reg_loss)
```

图 8-13 定义前向传播、反向传播过程

图 8-14 展示了训练模型的过程，按照之前定义好的训练轮次、轮次大小、时间窗口等参数从数据集里分割出形成不同 batch 数据进行训练，并得到每一批轮数训练的 MSE（均方误差），打印到 train_log. csv（图 8-15）文件中。

之后是测试过程，步骤和训练过程类似，这里不再展示，最后计算出均方误差，反应预测值和真实值的差距，结果显示在 predit_result. csv 中（见图 8-16）

```
'''训练模型'''
for epoch_index in range(param['max_epochs']):
    start_batch_index = epoch_index % num_train_batch
    train_batch_index = start_batch_index
    epoch_loss_sum = 0
    if param['verbose']:
        print('\nepoch', epoch_index+1)

    for batch_index in range(num_train_batch):
        batch_train_x,batch_train_y = \
            get_batch(batch_index,num_train_batch,reshape_train_x,
                    reshape_train_y,param['batch_size'])
        batch_loss,_ = sess.run([MSE,train_step],feed_dict={x:batch_train_x,y:batch_train_y})

        # oh_record.record_cpuload('training cpuload')

        epoch_loss_sum = epoch_loss_sum+batch_loss
        if param['verbose']:
            print('Batch No.{0}==> MSE: {1}'.format(batch_index,batch_loss))
        train_batch_index = train_batch_index+param['batch_interval']



    MSE_per_epoch.append(epoch_loss_sum/num_train_batch)
    if param['verbose']:
        print('epoch {0} mean MSE: {1}\n'.format(epoch_index, epoch_loss_sum/num_train_batch))

MSE_log = pd.DataFrame(MSE_per_epoch,columns=['MSE_per_epoch'])
MSE_log.to_csv('TW_ANN_PM_LOG\\train_log.csv',index=False)
oh_record.record_time('training end')
```

图 8-14 训练过程

```
MSE_per_epoch
1[illegible]020266302829627
2.3328190970219604
1.3905559625914488
1.0269759924979112
0.7897202248629539
0.6297333526325914
0.520817750381063
0.4416502539070092
0.3788883730893325
0.3385552421304186
```

图 8-15 train_log. csv 部分截图

```
real_power,estimate_power,RE
28.0,28.87,0.03
28.1,28.65,0.02
14.7,22.88,0.56
9.5,13.51,0.42
9.5,11.33,0.19
9.5,12.86,0.35
9.7,15.25,0.57
9.5,13.16,0.39
9.4,11.58,0.23
```

图 8-16 predit_result. csv 文件部分截图

TW_BP_PM 对四种类型负载下预测的表现如图 8-17 所示。根据表 8-4 可以看出，TW_BP_PM 运行在 I/O 密集型负载和 CPU 密集型负载的环境下，预测系统的功耗表现较好，总体的功耗预测误差能耗控制在 2W 以内。

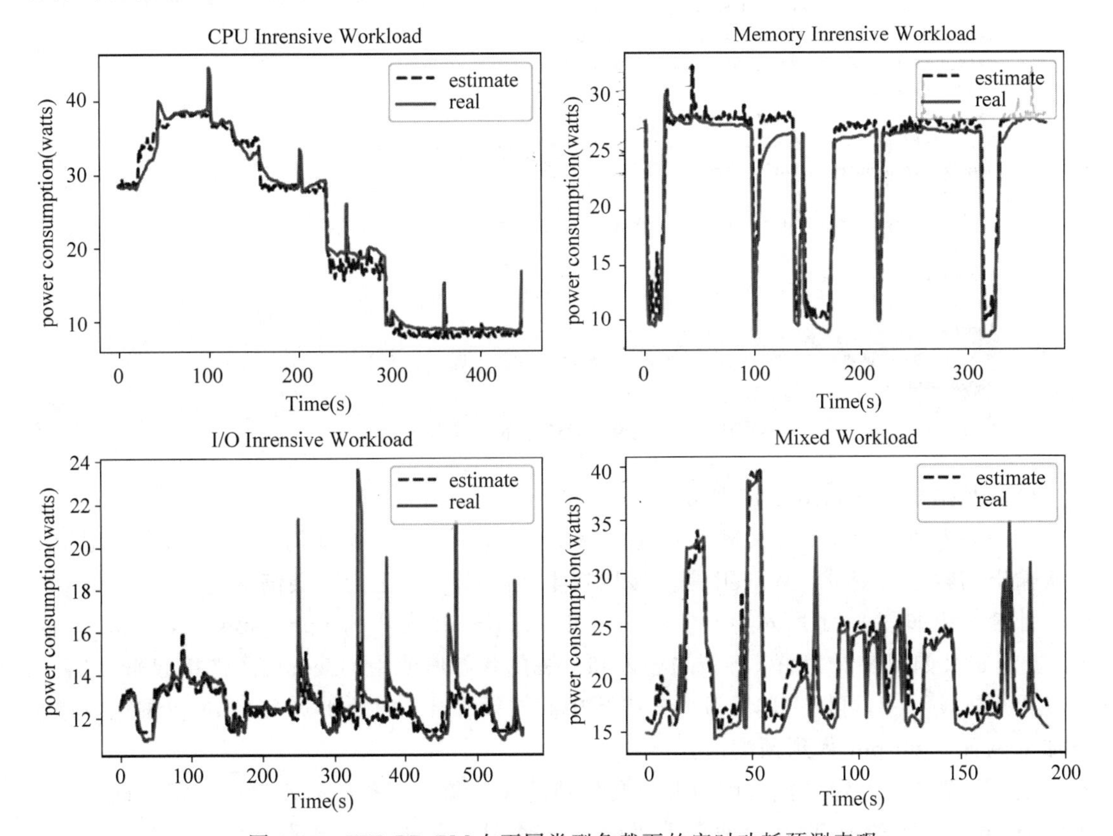

图 8-17 TW_BP_PM 在不同类型负载下的实时功耗预测表现

表 8-4 TW_BP_PM 的具体预测误差

负载类型	平均相对误差(MRE)
CPU 密集型	6.7%
内存密集型	7.1%
I/O 密集型	4.1%
混合型	8.6%

2. ENN_PM

在 ENN_PM 中，同样可以将状态层的神经元个数设置为 25 个，最大训练轮次设置为 50 轮，最小训练轮次设置为 5 轮，L2 正则化系数设置为 0.01，num_step 相当于 batch 的列，设置为 1，batch_size 相当于 batch 的行，设置为 8。patience 是控制提前终止的，如果 patience 次以上训练结果没有上一次的好就提前终止训练，参数设置如图 8-18 所示。

```
data_path = r'E:\实验代码及结果\实验代码及结果\实验数据集\total-io.xlsx'
raw_state,raw_power = mu.load_data_from_excel(data_path,sheet='Sheet1',columns=pa.columns)
raw_data = np.hstack((raw_state,raw_power))

'''Hyper-parameters'''
x_dim = len(pa.columns)
split_ratio = 0.8
raw_data_size = len(raw_data)
train_data_size = int(raw_data_size*split_ratio)
val_data_size = raw_data_size-train_data_size
test_data_size = raw_data_size-train_data_size
num_steps = 1
batch_size = 8       # a batch contains $batch_size rows and $num_steps columns
batch_interval = 17  # applied to shuffle the batches in each epoch
samples_in_a_batch = batch_size * num_steps

# num_batches = train_data_size // samples_in_a_batch   # 1680/5 = 336 batches
state_size = 25
learning_rate = 0.001
patience = 3
lambda1 = 0.01
max_epochs = 50
min_epochs = 5
```

图 8-18 ENN_PM 中的超参数设置

分割数据集数据如图 8-19 所示：

如图 8-20 所示，首先定义输入层输入特征变量，init_state 全部初始化为 0，它是记录上一次输出的状态的变量。W_cell 是隐藏层权重矩阵，b_cell 是隐藏层偏置量。

计算过程如图 8-21 所示，由图 8-20 可知 run_input 大小为 num_step * x_dim。run_cell 方法定义如图 8-22 所示，将新的输入和过去的状态值使用 tf.contact 连接起来，之后乘以权重矩阵 w_cell，再加上偏置 b_cell 得到中间结果 state，之后和 w_output 权重矩阵相乘再加上偏置 b_output 得到预测值。

之后计算 MSE，定义损失函数和反向传播的步骤和 TW_BP_PM 类似。定义训练过程方法 train_enn 也类似，但是有两点需要指出，一个是需要初始化记录之前状态的变量 train_state，还有就是提前终止的代码实现，如图 8-23 所示，经过验证集的检验后，如果本次训练结果好于之前的训练结果则保存该模型，否则 early_stopping_counter 计数加 1，如果大于 patience 便终止训练。之后测试模型，得到的对四种负载类型的预测结果如图 8-24 所示。

如表 8-5 所示，ENN 在预测 CPU 密集型负载和 I/O 密集型负载下系统实时功耗优于其他两种情况，但是总体的平均预测误差都能保持在 3W 以内。

```
# divide data into x,y
raw_x = raw_data[:, 0:x_dim]  # utilization features
raw_y = raw_data[:, -1]  # first column is power

# reshape data to (data_size//num_steps, num_steps, dim)
total_rows = raw_data_size // num_steps
reshaped_x = np.zeros([total_rows, num_steps, x_dim], dtype=np.double)
reshaped_y = np.zeros([total_rows, num_steps], dtype=np.double)

# fill data
for k in range(total_rows):
    reshaped_x[k] = raw_x[k * num_steps:(k + 1) * num_steps, :]
    reshaped_y[k] = raw_y[k * num_steps:(k + 1) * num_steps]

# obtain the input data for feeding (train, val and test)
total_train_rows = train_data_size // num_steps
reshaped_train_x = reshaped_x[0:total_train_rows]
reshaped_train_y = reshaped_y[0:total_train_rows]

total_test_rows = test_data_size // num_steps
reshaped_test_x = reshaped_x[total_train_rows:total_train_rows + total_test_rows]
reshaped_test_y = reshaped_y[total_train_rows:total_train_rows + total_test_rows]

total_val_rows = total_test_rows
reshaped_val_x = reshaped_test_x
reshaped_val_y = reshaped_test_y
```

图 8-19 分割数据集

```
'''define input layer'''
x = tf.placeholder(tf.double, [batch_size, num_steps, x_dim], name="x")
y = tf.placeholder(tf.double, [batch_size, num_steps], name='y')
'''RNN input -> a step in a batch'''
rnn_inputs = tf.unstack(x, axis=1)

'''define RNN cell layer'''
'''using TensorFlow's BasicRNNCell'''
init_state = tf.zeros([batch_size, state_size], dtype=tf.double)
# cell = tf.contrib.rnn.BasicRNNCell(num_units=state_size)
# rnn_outputs, final_state = tf.contrib.rnn.static_rnn(cell=cell, inputs=rnn_inputs, initial_state=init_state)

'''using self-defined RNN cell'''
W_cell = tf.get_variable('W_cell', [x_dim + state_size, state_size], dtype=tf.double,
                         initializer=tf.constant_initializer(0.0))
'''regularization'''
tf.add_to_collection('losses', tf.contrib.layers.l2_regularizer(lambda1)(W_cell))

b_cell = tf.get_variable('b_cell', [state_size], dtype=tf.double,
                         initializer=tf.constant_initializer(0.0))
```

图 8-20 输入层、隐藏层神经网络构建

```
'''将rnn cell添加到计算图中'''
state = init_state
rnn_outputs = []
est_power = []
for rnn_input in rnn_inputs:
    state = rnn_cell(rnn_input, state)  # state会重复使用，循环
    rnn_outputs.append(state)
    output = tf.matmul(state, W_output) + b_output
    est_power.append(output)

final_state = rnn_outputs[-1]  # 得到最后的state

real_power = tf.unstack(y, axis=1)

losses = [tf.square(est_p - real_p) for est_p, real_p in zip(est_power, real_power)]
MSE_loss = tf.reduce_mean(losses)

'''regularization'''
tf.add_to_collection('losses', MSE_loss)
reg_loss = tf.add_n(tf.get_collection('losses'))

# train_step = tf.train.AdamOptimizer(learning_rate).minimize(MSE_loss)
train_step = tf.train.AdamOptimizer(learning_rate).minimize(reg_loss)
```

图 8-21　计算过程

```
def rnn_cell(rnn_input, state):
    return tf.tanh(tf.matmul(tf.concat([rnn_input, state], 1), W_cell) + b_cell)

'''define Output layer, Loss and Optimizer'''
W_output = tf.get_variable('W', [state_size, 1], dtype=tf.double,
                           initializer=tf.random_uniform_initializer(minval=0, maxval=1, dtype=tf.double))

'''regularization'''
tf.add_to_collection('losses', tf.contrib.layers.l2_regularizer(lambda1)(W_output))

b_output = tf.get_variable('b', [1], dtype=tf.double, initializer=tf.constant_initializer(0.0))
```

图 8-22　run_cell 方法和输出层参数设置

```
        '''validate the ENN after each training epoch'''
        val_loss, val_MRE = validateModel(sess, training_state)
        epoch_val_losses.append(val_loss)

        '''Early-stopping by checking val_loss'''
        # if validation's MSE is declining, save the model
        if val_loss < last_val_loss:
            saver.save(sess, "ENN_PM_LOG\\saved_model\\ennModel.ckpt")
            early_stopping_counter = 0
            best_val_MRE = val_MRE
        # otherwise, increment the stopping counter and check its value
        else:
            early_stopping_counter = early_stopping_counter + 1
            if early_stopping_counter >= patience and epoch_idx >= min_epochs:
                print('Early stopping, epoch', epoch_idx)
                total_epochs = epoch_idx
                break  # stop training

        last_val_loss = val_loss

    return total_epochs, epoch_train_losses, epoch_val_losses, best_val_MRE
```

图 8-23　提前终止代码实现

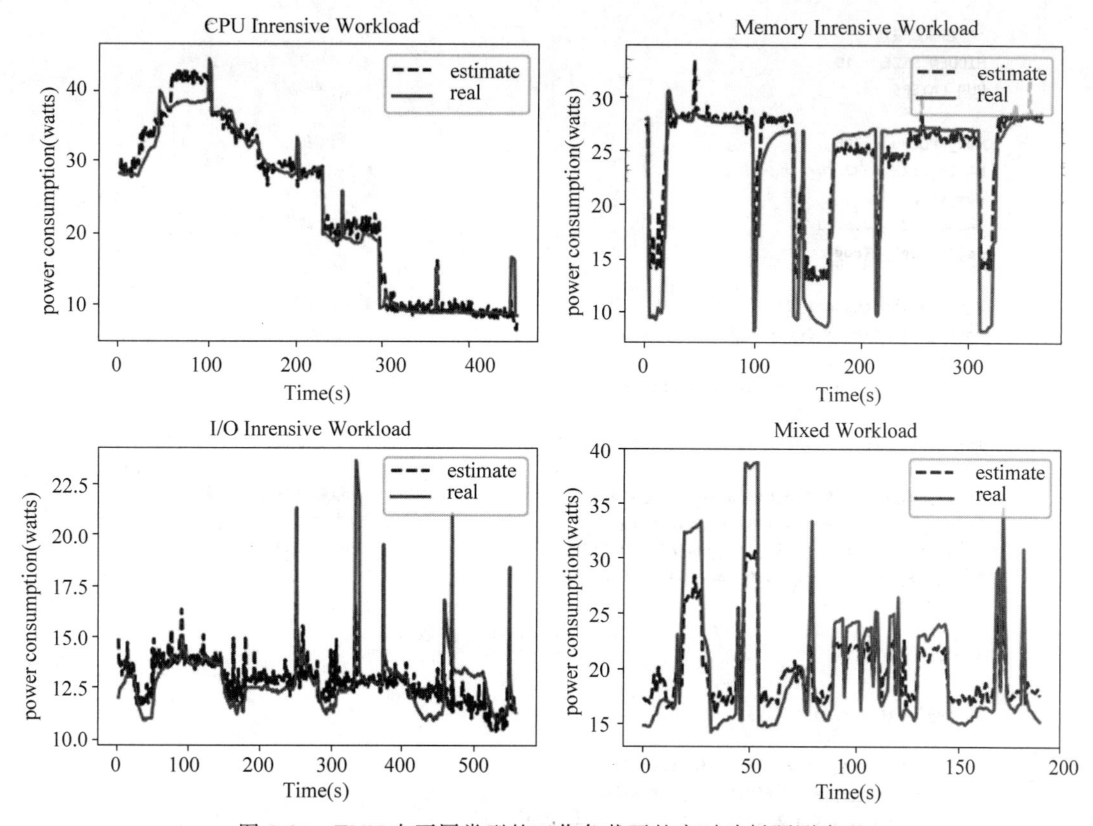

图 8-24　ENN 在不同类型的工作负载下的实时功耗预测表现

表 8-5　ENN_PM 的具体预测误差

负载类型	平均相对误差(MRE)	平均绝对误差(MAE)
CPU 密集型	7.3%	1.48W
内存密集型	13.6%	1.92W
I/O 密集型	6.2%	0.84W
混合型	11.9%	2.49W

3. MLTSM_PM

在 MLSTM_PM 中,我们将状态层的层数设置为 2 层,其中每一层的 LSTM 单元个数设置为 10 个,最大训练轮次设置为 100 轮,最小的训练轮次设置为 10 轮,num_step 设置为 2,MLSTM_PM 超参数设置如图 8-25 所示。

划分数据集(如图 8-26 所示),划分为训练集和测试集。将[[input_dim]...]转换成[[num_step,inpt_dim]...]格式,随后将数据填充进数组中。

定义网络数据结构如图 8-27 所示,首先定义输出层权重和偏置项,然后堆叠 LSTM,构建多层 LSTM 网络。output_rnn 是最后一层的输出,之后转化为[1,HIDDEN_SIZE],乘上输出权重矩阵[HIDDEN_SIZE,1]再加上偏置得到预测结果。构建 LSTM 网络则直接使用了 tf.nn.rnn_cell 封装的方法。这里首先要说明下 LSTM 和 RNN 网络有什么不同,如

```
'''超参数设置'''
HIDDEN_SIZE = 10                                        # LSTM中隐藏节点的个数
NUM_LAYERS = 2                                          # LSTM的层数

Max_EPOCHS = 300                                        # 训练轮次
BATCH_SIZE = 32                                         # batch大小
num_steps = 2                                           # 时间步长值
lambda_l2 = 0.0001                                      # L2正则化系数
is_l2_reg = True                                        # 是否加入正则化

x_dim = len(columns_2)                                  # 输入数据的维度
total_data_size = len(raw_X)                            # 数据总量
split_radio = 0.8                                       # 数据集分割比例
train_set_size = int(total_data_size*split_radio)       # 训练集总数
# train_set_size = 2987
test_set_size = total_data_size-train_set_size          # 测试集总数

train_set_row = train_set_size//num_steps               # 训练集中数据总行数
test_set_row = test_set_size//num_steps                 # 测试集中数据总行数
train_num_batch = train_set_row//BATCH_SIZE             # 训练批总数
test_num_batch = test_set_row//BATCH_SIZE               # 测试批总数
```

图 8-25　MLSTM_PM 超参数设置

```
def reshape_data(X,y):
    # 划分数据集
    train_X_set = X[0:train_set_size]
    train_y_set = y[0:train_set_size]
    test_X_set = X[train_set_size:total_data_size]
    test_y_set = y[train_set_size:total_data_size]
    # 定义转换后的数据格式
    reshape_train_X = np.zeros([train_set_row, num_steps, x_dim], dtype=np.float32)
    reshape_train_y = np.zeros([train_set_row, num_steps, 1], dtype=np.float32)
    reshape_test_X = np.zeros([test_set_row, num_steps, x_dim], dtype=np.float32)
    reshape_test_y = np.zeros([test_set_row, num_steps, 1], dtype=np.float32)
    # 填充数据
    for k in range(train_set_row):
        reshape_train_X[k] = train_X_set[k*num_steps:(k+1)*num_steps, :]
        reshape_train_y[k] = train_y_set[k*num_steps:(k+1)*num_steps, :]
    for j in range(test_set_row):
        reshape_test_X[j] = test_X_set[j*num_steps:(j+1)*num_steps, :]
        reshape_test_y[j] = test_y_set[j*num_steps:(j+1)*num_steps, :]

    return reshape_train_X, reshape_train_y, reshape_test_X, reshape_test_y
```

图 8-26　划分数据集

图 8-28 和 8-29 所示。

由上面两幅图可以观察到，LSTM 结构更为复杂，在 RNN 中，将过去的输出和当前的输入 concatenate 到一起，通过 tanh 来控制两者的输出，它只考虑最近时刻的状态。在 RNN 中有两个输入和一个输出。而 LSTM 为了能记住长期的状态，在 RNN 的基础上增加了一路输入和一路输出，增加的这一路就是细胞状态，也就是图 8-29 中最上面的一条通路。事实上整个 LSTM 分成了三个部分：

(1) 哪些细胞状态应该被遗忘。这部分功能是通过 sigmoid 函数实现的，也就是最左

```
def lstm(X):
    # 输出层权重和偏置项
    out_weights = tf.Variable(tf.random_normal([HIDDEN_SIZE, 1]))
    out_bias = tf.Variable(tf.constant(0.1, shape=[1, ]))
    # 堆叠LSTM,构建多层LSTM网络
    LSTM_cell = [tf.nn.rnn_cell.BasicLSTMCell(num_units=HIDDEN_SIZE) for _ in range(NUM_LAYERS)]
    MultiLSTM = tf.nn.rnn_cell.MultiRNNCell(cells=LSTM_cell)
    # 初始化
    init_state = MultiLSTM.zero_state(batch_size=BATCH_SIZE, dtype=tf.float32)
    output_rnn, state = tf.nn.dynamic_rnn(MultiLSTM, X, initial_state=init_state, dtype=tf.float32)
    # 预测
    outputs = tf.reshape(output_rnn, [-1, HIDDEN_SIZE])
    pred = tf.matmul(outputs, out_weights)+out_bias
    return pred, state
```

图 8-27　定义网络结构

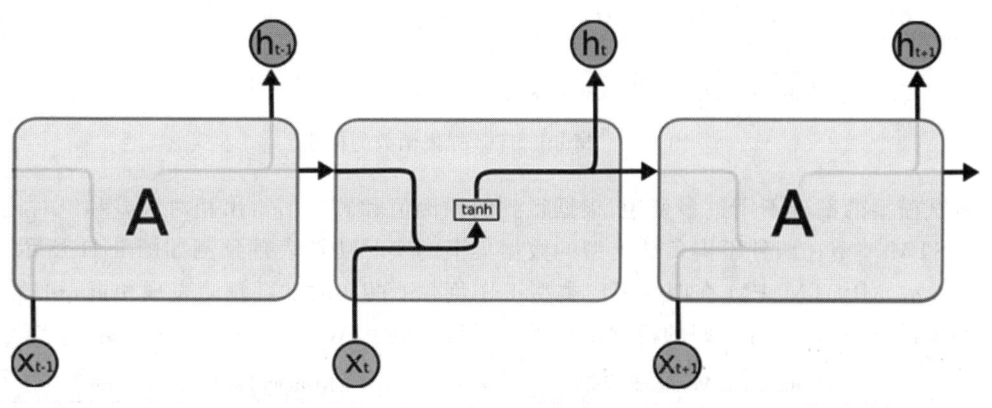

图 8-28　RNN 网络

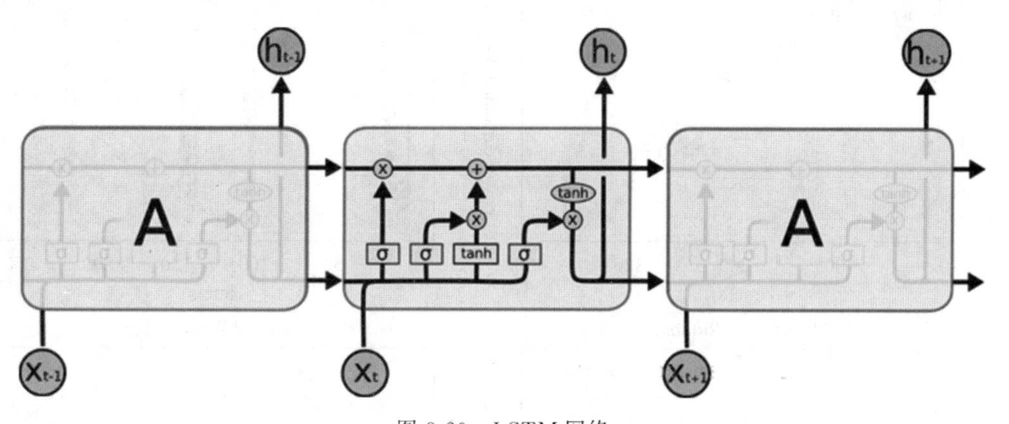

图 8-29　LSTM 网络

边的通路。根据输入和上一时刻的输出来决定当前细胞状态是否有需要被遗忘的内容。

(2) 哪些新的状态应该被加入。靠 sigmoid 函数来决定应该记住哪些内容。需要被记住的内容并不是直接 concatenate 输入和上一时刻的输出，还要经过 tanh，这点也和 RNN 保持一致。并且需要注意，此处的 sigmoid 和前一步的 sigmoid 层的 w 和 b 不同，是分别训练的层。

(3) 根据当前的状态和现在的输入，决定输出。

训练模型的部分要注意损失函数的构建，这个地方我们加了一个惩罚项，原因是向损失函数添加一个惩罚项用于惩罚大的权重，隐式地减少自由参数的数量，所以可以达到弹性地适用不同数据量训练的要求而不产生过拟合的问题，这也是正则化的基本思想，代码如图 8-30 所示。

```python
def train_model(sess, X, y):
    # 加载模型
    pred, _ = lstm(feed_X)
    r_feed_y = tf.reshape(feed_y,[-1,1])
    # 获取所有可训练的变量
    tv = tf.trainable_variables()
    l2_reg_cost = lambda_l2*tf.reduce_sum([tf.nn.l2_loss(v) for v in tv])
    # mse
    mse = tf.reduce_mean(tf.square(pred-r_feed_y), name='mse')
    # 损失函数
    loss = mse+l2_reg_cost if is_l2_reg else mse

    learning_rate = 0.005
    train_op = tf.train.AdamOptimizer(learning_rate).minimize(loss)
```

图 8-30　MultiLSTM 损失函数的构建

测试模型的部分不用过多赘述，根据得到的预测值和真实值得出相对误差和绝对误差。MultiLSTM 模型在四种不同负载类型的数据集下的实时功耗表现预测如图 8-31 所示。如表 8-6 所示，MLSTM_PM 在四种不同类型工作负载下的实时功耗预测表现相近，相较于上面的两个模型而言，具有更好的模型泛化能力，可以达到 2W 以内的平均预测误差。

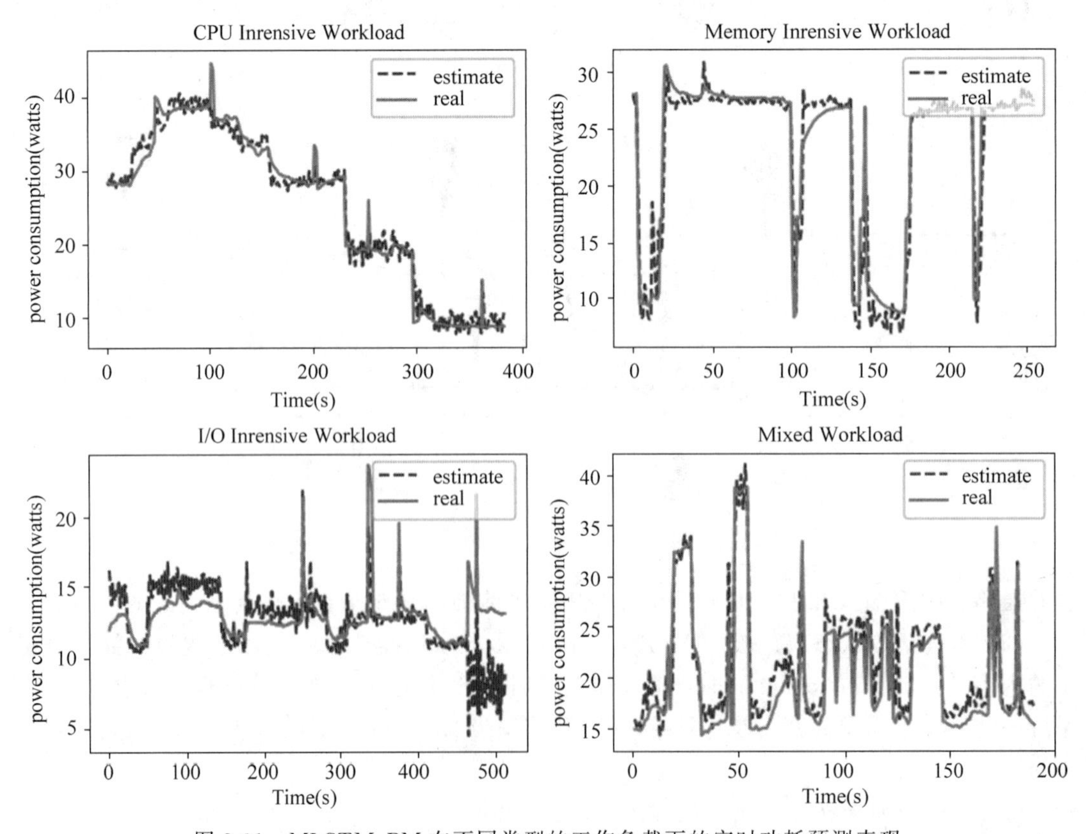

图 8-31　MLSTM_PM 在不同类型的工作负载下的实时功耗预测表现

表 8-6　MLSTM_PM 的具体预测误差

负载类型	平均相对误差(MRE)	平均绝对误差(MAE)
CPU 密集型	5.8%	1.15W
内存密集型	7.2%	1.14W
I/O 密集型	10%	1.4W
混合型	9.3%	1.7W

通过上面三组实验可以看出，三个基于 ANN 建立的能耗预测模型在预测不同类型的能耗几乎均能达到 10%以内的相对误差和 2W 左右的绝对误差。TW_BP_PM 的能耗预测模型整体的预测效果要略好于基于 RNN 的两个能耗预测模型。同时，基于 RNN 建立的两个模型(ENN_PM 和 MLSTM_PM)，在预测表现上 MLSTM_PM 略好于 ENN_PM，但是 ENN_PM 的优势在于它的训练开销小于 MLSTM_PM。

8.4.2　对比实验和分析

我们引入了基于多元线性回归(MLR，线性模型)和支持向量回归(SVR，非线性模型)的功耗模型进行对比实验。SVM 模型有两个非常重要的参数 C 与 gamma。其中 C 是惩罚系数，即对误差的宽容度。C 越高，说明越不能容忍出现误差，容易过拟合。C 越小，容易欠拟合。C 过大或过小，泛化能力变差，本案例设为 5。gamma 是选择 RBF 函数作为 kernel 后，该函数自带的一个参数。隐含地决定了数据映射到新的特征空间后的分布，gamma 越大，支持向量越少，gamma 值越小，支持向量越多。支持向量的个数影响训练与预测的速度，本案例设置为 0.01，SVR 代码如图 8-32 所示。使用多元线性回归的代码如图 8-33 所示。

```
def SVR_Model(train_x_set,train_y_set,test_x_set,test_y_set,workloadtype):
    svr = SVR(kernel='rbf',C=5,gamma=0.01)
    svr.fit(train_x_set, train_y_set.reshape(-1))
    # predict
    pred = svr.predict(test_x_set)
    pred = pred.reshape(-1)
    real = test_y_set.reshape(-1)
    # calculate the error
    AE = np.abs(pred - real)
    RE = np.abs(pred - real) / real
    # record the result
    res = pd.DataFrame({'predict': pred, 'real': real, 'RE': RE, 'AE': AE})
    res.to_csv('MODEL_FIT_LOG\\SVR-' + workloadtype + '.csv', index=False)
    with open('MODEL_FIT_LOG\\SVR_PARAM-' + workloadtype + '.txt', 'w') as f:
        f.write('SVR.C' + str(svr.C) + '\n')
        f.write('SVR.gamma' + str(svr.gamma) + '\n')
    # create plot
    pic = create_plot('SVR based Model', res['predict'], res['real'])
```

图 8-32　SVR 模型

5 种模型的预测值、真实值、RE、AE 值均记录在以各自模型名字命名的文件夹中，汇集整理记录在 total. xlsx 各自的表格里，将它们的绝对误差(AE)汇总，统计到一张 Excel 表中(total. xlsx 中的 box-plot-mix，见图 8-34)，之后再编写 Python 程序导入该文件数据，转化

```
def multilinear_model(train_x_set,train_y_set,test_x_set,test_y_set,workloadtype):
    # MLR
    linear_model = LinearRegression()
    linear_model.fit(train_x_set,train_y_set)
    # predict
    pred = linear_model.predict(test_x_set)

    # pred = scaler_y.inverse_transform(pred)
    # test_y_set = scaler_y.inverse_transform(test_y_set)
    # 记录结果
    RE = np.abs(pred-test_y_set)/test_y_set
    AE = np.abs(pred-test_y_set)
    res = pd.DataFrame({'predict_power':pred.reshape(-1),'real_power':test_y_set.reshape(-1),
                        'RE':RE.reshape(-1),'AE':AE.reshape(-1)})
    res.to_csv('MODEL_FIT_LOG\\MLR_RES-'+workloadtype+'.csv',index=False)

    # print(linear_model.coef_,linear_model.intercept_)
    with open('MODEL_FIT_LOG\\MLR_param-'+workloadtype+'.txt','w') as f:
        f.write('MLR.coef_:')
        f.write(str(linear_model.coef_))
        f.write('\nMLR.intercept:')
        f.write(str(linear_model.intercept_))

    #画图
    pic = create_plot('MLR based Model',res['predict_power'],res['real_power'])
```

图 8-33 多元线性回归模型代码

1	TW_BP_PM	ENN_PM	MLSTM_PM	MLR	SVR
2	1.56	2.530818	0.985057	1.115347	1.656478
3	1.16	2.210976	0.273314	0.749027	1.103857
4	1.26	2.402198	0.99382	1.214188	1.344999
5	0.91	2.093254	0.227782	0.060717	0.869622
6	1.55	2.594111	1.712057	2.246794	1.820304
7	3.69	3.713826	3.636622	3.483523	3.715579
8	1.94	1.899361	0.986322	0.828281	1.148483
9	3.63	3.499751	4.173365	4.342641	3.681649
10	1.9	1.516308	1.336453	0.922086	1.008883
11	1.66	1.908961	2.335279	1.442063	1.570847

图 8-34 total.xlsx 中 box-plot-mix 的部分截图

为矩阵后用箱图进行可视化展示。如图 8-35 所示。在 CPU 密集型负载中,可以看到五个不同的功耗模型中,基于多元线性回归的功耗模型预测的整体误差较其他四种模型而言更大,且可以看到 TW_BP_PM 和 MLSTM_PM 模型的预测误差较小(四分之三的数据绝对误差小于 2.5W),异常值的分布区域也较其他三个模型更小。在内存密集型负载的实验中,五个模型都存在一定数量的预测异常值,这与负载的波动有一关系,其中 MLSTM_PM 的总体表现较其他四个模型更好,其次是 MLR_PM,然后是 ENN 模型的预测结果总体表现更为平稳。在预测 I/O 密集型负载的功耗情况中,可以看到 TW_BP_PM 的预测总体较其他四个模型更好,其次是 ENN_PM,两个模型的大部分预测结果的绝对误差小于 1.25W。但是,从图 8-35 中可以看到,五个模型均存在一定数量的预测异常值。在预测混合型负载的结果中,五个模型的预测结果误差总体可以实现小于 4W 的目标,其中 TW_BP_PM 和 MLSTM_PM 的结果较其他三个模型的结果更好(四分之三的预测数据可以达到 3W 以下的预测误差)。

将 5 种模型的 RE、AE 数据取平均值统计在 total.xlsx 中的 total1 中,并使用 Excel 自

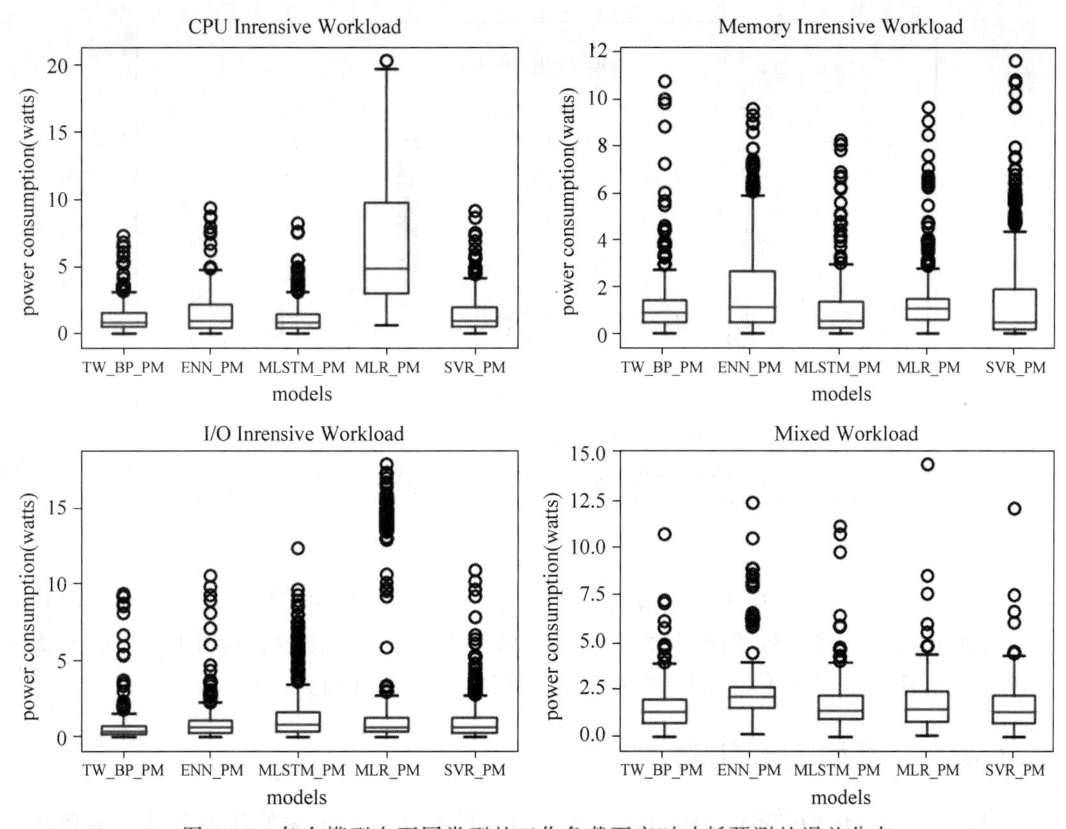

图 8-35　各个模型在不同类型的工作负载下实时功耗预测的误差分布

带的图像工具可视化展示，如图 8-36 和图 8-37 所示，可以看到在不同工作负载下，五个模型的平均相对误差和平均绝对误差，除了 MLR_PM，其他四个模型的相对误差均可以到达 10%以下的预测误差。基于 ANN 方法建立的实时功耗预测模型的表现总体要比 MLR_PM 和 SVR_PM 好，其中 TW_BP_PM 和 MLSTM_PM 相对而言，均有更好的预测效果，下面两张图用 Excel 画出。

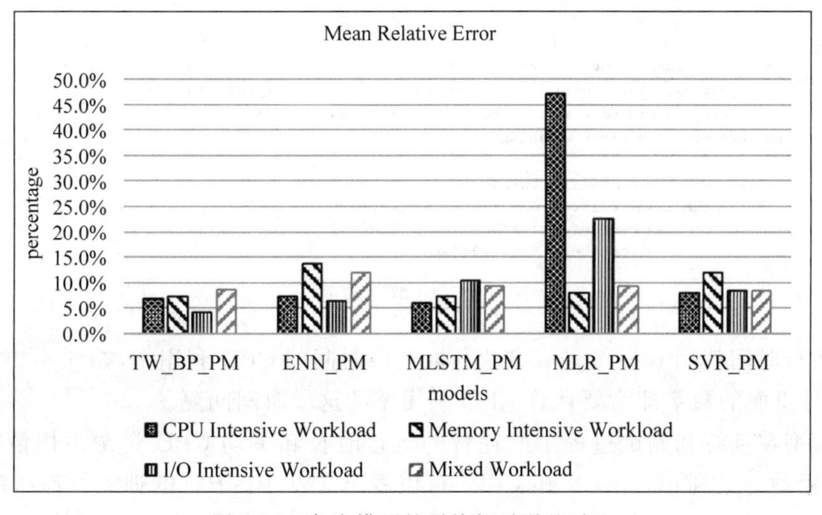

图 8-36　各个模型的平均相对误差对比

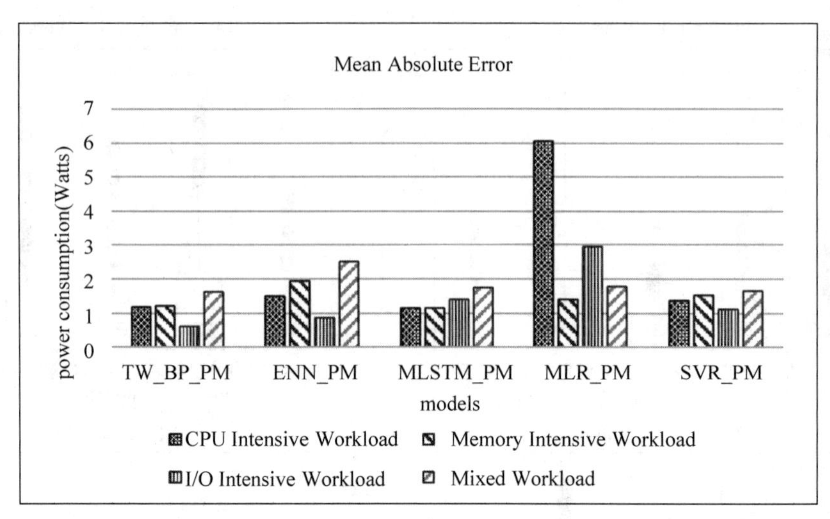

图 8-37 各个模型的平均绝对误差对比

从上面的实验结果分析中可以看到，总体而言，基于 ANN 的功耗模型在模型的泛化能力(对各种不同的负载进行预测)和预测精度上相较传统回归预测模型(MLR、SVR)有更好的表现，但也存在一定的不足，如：模型的复杂度过高，训练开销大。

8.4.3 模型的开销对比

实际的生产环境中，除了关注服务器功耗预测模型在面对不同的任务负载下的预测精度之外，我们也会关注模型在训练过程、运行过程中耗费的开销，如：运行时长和对 CPU 资源的占用情况。在实验的最后一部分中，我们将考虑在固定的数据输入量下，目标模型在训练、测试过程中的运行时长和 CPU 资源占用情况。我们在同一台机器上训练三个基于 ANN 的功耗预测模型，其中训练的数据是上述两个实验中用到的同一份数据集，机器的部分硬件配置为 Intel Corei7-6498DU@2.50GHz 和 8GB(DDR3L 1600MHz)。

为获取耗费时长，使用了 t.time()方法获取训练开始和训练结束的时间，如图 8-38 所示。

```
oh_record.record_time('training start')
total_epochs, epoch_train_losses, epoch_eval_losses, best_test_MRE = \
    train_enn(min_epochs=min_epochs, max_epochs=max_epochs, state_size=state_size)
oh_record.record time('training end')

  def record_time(self, info):
      with open(self.record_floder +'\\time_overhead.txt', 'a') as f:
          f.write(info +'\t')
          f.write(str(t.time())+'\n')
```

图 8-38 获取耗费时长

结合运行时间使用 record_cpu 方法获取这段时间的 CPU 利用率，如图 8-39 所示，cpu_percent 括号里面的数字即为要计算 CPU 利用率的这段时间间隔。

三个模型在训练和测试过程中所耗费的运行时长和平均 CPU 资源占用情况如表 8-7 所示，将其手动记录到 overhead.xlsx 中。可以看出 TW_BP_PM 的训练过程耗费的时间较

```
def record_cpuload(self,info):
    with open(self.record_floder +'\\cpuload.txt','a') as f:
        f.write(info + '\t')
        f.write(str(pu.cpu_percent(0.1))+'\n')
```

图 8-39 获取 CPU 利用率

其他两个模型而言更长，CPU 占用率也较大。ENN_PM 无论在训练时长、训练过程的 CPU 占用率还是测试过程中的 CPU 占用率都优于其他两个模型。

表 8-7 三个模型训练、测试过程的运行开销对比

	TW_BP_PM	ENN_PM	MLSTM_PM
训练耗费平均时长(s)	≈27.3	≈5.6	≈11.5
单个测试输入耗费平均时长(s)	$<10^{-4}$	$<10^{-4}$	$<10^{-4}$
训练的平均 CPU 占用率(%)	63%	25%	68%
测试的平均 CPU 占用率(%)	12%	8%	7%

8.5 总结

本案例使用了基于三种不同类型的 ANN(BP 神经网络、Elman 神经网络和 LSTM 神经网络)进行面向数据中心云服务器的能耗建模的方法。首先，将实际生产场景里云服务器运行的工作负载分为：CPU 密集型负载、内存密集型负载、I/O 密集型负载和混合负载四个大类。基于以上的分类，利用对应基准测试程序生成并模拟这些负载在系统中的运行状况，通过一组性能计数器来实时收集系统的性能状态，分析在服务器中各个子部件在不同的工作负载中的性能特点及其能耗特征。在建立的三个基于 ANN 的功耗模型中，TW_BP_PM 是利用时间窗口和 BP 神经网络结合的实时功耗预测模型，ENN_PM 则是基于 Elman 神经网络，是 RNN 的一种，它会将上一个时刻网络的状态层输出作为当前时刻模型输入的一部分，循环这个过程，进行功耗预测，而 MLSTM_PM 则是基于 LSTM 单元建立的模型，LSTM 可以有效避免一般 RNN 的长期依赖问题，同时也具有更好的预测表现，但是 LSTM 内部复杂的运算逻辑使得整个模型的运算开销较大。最后，我们对基于 ANN 方法建立的三个功耗预测模型进行了单个模型在不同工作负载下的预测精度评估实验、ANN 模型与其他典型的功耗预测模型的对比实验和 ANN 模型的可用性对比实验。其中，TW_BP_PM 和 MLSTM_PM 总体的预测精度更好，预测平均误差小于 1W，但是前者的训练收敛速度较慢，后者的运算逻辑较为复杂，造成了较长的训练时间或者占用了较大的 CPU 运算资源，具有开销大，但预测精度高的特点。而基于 Elman 神经网络的功耗模型由于模型收敛速度较快和网络结构较为简单，虽然在运行内存密集型负载和混合负载的环境下，预测误差的波动较大，但总体的平均相对误差可以控制在 10%以内，平均绝对误差小于 3W，具有开销小的特点。

8.6 参考文献

[1] Mccullough J. C. , Agarwal Y. , Chandrashekar J. , et al. Evaluating the effectiveness of model-based power characterization[C]. Usenix Annual Technical Conference. CA, USA: USENIX Association Berkeley, 2011.

[2] Wu W, Lin W, Peng Z. An intelligent power consumption model for virtual machines under CPU-intensive workload in cloud environment[J]. Soft Computing, 2017, 21(19): 5755-5764.

[3] Kumar J. , Singh A. K. Workload prediction in cloud using artificial neural network and adaptive differential evolution[J]. Future Generation Computer Systems, 2017, 81: 41-52.

[4] Chang Y. C. , Chang R. S, Chuang F. W. A Predictive Method for Workload Forecasting in the Cloud Environment[M]. Advanced Technologies, Embedded and Multimedia for Human-centric Computing. Springer Netherlands, 2014: 577-585.

[5] Lin W, Wu G, Wang X, et al. An artificial neural network approach to power consumption model construction for servers in cloud data centers[J]. IEEE Transactions on Sustainable Computing, 2019.

[6] Luo L, Wu W J, Zhang F. Energy modeling based on cloud data center[J]. Journal of Software, 2014.

[7] Ioffe S, Szegedy C. Batch Normalization: Accelerating Deep Network Training by Reducing Internal Covariate Shift[J]. 2015: 448-456.

[8] Juszczak P, Tax D M J, Duin R P W. Feature Scaling in Support Vector Data Description[J]. Machine Learning, 2007, 54(1): 45-66.

[9] Krizhevsky A, Sutskever I, Hinton G E. ImageNet classification with deep convolutional neural networks[C]// International Conference on Neural Information Processing Systems. Curran Associates Inc. 2012: 1097-1105.

[10] Hochreiter S, Schmidhuber J. Long Short-Term Memory[J]. Neural Comput. 1997 Nov; 9(8): 1735 - 1780. Available from: http://dx. doi. org/10. 1162/neco. 1997. 9. 8. 1735.

[11] Bengio Y, Simard P, Frasconi P. Learning long-term dependencies with gradient descent is difficult [J]. IEEE Trans Neural Netw, 1994, 5(2): 157-166.

[12] https://docs. microsoft. com/en-us/windows/win32/perfctrs/about-performance-counters, 2019. 10.

第9章

基于BP神经网络的股票量化交易智能策略

9.1 基本需求

随着机器学习的发展，其运用场景越来越广泛，所呈现出的力量也越来越强大。金融市场作为一个可以被量化的市场，必有机器学习的用武之地。量化投资结合机器学习的趋势也越来越明显。使用机器学习的方式对股指期货市场进行预测是我们的目标。

我们选用了BP神经网络作为具体的预测算法。使用神经网络预测大盘涨跌有一定合理性，因为历史总在重演。但同时不能忘记思考各个维度背后的权重的现实意义，以及如何从模型上优化以提高正确率，有方向地进行调参和优化模型。我们以预测日内情况为具体的预测对象，目前国内的市场受消息面的影响和反馈还是很大的，选用神经网络预测模型进行跨日预测并不能很好地响应消息面对股市的影响，所以我们选择每日使用上午的数据预测下午的走势，以此来降低消息面对准确率的影响。

9.2 策略设计

从整体上看，该智能算法的实现需要以下4个步骤（见图9-1概要设计）：①神经网络设

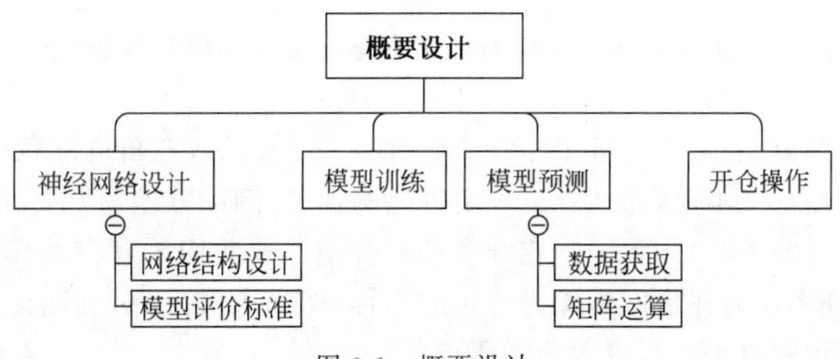

图9-1　概要设计

计；②模型训练；③模型预测；④开仓操作。其中网络结构设计又可以分为网络结构设计和确定模型评价标准，而模型预测则可以分为当天数据的获取和矩阵运算。

9.2.1 神经网络模型设计

1. 神经网络结构设计

智能算法使用单隐含层的神经网络，单隐含层加上输入层和输出层总共 3 层，网络结构如图 9-2 所示。输入的是每个交易日上午 9:30—11:30 所能获取到的数据。输出是一个预测值，意义为每日 13:00 实时价至 15:00 的收盘价的涨跌幅。

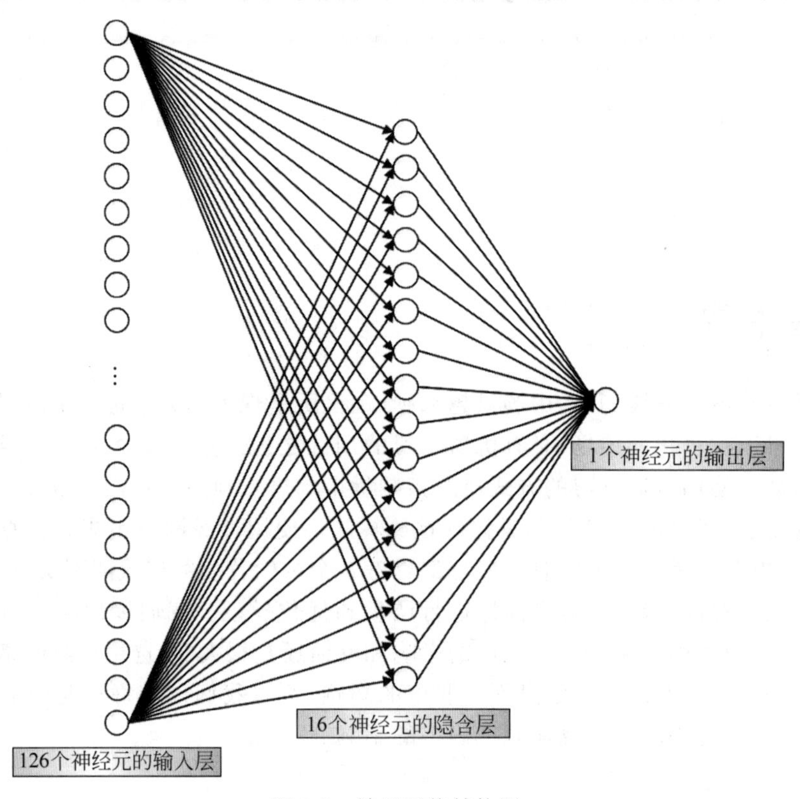

图 9-2 神经网络结构图

2. 模型评价标准

我们选用预测值为正表示看多，预测值为负表示看空，根据实际涨跌计算模型的正确率，原因如下：

虽然所得预测值，意义为每日 13:00 实时价至 15:00 的收盘价的涨跌幅，但实际测试中发现具体的涨跌幅意义不大，而且难以确定方差的含义，例如方差为 0.1，预测值为＋0.05，那么范围则是－0.05～0.15，无法确定开多还是开空。故我们放弃方差作为筛选网络的指标，只以预测正确率作为评价网络优秀与否的指标，即当天实际涨，预测值大于 0 则即为预测正确、实际跌，预测值小于 0 也记为预测正确。

9.2.2　模型训练

我们选择在 matlab 下训练神经网络，它已经内置了深度学习库，训练集的来源是金字塔软件，其中每天的数据包括：

(1) 开盘价格幅度：(开盘价－昨日收盘)/昨日收盘。

(2) 1130 价格幅度：(1129 价格－开盘价)/开盘价。

(3) 第一根 1 分钟 K 线的收益率(收盘－开盘)/开盘。

(4) 第一根 3 分钟 K 线的收益率。

(5) 第一根 5 分钟 K 线的收益率。

(6) 第一根 60 分钟 K 线的收益率。

(7) 第二根 60 分钟 K 线的收益率。

(8) 沪深 300 9:30-11:30 每分钟 K 线的收益率数据。

(9) 均线数据(5、10、20 日)。

(10) 当前日前一天的涨跌数据。

9.2.3　模型预测

1. 数据获取

这里所说的数据是指上午的股票运行的数据，我们使用它来预测下午的涨跌，其格式与测试集一致。其次，代码会在 11 点 30 分读取金字塔软件中的数据，并且于 13 点 01 分使用模型做出判断与开仓操作。

2. 矩阵运算

根据训练后的网络模型以及样本数据，需要进行矩阵运算并得出最后的预测值。其中激活函数使用了 tansig()，对应公式为 tansig(n)＝2/(1＋exp(－2 * n))－1。具体计算流程如图 9-3 所示。

9.2.4　开仓操作

在 13 点 01 分拿到预测结果是做多还是做空之后，具体的开仓平仓情况被设计如表 9-1 和表 9-2 所示。

表 9-1　开仓和平仓矩阵(一)

第一天预测做空	第二天预测做空	第二天预测做多
先开空	先平多	先平空
后开多	先平空	先平多

表 9-2　开仓和平仓矩阵(二)

第一天预测做多	第二天预测做空	第二天预测做多
先开多	先平多	先平空
先开空	先平空	先平多

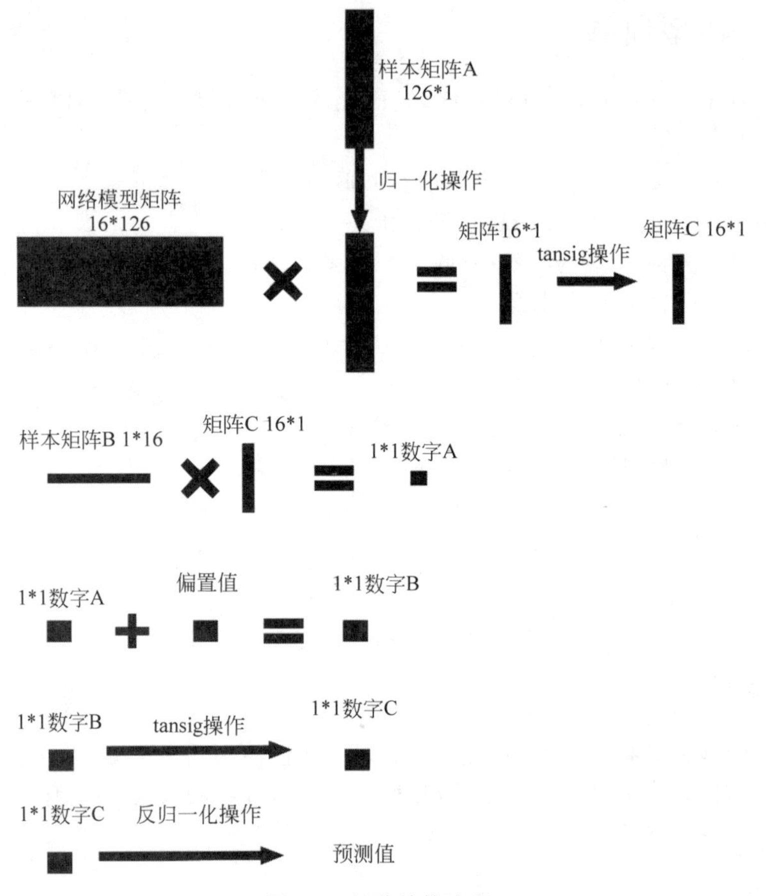

图 9-3　矩阵计算流程

该策略一天只有一对交易，所以锁仓的逻辑比较简洁。

关于锁仓具体开空开多、平空平多的代码分别在 open_share、open_state 和 close_share、close_state 处实现。

9.3 具体实现

9.3.1 神经网络的实现与训练

该神经网络的实现与训练都在 matlab 下进行，使用的是 matlab 自带的深度学习库，具体代码如下：

```
1.  % data.csv 是 2019 年数据,用作测试集
2.  % train.csv 是 2016 - 2018 年数据,曾经的训练集
3.  add1 = 'D:\Coding\matlab\IF00fore0903\net\m';
4.  add2 = '.mat';
5.
6.  tmp = 0;
```

```
7.   record = 1;
8.   re = [0;1];
9.   while tmp < 120 &&   record < 100
10.
11.        trainingdata = csvread('train.csv',1,1);
12.        si = size(trainingdata,2);
13.        p = trainingdata(:,1:si - 1);
14.        t = trainingdata(:,si);
15.        p = p';
16.        t = t';
17.        net  =  newff(p, t,16, {'tansig' 'tansig'}, 'traingd');
18.
19.        net.trainparam.show  =  50;  %  每间隔 50 次显示一次训练结果
20.        net.trainparam.epochs  =  100000;
21.        net.trainparam.goal  =  0.001;
22.        net.trainParam.max_fail = 500;
23.        net  =  train(net, p, t);  %  开始训练
24.        testdata = csvread('test.csv',1,1);
25.        tp = testdata(:,1:si - 1);
26.        tt = testdata(:,si);
27.        tp = tp';
28.        tt = tt';
29.        y  =  sim(net, tp);  %  模拟
30.        s = size(tp,2);
31.        tmp = 0;
32.        var = 0;
33.        for i  = 1:s
34.            var = var + (y(i) - tt(i))^2;
35.            if (y(i)> 0 && tt(i)> 0)|| (y(i)< 0 && tt(i)< 0)
36.              tmp = tmp + 1;
37.            end
38.        end
39.        var = var/size(testdata,1);
40.        re(1,record) = var;
41.        re(2,record) = tmp;
42.        record = record + 1;
43.        d = [add1,num2str(record - 1),add2];
44.        save(d,'net')
45.  end
46.  [num,ind] = max(re(2,:));
47.  fprintf('正确 %d 正确率  %d   方差  %d \n',num,roundn(num/size(testdata,1) * 100, - 2),
     var)
```

经过多次模拟测试发现，测试集采用距离现在最近的 6 个月的交易日数据，训练集采用测试集再往前的 24 个月的交易日数据时，训练效果最好，在测试集的胜率最高。

但是在实测中产生了一个问题，我们发现每次训练出来的网络有效期大约只有一个月。例如训练集为 2017.1—2018.12 训练出来的神经网络在 2019.1—2019.6 的表现十分好，胜率可以接近 80%，而且稳定性极佳，连续 10 个交易日预测正确次数大于等于 7 次的概率达

到70%以上，但是在2019年7月与8月的回测中效果很差。

考虑到上述原因，我们缩短了测试集的范围，即使用2017.3—2019.2作为训练集，2019.3—2019.7作为测试集，并选取在测试集表现最好的网络在8月进行回测，预测正确率回归到了预期的水平(75%)，类似地，我们对2019年7月、6月也进行了测试，正确率均达到了预期水平，说明该方法具有一定稳定性。

9.3.2 数据获取

关于数据获取的代码需要调用到金字塔的接口，也就是history_bars这个函数，其函数原型和参数说明如表9-3所示。

```
history_bars(order_book_id,bar_count,frequency,fields,skip_suspended,include_now,adjusted_
price)
```

表 9-3 history_bars 函数参数说明

参　数	类　型	说　明
order_book_id	str	合约代码，必填项
bar_count	int	获取的历史数据数量，必填项
frequency	str	获取数据的频率。'1d'或'1m'分别表示每日和每分钟，必填项。可以指定不同的分钟频率，例如'5m'代表5分钟线，'5s'表示5秒线，'5h'表示5小时线，其他周期可以分别为：'self'表示当前设置周期，tick分笔线，week周线，month月线，quarter季度线，halfyear半年线，year年线
fields	str或str list	返回数据字段。必填项。 时间戳：datetime 开盘价：open 最高价：high 最低价：low 收盘价：close 成交量：volume 成交额：total_turnover 持仓量：open_interest（期货专用）
skip_suspended	bool	是否跳过停牌，默认为True，跳过停牌
include_now	bool	是否包括不完整的bar数据。默认为False，不包括。举例来说，当前1分钟k时间为09：39的时候获取5分钟线数据，默认将获取到09：31～09：35合成的5分钟线，即最近一根完整的5分钟线数据。如果设置为True，则将获取到09：36～09：39合成的"不完整"5分钟线，即最新一根5分钟线数据
adjusted_price	bool	是否复权数据，默认为True

更加详细的文档可以参考http://www.weistock.com/pythonAPI/api.html#10401。

我们在获取数据之后使用Python的numpy框架来保存，以矩阵的形式，具体相关代码实现如下：

```
1.   # 该函数用于获取上午盘的数据,并转换成 126 * 1 的矩阵
2.   def get126_1(obj):
3.       # add open_
4.       tmp = (obj.FirstOpen - obj.Yclose) / obj.Yclose * 100
5.       matrix = np.array([tmp])
6.       # add now
7.       tmp = (obj.price1130 - obj.FirstOpen) / obj.FirstOpen * 100
8.       matrix_tmp = np.array([tmp])
9.       matrix = np.vstack((matrix,matrix_tmp))
10.       # add k_1min
11.       tmp = (obj.FirstClose - obj.FirstOpen) / obj.FirstOpen * 100
12.       matrix_tmp = np.array([tmp])
13.       matrix = np.vstack((matrix,matrix_tmp))
14.       # add k_3min
15.       tmp = (obj.close3 - obj.FirstOpen) / obj.FirstOpen * 100
16.       matrix_tmp = np.array([tmp])
17.       matrix = np.vstack((matrix,matrix_tmp))
18.       # add k_5min
19.       tmp = (obj.close5 - obj.FirstOpen) / obj.FirstOpen * 100
20.       matrix_tmp = np.array([tmp])
21.       matrix = np.vstack((matrix,matrix_tmp))
22.       # add k_60min
23.       tmp = (obj.close60 - obj.FirstOpen)/ obj.FirstOpen * 100
24.       matrix_tmp = np.array([tmp])
25.       matrix = np.vstack((matrix,matrix_tmp))
26.       # add k_2_60min
27.       tmp = (obj.close120 - obj.open60) / obj.FirstClose * 100
28.       matrix_tmp = np.array([tmp])
29.       matrix = np.vstack((matrix,matrix_tmp))
30.       # add 1 - 119
31.
32.       for i in obj.shouyi:
33.           matrix_tmp = np.array([i])
34.           matrix = np.vstack((matrix,matrix_tmp))
35.
36.       tmp = (obj.Yclose - obj.yopen) / obj.yopen * 100
37.       matrix_tmp = np.array([tmp])
38.       matrix = np.vstack((matrix,matrix_tmp))
39.
40.       return matrix
```

同时也需要将训练好的模型读取进入程序,其以 xlsx 表格的形式保存,我们以矩阵的形式读取,将 xlsx 表格中的数据转换成矩阵的函数的具体实现如下:

```
1.   # 该函数用于获取 xlsx 表格中的数据并转换成对应矩阵
2.   def excel_to_matrix(path):
3.       table = xlrd.open_workbook(path).sheets()[0]   # 获取第一个 sheet 表
4.       row = table.nrows                              # 行数
5.       col = table.ncols                              # 列数
```

```
6.      datamatrix = np.zeros((row, col))#生成一个 nrows 行 ncols 列,且元素均为 0 的初始矩阵
7.      for x in range(col):
8.          cols = np.matrix(table.col_values(x))  # 把 list 转换为矩阵进行矩阵操作
9.          datamatrix[:, x] = cols                # 按列把数据存进矩阵中
10.      return np.array(datamatrix)
```

9.3.3 矩阵运算

该矩阵计算涉及的操作主要有归一化和矩阵的点乘,借助 numpy 框架实现,其所对应的代码实现如下:

```
1.  #该函数用于矩阵运算并且返回最后的预测结果
2.  def get_predict_result(obj):
3.      #get matrix16 * 126
4.      matrix16_126 = excel_to_matrix('C:/Weisoft Stock(x64)/Document/Python/Custom/matrix/16_126.xlsx')
5.      #get matrix126 * 1 the morning data
6.      matrix126_1 = get126_1(obj)
7.      #print('getresult')
8.      #print(matrix126_1.shape)
9.      #get the max and min matrix
10.     max_min = excel_to_matrix('C:/Weisoft Stock(x64)/Document/Python/Custom/matrix/max_min.xlsx')
11.     #归一化
12.     for i in range(127):
13.         max = max_min[i][0]
14.         min = max_min[i][1]
15.         matrix126_1[i][0] = ((matrix126_1[i][0] - min)/(max - min)) * 2 - 1
16.     #print('jisuanchufanhuizhi')
17.     #matrix16 * 126  *  matrix126 * 1 =  matrix16 * 1
18.     matrix16_1 = np.dot(matrix16_126,matrix126_1)
19.     #get bias matrix16 * 1
20.     bias16_1 = excel_to_matrix('C:/Weisoft Stock(x64)/Document/Python/Custom/matrix/16_1.xlsx')
21.     #matrix16 * 1 + bias16 * 1 = matrix16 * 1
22.     matrix16_1 = matrix16_1 + bias16_1
23.     #tansig(matrix16_1)
24.     matrix16_1 = 2/(1 + np.exp( - 2 * matrix16_1)) - 1
25.     #get matrix1 * 16
26.     matrix1_16 = excel_to_matrix('C:/Weisoft Stock(x64)/Document/Python/Custom/matrix/1_16.xlsx')
27.     #matrix1 * 16  *  matrix16 * 1 =  temp
28.     temp = np.dot(matrix1_16,matrix16_1)
29.     #result = temp + bias
30.     result = temp - 0.0286943
31.     #tansig(result)
32.     result = 2/(1 + np.exp( - 2 * result)) - 1
33.     #反归一化
```

```
34.         max = max_min[127][0]
35.         min = max_min[127][1]
36.         result = ((result + 1)/2) * (max - min) + min
```

9.3.4 根据预测结果进行开平仓操作

关于锁仓具体开空开多、平空平多的代码分别在 open_share、open_state 和 close_share、close_state 处实现，其代码实现都比较类似，都是先获取当前可用现金，然后根据预测结果做出判断。

1. 开空实现代码

```
1.  def open_share(obj, temp):
2.      cashs = obj.cash
3.
4.      open_func = None
5.
6.      # 开空或开多
7.      if temp == 1:
8.          if obj.Profitmethod == 'Fall':
9.            open_func = sell_open  # 开空
10.         else:
11.           open_func = buy_open  # 开多
12.
13.      # 平多或平空
14.      if temp == 2:
15.          if obj.Profitmethod == 'Fall':
16.            open_func = sell_close
17.          else:
18.            open_func = buy_close
19.
20.      if (len(obj.codelist) < 2):
21.          if obj.cash < obj.currentPrice * obj.volumeNumList[0]:
22.            print("system exit")
23.            obj.system_exit = True
24.            return
25.          if obj.is_stop_open == False:
26.            stopPrice = obj.currentPrice
27.            if (open_func == sell_close or open_func == sell_open):
28.                stopPrice = obj.currentPrice * 0.95
29.            if (open_func == buy_close or open_func == buy_open):
30.                stopPrice = obj.currentPrice * 1.05
31.            # idNum = open_func(obj.codelist[0], "Market", volume = obj.volumeNumList
    [0])
32.            idNum = open_func(obj.codelist[0], "Limit", price = stopPrice, volume = obj.
    volumeNumList[0])
33.
```

```
34.         else:
35.             idNum = open_func(obj.codelist[0], "Stop", set_lose_price(obj), volume =
    obj.volumeNumList[0])
36.             # idNum = open_func(obj.codelist[0], "Market", volume = obj.volumeNumList[0])

37.         obj.orderID = idNum
```

2. 开多实现代码

```
1.  def open_state(obj, order, temp):
2.      obj.isOpen = True
3.
4.      if temp == 1:
5.          if obj.Profitmethod == 'Fall':  # 开空
6.              sum_quantity = sum(obj.filled_quantity_dict.values())
7.              for key in obj.filled_quantity_dict.keys():
8.                  obj.filled_quantity_dict[key] = 0
9.              obj.filled_quantity_dict[order.order_book_id] = sum_quantity + order.
    filled_quantity
10.         else:  # 开多
11.             sum_quantity = sum(obj.filled_quantity_dict_buy.values())
12.             for key in obj.filled_quantity_dict_buy.keys():
13.                 obj.filled_quantity_dict_buy[key] = 0
14.             obj.filled_quantity_dict_buy[order.order_book_id] = sum_quantity + order.
    filled_quantity
15.
16.     if temp == 2:
17.         if obj.Profitmethod == 'Fall':  # 平多
18.             sum_quantity = sum(obj.filled_quantity_dict_buy.values())
19.             for key in obj.filled_quantity_dict_buy.keys():
20.                 obj.filled_quantity_dict_buy[key] = 0
21.             obj.filled_quantity_dict_buy[order.order_book_id] = sum_quantity - order.
    filled_quantity
22.
23.             obj.open_trade_price_buy = obj.open_trade_price_buy[1:]
24.             obj.security_deposit_list_buy = obj.security_deposit_list_buy[1:]
25.             obj.yesd_close_count -= 0.5
26.         else:  # 平空
27.             sum_quantity = sum(obj.filled_quantity_dict.values())
28.             for key in obj.filled_quantity_dict.keys():
29.                 obj.filled_quantity_dict[key] = 0
30.             obj.filled_quantity_dict[order.order_book_id] = sum_quantity - order.
    filled_quantity
31.
32.             obj.open_trade_price = obj.open_trade_price[1:]
33.             obj.security_deposit_list = obj.security_deposit_list[1:]
34.             obj.yesd_close_count -= 0.5
35.
36.     obj.open_count = obj.open_count + 1
37. pass
```

3. 平空实现代码

```
1.  def close_share(obj, temp):
2.      close_func = None
3.      close_funcOne = None
4.      close_funcTwo = None
5.
6.      # 平空
7.      if temp == 1:
8.          if obj.Profitmethod == 'Fall':
9.            close_func = buy_close           #平空
10.         else:
11.           close_func = sell_close          #平多
12.      # 开多
13.      if temp == 2:
14.          if obj.Profitmethod == 'Fall':
15.            close_func = buy_open           #开多
16.          else:
17.            close_func = sell_open          #开空
18.
19.      if (len(obj.codelist) < 2):
20.          # buy_quantity = get_quantity(obj, obj.codelist[0])
21.          buy_quantity = obj.volumeNumList[0]
22.          # idNum = close_func(obj.codelist[0], "Market", volume = buy_quantity)
23.
24.          stopPrice = obj.currentPrice
25.          if (close_func == sell_close or close_func == sell_open):
26.            stopPrice = obj.currentPrice * 0.95
27.          if (close_func == buy_close or close_func == buy_open):
28.            stopPrice = obj.currentPrice * 1.05
29.
30.          idNum = close_func(obj.codelist[0], "Limit", price = stopPrice, volume = buy_
   quantity)
31.
32.          obj.orderID = idNum
33.          pass
```

4. 平多实现代码

```
1.  def close_share(obj, temp):
2.      close_func = None
3.      close_funcOne = None
4.      close_funcTwo = None
5.
6.      # 平空
7.      if temp == 1:
8.          if obj.Profitmethod == 'Fall':
9.            close_func = buy_close             #平空
10.         else:
11.           close_func = sell_close            #平多
```

```
12.     # 开多
13.     if temp == 2:
14.         if obj.Profitmethod == 'Fall':
15.           close_func = buy_open           #开多
16.         else:
17.           close_func = sell_open          #开空
18.
19.     if (len(obj.codelist) < 2):
20.         # buy_quantity = get_quantity(obj, obj.codelist[0])
21.         buy_quantity = obj.volumeNumList[0]
22.         # idNum = close_func(obj.codelist[0], "Market", volume = buy_quantity)
23.         stopPrice = obj.currentPrice
24.         if (close_func == sell_close or close_func == sell_open):
25.           stopPrice = obj.currentPrice * 0.95
26.         if (close_func == buy_close or close_func == buy_open):
27.           stopPrice = obj.currentPrice * 1.05
28.
29.         idNum = close_func(obj.codelist[0], "Limit", price = stopPrice, volume = buy_
quantity)
30.
31.         obj.orderID = idNum
32.         pass
```

9.4 运行过程

由于所运行的代码使用了金字塔软件的一些 Python 库，所以只能在该软件上运行，其下载地址为：https://www.weistock.com/load.html，我们使用的版本为 64 位 V5.12 正式版，下面介绍如何在该软件上运行已经编写好的策略代码。

（1）在金字塔软件的 Python 页面中新建策略，粘贴编写的代码，并保存，如图 9-4 所示。

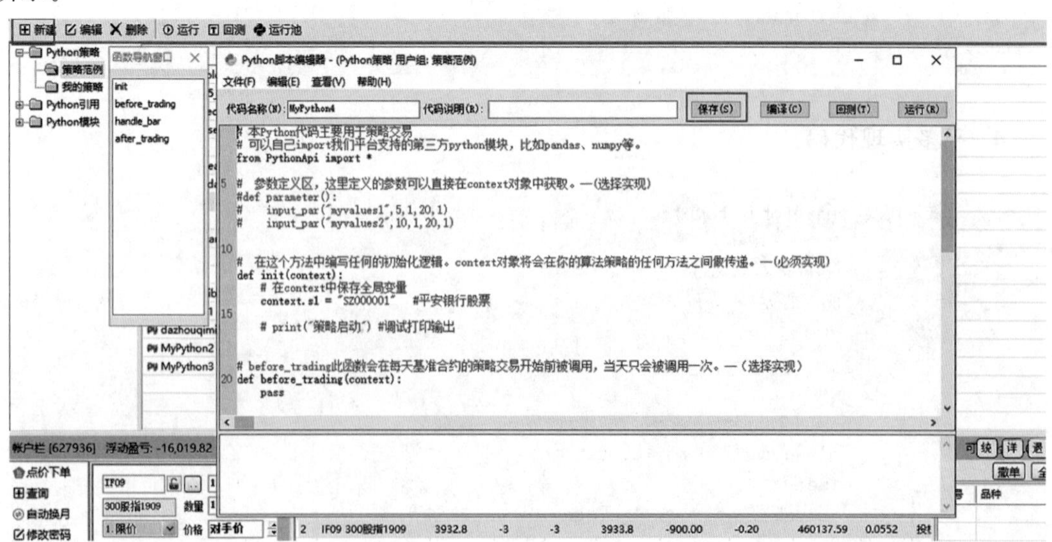

图 9-4　粘贴代码

(2) 打开 Python 运行池,并单击“添加策略”(如图 9-5 所示)。

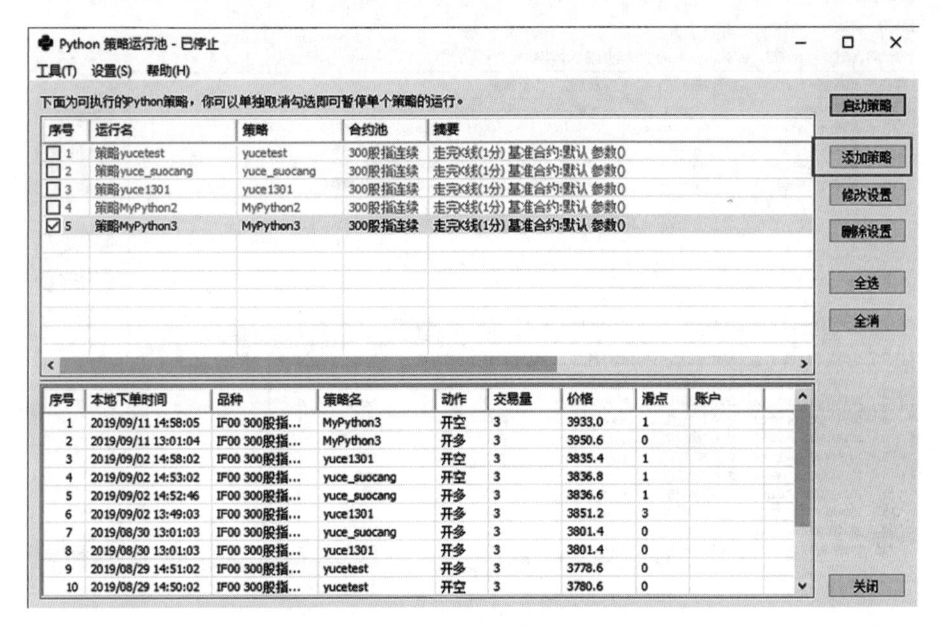

图 9-5　添加策略

(3) 编辑策略运行设置(如图 9-6 所示),在“运行模式选择”中单击“走完 K 线”,“基础周期”选择 1 分钟,单击“加入”添加要测试的股票或者期货。

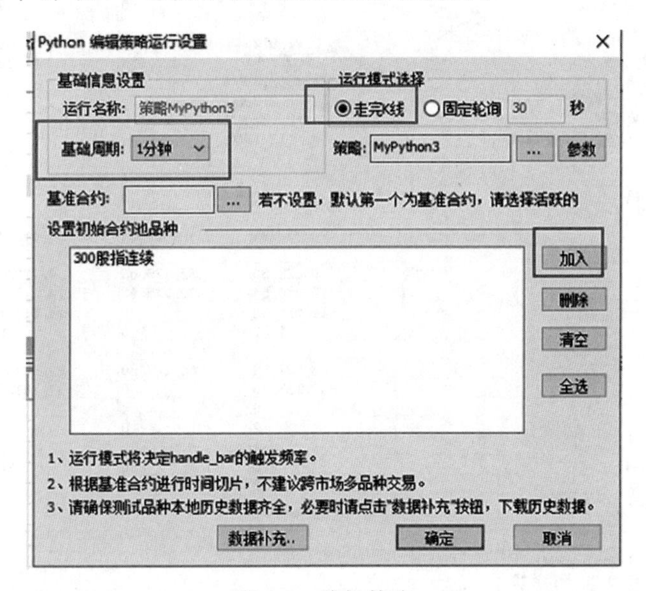

图 9-6　编辑策略

(4) 最后启动策略(如图 9-7 所示),运行结束后,程序会分别在 13:01 和 14:58 这两个时间点根据预测结果做出交易操作。

(5) 根据金字塔的回测报告,在 2019 年 8 月份,该智能算法达到了 21%的收益率(如图 9-8 所示)。

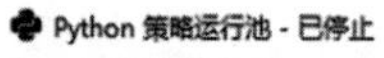

工具(T) 设置(S) 帮助(H)

下面为可执行的Python策略，你可以单独取消勾选即可暂停单个策略的运行。

序号	运行名	策略	合约池	摘要
☐ 1	策略yucetest	yucetest	300股指连续	走完K线(1分) 基准合约:默认 参数()
☐ 2	策略yuce_suocang	yuce_suocang	300股指连续	走完K线(1分) 基准合约:默认 参数()
☐ 3	策略yuce1301	yuce1301	300股指连续	走完K线(1分) 基准合约:默认 参数()
☐ 4	策略MyPython2	MyPython2	300股指连续	走完K线(1分) 基准合约:默认 参数()
☑ 5	策略MyPython3	MyPython3	300股指连续	走完K线(1分) 基准合约:默认 参数()

启动策略 添加策略 修改设置 删除设置 全选 全消

序号	本地下单时间	品种	策略名	动作	交易量	价格	滑点	账户
1	2019/09/11 14:58:05	IF00 300股指...	MyPython3	开空	3	3933.0	1	
2	2019/09/11 13:01:04	IF00 300股指...	MyPython3	开多	3	3950.6	0	
3	2019/09/02 14:58:02	IF00 300股指...	yuce1301	开空	3	3835.4	1	
4	2019/09/02 14:53:02	IF00 300股指...	yuce_suocang	开空	3	3836.8	1	
5	2019/09/02 14:52:46	IF00 300股指...	yuce_suocang	开多	3	3836.6	1	
6	2019/09/02 13:49:03	IF00 300股指...	yuce1301	开多	3	3851.2	3	
7	2019/08/30 13:01:03	IF00 300股指...	yuce_suocang	开多	3	3801.4	0	
8	2019/08/30 13:01:03	IF00 300股指...	yuce1301	开多	3	3801.4	0	
9	2019/08/29 14:51:02	IF00 300股指...	yucetest	开多	3	3778.6	0	
10	2019/08/29 14:50:02	IF00 300股指...	yucetest	开空	3	3780.6	0	

关闭

图 9-7 运行策略

统计指标	所有交易	多头交易	空头交易
净利润	216, 123. 70	131, 102. 50	85, 021. 20
总盈利(毛利)	303, 208. 56	131, 102. 50	172, 106. 09
总亏损(毛损)	-87, 084. 88	0	-87, 084. 88
盈利因子(毛利/毛损)	3. 48	0	1. 98
收益率	21. 61%	13. 11%	8. 50%
年化收益率	902. 79%	326. 93%	161. 54%
最大资产回撤	-94, 155. 13	N/A	N/A
净利润/最大资产回撤	2. 3	N/A	N/A
最大资产回撤幅度	-7. 98%	N/A	N/A
年化收益率/最大资产回撤幅度	113. 1	N/A	N/A
交易次数	22	4	18
盈利交易次数	16	4	12
亏损交易次数	6	0	6
胜率	72. 73%	100. 00%	66. 67%
平均盈亏	9, 823. 80	32, 775. 63	4, 723. 40
平均盈利	18, 950. 54	32, 775. 63	14, 342. 17
平均亏损	-14, 514. 15	0	-14, 514. 15
盈亏比	1. 31	0	0. 99
最大单盈	68, 187. 30	68, 187. 30	29, 924. 34
最大单亏	-47, 183. 20	0	-47, 183. 20
最大连盈	6	4	4
最大连亏	2	0	2
平均持仓周期	208	208	208
平均盈利周期	208	208	208
平均亏损周期	208	0	208
测试策略：:MyPython26()			
测试品种：IF00 300股指连续			
滑移价差：开仓 0 跳 平仓 0 跳（1跳=0.2）			
运行周期：1分			
手续费 ：使用系统默认设置			
测试时段：2019/07/31 - 2019/08/30（30根K线）			
初始资金：100.00 万元			

图 9-8 运行结果

9.5 总结

经过多次模拟测试发现，测试集采用距离现在最近的 6 个月的交易日数据，训练集采用测试集再往前的 24 个月的交易日数据时。训练效果最好，在测试集的胜率最高。

但是在实测中产生了一个问题，我们发现每次训练出来的网络有效期大约只有一个月。例如训练集为 2017.1—2018.12 训练出来的神经网络在 2019.1—2019.6 的表现十分好，胜率可以接近 80%，而且稳定性极佳，连续 10 个交易日预测正确次数大于等于 7 次的概率达到 70%以上。但是在 2019 年 7 月与 8 月的回测中效果很差。

考虑到上述原因，我们缩短了测试集的范围，即使用 2017.3—2019.2 作为训练集，2019.3—2019.7 作为测试集，并选取在测试集表现最好的网络在 8 月进行回测，预测正确率回归到了预期的水平(75%)，类似地我们对 2019 年 7 月、6 月也进行了测试，正确率均达到了预期水平，说明该方法具有一定稳定性。